特种轧制与精密成形技术

楚志兵　帅美荣　编著

北　京
冶金工业出版社
2023

内 容 简 介

本书共分9章，主要内容包括金属无缝管材精密冷轧成形技术、金属无缝管材热轧旋扩轧制技术、金属极薄带材多辊轧制技术、轴类零件楔横轧技术、螺旋孔型轧制技术、辊锻技术、锥形辊辗轧技术、环件轧制技术、摆辗轧制技术等。

本书可供从事金属材料特种成形的工程技术人员及装备研发设计人员阅读，也可供高等院校相关专业的师生学习参考。

图书在版编目 (CIP) 数据

特种轧制与精密成形技术 / 楚志兵，帅美荣编著 . —北京：冶金工业出版社，2023. 6

ISBN 978-7-5024-9486-5

Ⅰ. ①特… Ⅱ. ①楚… ②帅… Ⅲ. ①特种轧制 ②精密成型 Ⅳ. ①TG335. 19 ②TF124. 39

中国国家版本馆 CIP 数据核字 (2023) 第 074220 号

特种轧制与精密成形技术

出版发行	冶金工业出版社		**电　　话**	(010) 64027926
地　　址	北京市东城区嵩祝院北巷 39 号		**邮　　编**	100009
网　　址	www. mip1953. com		**电子信箱**	service@ mip1953. com

责任编辑　杜婷婷　马媛馨　美术编辑　吕欣童　版式设计　郑小利
责任校对　石　静　责任印制　禹　蕊
三河市双峰印刷装订有限公司印刷
2023 年 6 月第 1 版，2023 年 6 月第 1 次印刷
710mm×1000mm　1/16；24.75 印张；482 千字；384 页
定价 139.00 元

投稿电话　(010)64027932　投稿信箱　tougao@ cnmip. com. cn
营销中心电话　(010)64044283
冶金工业出版社天猫旗舰店　yjgycbs. tmall. com
(本书如有印装质量问题，本社营销中心负责退换)

前　言

迄今为止，以钢铁工业为代表的金属材料生产仍然是国民经济的主要支柱产业之一，轧制作为轧钢生产工艺过程的核心，直接影响金属材料的生产水平和经济效益。轧制技术的发展，经历了由原材料生产扩展到成品生产的发展过程，是由共性生产到个性生产的演进过程。特种轧制技术就是利用塑性成形的方式，采用不同结构形式和运动方式的轧辊，对金属材料进行连续的或间断的轧制变形，使之成为具有不同形状和性能的机械零件产品或钢材深加工产品，满足市场对个性化金属材料产品的需求，所以特种轧制技术也可以称为专用轧制技术。

近年来，随着特种轧制技术的不断更新和完善，使用该技术能够生产的产品种类不断增多，从翅片管、阶梯轴等长径比大的管轴类零件到高颈法兰、滑轮、齿轮等长径比小的盘环类零件，以及螺旋叶片等复杂机械零件。此外，特种轧制也可以作为极限加工的一种手段，高速、微小的塑性变形可以获得厚度极薄、直径细小、表面粗糙度较低的金属制品。因此，积极开发具有不同用途的特种轧制产品，发展特种轧制技术与装备，能够显著扩大钢铁和有色金属材料的应用范围，提高机械产品和金属结构件的性能，从而促进机械工业转型升级和国民经济发展。

本书共分9章，阐述的特种轧制技术包括无缝管材精密冷轧、无缝管材热轧旋扩、极薄带材多辊轧制、轴类零件楔横轧、螺旋孔型轧制、辊锻轧制、锥形辊辗轧、环件轧制及摆辗轧制。同时对各种特种轧制成形原理和力能参数计算进行了较为全面的分析和介绍，为精密管材、极薄板材、轴类零件、螺旋叶片、环形件等特殊产品的精密制备生产和应用提供了技术支持。希望本书能够为金属材料生产与应用的从业者提供借鉴，为金属材料工业的经济效益提升和机械产品的升级换代作出贡献。

本书是编著者长期致力于特种轧制技术研究重要成果的总结。本书的顺利完成得益于以下项目的支持：国家自然科学基金项目（52175353），山西省优秀青年基金项目（201901D211312），山西省重点研发计划项目（202102150401002）。

本书在撰写过程中，得到了秦建平、桂海莲、李玉贵、拓雷锋等人的大力协助，太原科技大学研究生薛春、杨千华、李鱼鱼、陈新毅、周路、徐文、马川川、李帅、杨博文等人参与了部分编写工作，在此一并表示衷心的感谢。

由于编著者水平所限，书中不妥之处，恳请广大读者批评指正。

编著者

2022 年 12 月

目　　录

1　金属无缝管材精密冷轧成形技术

1.1　概述

1.1.1　引言

近年来，冷轧管材的使用范围不断扩大，需求量大幅增加。经过冷轧的管材具有一系列特点：管材的组织晶粒细密，管材力学性能和物理性能均较优越；冷轧管机对于原始管坯壁厚偏差的纠偏能力较大，几何尺寸精确，表面光洁度高；道次变形量较大，可达 70%~85%；采用冷轧法生产管材可大量减少中间工序，如热处理、酸洗、打头、矫直和锯切等，减少金属材料、燃料、电能和其他辅助材料及人力的消耗；用冷轧方法可生产薄壁和极薄壁，内外表面无划痕的优质管材；可有效地轧制高合金、塑性差的各种金属管材。

由于金属冷轧管材的优异性能，使其在高端技术领域得到广泛应用，如铝合金管材 [见图 1-1(a)] 在电子、交通、矿山及科研等领域的需求量较大，可用于制造气体分流行业导流管；钛合金管材 [见图 1-1(b)] 可用于海上油田平台的运输，减轻平台重量、降低成本、增加使用寿命，也被广泛用于航空航天领域，特别是在管路系统，如引气管路、液压管路、燃油管路；镁合金管材 [见图 1-1 (c)] 广泛应用于飞机、导弹、宇宙飞船、载人航天空间站等航空航天领域。

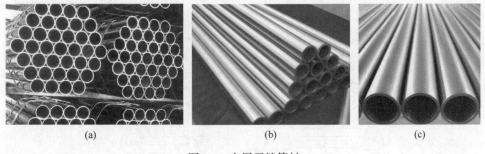

(a)　　　　　　　　　(b)　　　　　　　　　(c)

图 1-1　金属无缝管材

1.1.2　冷轧钢管的特点

据不完全统计，全国每年需要各种规格的液压缸体约 380 万米，沿用传统工艺技术生产液压缸体，已很难适应生产发展的需要。采用冷轧方式生产高精度冷轧管制备液压缸体具有以下特点：

（1）生产效率高。用传统的方法生产一根内径 420mm、长 12m 的缸筒需 154h，用冷轧方法生产只需 4min。

（2）正品率高。由于镗孔的滚压头兼起导向作用，在切削过程中，毛坯管由于自重产生挠度，致使滚压头和镗刀走偏，造成废品。正品率只能达到 60% 左右，而用冷轧方法生产，正品率可达 95% 以上。

（3）金属利用率高。用传统的镗孔方法制造缸体，金属利用率只有 50% ~ 70%。用冷轧方法生产时，金属不但不被切削成铁末，反而可以得到 30% 的延伸，金属利用率可达 95%。

（4）能改善成品管金属的力学性能。用冷轧方法生产，使毛坯得到 30% 以上的塑性变形，由于加工硬化而使成品管金属的强度极限大为提高。

1.1.3　冷轧钢管结构形式

1.1.3.1　机架

在机架中装有轧辊轴、孔型块、轴承座和同步齿轮。机架是承受轧制力的主要部件。轧机机架的结构对于产品的质量至关重要。

传统的二辊轧机机架是铸钢闭式机架，左右两片牌坊连为一体。它的特点是强度和刚性好，但在更换产品规格及维修时装拆轧辊部件时很不方便，必须将整体机架从机座中取出放置于特设的维修区进行拆装，费工费时、劳动强度较大。

图 1-2 是目前仍在应部分用户的要求制造的二辊冷轧管机机架的基本结构。

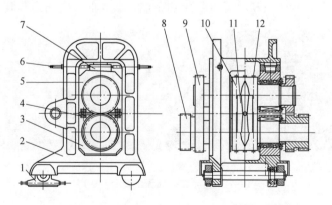

图 1-2　闭式机架

1—滑块；2—闭式机架；3—下轴承座；4—压缩弹簧；5—上轴承座；
6—调整螺杆；7—调整斜楔；8—同步齿轮；9—连动齿轮；
10—轧辊轴；11—半圆孔型块；12—孔型固定螺栓

图 1-3 是开式机架结构示意图。开式机架的上横梁由活动横梁 3 代替并用联结螺栓 5 予以固定。左右两片牌坊分开加工后用四根联结螺栓 4 连接并固紧定位。机架下面采用整体的黄铜或尼龙滑板。实践证明效果良好。

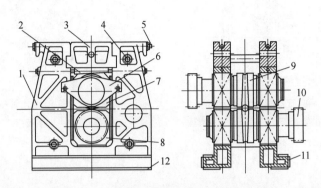

图 1-3　开式机架

1—机架；2—斜楔；3—活动横梁；4—机架联结螺栓；5—横梁联结螺栓；6—轧辊总承轴向调整压盖；
7—上轴承座；8—下轴承座；9—环形孔型块；10—同步齿轮；11—侧滑板；12—下滑板

多辊式冷轧管机的机架是一个圆柱形的厚壁套筒，三个或更多的轧辊均匀地分布在套筒内，套筒受力均匀，其刚性好，弹性变形小，对于轧制高精度精密管材十分有利。图 1-4～图 1-6 是西安重型机械研究所开发的 LD-30-WS、LD-60-WS 及 LD-120 和宁波机床总厂的 LD-180A 轧机的三辊、四辊、五辊机架及其摇杆机构的结构图。

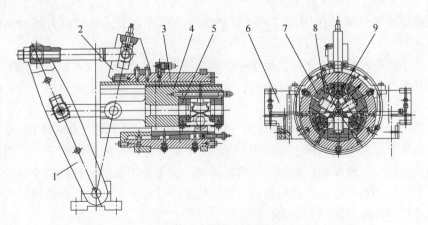

图 1-4　三辊冷轧管机机架

1—摇杆系统；2—斜支座；3—机架套筒；4—轧辊导向架；5—轧辊保持架；
6—车体；7—斜楔；8—滑道；9—轧辊轴承

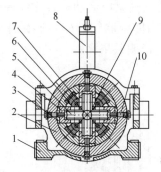

图 1-5 四辊冷轧管机机架

1—框架；2—机架套筒；3—斜楔；4—滑道；
5—轧辊；6—导向架；7—轧辊架；
8—斜支座；9—轧辊轴承；10—螺栓

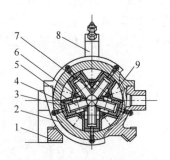

图 1-6 五辊冷轧管机机架

1—框架；2—机架套筒；3—斜楔；
4—滑道；5—轧辊；6—轧辊保持架；
7—轧辊轴承；8—斜支座；9—扇形块

1.1.3.2 主电机及传动机构

一般情况下，对于小规格冷轧管机采用直流电机经皮带轮（或经减速机、离合器等）带动曲柄连杆机构，再带动轧机机架做往复运动。但对于较大规格的轧机和高速轧机来说，必须对传动系统提出严格的要求。理想的传动机构应带有气动离合器-制动器的皮带传动。皮带可以缓和冲击，防止过载，工作平稳且无噪声。采用气动离合器，可以使轧机迅速停车，同时主电机不需要频繁启动和制动。气动离合-制动器采用多片盘状摩擦式，通过气缸及压缩弹簧的作用使摩擦片压紧或分开。当需要轧机工作时，通入压缩空气使摩擦片压紧，电机的扭矩经大皮带轮上的离合摩擦片带动曲拐转动。当需要停车时，气缸停止供气，其中一侧的摩擦片靠弹簧的作用而打开，另一侧的摩擦片合上，靠摩擦力制动曲拐的转动。

为了克服轧机机架在往复运动中产生的巨大惯性力和惯性力矩，必须采用惯性力和惯性力矩的平衡装置。目前，我国的 LG 型二辊冷轧管机采用了两种形式的平衡机构。

第一种是在 LG-120、LG-30-GH、LG-60-GH、LG-90-GH、LG-90-GHL 型轧机上采用的是垂直平衡机构。如图 1-7 所示，平衡重设置于曲拐轴的下方。这种布置方式可减少占地面积，曲拐的结构较简单，加工费用较低，轧机的外形较为紧凑。但轧机的基础较深，费用较高。轧机的维护检修不太方便。带动机架与平衡重的两根连杆在曲拐同一个相位。

第二种是在 LG-150、LG-200 型轧机采用了水平平衡机构。如图 1-8 所示，平衡重放置于与轧制中心线平行的水平面上。带动机架的曲拐与带动平衡重曲拐的相位相错 105°。水平平衡的好处在于它不需要较深的基础，基建费用较低，维护与检修比较方便。但它的占地面积较大，曲拐的拐数增多，不便于加工制造。

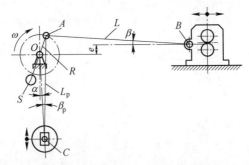

图 1-7　二辊高速冷轧管机传动机构及其垂直平衡装置

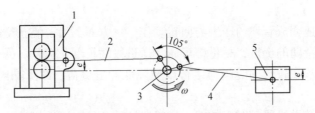

图 1-8　LG-150 和 LG-200 轧机水平平衡传动示意图
1—轧机机架；2—机架连杆；3—曲拐；4—平衡重连杆；5—平衡重

LD-30 和 LD-60 轧机均采用直流电机传动，经皮带轮、小齿轮、偏心齿轮和大连杆与轧机机架相连，带动轧机机架做往复运动以实现轧制。

LD-8 和 LD-15 轧机的主传动机构如图 1-9 所示。大连杆的一端与偏心轮联结于 O_2 点，而另一端与摇杆的延长线上的 O_3 点联结。当偏心轮连续转时，通过大连杆带动摇杆摆动并经其一端与摇杆上的 A 点相连，另一端与机架上的斜支座上的 C 点相连的拉杆 AC 带动轧机机架做往复运动以实现轧制。

LD-120 轧机的主传动机构采用了摆锤式垂直平衡机构，如图 1-10 所示。大连杆 L 的一端与机架相连于 B 点，另一点与曲拐相连于 A 点，垂直平衡重连杆 LC 的一端与曲拐同样相连于 A 点，另一端与平衡重相连于 C 点。同时，支连杆 LO_1 的一端与平衡重的 C 点相连，另一端与固定支座相连于 O_1 点。当曲拐 R 以角速度 ω 转动时，一方面带动轧机机架做往复运动，同时通过平衡重连杆 LC 带动平衡重沿圆弧 ab 运动。此时，由平衡重产生的惯性力和惯性力矩可以平衡轧机机架产生的惯性力和惯性力矩，从而达到提高轧机机架往复摆动速度的目的。

1.1.3.3　回转送进机构

回转送进机构是冷轧管机中极为重要的部件。它应与轧机机架的往复运动完全同步协调运行，必须在机架的一个往复行程中规定的前极限和后极限位置的很

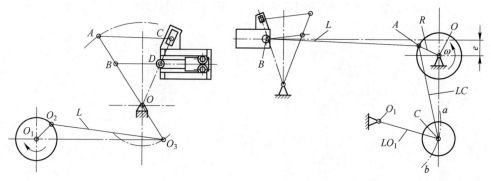

图 1-9　LD-8 和 LD-15 三辊
冷轧管机主传动机构

图 1-10　LD-120 五辊冷轧管机主传动机构

短的时间内快速完成管坯的送进与回转动作。一方面，为了使孔型的工作段有足够的长度用于金属的变形，尽量缩短回转送进段的长度。但是，另一方面，回转送进机构则要求在较长的时间内运行以便降低冲击负荷，减少噪声，提高性能，延长使用寿命。

用于与回转送进段相对应的偏心齿轮曲柄转角最大不得超过 120°。如果超过 120°，轧机机架有效行程将急速减少，这对于金属变形及产品质量很不利。另外，回转送进段的长度过小将会导致回转送进机构动负荷急剧增加，加快有关零部件损坏，增加设备维修工作量，降低轧机有效工作系数，提高了成本。

不同类型不同规格的冷轧管机所采用的回转送进机构不尽相同。

A　马氏机构

早期冷轧管机曾采用马氏回转送进机构，目前在小规格的多辊冷轧管机上仍然保留良好的使用价值。因为马氏机构具有送进量和转角准确，结构及加工均比较简单的特点而受到欢迎。图 1-11（a）所示是六槽马氏间歇运动机构。拨爪 1 与主传动偏心齿轮同步转动。当回转送进开始时，拨爪 1 上的 A 点与转盘 2 啮合，当拨爪 1 继续转动时，将拨动转盘转动。当拨爪到达 B 点时，转盘即停止转动。为了防

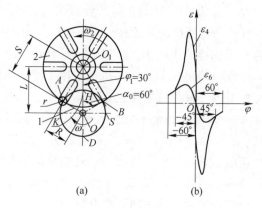

(a)　　　　(b)

图 1-11　六槽马氏间歇运动机构

止转盘因自身的惯性而继续转动，在拨爪 1 轴上装有固定盘 HSDK，以保证拨爪

在下一个周期准确进入转盘的下一个槽。这样，当拨爪连续转动时，就可周而复始地完成回转送进动作。转盘转角的大小取决于转盘的槽数。马氏机构仅适用于单回转、单送进的轧机上，不能用于单送进双回转或双送进双回转的轧机上。要想实现两次回转或送进必须缩短用于回转送进段的行程长度。但是，要想缩短回转送进段的长度必须减少转盘的槽数。图 1-11 (b) 所示是六槽和四槽马氏机构运动时的角加速度曲线。可以清楚看出，从六槽改为四槽后，后者比前者的角加速度高出三倍，而机架有效行程却只增加了近 10%。

为了获得不同的送进量和转角，将配置不同速比的齿轮以达到改变送进量的目的，转角一般只设一个，最多设两个。

B　减速箱型回转送进机构

减速箱型回转送进机构的结构比较紧凑，只有一个分箱面。图 1-12 是该机构的结构原理图。

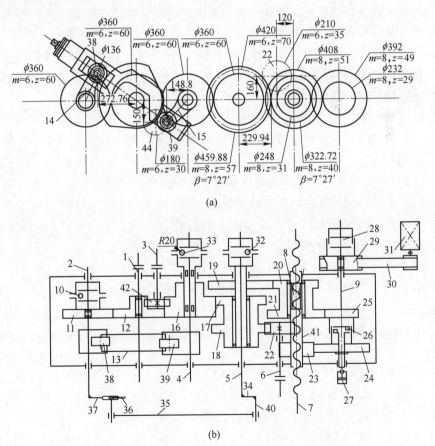

图 1-12　LG-80 及 LG-55 轧机回转送进机构(减速箱型)

(序号说明见正文)

轴 1 的转速与轧机机架往复摆动次数完全同步。轴 1 带动平面凸轮 13 匀速转动，固定在摆杆 14 和 15 上的滚轮 38 和 39 紧贴在凸轮的轮廓面上滚动。当紧固在轴 2 上的摆杆 14 反时针摆动时，将带动回转半径可调的摆杆 37 摆动并通过连杆 35 和摆杆 34 带动轴 5 转动。轴 5 的另一端与超越离合器 32 联结，而超越离合器 32 的外壳与齿轮 19 刚性联结。齿轮 19 与齿轮 20 啮合并通过双联齿轮 21 及齿轮 25、牙嵌离合器 26、齿轮 24、与轴套 41 紧固相连的齿轮 23 带动固定在轴套 41 上的螺母 8 转动，从而带动了丝杠 7 做轴向移动。这样就实现了送进动作。送进量的大小是靠调整摆杆臂 37 的长度实现。

当摆杆 14 按顺时针方向摆动时，将带动轴 2 并通过轴 2 和超越离合器 10 带动齿轮 11、12、16、双联齿轮 17、18 和齿轮 22，通过轴将回转动作传到芯棒卡紧装置。另一方面，通过齿轮 16、42 带动轴 3 将回转动作传给管坯卡盘、中间卡盘和前卡盘。

当前一根管坯已轧完，管坯卡盘须要快速退回至原始位置或因某种原因要快速前进至某一位置时，合上摩擦离合器 28 并通过液压缸 27 将牙嵌离合器 26 合上。启动电机 31，经皮带 30、大皮带轮 29、轴 9、齿轮 24 和齿轮 23 使与之固定在一起的轴套 41 和螺母 8 快速转动，从而带动丝杠 7 快速向前或向后移动，达到快速移动管坯卡盘的目的。

减速箱型回转送进机构在我国的 LG 系列轧机上应用至今，使用效果良好。但凸轮、超越离合器及连杆铰接部分磨损比较严重，噪声较大，不适于在高速情况下使用。

C　四杆自锁式无丝杠回转送进机构

四杆自锁式无丝杠回转送进机构是 20 世纪 80 年代初由西安重型机械研究所研制成功的新型冷轧管机回转送进机构并获得国家发明专利。图 1-13 是该机构的原理示意图。

图 1-14 是四杆自锁式无丝杠回转送进机构传动示意图。

图 1-15 是无丝杠回转送进机构的传动装置-摆线机构。

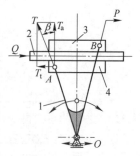

图 1-13　四杆自锁式无丝杠
回转送进机构原理示意图
1—摇杆；2—管坯；
3—上卡瓦；4—下卡瓦

如图 1-15 (a) 所示，当 M 点由 A 点到 B 点，曲线 $ABCA$ 是 G 点的位移曲线。由 A 到 B 点是齿条向前移动，从 B 点到 C 点齿条停止不动，也就是说从 A 点到 C 点是轧制过程。摆线机构连杆上 G 点从 C 点再返回到 A 点的过程是轧机的回转与送进的过程。现在，回到图 1-14。摆线机构连杆 L 上的 G 点与齿条 1 的一端铰接，带动齿条 1 作间歇式往复运动。当齿条向右运动时带动齿轮 2 并通过超

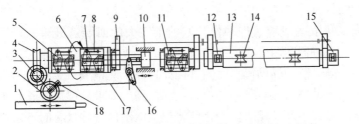

图 1-14 四杆自锁式无丝杠回转送进机构传动示意图

1—齿条；2—齿轮；3—装在蜗杆轴上的超越离合器；4—蜗轮；5—1 号止退夹持器；6—夹持器框架；
7—送进夹持器；8—预压紧弹簧；9—转角齿轮；10—送进滑架；11—2 号止退夹持器；
12—2 号芯棒卡紧机构；13—床身；14—夹送辊；15—1 号芯棒卡紧机构；
16—送进滑架摆杆；17—连杆；18—送进量调节螺杆

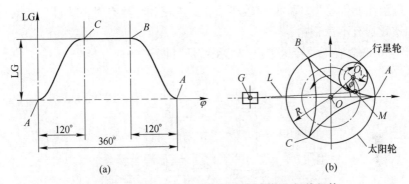

图 1-15 无丝杠回转送进机构的传动装置-摆线机构

越离合器驱动蜗杆及蜗轮转动（即图 1-15 中的 C 点到 A 点）。一方面通过蜗轮 4 带动夹持器框架 6、转角齿轮 9 实现管坯的回转。另一方面齿轮 2 经连杆 17、送进滑架摆杆 16 带动送进滑架 10 向左移动，送进夹持器 7 紧紧夹住管坯向前（向左）送进。这样就完成了管坯的回转与送进动作。

在机构中，共设立了两个芯棒卡紧装置 12 和 15 交替工作。首先，打开 1 号芯棒卡紧机构，将管坯装入轧机，1 号芯棒卡紧机构将芯棒杆卡紧后，打开 2 号芯棒卡紧机构 12，夹送辊 14 夹住管坯穿过 2 号止退夹持器 11、送进夹持器 7、1 号止退夹持器 5，将管坯送到轧机机架进行轧制。当第一根管坯的尾部超过 2 号芯棒卡紧机构时，立即用 2 号芯棒卡紧机构把芯棒杆卡紧，然后打开 1 号芯棒卡紧机构，再装入新一根管坯，1 号芯棒卡紧机构再次夹紧芯棒杆，2 号芯棒卡紧机构自动打开。这样就完成了不停机连续上料、连续轧制的新工艺。

无丝杠回转送进机构已批量用于 LD-30-WS 型、LD-60-WS 型和 LG-60-L 型轧机。通过十几年使用结果表明，不停机、连续上料、连续轧制的轧机的产量平均提高 20%~30%，对于 LD 型多辊轧机甚至达到 40%~50%。

　　该机构的特点是取消了传统的既长又细、难于加工、价格昂贵的丝杠；采用摆线机构完成间歇式回转送进动作，取消了庞大的回转送进箱，减轻了设备重量；采用送进夹持器和两个止退夹持及两个芯棒夹紧装置，实现了不停机、连续上料和连续轧制，节约辅助操作时间并因此提高了轧机产量20%~30%。

　　该轧机的不足之处是对管坯的不直度和椭圆度要求较严格；管坯夹持器中的卡瓦内径必须与管坯外径相适应，否则将产生滑动使送进量有时不够准确；各夹持中铰链较多，易磨损。

　　D　液压回转送进机构

　　在20世纪70年代初，西安重型机械研究所研制成功液压回转送进构。之后经过多次改进提高，得到了较广泛的应用。

　　该机构的优点是回转部件结构简单，零件较少，转动惯量较小，冲击小，噪声小。但液压元件易损坏，漏油较严重，送进量和转角有时不够准确，对产品的产量和质量均有不良影响。

　　图1-16是全液压回转送进机构的系统原理图。

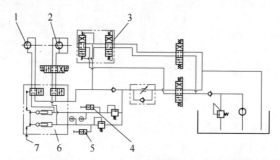

图1-16　冷轧管机全液压回转送进机构系统原理图

1—回转马达；2—送进马达；3—电液换向阀；4—回转角调节器；
5—送进量调节器；6—给油器；7—主传动的转向传动轴

　　全液压回转送进机构，是以滑阀配油的偏心柱塞泵原理设计而成的给油器作为动力源，向液压马达供给压力油，组成一个给油器-液压马达的容积调速系统来实现液压马达做间歇式的周期运动，分别利用送进量调节器和转角调节器来实现送进量和回转角度的无级调节。

　　给油器由轧机主传动中的转向箱分出来的传动轴带动做旋转运动并严格与轧机机架往复运动次数同步。给油器按冷轧管的工艺规范设计的。给油器的偏心轴每转一周只能完成一次吸油、一次供油动作，其供油和吸油的时间是通过配油阀的运动来实现，并与轧机机架的往复运动相协调。操作电液换向阀可实现送进液压马达的快速送进或退回。

　　图1-17是目前二辊和多辊冷轧管机上应用较多的液压回转送进机构系统图。

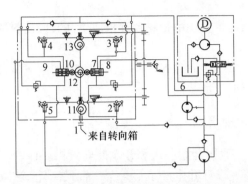

图 1-17　多辊冷轧管机液压回转送进机构系统图
(序号说明见正文)

采用凸轮驱动特殊设计的单柱塞泵 2~5 向油马达供油，油马达可按事先设计的凸轮供油曲线运动，以满足轧机对回转和送进的要求。

为使油马达工作平稳增加了背压柱塞。送进量的改变是通过一系列的连杆、杠杆、丝杠、手轮来实现，使供油柱塞的行程减少或增加，从而使油马达在工作时间内的转角也相应改变，实现送进量的调节。回转角度的大小一次性调定。动作顺序如下：当凸轮轴 1 在轧机主传动中的变向箱出轴的带动下旋转时，柱塞泵 2~5 在凸轮 11~13 和杠杆的共同作用下实现供油（油马达进油）或吸油（油马达回油）过程并通过三通阀的运动，使油路 7 与 8、9 与 10 接通或断开。当油路 7 与 8、9 与 10 接通时，柱塞泵 3、4 分别向送进油马达、回转油马达供给设定的油量，油马达就转一定角度。当油路 7 与 8、9 与 10 断开时，送进与回转油马达都停止运行。这样就实现了冷轧管机所要求的在给定的时间内完成的间歇运动。

回路 6 主要是补油回路。当轧机机架停止往复运动时，通过电液换向阀实现送进油马达带动送进丝杠快速旋转从而带动送进卡盘快速前进或后退。

1.1.3.4　卡盘及夹紧装置

管坯送进卡盘的功能是夹住（或顶住）管坯，在回转送进机构及丝杠的带动下，将管坯向前送进并回转一个限定的角度。当送进卡盘在床身上走到前极限位置后，将快速返回至原始位置，等待下一根管坯。

芯棒卡紧装置的功能是将芯棒杆固定在轧制中心上的特定位置并承受在轧制过程中产生的较大的轴向力并同时将芯棒杆转一个与管坯的转角相同的角度。必要时，还通过芯棒杆将润滑剂送入位于变形区中的芯棒。

当管坯送进装置已将管坯尾部送到床身的前极限位置时，须要中间卡盘和出口卡盘帮助顺利完成管坯的尾部的回转和送进。尤其管坯较重时，仅靠芯棒与变区锥体间的摩擦力是难以准确完成管坯的回转。

1.1.3.5　送料及出料装置

进料装置的功能是将管坯由受料台逐根取下并放入受料槽中，用推料机构将其送入轧机待轧。

成品出料装置应包括将成品管快速拉出、在线切割成定尺和打捆。在全部过程中，成品管的表面不得被擦伤。

1.1.4　冷轧管机发展现状

20世纪60年代，我国开始引进和开发冷轧管机。1960年，我国科研单位中国重型机械研究所研究设计并生产了第一台三辊式冷轧管机LD-30，取得了可喜的成果。目前，我国自主设计生产的冷轧管机已广泛应用于各个行业。我国冷轧管机主要分为两大系列LG两辊式和LD多辊式。冷轧管机主要系列型号参数见表1-1。

表1-1　冷轧管机主要型号参数表

冷轧管代号	产品外径规格/mm
LG-30	$\phi15\sim30$
LG-60	$\phi25\sim60$
LG-90	$\phi50\sim90$
LG-120	$\phi80\sim120$
LG-180	$\phi110\sim180$
LG-250	$\phi179\sim250$
LG-450	$\phi240\sim450$
LD-15	$\phi3\sim15$
LD-30	$\phi13\sim30$
LD-60	$\phi28\sim60$
LD-90	$\phi55\sim90$
LD-180	$\phi110\sim180$
LD-250	$\phi170\sim250$

以往老式的冷轧管机有运转速度慢、产量不高、故障频繁、运行噪声大等缺点，我国的科研工作者在制造冷轧管机方面为提升冷轧管机机架运行速度，从而提高生产效率方面一直都在研究不同的方法；与此同时，为了匹配冷轧管机的高速运转工作也在设计研发更为先进的回转送进装置。现代科学技术的发展给冷轧管技术上的突破提供了更为有效的科学方法。第一，找到了一种有效提高冷轧管机生产效率的方法；第二，现代伺服技术的飞速发展，为提高冷轧管技术提供了

条件。旋转伺服电机的应用极大地简化了冷轧管机旋转送进机构,提高了生产效率和延长了机器的寿命,并降低了噪声的产生。因此,我国在短短几年的时间里配备伺服电机回转送进机构的冷轧管机就配置投产了50多台。

目前,我国的冷连轧管机处在更新换代的最佳时机,发展趋势如下。

(1) 现阶段冷轧管机主体发展方向是实现运行速度快、加工行程长、不停机上料、生产过程自动化;进一步提升产品质量性能,以满足广大用户企业的要求。

(2) 努力改善普通速度的长行程设计结构,减少生产故障率,提升整体性能,满足生产特种材料的中小厂家的要求。

(3) 采用双回转、双送进装置,这对于一些产品来说有助于提升钢管质量,提高轧机产量,降低轧管机负荷。但是双回转、双送进机构使用会相应地提高轧机成本,使得轧机结构变得复杂。

(4) 为满足广大低端厂家的需求,应着力研发使用的机械式回转送进机构。由伺服电机控制的回转送进机构优点在于控制精确,但其缺点是生产投入成本高,对于中小企业用户而言是不适用的。

(5) 多辊冷轧管机并不适用安装双送进机构。因为双送进机构会严重降低轧管机有效行程,所以钢管轧制变形变得困难。目前改善轧管质量、提高轧机生产效率的工艺主要采用高速、长行程和不停机连续上料机构,以及连续轧制的方法。

(6) 研发新型高效的多辊变断面孔型的冷轧管机,替代目前广泛使用的LD型多辊冷轧管机,可以有效减少生产成本、提高经济效益,更好地满足广大企业需求,积极推动我国冷轧管机的技术发展。

(7) 近年我国的冷轧管机总装机量已突破5000台/年。随着我国经济的快速发展,我国周期冷轧管机装机量将会不断提高。其中二辊冷轧管机装机量占总装机量的65%,但是与之不相称的是冷轧辊孔型加工工具依然很落后,远不能达到高质量、高精度钢管轧制的标准。因此必须加大高精度孔型加工设备的研发力度,紧跟冷轧管机技术发展步伐。

(8) 钢铁企业应与科研机构、高等院校加大合作力度,积极推进新型冷轧管机平衡装置和回转送进装置的研发,使其更加简单可靠、制造成本低。

(9) 积极采用新技术,提高轧管机的机械化水平,使生产程序化、自动化,降低操作者的劳动强度,提高劳动生产率。

1.2 冷轧钢管成形原理

1.2.1 冷轧管金属变形

冷轧管时,管料是按照下列方式进行变形的。当工作机架在原始位置时,由于管料的递进，工作锥 1 在轧制方向移动一段距离 m，此时，等于管料截面工作锥的 Ⅰ—Ⅰ 截面，也移动相同的距离，到了 $Ⅰ_1$—$Ⅰ_1$ 位置。工作锥的 Ⅱ—Ⅱ 截面移动一段距离 m 以后，到了 $Ⅱ_1$—$Ⅱ_1$ 位置，如图 1-18（a）所示。

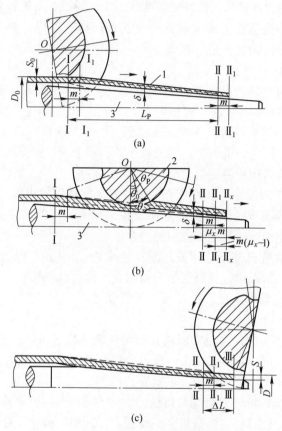

图 1-18　冷轧管时的金属变形

　　管料送进时，工作锥的内表面与芯棒 3 的表面离开，形成了一个间隙 δ。当工作机架向前移动时，工作锥的直径先减小到内表面同芯棒相接触的程度，然后直径和壁厚才同时受到压下。此时，送进到轧槽块孔型 2 中的一部分金属进行变形，这部分金属的体积被称为"送进体积"，等于管料截面积与送进量 m 的乘积。

　　随着工作机架向前移动和轧槽块的转动，处于轧槽前面的一部分工作锥由于压下而向前延伸。此时，工作锥的末端截面 $Ⅱ_1$—$Ⅱ_1$ 移动到过渡位置 $Ⅱ_x$—$Ⅱ_x$，相对于 Ⅱ—Ⅱ 截面移动一段等于 $\mu_x \cdot m$ 的距离，这里 μ_x 为延伸系数的瞬时值。工作锥的末端截面，当工作机架在过渡位置时，相对于 $Ⅱ_1$—$Ⅱ_1$ 截面移动一段等于 $m \cdot (\mu_x - 1)$ 的距离。

如图 1-18 (b) 所示,当工作机架向前移动时,随着轧槽块的转动,工作锥内表面与位于轧槽块前面的芯棒之间的间隙 δ 不断地增大。

如上所述,当轧槽块回转时,在工作锥的壁厚压下之前,先要减小直径。因此,瞬时变形区可以被认为是由两部分组成的 [见图 1-18 (b)],即由中心角 θ_p 所构成的部分和由中心角 θ_0 所构成的部分;在前一部分中工作锥的直径减小到其内表面同芯棒相接触,而在后一部分中工作锥的直径和壁厚同时得到压下。称 θ_p 角为减径角,而称 θ_0 为压下角。在机架的往复行程中,θ_p 角和 θ_0 角的大小是变化的,这两个角构成了咬入角 θ。

工作机架回到原始位置时,在一个工作循环中所得到的一段管子就算轧制完成了。送进轧槽块孔型中的一段管料的长度为 m,它的体积等于

$$V_m = \pi(D_0 - S_0) \cdot S_0 \cdot m$$

在一个轧制循环中,可以从送进的一段管料得到长度为 ΔL [见图 1-18 (c)] 的一段管子,它的体积等于

$$V = V_m = \pi(D - S) \cdot S \cdot \Delta L$$

从体积的等式中,不难确定在工作机架的往复行程中所轧制的一部分管子的长度同管料截面和送进量大小之间的关系。这个关系可以用式 (1-1) 来表示

$$\Delta L = \frac{\pi \cdot S_0 \cdot (D_0 - S_0)m}{\pi \cdot S \cdot (D - S)} = \mu m \tag{1-1}$$

式中　μ——总延伸系数,由管料的截面积与轧后管子的截面积的比值为确定。

由上式可以看出,延伸系数和送进量越大,则管料在变形区中的周期性压缩次数就越少。但延伸系数的允许值又受钢种、设备能力和钢管质量的限制。通常延伸系数多为 3.0~4.5,送进量为 3~8mm。送进量越大,产量越高,但超过一定值后,会影响产品质量,产生相反的效果。

综上所述,在二辊冷轧管机上,变形是由减径阶段和减壁阶段所组成。在减径阶段钢管外径减小壁厚有所增加。由此可见减径阶段是冷轧管最不理想的变形过程,故应尽量减少管壁增厚值。在减壁阶段轧槽强迫金属展宽,故在确定轧槽宽度时应考虑这种情况。

1.2.2　变形次数

轧槽块孔型的工作部分分为压下部分和定径部分。定径部分孔型的直径是不变的。压下部分顺次包括减径段、壁厚压下段和预精整段。管料的变形主要集中在压下部分中进行。如前所述,管料上的任一截面,变形从开始到结束需要经过不同轧制周期的多次压下,这里把管料通过孔型的压下部分完成变形所经的轧制周期数称为变形次数。

把轧制过程简化为平板的周期式轧制。如图 1-19 所示,以工作锥的长度为

横坐标，工作锥横截面的面积为纵坐标，工作锥的开始截面和纵坐标重合，建立直角坐标系。工作锥压下部分（与孔型压下部分相当）的长度为 l_P ，曲线 AB 为工作锥压下部分横截面面积 $F_x = f(x)$ 的变化曲线，它由开始截面的 F_0 逐渐减小到压下部分终了截面的 F_τ 。

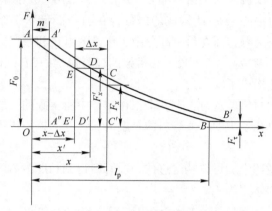

图 1-19　工作锥上各截面的移动

当把工作锥送进一个送进量 m 后，AB 移到 $A'B'$ 的位置，其上的任意截面 EE' 移动了一个 m 值到了 DD' 位置。在下一个轧制周期以后，由于变形，DD' 截面移到了 CC' 的位置，移动的距离是 $x - x'$ 。这样，未送进前工作锥上的任意截面 EE' 经过送进和变形到了 CC' 的位置，总的移动距离是

$$E'D' + D'C' = m + (x - x') = \Delta x$$

相距为 Δx 的两截面间的金属体积应等于送进体积 V_m 。因此，若把工作锥压下部分划为若干份，每份体积等于送进体积（见图 1-20），则变形次数应为

$$n = \frac{\int_0^{l_P} f(x)\,\mathrm{d}x}{V_m} \tag{1-2}$$

式中　$\int_0^{l_P} f(x)\,\mathrm{d}x$ ——工作锥压下部分的体积。

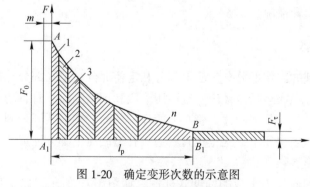

图 1-20　确定变形次数的示意图

$1 \sim n$ ——工作锥压下部分划分的份数

由式（1-2）可知，n 与孔型设计有关。而对于既定的孔型 $\int_0^{l_p} f(x)\,\mathrm{d}x$ 是不变的，但随着 m 的改变，V_m 值发生变化；n 也随之改变；当 m 增加时，n 减少；当 m 减少时，n 增加。

1.2.3 瞬时变形区几何参数

周期轧制的特点是在冷轧管过程中，变形区的尺寸不断地发生变化，具有瞬时性。因此，周期轧制时的变形区称为瞬时变形区。

下面来确定瞬时变形区的几何参数，其中包括变形量、边界线及接触面积。

1.2.3.1 瞬时变形区的变形量

工作锥上任一截面在轧制过程中一旦与孔型接触就成了瞬时变形区的进口截面。当轧辊在随着工作机架移动的同时转动了一个相当于咬入角的角度后，该截面到了机架中心面的位置，所达到的变形量称为瞬时变形区的变形量。

应该注意的是，瞬时变形量和同一截面在一个轧制行程中的变形量不同。

下面来建立瞬时变形区壁厚压下量和轧次壁厚压下量之间的关系，如图 1-21 所示。为了简化，先假设它们都只发生在正行程轧制中。

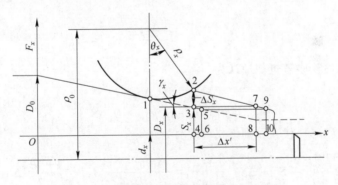

图 1-21　确定瞬时变形区壁厚压下量的图示

图 1-21 中 2—4 截面为瞬时变形区的进口截面，θ_x 为咬入角。轧辊转动了一个 θ_x 角后，截面 2—4 因变形而移到了 7—8 的位置并有了一个壁厚压下量 ΔS_x，这就是瞬时变形区的壁厚压下量。但这时该截面的变形没有结束，因在变形区内体积为 V_{1-2-3} 的金属在轧制过程中产生变形而使它前移了。设变形结束时它处在截面 9—10 的位置，这时它所达到的壁厚压下量即为轧次壁厚压下量 ΔS_z。

按体积有

$$V_{2-4-9-10} = V_m$$

或

$$V_{2-4-7-8} + V_{1-2-3} = V_m$$

即

$$V_{2-4-7-8} = V_m - V_{1-2-3}$$

因 θ_x 角不大，上式可近似的表达为

$$\frac{F_{\Delta x'} + F_x}{2}\Delta x' = F_0 m - 0.5\rho_x \sin\theta_x \Delta F_x \tag{1-3}$$

式中　$\Delta x'$——2—4 截面和 7—8 截面之间的距离；

　　　$F_{\Delta x'}$——2—4 截面的面积；

　　　F_x——7—8 截面的面积；

　　　ΔF_x——2—4 截面和 7-8 截面的面积差。

取 $\sin\theta_x = \theta_x$，角 θ_x 利用下列关系求得，如图 1-21 所示。

因

$$\rho_0 = \rho_x \cos\theta_x + \Delta S_x + 0.5D_x \tag{1-4}$$

$$\rho_0 = \rho_x + 0.5D_x$$

由上两式得

$$\rho_x = \rho_x \cos\theta_x + \Delta S_x$$

即

$$1 - \cos\theta_x = \frac{\Delta S_x}{\rho_x}$$

$$\cos\theta_x \approx 1 - \frac{\theta_x^2}{2}$$

所以

$$\theta_x = \sqrt{\frac{2\Delta S_x}{\rho_x}} \tag{1-5}$$

在式（1-3）中若近似地认为

$$\Delta F_x = \pi D_x \Delta S_x$$

$$F_{\Delta x'} = \pi\left[(D_x - S_x)S_x + D_x \Delta S_x\right]$$

并把式（1-5）代入，则该式可改写为

$$\left(2\frac{D_x - S_x}{D_x}S_x + \Delta S_x\right)\frac{\Delta S_x}{2\tan\gamma_x} = \frac{m(D_0 - S_0)}{D_x}S_0 - \sqrt{\frac{\Delta S_x \rho_x}{2}}\Delta S_x \tag{1-6}$$

式中　$\dfrac{m(D_0 - S_0)}{D_x}S_0$——单位周长的送进体积。

令

$$\frac{m(D_0 - S_0)}{D_x}S_0 = V_y$$

同时近似地取

$$2\frac{D_x - S_x}{D_x}S_x + \Delta S_x = 2S_x + \Delta S_z$$

$$\sqrt{\frac{\Delta S_x \rho_x}{2}}\Delta S_x = \sqrt{\frac{\Delta S_z \rho_x}{2}}\Delta S_z$$

式中 ΔS_z ——轧次壁厚压下量。

则式（1-6）可写为

$$(2S_x + \Delta S_z)\frac{\Delta S_x}{2\tan\gamma_x} = V_y - \sqrt{0.5\Delta S_z\rho_x}\,\Delta S_z \qquad (1\text{-}7)$$

由于又有

$$(2S_x + \Delta S_z)\frac{\Delta S_x}{2\tan\gamma_x} = V_y$$

把它代入式（1-7）后，可得到计算瞬时变形区壁厚压下量的近似公式

$$\Delta S_x = \Delta S_z\left(1 - \frac{\sqrt{2\Delta S_z\rho_x}\tan\gamma_x}{2S_x + \Delta S_z}\right) \qquad (1\text{-}8)$$

由式（1-8）可知，ΔS_x 不等于而小于 ΔS_z，并且其差值随着 ρ_x、$\tan\gamma_x$ 和 ΔS_z 的增加而加大。但通过计算分析，ΔS_x 和 ΔS_z 的差值一般不超过 10%，而且主要存在于孔型壁厚压下段的开始部分。因此，在多数情况下，ΔS_x 可按 ΔS_z 的计算公式进行计算。只是对于孔型壁厚压下段的开始部分建议用式（1-8）计算 ΔS_x。

考虑到在一个轧制周期中工作锥上各截面的壁厚压下是在正、返两个轧制行程中完成的，因此，应分别确定正、返轧制行程中瞬时变形区的壁厚压下量。它们仍按前述确定正、返轧制行程轧次壁厚压下量的方法，利用系数 K_t 对 ΔS_x 进行修正求得，即正行程瞬时变形区的壁厚压下量为

$$\Delta S_{x_n} = \Delta S_x(1 - K_t)$$

返行程的壁厚压下量为

$$\Delta S_{x_0} = K_t \Delta S_x$$

1.2.3.2　瞬时变形区的边界线

为了计算变形时金属与轧辊的接触面积，必须知道变形区的前后边界线。应该指出，周期轧制时变形区出口一侧的后边界线在多数情况下不在机架的中心面内而是一条空间曲线。因为，如图 1-22 所示，在 B 点孔型脊部和工作锥没有公切线。但实际的后边界线和机架中心面与工作锥交线之间的偏差量很小，在计算接触面积时可以忽略。因此，可认为瞬时变形区的后边界线在机架中心面内。

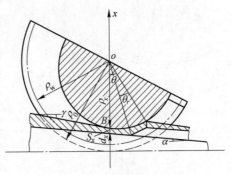

图 1-22　变形区的纵截面

瞬时变形区进口一侧的前边界线是空间曲线，它决定于沿孔型周边各纵截面上的咬入角 θ。

下面讨论正行程轧制时沿孔型周边各纵截面上咬入角的确定。

冷轧管时，由于轧辊的转动和工作机架的移动之间存在着严格的运动学关系，因而轧槽和工作锥两者的脊部轮廓是相互对应的。为了便于分析，如近似地认为轧槽压下部分脊部的轮廓曲线是阿基米德螺线，轧槽半径的变化为

$$R_x = R_0 - \rho_w(\theta + \beta)\tan\gamma$$

则工作锥压下部分脊部为与横坐标相交成 γ 角的直线，如图 1-23（a）所示。这时，如不考虑孔型侧壁的开口，轧槽压下部分工作表面的曲面方程为

$$Z = \rho_0(1 - \cos\theta) + \cos\theta\sqrt{[R_0 - q(\theta + \beta)]^2 - y^2} \qquad (1\text{-}9)$$

$$q = \rho_w\tan\gamma$$

式中　　　Z——孔型工作表面上各点的高度；

　　　　　y——孔型工作表面上各点至孔型中心线的垂直距离；

　　　　　θ——沿孔型周边任一纵截面上的咬入角；

　　　　　R_0——孔型压下部分的起始半径，等于工作锥的最大半径；

　　　　　ρ_0——工作轧辊的理想半径；

　　　　　β——孔型压下部分开始截面与机架中心面之间的夹角；

$[R_0 - q(\theta + \beta)]$——在与孔型压下部分开始截面夹角为 $(\theta + \beta)$ 的截面上，孔型的半径 R_x。

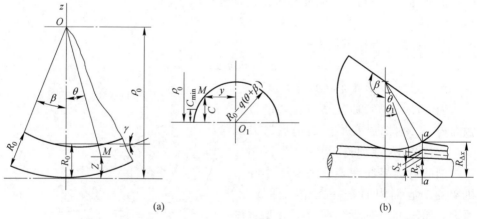

图 1-23　确定轧槽工作表面曲面方程的图示

在同一坐标系中，起始半径为 R_0 的工作锥，轧制过程中瞬时变形区进口一侧其尚未变形部分表面的曲面方程为

$$Z = \sqrt{[R_0 - q(\theta + \beta_1)]^2 - y^2} \qquad (1\text{-}10)$$

式中　　　β_1——轧制过程中在工作锥尚未变形部分向前移动的情况下，计算瞬时变形区进口截面工作锥半径时轧辊的当量转角；

$[R_0 - q(\theta + \beta_1)]$——瞬时变形区进口截面工作锥的半径 $R_{\Delta x}$。

建立上述公式时，假设了轧槽脊部和受到变形部分的工作锥具有相同的锥度。实际上，由于轧槽脊部的锥度沿其轮廓是个变值，即在压下部分开始处最大，随后逐渐减小，所以，变形部分工作锥的锥度比轧槽脊部的锥度要大一些，因前者由于变形而发生了移动。

联立解方程式（1-9）和式（1-10），可得到轧槽工作表面和工作锥表面交线的方程为

$$\sqrt{[R_0 - q(\theta + \beta_1)]^2 - y^2} = \rho_0(1 - \cos\theta) + \cos\theta\sqrt{[R_0 - q(\theta + \beta)]^2 - y^2}$$

$$(1-11)$$

设 $$\sqrt{[R_0 - q(\theta + \beta)]^2 - y^2} = C$$

则 $$[R_0 - q(\theta + \beta)]^2 - y^2 = C^2$$

或 $$-y^2 = C^2 - [R_0 - q(\theta + \beta)]^2$$

把上式代入式（1-11）后得式（1-12）

$$\sqrt{[R_0 - q(\theta + \beta_1)]^2 - [R_0 - q(\theta + \beta)]^2 + C^2} = \rho_0(1 - \cos\theta) + C\cos\theta$$

$$(1-12)$$

上面已经提到，$[R_0 - q(\theta + \beta)] = R_x$；$[R_0 - q(\theta + \beta_1)] = R_{\Delta x}$，而差值 $R_{\Delta x} - R_x$ 可认为是瞬时变形区的半径压下量，因轧辊继续转动一个 θ 角后，在 a—a 截面工作锥与孔型具有相同的半径 R_x，如图 1-23（b）所示。

这样，式（1-12）可改写成

$$\sqrt{R_{\Delta x}^2 - R_x^2 + C^2} = \rho_0(1 - \cos\theta) + C\cos\theta$$

认为 $\cos\theta \approx 1 - \dfrac{\theta^2}{2}$，并把上式等号两边平方，经整理可得式（1-13）

$$\theta^4 + \frac{4(\rho_0 - C)C}{\rho_0(\rho_0 - 2C)}\theta^2 - \frac{4(R_{\Delta x}^2 - R_x^2)}{\rho_0(\rho_0 - 2C)} = 0 \qquad (1-13)$$

由于冷轧管时实际使用的是带侧壁开口的孔型，并且，任一截面上孔型的宽度 B_x 与进入该截面的工作锥的直径 $D_{\Delta x}$ 之间应有 $B_x \geqslant D_{\Delta x}$ 的关系，如图 1-24 所示。在这种情况下，工作锥和孔型的接触首先发生在轧槽高度 $C = C_{\min}$ 的地方。如取孔型的侧壁做成与顶部圆弧相切的直线侧壁，$C_{\min}$ 的大小与开口角 φ_p 有关并等于

$$C_{\min} = \frac{B_x - D_{\Delta x}\cos\varphi_p}{2\tan\varphi_p}$$

同时，侧壁开始处的轧槽高度

$$C_p = R_x\sin\varphi_p > C_{\min}$$

在式（1-13）中忽略 θ 的四次方项，可得到 C 在 $C_{\min} \leqslant C \leqslant R_x$ 的范围内时，计算瞬时变形区各纵截面上咬入角的公式

$$\theta = \sqrt{\frac{R_{\Delta x}^2 - R_x^2}{C(\rho_0 - C)}} \qquad (1\text{-}14)$$

式（1-14）还可进一步简化为

$$\theta = \sqrt{\frac{2\Delta R_x R_x}{C(\rho_0 - C)}} \qquad (1\text{-}15)$$

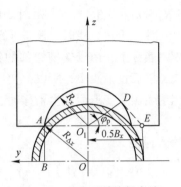

图 1-24　确定开始接触点处
轧槽高度的图示

这样一来，求得了不同 C 值（由 $C_{\min}$ 到 R_x）时的 θ 角，就可确定瞬时变形区的前边界线，这时需要知道的是 ΔR_x 和 $C_{\min}$，其余参数已由孔型设计给出。

当以正行程轧制时瞬时变形区的壁厚压下量 ΔS_{x_n} 取代式（1-15）中的 ΔR_x，则可得到确定正行程轧制时瞬时变形区减壁区前边界线的公式。

下面讨论返行程轧制时瞬时变形区的边界线。

如图 1-25 所示，返行程轧制时，瞬时变形区由压扁区（指由于轧制前管料回转，在返行程时使工作锥椭圆度减小的局部减径区，中心角为 θ_{cn}）和减壁区（中心角为 θ_t）两部分组成。根据理论分析，其后边界线是一条空间曲线，但为了简化计算，一般也近似认为它同样处在机架中心面内。应该注意的是，由于返行程轧制时瞬时变形区的接触面积比较小，做这样的假定，在计算接触面积时，其误差比正行程轧制时相对要大一些。

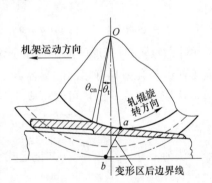

图 1-25　返行程轧制时
瞬时变形区的纵截面

和正行程轧制时一样，确定前边界线的基本方程是式（1-11）。咬入角根据式（1-15）计算，因为这时一般可以不考虑压扁区的存在，所以式（1-15）中根号内的 ΔR_x 代之以返行程轧制时瞬时变形区的壁厚压下量 ΔS_{x_0}。

1.2.3.3　接触面积

冷轧管时和一般纵轧不同，在整个变形过程中，金属同轧辊的接触面积随着咬入角和工作锥的改变而变化，因而计算比较困难。

文献中提出了一些计算接触面积的近似公式，下面介绍 Ю. Ф. 舍瓦金的计算方法。

图 1-26 为正行程轧制时接触面积的垂直投影和水平投影。区域 $OPLMC = F_d^y$ 为总接触面积的垂直投影；$OPRE = F_s^y$ 为减壁区接触面积的垂直投影；$F_d^x = B_1M_1NM_2L_2B_2$ 为总接触面积的水平投影；$F_s^x = C_1R_1PR_2C_2$ 为减壁区接触面积的水平投影。

减径区接触面积的垂直投影和水平投影分别为 $F_p^y = F_d^y - F_s^y$ 和 $F_p^x = F_d^x - F_s^x$。

减壁区的接触面积为

$$F_s = 2\int_0^{\frac{\pi}{2}} R_x \mathrm{d}\varphi\,\theta_t\rho_x$$

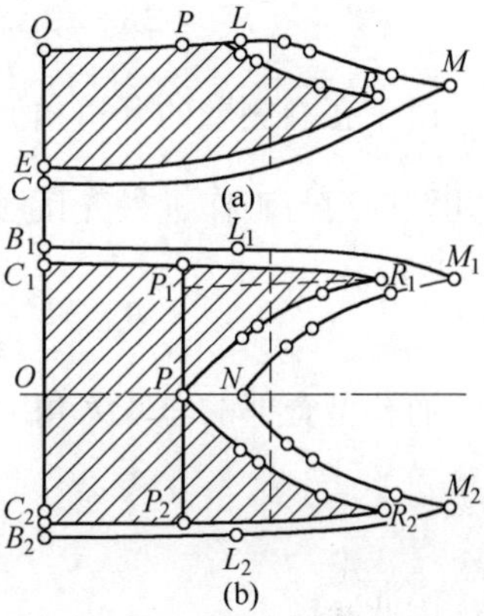

图 1-26 正行程轧制时接触面积
(a) 垂直投影；(b) 水平投影

按式 (1-15) 代入 θ_t 得

$$F_s = 2.81R_x\sqrt{\Delta S_{x_n}R_x}\int_0^{\frac{\pi}{2}} \frac{\rho_0 - R_x\cos\varphi}{\sqrt{R_x\cos\varphi(\rho_0 - R_x\cos\varphi)}}\mathrm{d}\varphi$$

该面积的水平投影为

$$F_s^x = 2.81R_x\sqrt{\Delta S_{x_n}R_x}\int_0^{\frac{\pi}{2}} \sqrt{\frac{\rho_0 - R_x\cos\varphi}{\sqrt{R_x\cos\varphi}}}\cos\varphi\mathrm{d}\varphi$$

由于从上两式直接求解比较复杂，下面用近似方法来确定。

先来确定减壁区接触面积的水平投影。

由前面的叙述可知，减壁区接触面积的水平投影可分成两部分

$$F_s^x = 2(F_{C_1P_1PO} + F_{P_1R_1P})$$

因为在孔型脊部 $C = R_x$，面积 $F_{C_1P_1PO}$ 用下式计算具有足够的精确度

$$F_{C_1P_1PO} = R_x\rho_r\sqrt{\frac{2\Delta S_{x_n}}{\rho_r}}$$

式中 ρ_r——孔型脊部轧辊的半径。

面积 $F_{P_1R_1P}$ 取为

$$F_{P_1R_1P} = \eta_1\frac{1}{2}(P_1P)(R_1D)$$

式中 η_1——修正系数，取 0.85。

R_1D 由下式确定

$$R_1D = (\rho_0 - C_{\min})\sin(\theta_{tc} - \theta_{tr})$$

式中 θ_{tr}——孔型脊部减壁区的咬入角；

θ_{tc}——孔型周边和工作锥最先接触处减壁区的咬入角。

所以计算减壁区接触面积水平投影的公式为 [取 $\sin(\theta_{tc} - \theta_{tr}) \approx \theta_{tc} - \theta_{tr}$]

$$F_s^x = 2R_x\sqrt{2\Delta S_{x_n}\rho_r} + 0.85R_x(\rho_0 - C_{\min})(\theta_{tc} - \theta_{tr}) \tag{1-16}$$

由于孔型侧壁的开口角通常为 $16° \sim 22°$，对于实际计算可取 $C_{\min} = \dfrac{2}{3}R_x$，所以孔型周边与工作锥最先接触处的总咬入角为

$$\theta_{oc} = \sqrt{\frac{2\Delta R_x R_x}{C_{\min}(\rho_0 - C_{\min})}} = \sqrt{\frac{3 \times 2\Delta R_x}{\rho_0 - C_{\min}}}$$

而孔型脊部的总咬入角为

$$\theta_{or} = \sqrt{\frac{2\Delta R_x}{\rho_r}}$$

因此

$$\eta_2 = \frac{\theta_{tc}}{\theta_{tr}} = \frac{\theta_{oc}}{\theta_{or}} = 1.73\sqrt{\frac{\rho_r}{\rho_0 - C_{\min}}} \tag{1-17}$$

对于不同轧机，系数 η_2 在下述范围内变化：

轧机	系数 η_2
ХПТ-32	1.70~1.65
ХПТ-55	1.68~1.62
ХПТ-75	1.67~1.60

通过角 θ_{tr} 来表示角 θ_{tc}，并把所得的值代入式（1-17），可以把 F_s^x 的计算公式写成更简单的形式

$$F_s^x = \eta_3 D_x\sqrt{2\rho_r\Delta S_{x_n}} \tag{1-18}$$

式中　η_3——接触面积的形状系数，对二辊式轧机 $\eta_3 = 1.20 \sim 1.25$。

相应地减壁区的总接触面积可按式（1-19）确定。

$$F_s = \eta_3 \pi R_x\sqrt{2\rho_r\Delta S_{x_n}} \tag{1-19}$$

在式（1-18）和式（1-19）中以 ΔR_x 取代 ΔS_{x_n}，则可求得总接触面积的水平投影及总接触面积。

对于返行程轧制，接触面积的形状和正行程轧制时类似，而且减径区的接触面积完全可以忽略，因此，在式（1-18）和式（1-19）中代入返行程轧制时瞬时变形区的壁厚压下量，可以求得返行程轧制时相应的接触面积。

冷轧管时，由于单位压力很大，轧制时在金属压力的作用下，轧辊在径向上被压扁，舍瓦金推荐用下式计算由于轧辊弹性压扁而造成的接触面积增量的水平投影

$$F_c = 3.9 \times 10^{-4}\, \sigma_b R_x\left(\frac{\pi}{4}\rho_0 - \frac{2}{3}R_x\right)$$

式中　　σ_b——在已知变形程度下管子的强度极限。

1.2.3.4　中性角和前后滑区

下面讨论二辊式冷轧管机瞬时变形区中性角及前后滑区的确定。

由于在瞬时变形区内轧槽工作表面上的各点和金属的不同截面,都按其本身特有的运动规律做轴向运动,因此,在接触面上,只有一些轧辊上特定的点和金属具有相同的轴向速度没有滑移,而其他各接触点和金属的轴向速度不同,存在滑移。

图1-27为正、返轧制行程中瞬时变形区内轧辊轴向速度 v_x 和金属轴向流动速度 u_x 的分布。

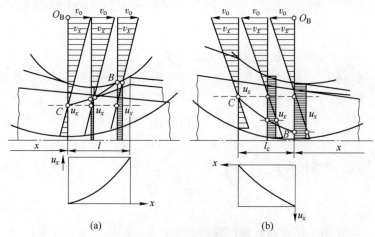

图1-27　瞬时变形区内轧辊和金属轴向速度的分布
(a) 正行程轧制;(b) 返行程轧制

接触面上,轧辊和金属具有相同轴向速度而无滑移的点称为中性点,各中性点的连线(见图1-27中的 BC 线)称为中性线。中性点与轧辊中心的连线和机架中心线之间的夹角称为中性角。整个接触面一般被中性线分隔成前滑和后滑两个滑动区。这里设定,不论正行程轧制或返行程轧制,都以机架的移动方向为轴向速度的正方向,在同一点,凡金属轴向流动速度大于轧辊轴向速度者属前滑,反之属后滑。

下面分别讨论正、返行程轧制时,瞬时变形区的中性角及前后滑区的确定。

A　正行程轧制时的中性角及前后滑区

由于在机架的正行程中,轧辊运动的瞬心为瞬时变形区出口截面上相当于主动齿轮和齿条的啮合点 C,而从变形区的出口截面到进口截面,金属朝机架移动方向流动的速度逐渐增加,因此,变形区中前后滑区的分布如图1-28所示。图中有阴影线的 ABC 区为后滑区,变形区的其他部分为前滑区。

下面讨论中性角 ω_x 的计算。

对于中性线上各点，必须满足下列速度条件

$$v_n - v_{ox} = v_x = u_x \qquad (1\text{-}20)$$

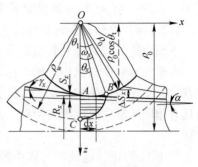

图 1-28 变形区纵截面上前后滑区的分布

式中
v_n——工作机架的移动速度；
v_{ox}——轧辊圆周速度的水平分量；
v_x——轧槽工作表面上各点的轴向速度；
u_x——金属的轴向流动速度。

因为

$$v_n = \frac{\mathrm{d}x}{\mathrm{d}z}$$

式中　$\mathrm{d}x$——$\mathrm{d}z$ 时间内机架瞬时移动的距离。

在同一时间内，变形区上长度为 $\mathrm{d}x$ 的一段管子由变形而延伸，设延伸系数为 $\mu_{\theta x}$，金属的流动速度为

$$\mu_x = \frac{\mathrm{d}x(\mu_{\theta x} - 1)}{\mathrm{d}z} = \frac{\mathrm{d}x}{\mathrm{d}z} \times \frac{\Delta F_x}{F_x}$$

把 v_n 和 u_x 的值代入式（1-20）得

$$1 - \frac{v_0 \cos\omega_x}{v_n} = \frac{\Delta F_x}{F_x}$$

式中　v_0——轧槽工作表面轧辊的圆周速度。

上式中以 $\dfrac{\rho_{\theta x}}{\rho_{\mathrm{w}}}$ 代替 $\dfrac{v_0}{v_n}$ 得

$$1 - \frac{\rho_{\theta x} \cos\omega_x}{\rho_{\mathrm{w}}} = \frac{\Delta F_x}{F_x} \qquad (1\text{-}21)$$

不考虑减径区的变形，金属相对变形量可近似地按下式确定

$$\frac{\Delta F_x}{F_x} = \frac{D_x \Delta S_x (1 - K_t)}{(D_x - S_x) S_x}$$

$$= \frac{D_x \rho_{\theta x} (1 - \cos\omega_x)(1 - K_t)}{(D_x - S_x) S_x}$$

$$= \frac{\rho_{\theta x} (1 - \cos\omega_x)(1 - K_t)}{S_x}$$

其中，$K_t = 0.3 \sim 0.4$。

把求得的 $\dfrac{\Delta F_x}{F_x}$ 代入式（1-21）得

$$1 - \frac{\rho_{\theta x}\cos\omega_x}{\rho_w} = \frac{\rho_{\theta x}(1 - \cos\omega_x)(1 - K_t)}{S_x}$$

$$(\rho_w - \rho_{\theta x}\cos\omega_x)S_x = \rho_w\rho_{\theta x}(1 - \cos\omega_x)(1 - K_t)$$

$$(\rho_w - \rho_{\theta x})S_x + S_x\rho_{\theta x}(1 - \cos\omega_x) = \rho_w\rho_{\theta x}(1 - \cos\omega_x)(1 - K_t)$$

$$1 - \cos\omega_x = \frac{S_x(\rho_w - \rho_{\theta x})}{\rho_{\theta x}[\rho_w(1 - K_t) - S_x]} \tag{1-22}$$

因为
$$1 - \cos\omega_x = 2\sin^2\frac{\omega_x}{2}$$

当 ω_x 角较小时，$\sin\dfrac{\omega_x}{2} \approx \dfrac{\omega_x}{2}$，所以式（1-22）可写成

$$2\left(\frac{\omega_x}{2}\right)^2 = \frac{S_x(\rho_w - \rho_{\theta x})}{\rho_{\theta x}[\rho_w(1 - K_t) - S_x]}$$

$$\omega_x = 1.41\sqrt{\frac{S_x(\rho_w - \rho_{\theta x})}{\rho_{\theta x}[\rho_w(1 - K_t) - S_x]}}$$

取 $\rho_{\theta x} \approx \rho_x$，$\rho_x$ 为瞬时变形区出口截面上沿孔型周边轧辊的半径，则 ω_x 最终的计算公式为

$$\omega_x = 1.41\sqrt{\frac{(\rho_w - \rho_x)S_x}{\rho_x[(1 - K_t)\rho_w - S_x]}} \tag{1-23}$$

对于实际计算，式（1-23）还可简化为

$$\omega_x = (1.60 \sim 1.75)\sqrt{\frac{(\rho_w - \rho_x)S_x}{\rho_x\rho_w}} \tag{1-24}$$

在只有减径而没有壁厚压下的情况下，相对变形量为

$$\frac{\Delta F_x}{F_x} = \frac{\Delta D_x}{D_x}$$

若不考虑减径时管壁的增厚，则中性角按式（1-25）计算：

$$\omega_x = 1.41\sqrt{\frac{(\rho_w - \rho_x)R_x}{\rho_x(\rho_w - R_x)}} \tag{1-25}$$

一般情况下，变形区中金属的轴向流动速度既取决于壁厚压下，也与减径量有关；若 $\theta_0 < \omega_x > \theta_t$，则确定中性角应考虑减径区的减径量。但由于轧制压力和作用在管料上的轴向力基本上是由壁厚压下决定的，减径量对 ω_x 角的影响不大，可以忽略。

分析式（1-24）和式（1-25）可知，中性角 ω_x 沿孔型的周边是变化的，其大小与瞬时变形区出口截面的 S_x 或 R_x 及各点的 ρ_x 有关。当 S_x 或 R_x 增加 ω_x 增加，而随着 ρ_x 的增加，ω_x 减小。当 $\rho_x = \rho_0 - R_x$ 时，可求得图 1-30 中 B 点的中性

角；而在 C 点因为 $\rho_x = \rho_w$，中性角为零。

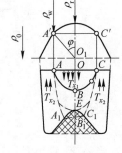

图 1-29　投影及摩擦力的方向

和一般的纵轧不同，由于冷轧管时金属的滑移主要与过程的运动学特点有关，在变形区某些部分的整个接触弧上可能没有前滑区，在这种情况下，后滑区为曲线 AA_1 和 CC_1 所包围，如图 1-29 所示。在正行程轧制时，在后滑区 ABC 上作用在金属上的摩擦力 T_{x_1} 方向和机架移动的方向相同；而在接触面的其他部分即前滑区，作用在金属上的摩擦力 T_{x2} 的方向和机架移动的方向相反。

下面讨论前后滑区接触面积的计算。实际上只要确定后滑区的接触面积即可，因为前滑区的接触面积为整个接触面积与后滑区接触面积之差。

确定后滑区的接触面积分两种情况来考虑。

（1）第一种情况：$\omega_x < \theta_t$。

后滑区的接触面积按椭圆的面积来计算。

因
$$OB = \rho_r(1.60 \sim 1.75)\sqrt{\frac{(\rho_w - \rho_r)S_x}{\rho_w\rho_r}}$$

$$AO = \varphi_1 R_x$$

$$\varphi_1 = \cos^{-1}\frac{\rho_0 - \rho_w}{R_x}$$

式中　ρ_r ——变形区出口截面孔型脊部轧辊的半径。

所以，后滑区接触面积的计算公式为

$$F_A = (0.8 \sim 0.87)R_x\varphi_1\pi\rho_r\sqrt{\frac{(\rho_w - \rho_r)S_x}{\rho_w\rho_r}} \tag{1-26}$$

（2）第二种情况：$\omega_x \gg \theta_t$。

把后滑区视作梯形 AA_1CC_1，其接触面积

$$F_A = \frac{1}{2}(A_1C_1 + AC)OB_1$$

其中
$$AC = 2\varphi_1 R_x$$

$$OB_1 \approx \theta_{tr}\rho_r$$

由于
$$\frac{A_1C_1}{AC} = \frac{\omega_{xr}\rho_r - \theta_{tr}\rho_r}{\omega_{xr}\rho_r} = 1 - \frac{\theta_r}{\omega_{xr}}$$

所以
$$A_1C_1 = \left(1 - \frac{\theta_t}{\omega_{xr}}\right)AC = 2\left(1 - \frac{\theta_{tr}}{\omega_{xr}}\right)\varphi_1 R_x$$

代入相应值后得

$$F_A = \varphi_1 R_x \left(2 - \frac{\theta_{tr}}{\omega_{xr}} \right) \theta_{tr} \rho_r$$

由式（1-15）和式（1-23）可知，在孔型脊部

$$\theta_{tr} = 1.41 \sqrt{\frac{\Delta S_x (1 - K_t)}{\rho_r}}$$

$$\omega_{xr} \approx 1.41 \sqrt{\frac{S_x (\rho_w - \rho_r)}{\rho_r (1 - K_t) \rho_w}}$$

最终可得

$$F_A = 2.81 \varphi_1 R_x \sqrt{\rho_r (1 - K_t) \Delta S_x} \left[1 - 0.5(1 - K_t) \times \sqrt{\frac{\Delta S_x \rho_w}{S_x (\rho_w - \rho_r)}} \right]$$

$$(1-27)$$

若设后滑区的接触面积为半椭圆 AEC 的面积，则计算可大大简化，这时有

$$F_A = 0.705 \pi \varphi_1 R_x \sqrt{\Delta S_x (1 - K_t) \rho_r} \qquad (1-28)$$

B　返行程轧制时的中性角及前后滑区

在返行程轧制时，轧制过程的速度条件与正行程轧制时不同。在后一种情况下，如前所述，管子从瞬时变形区出来的一端是固定的，而进入的一端是可以自由移动的。在前一种情况下，恰好相反，管子进入瞬时变形区的一端是固定的，而出来的一端是可以自由移动的。因而，若在正行程轧制时机架中心面上金属的轴向流动速度为零，则在返行程轧制时，它有最大的轴向流动速度，速度的方向和机架移动的方向相反。根据这个特点，下面分别就变形区出口截面上孔型脊部的轧辊半径 ρ_r 大于和小于主动齿轮节圆半径 ρ_w 这两种情况，讨论返行程轧制时确定中性角和前后滑区接触面积的方法。

（1）第一种情况：$\rho_r > \rho_w$。

这种情况下，在瞬时变形区的出口截面，轧辊上沿轧槽周边的各点均具有轴向速度，速度的方向和机架移动的方向相反，和金属流动的方向一致，如图1-30（a）所示。而且，当在孔型侧壁的部分周边上有轧辊的轴向速度的绝对值 $|v_x| = |v_{ox} - v_n|$ 大于金属轴向流动速度的绝对值 $|u_x|$ 时（以机架的移动方向为速度的正方向），瞬时变形区中存在前滑区；当在孔型的整个周边上都有 $|v_x| < |u_x|$ 时，则前滑区消失；而当在孔型脊部有 $|v_x| = |u_x|$ 时，整个变形区处于全前滑的临界状态。

下面推导出现上述临界状态的具体条件。

因为

$$v_n = \frac{dx}{dz}$$

且在孔型脊部有

$$v_{ox} = \frac{dx}{\rho_w} \rho_r \frac{1}{dz}$$

式中 dx —— dz 时间内机架瞬时移动的距离;

$\frac{dx}{\rho_w}$ ——机架移动 dx 距离时轧辊的转角。

而在同一时间内工作锥上长度为 dx 的一段因变形而延伸,设其瞬时延伸系数为 μ_1,则在瞬时变形区的出口截面金属的轴向流动速度为

$$u_x = \frac{dx(\mu_1 - 1)}{dz}$$

因此,当孔型脊部 $v_x = u_x$ 时有

$$\frac{dx}{dz} - \frac{dx}{\rho_w} \frac{\rho_r}{dz} = \frac{dx(\mu_1 - 1)}{dz}$$

即

$$1 - \frac{\rho_r}{\rho_w} = \mu_1 - 1$$

$$\frac{\rho_r}{\rho_w} = \mu_1$$

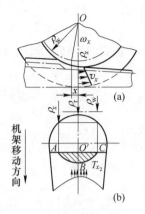

图 1-30 返行程轧制时
中性角的图示
(a) 变形区的纵截面;
(b) 接触面积的水平投影

上式就是当 $\rho_r > \rho_w$ 时存在全前滑区的临界条件,即当 $\frac{\rho_r}{\rho_w} < \mu_1$ 时存在有后滑

区,当 $\frac{\rho_r}{\rho_w} > \mu_1$ 时仅存在前滑区。

下面讨论同时存在前后滑区时确定中性角的方法。

设瞬时变形区中离出口截面距离为 x 的截面上,中性点的中性角为 ω_x,该截面的面积和壁厚分别分 F_ω 和 S_ω;变形区进口截面的面积和壁厚分别为 $F_{\Delta x}$ 和 $S_{\Delta x}$,则 x 截面金属的轴向流动速度为

$$u_\omega = \frac{dx}{dz}\left(\frac{F_{\Delta x}}{F_\omega} - 1\right)$$

或

$$u_\omega = \frac{dx}{dz}\left(\frac{S_{\Delta x}}{S_\omega} - 1\right)$$

在该截面的中性点有

$$v_0 \cos\omega_x - v_n = \frac{dx}{dz}\left(\frac{F_{\Delta x}}{F_\omega} - 1\right) \tag{1-29}$$

而

$$v_n = \frac{dx}{dz}$$

$$v_0\cos\omega_x = \frac{\mathrm{d}x}{\rho_w}\rho_x\frac{1}{\mathrm{d}z}\cos\omega_x \approx \frac{\mathrm{d}x}{\mathrm{d}z}\times\frac{\rho_x}{\rho_w}$$

把 v_n、$v_0\cos\omega_x$ 的值代入式（1-29）得

$$\frac{\rho_x}{\rho_w} - 1 = \frac{F_{\Delta x}}{F_\omega} - 1 \tag{1-30}$$

由于

$$F_{\Delta x} = \pi(d_x + S_x + \Delta S_{x_0})(S_x + \Delta S_{x_0})$$

$$F_\omega = \pi(d_x + S_x + \Delta S_\omega)(S_x + \Delta S_\omega)$$

$$\frac{F_{\Delta x}}{F_\omega} \approx \frac{S_x + \Delta S_{x_0}}{S_x + \Delta S_\omega}$$

$$\frac{F_{\Delta x}}{F_\omega} - 1 = \frac{S_x + \Delta S_{x_0} - S_x - \Delta S_\omega}{S_x + \Delta S_\omega} = \frac{\Delta S_{x_0} - \Delta S_\omega}{S_x + \Delta S_\omega}$$

因此，式（1-30）可写为

$$\frac{\rho_x - \rho_w}{\rho_w} = \frac{\Delta S_{x_0} - \Delta S_\omega}{S_x + \Delta S_\omega}$$

即

$$\Delta S_{x_0}\rho_w - \Delta S_\omega\rho_w = \rho_x S_x - \rho_w S_x + \Delta S_\omega\rho_x - \Delta S_\omega\rho_w$$

$$\Delta S_\omega = \frac{\Delta S_{x_0}\rho_w}{\rho_x} - \frac{S_x}{\rho_x}(\rho_x - \rho_w)$$

又由于

$$\Delta S_\omega = \rho_x(1 - \cos\omega_x) = \rho_x\frac{\omega_x^2}{2}$$

所以有

$$\rho_x\frac{\omega_x^2}{2} = \frac{1}{\rho_x}[\Delta S_{x_0}\rho_w - S_x(\rho_x - \rho_w)]$$

$$\omega_x = 1.41\frac{1}{\rho_x}\sqrt{\Delta S_{x_0}\rho_w - S_x(\rho_x - \rho_w)} \tag{1-31}$$

$$\Delta S_\omega = S_{\Delta x} - S_\omega$$

式中　d_x ——瞬时变形区出口截面管子的内径；

　　　S_x ——瞬时变形区出口截面管子的壁厚；

　　ΔS_{x_0} ——返行程轧制时瞬时变形区的壁厚压下量；

　　　ρ_x ——瞬时变形区出口截面孔型周边上各点的辊径；

　　　ρ_w ——主动齿轮节圆半径。

式（1-31）就是当 $\rho_r > \rho_w$ 并且存在前后滑区的情况下计算瞬时变形区中性角的公式。由于沿孔型周边 ρ_x 是变化的，由该式可知 ω_x 沿孔型周边也是个变值，在 B 点［见图1-30（b）］有最大的中性角，这时 $\rho_x = \rho_r$；在 A、C 两点中性角为零，这时 $\rho_x = \mu_1\rho_w$。

设 ABC 区即后滑区为一个半椭圆，则它的面积为

$$F_A = \frac{1}{4} \overline{AC}\, \overline{O'B} \pi \tag{1-32}$$

而
$$\overline{AC}^2 = 4\,|\,R_x^2 - [\,R_x - (\rho_x - \rho_r)\,]^2\,|$$

$$\overline{AC} \approx 2\sqrt{2R_x(\rho_x - \rho_r)} = 2.82\sqrt{R_x(\rho_w\mu_1 - \rho_r)}$$

又
$$\overline{O'B} = \omega_{xr}\rho_r = 1.41\frac{1}{\rho_r}\sqrt{\Delta S_{x_0}\rho_w - S_x(\rho_r - \rho_w)\rho_r}$$

把 $\overline{AC}$、$\overline{O'B}$ 的值代入式（1-32）得

$$F_A = \pi\sqrt{R_x(\rho_w\mu_1 - \rho_r)} \times \sqrt{\Delta S_{x_0}\rho_w - S_x(\rho_r - \rho_w)} \tag{1-33}$$

在整个接触面积中减去 F_A 就可得到前滑区的面积。

（2）第二种情况：$\rho_r < \rho_w$，并且在瞬时变形区的前边界线上有中性点。

这种情况下，如图 1-31 所示，在瞬时变形区的出口截面上，中性点不在辊径等于主动齿轮节圆直径的那一点，而在它下面的 a 点。在前边界线上中性点处的辊径等于主动齿轮节圆直径。这时图 1-31 中的 A 区为后滑区，B' 区为前滑区。

下面推导这种情况下计算前滑区面积的公式。

设 B' 区具有梯形形状，并认为每一个梯形的面积为

$$F_{B'} = \frac{1}{2}(ab + dc)bc \tag{1-34}$$

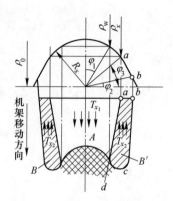

图 1-31 返行程轧制变形区中轧制前后滑区和摩擦力的方向

前滑区的总面积 $F_B = 2F_{B'}$。
$$bc = (\rho_0 - C)\sin\theta_{tc}$$

式中 C——瞬时变形区中孔型和工作锥最先接触处轧槽的高度；

θ_{tc}——瞬时变形区中孔型和工作锥最先接触处的咬入角。

由式（1-17）和式（1-15）知

$$\theta_{tc} = \eta_2\theta_1 = \eta_2\sqrt{\frac{2\Delta S_{x_0}}{\rho_x}}$$

所以
$$bc = (\rho_0 - C)\eta_2\sqrt{\frac{2\Delta S_{x_0}}{\rho_x}}$$

又有
$$dc = [\,0.5\pi - (\varphi_1 + \varphi_2)\,]R_x$$

$$\varphi_2 = K_\varphi\varphi_p$$

$$\varphi_1 = \cos^{-1}\frac{\rho_0 - \rho_w}{R_x}$$

$$ab = (\varphi_3 - \varphi_2)R_x$$

$$\varphi_3 = \sin^{-1}\frac{\rho_0 - \rho_w\mu_1}{R_x}$$

把 ab、dc、bc 的值代入式（1-34）得

$$F_{B'} = (\rho_0 - C)\eta_2\sqrt{\frac{2\Delta S_{x_0}}{\rho_x}R_x}\,\frac{0.5\pi + \varphi_3 - \varphi_1 - 2K_\varphi\varphi_p}{2} \tag{1-35}$$

用于实际计算，式（1-35）也可简化为

$$F_{B'} = 0.705\,\eta_2\sqrt{\Delta S_{x_0}\rho_r}R_x[\pi - 2(\varphi_1 + K_\varphi\varphi_p)]$$

式中　η_2——$\eta_2 = 1.40 \sim 1.50$；

　　　φ_p——孔型的侧壁角；

　　　K_φ——系数，表明孔型侧壁不参与金属变形的程度。

整个接触面积减去 $2F_{B'}$ 就可以得到后滑区的面积。

返行程轧制时，在瞬时变形区的后滑区，作用在金属上的摩擦力 T_{x_1} 的方向和机架移动的方向相同而和金属流动的方向相反；在前滑区，作用在金属上的摩擦力 T_{x_2} 的方向和机架移动的方向相反，而和金属的流动方向相同。

1.3 冷轧管力能参数计算

冷轧管过程的受力决定着轧机的生产率，工具消耗和轧机零部件的强度。研究受力可以进一步阐明金属在变形区的变形规律，为正确地确定变形参数和合理地进行孔型设计提供依据。

关于冷轧管过程的受力条件，下面按单位压力和总压力、轴向力、轧制力矩及金属的应力状态分别进行讨论。

1.3.1 金属作用在轧辊上的单位压力和总压力

计算冷轧管时的总压力，重要的是确定平均单位压力，这是因为平均单位压力乘以接触面积就可求出总压力值。

表 1-2 为轧制 10 钢及 1Cr18Ni9Ti 不锈钢管时一些平均单位压力的测定值。

表 1-2　冷轧钢管的平均单位压力

孔　型	钢种	轧槽直径 D_x/mm	壁厚压下量 ΔS_x/mm	总压力 P_Σ/kN	平均单位压力 p_c/MPa
$38 \times 2.3 \to 25 \times 0.85$ $m = 4.0\,mm$	10	29.20	0.12	194	765
$38 \times 2.3 \to 25 \times 1.20$ $m = 5.6\,mm$	10	30.0	0.18	194	618

孔　型	钢　种	轧槽直径 D_x /mm	壁厚压下量 ΔS_x /mm	总压力 P_Σ /kN	平均单位压力 p_c /MPa
$38 \times 2.3 \rightarrow 25 \times 1.0$ $m = 5.6$ mm	1Cr18Ni9Ti	29.80	0.69	235	941
$57 \times 4 \rightarrow 38 \times 1.6$ $m = 12.5$ mm	1Cr18Ni9Ti	45.2	0.37	628	961
$57 \times 4 \rightarrow 38 \times 1.5$ mm	10	41.4	0.28	328	608

计算冷轧管时平均单位压力的公式较多，下面介绍其中的三个。

（1）W. 诺伊曼-E. 西贝尔公式。

$$p_c = \sigma_s \frac{1}{\eta_F} \left(1 + \frac{f}{2} \frac{l_D}{S_x} \right)$$

式中　η_F ——考虑摩擦力影响的系数，对钢管取为 40% ~ 60%，对有色金属管取为 60% ~ 80%；

　　　σ_s ——屈服极限；

　　　f ——摩擦系数；

　　　l_D ——咬入弧的长度。

（2）A. 盖莱伊公式。

$$p_c = \sigma_s \left(1 + C \frac{f}{2} \frac{l_D}{S_{x'}} \sqrt[4]{V} \right)$$

式中　$S_{x'}$ ——$S_{x'} = S_x + 0.5\Delta S_x$，即计算截面的壁厚加上瞬时变形区壁厚压下量的一半，$S_{x'}$ 可近似取等于 S_x；

　　　V ——轧制速度；

　　　C ——与 $\dfrac{l_D}{S_{x'}}$ 有关的系数，可取等于 5.5。

（3）Ю. Ф. 舍瓦金公式。正行程轧制时 Ю. Ф. 舍瓦金公式的一般形式为

$$p_c = \sigma_b \left[n_\sigma + f \left(\frac{S_0}{S_x} - 1 \right) \frac{\rho_x}{\rho_w} \times \frac{\sqrt{2\rho_x \Delta S_x}}{S_x} \right] \tag{1-36}$$

式中　σ_b ——金属的强度极限；

　　　$\dfrac{S_0}{S_x}$ ——沿轧槽长度变形不均匀性变化指数；

　　　$\dfrac{\rho_x}{\rho_w}$ ——考虑轧槽直径和轧辊主动齿轮直径对变形抗力的影响的指数；

　　　$\dfrac{\sqrt{2\rho_x \Delta S_x}}{S_x}$ ——接触摩擦力对最小主应力的影响的指数；

n_σ——考虑中间主应力影响的系数，一般取为 $1.02\sim1.08$；

f——摩擦系数，对钢和铝合金取为 $0.08\sim0.1$，对铜、黄铜和其他有色金属取为 $0.06\sim0.07$。

舍瓦金公式的最终形式为：

对于正行程轧制

$$p_c = (1.02 \sim 1.08)\sigma_b + f\left(\frac{S_0}{S_x} - 1\right)\frac{\rho_x}{\rho_w} \times \sqrt{\frac{2\rho_x \Delta S_{x_n}}{S_x}} \sigma_b \qquad (1\text{-}37)$$

对于返行程轧制

$$p_c = (1.02 \sim 1.08)\sigma_b + 2f\left(\frac{S_0}{S_x} - 1\right)\frac{\rho_w}{\rho_x} \times \sqrt{\frac{2\rho_x \Delta S_{x_0}}{S_x}} \sigma_b \qquad (1\text{-}38)$$

返行程轧制时，ρ_x 值减小和 ρ_w 值增大会增加金属流动的困难从而提高变形抗力。同时，在返行程轧制时来自芯棒或者来自轧辊的摩擦力都阻止金属流动，所以式（1-38）中在摩擦系数 f 前乘以 2。

表 1-3 为按式（1-37）和式（1-38）进行计算的结果和实测数据的比较，从表中可以看到，两者比较接近。

表 1-3 冷轧钢管的平均单位压力

孔　型	材料	壁厚 S_x /mm	壁厚压下量 ΔS_x /mm	平均单位压力 p_c /MPa	
				实测值	计算值
$65 \times 7.8 \to 33 \times 3.0$ $m = 5.5\text{mm}$	J168	6.80	0.20	5590	5590
		5.70	0.13	7160	7060
		5.20	0.14	7550	7350
		4.30	0.16	7350	8040
$41 \times 5.5 \to 25 \times 0.8$ $m = 6.0\text{mm}$	J168	3.50	0.33	7350	7450
		2.62	0.40	9710	9510
		1.64	0.21	11280	12260
		1.08	0.09	15490	16380
$38 \times 2.3 \to 25 \times 0.85$ $m = 4\text{mm}$	10 钢	2.07	0.12	7650	6860
		1.65	0.07	9610	8430
		1.37	0.10	10400	9900
		1.13	0.09	10790	11770
$38 \times 2.3 \to 25 \times 1.0$ $m = 5.6\text{mm}$	1Cr18Ni9Ti	2.34	0.09	9410	9610
		1.75	0.12	14220	13040
		1.45	0.11	14710	15490

孔 型	材料	壁厚 S_x /mm	壁厚压下量 ΔS_x /mm	平均单位压力 p_c /MPa	
				实测值	计算值
$41 \times 5.5 \rightarrow 25 \times 0.82$ $m = 6.0mm$	J168	4.28	0.21	8340	8730
		2.97	0.13	11670	11180
		1.88	0.10	15790	16480
		1.12	0.035	17850	19220
$32 \times 3.14 \rightarrow 15.6 \times 0.45$ $m = 4mm$	J168	2.72	0.20	10400	8340
		1.76	0.16	13140	11180
		1.33	0.12	14910	14420
		1.03	0.12	18140	19810

施维金和古恩推荐用下式计算减径时的平均单位压力

$$p_d = \sigma_s \left(\frac{S_{x_1}}{D_{x_1}} + \frac{S_{x_2}}{D_{x_2}} \right)$$

上式可以简化。因为变形区很小，取 $S_{x_1} \approx S_{x_2}$；$D_{x_1} \approx D_{x_2}$ 误差不大，又以 σ_b 代替 σ_s，所以

$$p_d = \sigma_b \frac{S_x}{R_x}$$

对于二辊式冷轧管机，考虑轧辊的压扁，金属作用在轧辊上的总压力可按舍瓦金公式确定。

对于正行程轧制

$$P_{\Sigma n} = \left[1.41\eta_3 D_x \sqrt{\rho_r \Delta S_{x_n}} + 3.9 \times 10^{-4} \sigma_b R_x \left(\frac{\pi}{4}\rho_0 - \frac{2}{3}R_x \right) \right] \times$$
$$\left[(1.02 \sim 1.08)\sigma_b + f\left(\frac{S_0}{S_x} - 1 \right) \frac{\rho_w}{\rho_r} \frac{\sqrt{2\rho_r \Delta S_{x_n}}}{S_x} \sigma_b \right] +$$
$$\sigma_b \frac{S_x}{R_x} \times \eta_3 D_x (\sqrt{2\rho_r \Delta R_x} - \sqrt{2\rho_r \Delta S_{x_n}}) \qquad (1-39)$$

式（1-39）中，第一个方括号内的值为考虑了轧辊压扁的减壁区接触面积的水平投影，第二个方括号内的值为减壁区的平均单位压力，最后一项为减径区的压力值。减径区的平均单位压力由于不超过减壁区平均单位压力的10%，所以在一般的工程计算中可以忽略。

对于返行程轧制

$$P_{\Sigma 0} = \left[1.41\eta_3 D_x \sqrt{\rho_r \Delta S_{x_0}} + 3.9 \times 10^{-4}\sigma_b \left(\frac{\pi}{4}\rho_0 - \frac{2}{3}R_x \right) \right] \times$$

$$\left[(1.02 \sim 1.08) \sigma_b + 2f \left(\frac{S_0}{S_x} - 1 \right) \frac{\rho_r}{\rho_w} \frac{\sqrt{2\rho_r \Delta S_{x_0}}}{S_x} \sigma_b \right] \qquad (1-40)$$

1.3.2 轴向力

这一部分讨论在二辊式冷轧管机上轧管时作用在位于管料卡盘与变形区之间的管料上的轴向力。

在一般简单的纵轧过程中，变形区内轧辊作用在金属上的合力总是和轧制线相垂直的，因为这时方向相反的轴向力必然自相平衡。但在冷轧管时，由于轧制过程的"强制性"，即轧制过程中管料的一端被固定，运动受到约束，变形区内轧辊作用在金属上的合力，在不同的轧制条件下，可有不同的方向。正行程和返行程轧制时，在不同轧制条件下，作用在金属上的合力 F 的方向分别如图 1-32 和图 1-33 所示。

正行程轧制时，如图 1-32 所示，合力 P 的力线可能通过轧辊的中心并与轧辊中心面构成一个夹角 φ_0 ［见图 1-32（a）］，这时轧辊在工作锥上自由滚动，齿条上不受力。合力 P 的力线也可能不通过轧辊的中心而只与轧辊中心面构成一定的夹角 φ，如图 1-32（b）、（c）所示。

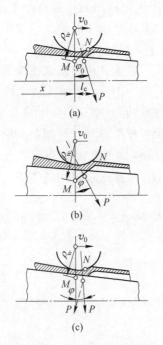

图 1-32　正行程轧制时轧辊作用
在金属上的合力的方向

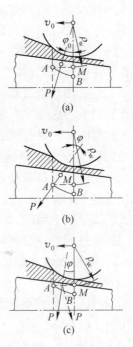

图 1-33　返行程轧制时轧辊作用
在金属上的合力的方向

　　在上述两类情况中，除了在后一类中当 $\varphi = 0$ 这种特殊情况时，合力 P 与轧制线垂直，作用在变形区上的轴向力能自相平衡外，在其他情况下，因 $\varphi \neq 0$，变形区上的轴向力都不能自相平衡。这时就会有一个轴向力即合力 P 的水平分量 P_x 作用在位于管料卡盘与变形区之间的管料上。当 P_x 的方向和金属轴向流动的方向相同时，作用在管料上的轴向力是拉力；当 P_x 的方向和金属轴向流动的方向相反时，作用在管料上的轴向力是压力。

　　在返行程轧制时也存在类似的情况。

　　那么，为什么轧制过程的"强制性"会导致 $\varphi \neq 0$、$P_x \neq 0$，而在管料上作用着一个轴向力呢？这与这种轧制过程的特殊的运动学力学条件有关。

　　众所周知，在一般简单的纵轧过程中，轧件的出口速度决定于具体的轧制条件。对应于一定的轧制条件，必然有这样一个出口速度，由这个出口速度所规定的前后滑区的分布必能使作用在变形区内的轴向力达到自相平衡。也就是说，这种轧制过程能自行通过改变出口速度调节前后滑区的比例，使轴向力达到平衡。在孔型中轧制时，轧槽上圆周速度等于根据轴向力平衡条件得出的轧件出口速度的那一点，它的辊径称为自然轧制直径或简称轧制直径。

　　在冷轧管的强制轧制条件下，在正行程轧制时，轧件的出口速度始终为零；在返行程轧制时，轧件的出口速度是由其进口速度为零这一前提所规定的，因此，不存在通过改变出口速度调节前后滑区比例使轴向力达到自相平衡的可能。这种情况下，正行程轧制时，在变形区的出口截面轧槽上轧辊半径等于主动齿轮节圆半径 ρ_w 的点它的轴向速度和轧件出口速度一样也为零，但 ρ_w 不一定是轧制半径；同样，在返行程轧制时，在变形区的出口截面轧槽上圆周速度等于轧件出口速度的点，它的辊径也并不一定等于轧制直径。因此，在轧制过程中就会有轴向力作用在管料上，这个力可能是压力也可能是拉力。

　　研究冷轧管时作用在管料上的轴向力有很重要的意义。轧制过程中若作用在管料上的轴向压力过大，会造成管料皱折。管料端部之间对头切入、芯棒杆弯曲，以及增加送进时管料脱开芯棒时所需的力，加速送进机构的磨损；轧制过程中若作用在管料上的轴向拉力过大，会出现工作锥前审产生附加送进，使轧制过程不稳定或轧机过载。因此，轴向力过大，不论轴向力是压力或拉力，都不利于轧制过程的正常进行，应设法加以避免。

1.3.2.1　轴向力的确定

A　正行程轧制时的轴向力

　　在图 1-34 中，P_t 为减壁区中作用在金属上的正压力，P_d 为减径区中作用在金属上的正压力。假设：

　　(1) 在瞬时变形区的范围内，孔型脊部为由单半径构成的圆弧，其圆心位于轧辊轴心相距一个距离的 O_1；

（2）单位压力沿减壁区和减径区的分布是均匀的，其合力作用在相应变形区孔型脊部接触弧的中点。

下面求 P_t、P_d 与垂直轴之间的夹角 ε_1 和 ε_2。

由图 1-34 可知

$$\tan\varepsilon_1 = \frac{bf}{af} = \frac{\rho_x - oe}{af}$$

而

$$af = (\rho_x + \theta_t\rho_w\tan\gamma_x)\sin\theta_t$$

$$= \rho_x\left(1 + \frac{\rho_w}{\rho_x}\sin\theta_t\tan\gamma_x\right)\sin\theta_t$$

$$oe = af\cot\theta_t$$

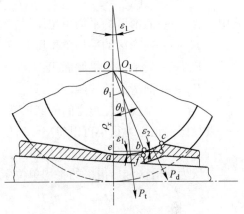

图 1-34 正压力的方向

所以

$$\tan\varepsilon_1 = \frac{1}{\left(1 + \sin\theta_t\dfrac{\rho_w}{\rho_x}\tan\gamma_x\right)\sin\theta_t} - \cot\theta_t$$

$$\varepsilon_1 = \cot\left[\frac{1}{(1 + \sin\theta_t\tan\gamma_x')\sin\theta_t} - \cot\theta_t\right] \tag{1-41}$$

其中

$$\tan\gamma_x' = \frac{\rho_w}{\rho_x}\tan\gamma_x$$

在减径区可近似地认为

$$\varepsilon_2 = \sin^{-1}\left[\tan\frac{1}{2}(\theta_0 - \theta_t)\right] \tag{1-42}$$

由于总咬入角 θ_0 和减壁区咬入角 θ_t 沿孔型周边是变化的，为了求 ε_1 和 ε_2，用把接触面积设想成等面积矩形时的当量咬入角代入式（1-41）和式（1-42）。总咬入角和减壁区的当量咬入角可分别取为孔型脊部相应咬入角的 1.2 倍，即

$$\theta_{oe} = 1.2\sqrt{\frac{2\Delta R_x}{\rho_{xr}}}$$

$$\theta_{te} = 1.2\sqrt{\frac{2\Delta R_{x_n}}{\rho_{xr}}}$$

ε_1 和 ε_2 的值可能是正的也可能是负的。当正压力的水平分量的方向和机架移动方向一致时，它们定为正值，反之定为负值。

求得 ε_1 和 ε_2 后，就可建立正行程轧制时作用在管料上的轴向力 $Q_{\sum n}$（两个轧辊的作用）的计算公式。

由于摩擦力的力线与水平线之间的夹角很小，$Q_{\sum n}$ 计算式的一般形式可写为

$$Q_{\Sigma n} = 2[p_B F_B f - p_A F_A f - P_t \sin\varepsilon_1 - P_d \sin\varepsilon_2]$$

式中　p_A——后滑区的平均单位压力；

　　　p_B——前滑区的平均单位压力；

　　　F_A——后滑区的接触面积；

　　　F_B——前滑区的接触面积；

　　　f——金属与轧辊之间的摩擦系数。

减径区的正压力很小可以忽略，所以上式可写为

$$Q_{\Sigma n} = 2[p_B f(F_S - F_A) - p_A F_A f - P_t \sin\varepsilon_1]$$

若认为前滑区和后滑区的平均单位压力相等，则上式还可进一步简化成

$$Q_{\Sigma n} = 2[p_c f(F_S - 2F_A) - P_t \sin\varepsilon_1]$$

$$= 2\left[p_c F_S\left(f - \frac{\sin\varepsilon_1}{1.57}\right) - 4p_c F_A f\right]$$

式中　F_S——减壁区的接触面积；

　　　p_c——减壁区的平均单位压力。

接触面积的水平投影和总接触面积的比值为

$$\frac{1}{1.57} = \frac{2\int_0^{\frac{\pi}{2}}\cos\varphi \,\mathrm{d}\varphi}{\pi}$$

由式 (1-19)、式 (1-26) 和式 (1-27)，把 F_S 和 F_A 的值代入上式得

当 $\omega_x < \theta_t$ 时

$$Q_{\Sigma n} = 2.82\eta_2 p_c(\pi - 2K_\varphi \varphi_p)R_x\sqrt{\rho_r \Delta S_x(1 - K_t)}\ \times$$

$$\left(f - \frac{\sin\varepsilon_1}{1.57}\right) - (3.28 \sim 2.48)\pi R_x \varphi_1 p_c f\sqrt{\left(1 - \frac{\rho_r}{\rho_w}\right)\rho_r S_x}$$

$$(1\text{-}43)$$

当 $\omega_x \gg \theta_t$ 时

$$Q_{\Sigma n} = 2.82\eta_3 p_c(\pi - 2K_\varphi \varphi_p)R_x\sqrt{\rho_r \Delta S_x(1 - K_t)}$$

$$\left(f - \frac{\sin\varepsilon_1}{1.57}\right) - 2.82\pi\varphi_1 p_c f R_x\sqrt{\Delta S_x(1 - K_t)\rho_r} \qquad (1\text{-}44)$$

计算结果 $Q_{\Sigma n}$ 为正值，表明轴向力是压力；$Q_{\Sigma n}$ 为负值，表明轴向力是拉力。

B　返行程轧制时的轴向力

在返行程轧制时，当减壁区的咬入角 θ_t 已定，正压力与垂直轴之间的夹角按下式确定，如图 1-35 所示。

$$\varepsilon_3 = \cot\left[\frac{1}{(1 - \sin\theta_{te}\tan\gamma_x')\sin\theta_{te}} - \cot\theta_{te}\right]$$

式中　　θ_{te} ——减壁区当量咬入角。

且

$$\theta_{te} = (1.8 \sim 1.85)\sqrt{\frac{2S_{x_0}}{\rho_{xr}}}$$

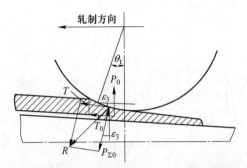

图 1-35　返行程轧制时变形区上的作用力

很明显，返行程轧制时 ε_3 只是正值，即正压力的水平投影与机架移动的方向一致。这时轴向力计算公式有如下的一般形式

$$Q_{\Sigma 0} = 2(p_A F_A f - p_B F_B f + P_{\Sigma 0}\sin\varepsilon_3) \tag{1-45}$$

做和正行程轧制时一样的假设并代入前后滑区的接触面积得

当 $\rho_w > \rho_r$ 时

$$Q_{\Sigma 0} = 2.82\eta_3 p_c(\pi - 2K_\varphi\varphi_p)R_x\sqrt{K_t\Delta S_x\rho_r} \times$$
$$\left(f + \frac{\sin\varepsilon_3}{1.57}\right) - 5.64\eta_2 p_c f\sqrt{K_t\Delta S_x\rho_r}R_x \times$$
$$[\pi - 2(\varphi_1 + K_\varphi\varphi_p)] \tag{1-46}$$

当 $\rho_w < \rho_r$ 时

$$Q_{\Sigma 0} = 2.82\eta_3 p_c(\pi - 2K_\varphi\varphi_p)R_x\sqrt{K_t\Delta S_x\rho_r}\left(\frac{\sin\varepsilon_3}{1.57} - f\right) +$$
$$4\pi p_c f\sqrt{(\rho_w\mu_1 - \rho_r)R_x[\Delta S_x K_t\rho_w - S_x(\rho_r - \rho_w)]} \tag{1-47}$$

当 $\rho_w\mu_1 - \rho_r > 0$ 时式（1-47）是正确的。若 $\rho_w\mu_1 - \rho_r < 0$ 时，轴向力的方向和机架运动的方向相反，并按下式计算

$$Q_{\Sigma 0} = 2\eta_3 p_c(\pi - 2K_\varphi\varphi_p)R_x\sqrt{2\rho_r\Delta S_{x_0}}\left(f - \frac{\sin\varepsilon_3}{1.57}\right)$$

1.3.2.2　影响因素

冷轧管过程中，作用在管料上的轴向力的方向和大小与许多因素有关，如轧制管子的壁厚、送进量、延伸系数、轧槽开口度和金属充满孔型的程度、摩擦系

数及主动齿轮的节圆直径等。其中，轧辊直径、主动齿轮节圆直径与管子直径间的相互关系对轴向力有决定性的影响。

图1-36为轧制压力和轴向力（压力）随轧制管子的壁厚而变化的试验结果。由图可知，轧制壁较薄的管子时有较大的轴向力。

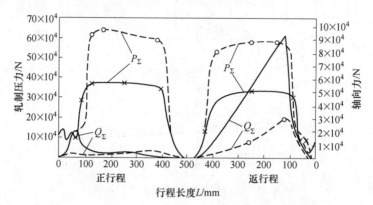

图1-36 轧制压力 P_Σ 轴向力 Q_Σ 沿机架行程长度的变化

（轧机：XIIT-1 $\frac{1}{2}''$，钢种 1Cr18Ni9Ti；

---孔型 58mm×3.5mm→38mm×1.20mm，$m = 4.3$mm，$m\mu_\Sigma \approx 19$mm；

——孔型 58mm×2.4mm→36mm×0.60mm，$m = 5.65$mm，$m\mu_\Sigma \approx 18.8$mm）

试验结果指出，轧制壁厚大于 1mm 的管子时，轴向力的最大值约为轧制压力的 10%～15%，当轧制壁厚小于 1mm 的管子时，轴向力的最大值约为轧制压力的 25%～40%；轧制特薄管时，轴向力可能达到很大的值并成为限制轧机生产率的一个因素，这是因为这种情况下返行程轧制时整个接触面上摩擦力的方向和机架移动的方向相同。

轴向力随送进量和延伸系数的变化类似于轧制压力随送进量和延伸系数的变化，如图1-37所示。

当其他条件不变，改变轧辊主动齿轮节圆直径时，试验得出，随着主动齿轮节圆直径的增加，在正行程轧制时，轴向压力的值由大变小；在返行程轧制时，轴向压力的值由小变大，如图1-38所示。一些试验结果还得出，在现有的一些冷轧管机上轴向力主要出现在返行程轧制中，而且

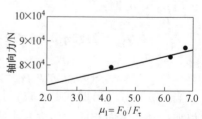

图1-37 轴向力和总延伸系数的关系

（轧机：XIIT-1 $\frac{1}{2}''$，钢种 1Cr18Ni9Ti；

孔型 58mm×2.2mm→38mm，$m = 3.3$mm）

行程开始时轴向力可能是拉力，行程终了时轴向力是压力并且达到一个轧制周期

中的最大值。在正行程轧制时轴向力一般是拉力并且在行程开始时达到一个轧制周期中的最小值。在不同轧制行程和同一轧制行程的不同阶段轴向力之所以不同，原因是主动齿轮节圆直径与轧制直径的比值在轧制过程中是变化的，虽然前者是一个确定的值。

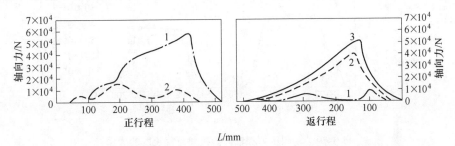

图 1-38 轴向力沿机架行程长度的变化与主动齿轮节圆半径的关系

(轧机：XIIT-1 $\frac{1}{2}''$，钢种 1Cr18Ni9Ti，孔型 58mm×3mm→38mm×1.40mm，$m=6$mm)

1—$\rho_w=152.4$mm；2—$\rho_w=165.1$mm；3—$\rho_w=171.45$mm

孔型的开口度（指侧壁开口角 φ_p）和轧制过程中金属实际充满孔型的程度（取决定于系数 K_φ）不同，前后滑区的大小不同。因此，它们对轴向力有影响其数量关系，对正行程轧和返行程轧制分别见式（1-43）、式（1-44）、式（1-46）和式（1-47）。

据试验，采用双向回转轧制有助于降低轴向力。因为采用这种轧制方式，不仅可以减小存在于工作锥中的残余应力，降低轧制过程中的单位压力，同时还可以减少金属充满的程度。如图 1-39 所示，在试验条件下，双回转轧制比单回转轧制，轧制压力降低了 8%~12%，而轴向力的最大值几乎降低了一半。

1.3.2.3 主动齿轮节圆半径的确定

鉴于轧辊主动齿轮的节圆半径对轴向力有很大的影响，因而必须合理地加以确定。

主动齿轮的最佳节圆半径应该是按照在轧制过程中不产生轴向力的条件所推导出来的节圆半径。下面介绍舍瓦金的计算方法。

A 对于正行程轧制

当 $\omega_x < \theta_t$ 时，由式（1-43），$Q_{\Sigma n}=0$，有

$$2.82\eta_3 p_c(\pi - 2K_\varphi\varphi_p)R_x\sqrt{\rho_r\Delta S_x(1-K_t)}\left(f - \frac{\sin\varepsilon_1}{1.57}\right)$$

$$=(3.2 \sim 3.48)\pi R_x\varphi_1 p_c f\sqrt{\frac{\rho_w - \rho_r}{\rho_w}\rho_r S_x}$$

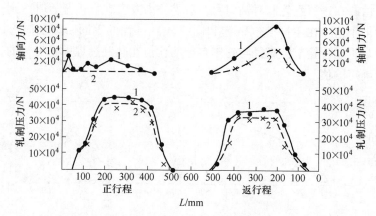

图 1-39   轧制压力和轴向沿机架行程长度的关系

（轧机：XΠT-1 $\frac{1}{2}$″，钢种 1Cr18Ni9Ti，孔型 57.4mm→38mm×1.90mm， $m = 10$mm）

1—单回转轧制；2—双回转轧制

即

$$\varphi_1 = \frac{(\pi - 2K_\varphi \varphi_p)\sqrt{\rho_r \Delta S_x (1 - K_t)}\left(1 - \dfrac{\sin\varepsilon_1}{1.57f}\right)}{\dfrac{(3.2 \sim 3.48)\pi}{2.82\eta_3}\sqrt{\dfrac{\rho_w - \rho_r}{\rho_w}\rho_r S_x}} \tag{1-48}$$

又有

$$\cos\varphi_1 = 1 - \frac{\varphi_1^2}{2} = \frac{\rho_0 - \rho_w}{R_x}$$

$$\varphi_1 = \sqrt{2\left(1 - \frac{\rho_0 - \rho_w}{R_x}\right)} = \sqrt{2\frac{\rho_w - \rho_r}{R_x}} \tag{1-49}$$

把式（1-49）代入式（1-48）得

$$\sqrt{2\frac{\rho_w - \rho_r}{R_x}} = \frac{(\pi - 2K_\varphi \varphi_p)\left(1 - \dfrac{\sin\varepsilon_1}{1.57f}\right)\sqrt{\rho_r \Delta S_x (1 - K_t)}}{\dfrac{(3.2 \sim 3.48)\pi}{2.82\eta_3}\sqrt{\dfrac{(\rho_w - \rho_r)S_x \rho_r}{\rho_w}}}$$

若近似认为

$$\sqrt{\frac{\rho_w - \rho_r}{R_x}} = \frac{(\pi - 2K_\varphi \varphi_p)\left(1 - \dfrac{\sin\varepsilon_1}{1.57f}\right)\sqrt{\rho_r \Delta S_x (1 - K_t)}}{1.18\pi\sqrt{(\rho_w - \rho_r)S_x}}$$

则

$$\rho_{\mathrm{w}} - \rho_{\mathrm{r}} = \frac{(\pi - 2K_\varphi\varphi_{\mathrm{p}})\left(1 - \dfrac{\sin\varepsilon_1}{1.57f}\right)\sqrt{\rho_{\mathrm{r}}\dfrac{\Delta S_x(1 - K_{\mathrm{t}})}{S_x}R_x}}{1.18\pi}$$

最终得

$$\rho_{\mathrm{w}} = \rho_{\mathrm{r}} + \sqrt{\rho_{\mathrm{r}}\frac{\Delta S_x(1 - K_{\mathrm{t}})}{S_x}R_x\frac{1}{\lambda_1^2}} \tag{1-50}$$

$$\lambda_1 = \frac{1.18\pi}{(\pi - 2K_\varphi\varphi_{\mathrm{p}})\left(1 - \dfrac{\sin\varepsilon_1}{1.57f}\right)}$$

当 $\omega_x \gg \theta_{\mathrm{t}}$ 时，由式（1-44），$Q_{\Sigma n} = 0$，有

$$2.82\eta_3 p_{\mathrm{c}}(\pi - 2K_\varphi\varphi_{\mathrm{p}})R_x\sqrt{\rho_{\mathrm{r}}\Delta S_x(1 - K_{\mathrm{t}})}\left(f - \frac{\sin\varepsilon_1}{1.57}\right)$$

$$= 2.82\pi\varphi_1 p_{\mathrm{c}} + R_x\sqrt{\Delta S_x(1 - K_{\mathrm{t}})\rho_{\mathrm{r}}}$$

即

$$\varphi_1 = \frac{\eta_3(\pi - 2K_\varphi\varphi_{\mathrm{p}})\left(1 - \dfrac{\sin\varepsilon_1}{1.57f}\right)}{\pi}$$

又有

$$\varphi_1 = \sqrt{2\frac{\rho_{\mathrm{w}} - \rho_{\mathrm{r}}}{R_x}}$$

所以

$$\sqrt{2\frac{\rho_{\mathrm{w}} - \rho_{\mathrm{r}}}{R_x}} = \frac{\eta_3(\pi - 2K_\varphi\varphi_{\mathrm{p}})\left(1 - \dfrac{\sin\varepsilon_1}{1.57f}\right)}{\pi}$$

最终得

$$\rho_{\mathrm{w}} = \rho_{\mathrm{r}} + \frac{1}{\lambda_2^2}R_x$$

$$\lambda_2 = \frac{\pi}{0.91(\pi - 2K_\varphi\varphi_{\mathrm{p}})\left(1 - \dfrac{\sin\varepsilon_1}{1.57f}\right)} \tag{1-51}$$

为了确定在计算主动齿轮最佳节圆半径时使用上述两个公式中的哪一个，需要校验 ω_x 和 θ_{t} 之间的关系。校验可这样进行，先根据式（1-15）求出孔型脊部的咬入角 θ_{tr}，然后选用式（1-50）或式（1-51）算出 ρ_{w}，再利用式（1-24）按所求得的 ρ_{w} 算出 θ_{t} 比较计算所得的 ω_x 和 θ_{t}，如它们之间的关系符合所选用的 ρ_{w} 计算公式的条件，说明选用是正确的，相反，则应选用另一个公式计算 ρ_{w}。

B　对于返行程轧制

当 $\rho_w > \rho_r$ 时，由于式（1-45）求返行程轧制时的轴向力时，若所作假设和建立式（1-46）时一样，但 F_B 按式（1-35）的 2 倍代入，则有

$$Q_{\Sigma 0} = 2.82\eta_3 p_c(\pi - 2K_\varphi\varphi_p)R_x\sqrt{K_t\Delta S_x\rho_r}\left(f + \frac{\sin\varepsilon_3}{1.57}\right) -$$

$$5.64\eta_2 p_c f(\rho_0 - C)\sqrt{\frac{K_t\Delta S_x}{\rho_x}}R_x(0.5\pi + \varphi_3 - \varphi_1 - 2K_\varphi\varphi_p)$$

当 $Q_{\Sigma 0} = 0$ 时得

$$\eta_3(\pi - 2K_\varphi\varphi_p)\left(1 + \frac{\sin\varepsilon_3}{1.57f}\right) = 2\eta_2\frac{\rho_0 - C}{\rho_r}[\pi - 2K_\varphi\varphi_p - (0.5\pi - \varphi_3 - \varphi_1)]$$

经整理后有

$$0.5\pi - \varphi_3 - \varphi_1 = (\pi - 2K_\varphi\varphi_p)\left[1 - \frac{\eta_3}{\eta_2}\frac{\rho_r}{\rho_0 - C}\left(1 + \frac{\sin\varepsilon_3}{1.57f}\right)\right]$$

$$= (\pi - 2K_\varphi\varphi_p)\left[1 - 0.372\frac{\rho_r}{\rho_0 - C}\left(1 + \frac{\sin\varepsilon_3}{1.57f}\right)\right]$$

$$(1-52)$$

由图 1-33，认为

$$\cos\frac{1}{2}(0.5\pi + \varphi_3 - \varphi_1) = 1 - \frac{\rho_w\left(1 + 0.5\dfrac{\Delta S_{x_0}}{S_x}\right) - \rho_r}{R_x}$$

又因为

$$\cos\frac{1}{2}(0.5\pi + \varphi_3 - \varphi_1) = 1 - \frac{1}{2}\left(\frac{0.5\pi + \varphi_3 - \varphi_1}{2}\right)^2$$

所以

$$\frac{1}{2}(0.5\pi + \varphi_3 - \varphi_1) = \sqrt{2\frac{\rho_w\left(1 + 0.5\dfrac{\Delta S_{x_0}}{S_x}\right) - \rho_r}{R_x}}$$

把上式代入式（1-52）后，得

$$\rho_w = (\rho_r + \lambda_3^2 R_x)\frac{1}{1 + 0.5\dfrac{\Delta S_{x_0}}{S_x}}$$

$$\lambda_3 = 0.354(\pi - 2K_\varphi\varphi_p)\left[1 - 0.372\frac{\rho_r}{\rho_0 - C}\left(1 + \frac{\sin\varepsilon_3}{1.57f}\right)\right]$$

若经过校验，$\rho_w > \rho_r$ 的条件没有满足，则 ρ_w 应采用按 $\rho_w < \rho_r$ 条件推导的公

式进行计算。

当 $\rho_w < \rho_r$ 时，由式（1-47），$Q_{\Sigma 0} = 0$，有

$$2.82\eta_3 p_c(\pi - 2K_\varphi\varphi_p)R_x\sqrt{K_t\Delta S_x\rho_r}\left(f - \frac{\sin\varepsilon_3}{1.57}\right)$$

$$= 4\pi p_c f\sqrt{(\rho_w\mu_1 - \rho_r)R_x[K_t\Delta S_x\rho_w - S_x(\rho_r - \rho_w)]}$$

即

$$\frac{2.82}{4\pi}\eta_3(\pi - 2K_\varphi\varphi_p)R_x\sqrt{K_t\Delta S_x\rho_r}\left(1 - \frac{\sin\varepsilon_3}{1.57f}\right)$$

$$= \sqrt{(\rho_w\mu_1 - \rho_r)R_x\left[\left(\frac{K_t\Delta S_x}{S_x} + 1\right)\rho_w - \rho_r\right]S_x}$$

$$= \sqrt{(\rho_w\mu_1 - \rho_r)^2 R_x S_x} = (\rho_w\mu_1 - \rho_r)\sqrt{R_x S_x}$$

由上式可得

$$\rho_w = \frac{1}{\mu_1}(\rho_r + \lambda_4)\sqrt{\frac{K_t\Delta S_x}{S_x}R_x\rho_r}$$

$$\lambda_4 = 0.283(\pi - 2K_\varphi\varphi_p)\left(1 - \frac{\sin\varepsilon_3}{1.57f}\right)$$

利用上述公式，对 XΠT-32、XΠT-55 和 XΠT-75 轧机进行了计算，所得结果如下：

（1）轧辊主动齿轮最佳节圆半径沿孔型长度是变化的；

（2）返行程轧制时的主动齿轮最佳节圆半径比正行程轧制时小 5%~10%；

（3）绝对压下量相同时，主动齿轮最佳节圆半径和所轧管的直径成反比，如图 1-40 所示；

（4）m 和 μ_Σ 增加，主动齿轮最佳节圆半径减小；

（5）轧制时金属充满孔型的程度对主动齿轮最佳节圆半径的大小有很大的影响，由于实际的充满程度不易确定，应取按 $K_\varphi = 0$ 和 $K_\varphi = 1$ 时计算所得结果的平均值。

按以上分析，为了减小和消除轧制过程中作用在管料上的轴向力，最理想的是，在正行

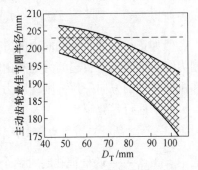

图 1-40　主动齿轮最佳节圆半径与管子直径的关系

程和返行程的轧制过程中，以及在轧制不同规格的管子时，使主动齿轮都具有最佳节圆半径，即在整个轧制周期中主动齿轮的节圆半径能始终和轧制半径保持相等。但这种理想状况，目前在轧机结构上还不能做到。

为了尽量减少主动齿轮节圆半径和轧制半径的差别，叶美里扬连科提出了一个确定轧槽块轧制半径的公式，并建议把主动齿轮的节圆半径做得和它相等。

$$\rho_k = \rho_0 - 0.7R_T$$

式中　　R_T——孔型半径，取该冷轧管机上管料和轧制管子的最大和最小半径的算术平均值。

舍瓦金提出，主动齿轮节圆半径应取为正、返轧制行程中最佳节圆半径的算术平均值。

1.3.3　轧制力矩

二辊式冷轧管机的轧制力矩由轧制压力 P_Σ 和轴向力 Q_Σ 引起，如图 1-41 所示。

对正行程轧制

$$M_{\Sigma n} = Q_{\Sigma n}\rho_k' \pm 2BDP_{\Sigma y}$$

式中　　$M_{\Sigma n}$——正行程轧制时两个轧辊上轧制力矩之和。

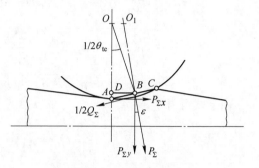

图 1-41　确定轧制力矩的图示

$$\rho_k' = \rho_0 - 0.5R_x$$

$$BD = \rho_x \sin 0.5\theta_{te} \approx 0.5\eta_3\sqrt{2\Delta S_{x_n}\rho_r}$$

因为 ε 很小，则

$$P_{\Sigma y} = P_{\Sigma n}\cos\varepsilon \approx P_{\Sigma n}$$

所以

$$M_{\Sigma n} = Q_{\Sigma n}\rho_k' + P_{\Sigma n}\eta_2\sqrt{2\Delta S_{x_n}\rho_r}$$

假如正行程轧制时轴向力的方向和机架移动的方向相反（轴向压力），则轧制力矩为由轴向力引起的力矩和由轧制压力引起的力矩之和；如果轴向力的方向和机架移动的方向一致，则轧制力矩为两个力矩之差。

对于返行程轧制

$$M_{\Sigma 0} = P_{\Sigma 0}\eta_3\sqrt{2\Delta S_{x_0}\rho_r} - Q_{\Sigma 0}\rho_k'$$

式中　　$M_{\Sigma 0}$——返行程轧制时两个轧辊上轧制力矩之和。

假如轴向力的方向和机架移动的方向一致，则轧制力矩是由轴向力引起的力矩和由轧制压力引起的力矩之差；如果轴向力的方向和机架移动的方向相反，则轧制力矩为两个力矩之和。

参 考 文 献

[1]《国外三辊穿孔和轧管》编译组．国外三辊穿孔和轧管［M］．北京：冶金工业出版

社，1978.

[2] 奥斯特连柯 В Я，瓦杜津 П И. 自动轧管机组的钢管生产 [M]. 北京：冶金工业出版社，1960.

[3] 许云祥. 钢管生产 [M]. 北京：冶金工业出版社，1993.

[4] 考夫 З А. 冷轧钢管 [M]. 北京：中国工业出版社，1965.

[5] 高秀华. 钢管生产知识问答 [M]. 北京：冶金工业出版社，2007.

[6] 李群，高秀华. 钢管生产 [M]. 北京：冶金工业出版社，2008.

[7] 双远华. 无缝钢管轧制工艺及其数值模拟 [M]. 北京：国防工业出版社，2012.

2　金属无缝管材热轧旋扩轧制技术

2.1　概述

旋转辗轧钢管的基本过程是把空心管坯套在芯棒上，由轧机的主轴带动芯棒和管坯一起旋转，通过液压或机械机构，把芯棒和管坯送入由几个（一般是两个或三个）锥形轧辊组成的变形区中，轧辊被动旋转，在芯棒和轧辊的间隙中，管坯被辗轧成所需要的厚度。这种工艺变形的特点是，在变形区中，管壁的压下促使金属横向辗轧和纵向延伸，因此称为旋转辗轧，一般称为旋轧或旋压。

钢管的旋转辗轧是在 20 世纪 50 年代初期发展起来的，是专门轧制大直径精密薄壁钢管和超薄壁钢管的新型方法。

2.1.1　引言

20 世纪 50 年代初，由于军事工业的发展，大直径精密薄壁钢管的需求量日益增加，因此开发出一门新的压力加工方法——强力旋压。它是在普通旋压的基础上发展起来的。所谓强力旋压，就是将压紧在芯模上的坯料（一般是板坯，由液压机构压紧在芯模上），由主轴带动芯模和坯料一起旋转，成形辊沿芯模送进，在成形的同时，将坯料的厚度减薄。芯棒和成形辊之间的间隙是按照 $S_1 = S_0 \sin \dfrac{\alpha}{2}$ 的规律设计的（S_0 为变形前坯料的厚度，S_1 为变形后成品的厚度，α 为芯模的锥度）。强力旋压的设备结构和动力都远比普通旋压设备大得多。

强力旋压工艺的出现，开辟了薄壁壳体生产的新途径，对于军事工业的发展具有重要的推动作用。这种生产工艺在航天工业中占有突出的地位，如喷气发动机的支撑锥体、涡轮铀、尾喷口、机匣、火箭发动机的鼻锥、储油箱封头、导弹壳体、输液（气）管线等都是用强力旋压工艺生产的。这种生产工艺，在一些产品中，不仅代替了传统的冲压和切削工艺，而且保证了产品的质量和良好的经济效益，并能满足产品多样化的要求。

在锥形件强力旋压制品发展的同时，又发展了管件的强力旋压，即以钢管作坯料，以强力旋压的方式减壁。在设备动力足够的情况下，只改变管坯和芯棒的尺寸，就可以得到不同尺寸的钢管。这一工艺的出现，立即受到重视。目前，用这种方法生产的大直径精密薄壁钢管，直径与壁厚之比已超过了 750（一般传统的冷加工法仅到 100~150），长度与直径之比已达到 20 以上。

2.1.2　热轧旋扩钢管的特点

2.1.2.1　金属集中变形

旋轧变形的过程中，轧辊（或滚珠）与金属接触的变形区很小，单位压力很大。

一般压力加工的单位压力不超过 2750MPa，而旋轧的单位压力可以高达 11000MPa。这一点对于加工强韧性金属和合金，旋轧与一般传统的冷加工法相比，是十分有利的。

由于接触面积很小，所需要的总功率小，设备的传动功率也低。例如，轧制直径 450mm 钢管的周期式冷轧管机，主传动为 2060kW，旋轧直径 2000mm 钢管的旋轧机，主电机仅为 112kW。

2.1.2.2　产品规格灵活，工具制造简单

一台旋轧机可以轧制的尺寸规格范围很大。我国自行设计的 700mm 旋轧机，可以轧制直径 150~700mm 的钢管。在这样的组距范围内，只要改变芯棒和坯料的尺寸就可以了。

与传统的冷轧机相比，工具制造非常简单，不需要专门的轧辊机床，而两辊周期式冷轧管则需要专门的轧辊加工机床。

2.1.2.3　改善了金属组织，提高了力学性能

旋轧的一次变形量可达 60%~80%，因此，旋轧后的金属晶粒被拉长和细化。由于金属在变形时与旋轧轴线呈一定角度地流动，这种纤维结构的各向异性很小，见表 2-1。这一点对于制造承受圆周方向拉应力的壳体是十分有利的。

表 2-1　30CrMnSiA 旋轧和热处理后力学性能的各向异性

取样方向	横向				纵向			
试样编号	1	2	3	4	1	2	3	4
旋轧后								
σ_b /MPa	964	978	978	974	934	944	938	934
A /%	7.0	8.4	7.0	8.0				
热处理后								
σ_b /MPa	1030	1072	1023	1051	1025	1051	1056	1045
A /%	10.6	10.8	10.0	10.6	11.3	10.8	10.0	10.1
$\sigma_{0.2}$ /MPa	905	934	934	959	935	937	951	925

旋轧的变形方式可以大大地提高材料的强度，改善力学性能，见表 2-2。由

表中可以看出，302 不锈钢旋轧后的强度极限增加了 22.5%，4130 钢的强度比原始坯料增加了 62%。

表 2-2 旋轧前后金属力学性能的变化

钢　种	旋轧前后	硬度	σ_s/MPa	σ_b/MPa
1030 钢	旋轧前	42HRB	241	482
	旋轧后	20HRC	413	
4130 钢	旋轧前	90HRB	896	618
	旋轧后	32HRC		1001
302 不锈钢	旋轧前	74HRB	221	551
	旋轧后	30HRC	338	676

2.1.2.4 产品的精度高

由于旋轧的变形特点，所轧制产品的尺寸精度比一般冷轧法的精度要高。例如，我国旋轧的 159mm×0.3mm 规格的碳素钢管，壁厚公差达 0.005mm±0.01mm。直径 560mm×2mm 的 D6AC 钢的直径偏差不到 2mm。旋轧钢管的表面光洁度可达 ▽7 以上。

2.1.2.5 所采用的坯料广泛

可以使用焊接管坯、热轧（冷拔）无缝钢管坯、离心铸造管坯和锻造管坯。410 型不锈钢采用离心铸造的管坯，经机加工后进行旋轧和热处理后，同样地可以得到和锻造坯料一样的细晶粒组织。

2.1.2.6 经济效益高

旋轧方法与冷冲压相比，可节约原材料约 20%~50%，工具成本仅为冷冲压的 1/10。

2.1.2.7 旋轧法的缺点

旋轧与传统的冷加工法相比，生产率低，而且生产的产品长度短，相对地产品收得率低。但是它能够轧制传统冷加工法所不能轧制的规格尺寸，这一点是传统冷加工法所不能比拟的。

2.1.3 热轧旋扩轧机结构形式

2.1.3.1 旋扩机

旋扩机组主要由前台、旋扩机本体、后台一段、后台二段、主传动装置、底座、石墨润滑系统、钢管内喷清洁系统、干油润滑装置、稀油润滑装置、液压系统和电控系统等组成，如图 2-1 所示。

A　前台

前台主要由升降辊道、扣瓦装置、入口导套、底座等设备组成。

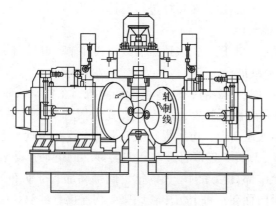

图 2-1　旋扩机本体示意图

B　旋扩机本体

旋扩机本体由机架装配、轧辊装置、左右轧辊箱、左右轧辊调整装置、上导板装置、下导板装置及底座等组成。主机的两个轧辊左右布置，单独传动，导板上下布置，轧辊的直径从变形区入口到出口逐渐增大，轧辊的圆周速度沿轧制方向也不断增大，轧辊轴线与轧制线呈空间交叉，构成送进角和辗轧角。两个轧辊装置高度可调，机械锁紧。轧辊装置是由一个轴承座、轴、轴承等组成，轴头悬臂与轧辊相连。两个轧辊装置装在左右两套轧辊箱中，通过轧辊调整装置实现位置调整及固定。每套轧辊箱与底座固定，两套轧辊箱通过液压缸连杆机构与机架的上盖相连并锁紧。通过液压缸连杆机构，上盖可以旋转打开从而方便轧辊的更换。上、下导板装置垂直布置，都可实现垂直方向和水平方向的调整。上导板装置的两个压座可以打开，上导板座可以从机架中吊出，方便上、下导板及导板座的更换。

C　后台一段

后台一段设备主要由顶头夹紧装置、三辊定心装置、拨料装置、升降辊道、升降冷却装置及底座等组成。顶头夹紧装置可夹紧顶头进行在线冷却和润滑。三辊定心装置可实现抱顶杆、抱钢管（不同钢管直径）和大打开。拨料装置将扩径后的钢管拨出轧制线，放到旋扩后输送辊道上。升降辊道用于钢管和顶杆的输送，有托钢管位、托顶杆位和最低位三个位置。升降冷却装置可高度调整，满足不同直径钢管的导向和顶头冷却。

D　后台二段

后台二段由挡料支座、闭锁装置、顶杆小车、液压小仓、支撑小车、小车主传动和导轨装置等组成。闭锁装置采用缓冲定位、液压锁紧顶杆小车。闭锁装置轴向位置通过液压小仓实现调整。小车主传动采用钢丝绳、卷筒驱动机构。支撑小车可以跟踪顶杆小车运动，对顶杆进行支撑。

E 主传动装置

旋扩机主传动由主电机、主减速机、鼓形齿接轴、联轴器及底座组成。

2.1.3.2 钢管旋扩系统

钢管旋扩系统（见图 2-2），包括主传动系统，主传动系统包括可转动的圆盘 1，圆盘 1 上设有内模具装置，内模具装置包括若干仿形辊 3，每个仿形辊 3 固定在一个仿形辊底座 2 上，仿形辊底座 2 滑动设置在圆盘 1 上，圆盘 1 的一侧同轴设置有顶杆 5，顶杆 5 连接有推动其轴向移动的电动推动装置，顶杆 5 的一端设置有由端部至中部直径逐渐增大的锥形的推动部，推动部推动仿形辊底座 2 同步沿圆盘 1 的径向移动，每个仿形辊底座 2 均连接有推动其压紧推动部的弹簧 4。本钢管旋扩系统采用电动推动装置推动顶杆 5 轴向移动，并通过顶杆 5 端部的推动部推动仿形辊底座 2 沿圆盘 1 径向移动，能够避免液压油高温难以控制的问题，弹簧 4 推动仿形辊底座 2 压紧推动部，保证了仿形辊底座 2 的移动更加精确，通过仿形辊 3 对管道接头进行旋扩，大大提高了管道接头的加工精度，从而在钢管 17 快速承插对接时，能够使公头快速顺畅的插入母头内，既方便了钢管 17 的对接，也避免了由于接头误差较大影响接头处的密封。

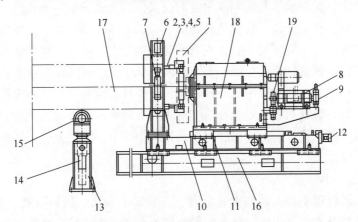

图 2-2 钢管旋扩系统的主视示意图

1—圆盘；2—底座；3—仿形辊；4—弹簧；5—顶杆；6—仿形模；7—模具油缸；8—仿形电机；
9—抱闸；10—移动底座；11—进给架；12—工进电机减速机组；13—升降底座；14—升降油缸；
15—V 形辊；16—固定底座；17—钢管；18—床头箱；19—齿轮组

2.1.3.3 可变交错角的热轧钢管旋扩机

可变交错角的热轧钢管旋扩机（见图 2-3），包括两轧辊装置、导向装置及顶头；轧辊装置包括驱动机构和轧辊，驱动轧辊进行轴向往复运动、周向转动并以一竖直中心线为中心进行摆动；轧辊包括轧辊头；导向装置包括上导板及下导板；上导板、下导板及两轧辊头围合形成扩径通道，顶头设于扩径通道的内部。本实用新型通过驱动机构驱动轧辊进行沿其轴向的往复运动、以其轴线为中心轴的周向转动以及以一竖直中心线为中心的摆动，能对轧辊进行调整，从而与具有多种不同尺寸的原料管相匹配，如此能有效降低生产工具准备费用，降低生产成本，同时在对不同尺寸的原料管进行扩径的过程中能有效减少轧辊的更换次数，提高生产效率。

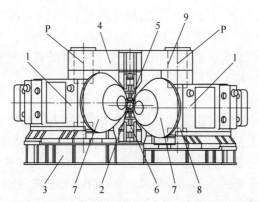

图 2-3　可变交错角的热轧钢管旋扩机的主视图
1—轧辊装置；2—顶头；3—底座；4—横梁；5—上驱动器；6—下驱动器；
7—轧辊头；8—底部立柱；9—顶部立柱；P—竖直中心线

2.1.4　旋转辗轧工艺发展近况

2.1.4.1　内旋轧

旋轧大直径钢管时，芯棒的重量很大，给制造、加工和安装都带来一系列的困难，芯棒的制造费用也很高。从设备的结构上看，旋轧大直径钢管时，采用大型整体芯棒，在旋轧过程中转动惯量很大，从而使设备的结构复杂化。20 世纪 60 年代中期，美国发展一种内旋轧法，如图 2-4 所示。它的基本过程是一个固定不动的环状外模套，在其内部的对应的圆周上安装三个轧辊，彼此间隔 120°。在旋轧时，管坯被夹紧在固定装置上并且主动旋转，有轴向拉力，金属在外环和内辊间辗轧。每个轧辊可以由楔形机构调整，由液压平衡轧制力。每个轧辊可承受的轧制力为 413kN（120 万磅），轴向拉力为 22065kN（600 万磅），可以轧制直径 2000 ~

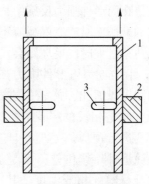

图 2-4　内旋轧示意图
1—钢管；2—外模套；
3—轧辊

4000mm、长 6m 的大直径精密钢管。

2.1.4.2 张力旋轧

张力旋轧的轧制过程是在钢管的出口端施加轴向张力，而在管坯端加反张力，以强化材料的变形过程，加大道次变形量，保证产品的精度。这种方法与薄带轧制相类似。在变形过程中施加前后张力的目的在于：

（1）消除管坯在预变形区所形成的凸起；

（2）防止在变形过程中，由于金属在辗轧时的横变形所形成的直径胀大（特别是在轧制极薄壁钢管的时候）；

（3）改善了卧式旋轧机结构，由于芯棒和钢管的自重所造成的弯曲，靠前后张力弥补，以保证轧出钢管的直度。

2.1.4.3 错距旋轧

错距旋轧是三个轧辊在钢管的圆周上互相间隔120°布置，但不在同一个垂直于芯棒轴线的平面上，而是每一个轧辊单独位于一个垂直于芯棒轴线的平面上，错距旋轧的特点是三个轧辊在芯棒轴线上相距一定的距离，跟踪轧制，后一轧辊将前一个轧辊遗留下来的凸起部分轧掉，可以用大的送轧量而得到光滑的表面质量。但是，如果调整不好，表面的不平度（即表面的凹凸不平处）将会比共面旋轧更为严重。严重时，会出现三头螺纹。

2.2 金属无缝管材热轧旋扩轧制成形原理

2.2.1 强力旋压过程的三个阶段及成形原理

在筒形件强力旋压过程中，出现变形的区域往往是在旋轮和工件接触的地方，且在整个旋压变形过程中一直遵循着体积不变原则。强力旋压的变形过程可分成三个阶段，即旋入阶段、稳定阶段、旋压结束阶段。

在筒形件强力反旋中，旋入阶段最为重要，在旋轮开始和毛坯接触至达到设定的减薄率时，壁厚减薄率渐渐增大，旋压力也逐渐变大最后达到设定的值。若减薄率过大时，毛坯则会发生失稳，出现起皱、喇叭口（扩径）等缺陷。

图 2-5 为筒形件强力热反旋成形原理图，由图可以看出，旋轮的进给方向和材料的流动方向是相反的。首先，旋压前芯模和毛坯都要进行预加热处理并且在加工过程中也要对筒形件持续供热，但是加热温度不能超过被旋材料的相变温度；其次，工件是靠芯模带动转动的，工件再带动旋轮转动。

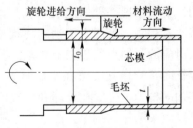

图 2-5 强力热反旋原理图

筒形件强力热反旋压成形过程中，在旋压区材料的流动方向分为沿着旋轮进给反向流动、沿着旋轮的前方流动、沿着旋轮周向上流动。其中后两种流动都会造成工件的不均匀变形,出现隆起、起皱、扩径等缺陷,从而降低成形质量。这主要是在旋压成形时,由于旋轮的阻力作用,在旋轮的前进方向会有少许的金属材料的堆积,从而使工件出现隆起、起皱等现象。当加工的材料出现隆起、起皱时,材料流动不均匀,严重时直接影响工件的表面质量。

2.2.2　强力旋压过程材料的流动

在筒形件强力旋压过程中,材料在受到旋压力后会同时沿三个方向流动:

(1) 沿旋轮进给方向反向的轴向流动,可以使工件伸长;

(2) 沿旋轮的进给方向流动,导致旋轮前方会出现材料的堆积;

(3) 沿周向流动,从而导致工件壁厚纵剖面的扭曲,使工件出现波纹、鼓包等缺陷。

因此,在实际生产中,使材料多向上述 (1) 中的方向上流动,减少材料在(2) 和 (3) 的方向流动是保证工件成形质量的前提。

2.2.2.1　材料的轴向流动

筒形件旋压成形时,材料相对于芯模而言有两个可能流动的方向,正旋时与反旋时的流动方向正好是相反的。

假如,旋轮沿旋压机床头的方向相对于芯模的进给速度为 V,由图 2-6 可以得出工件在正旋和反旋时各区域相对于旋轮和芯模的材料流动的方向和速度。

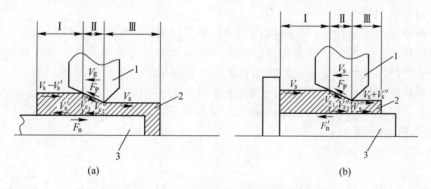

图 2-6　正旋(a)和反旋(b)时的金属流动

Ⅰ—待旋区;Ⅱ—旋压区;Ⅲ—已旋区;1—旋轮;2—工件;3—芯模

根据图 2-6 中已旋区面积不变的假设,可以得到的关系式如下

正旋时
$$(V_s - V_s')t_0 = V_s t_f \tag{2-1}$$

反旋时
$$V_s t_0 = V_s + V_s'' \tag{2-2}$$

由式 (2-1) 和式 (2-2) 可以得出

$$V_s' = V_s \varepsilon_t \tag{2-3}$$

$$V_s'' = \frac{V_s \varepsilon_t}{1 - \varepsilon_t} \tag{2-4}$$

通过式 (2-3) 和式 (2-4) 可知，$V_s'' > V_s'$，此式足以说明在工艺参数相同的情况下，正旋时材料相对于旋轮和芯模的流动速度小于反旋时。因此，在已旋区，材料沿轴向的流动速度是变值。

2.2.2.2　材料的分流和旋轮前方材料的堆积

在筒形件强力旋压成形过程中，有时会在旋轮进给方向的前方产生材料的堆积。这是因为在强力旋压成形时，有少许的材料随着旋轮进给的方向流动，这些流动的材料受到旋轮阻力的作用下逐渐出现堆积，情况严重时，会导致工件的隆起、扩径等缺陷。图 2-7 是筒形件强力旋压成形过程中材料的分流情况。从图中可以看出，以距离 y 轴为 Z_0 的分流线为界限，B 中的材料沿着旋轮进给的反向流入工件的壁部，A 中的材料沿着旋轮进给的方向流动，从而形成堆积，导致工件隆起，C 说明在加工过程中还是有少量的材料沿周向流动。

2.2.3　筒形件强力旋压时应力应变状态

筒形件强力旋压成形过程中，材料的旋压区处于三向应力状态。当采用正旋时，材料的旋压区在径向和周向上受到的应力为压应力，轴向上受到的应力为拉应力；反旋时，材料的旋压区在径向、周向、轴向上受到应力为压应力。因此，当正旋成形时的已旋区和反旋成形时的未旋区因为扭转力矩的原因，所以还要受到周向剪应力的作用。

在成形加工过程中，因为周向变形量很少，所以一般把三向变形状态看作平面变形状态。平面变形状态包括径向挤压变形和轴向的拉伸变形。尽管在平面分析中省去周向变形，但它是影响工件出现扩径变形的一个重要原因，所以，当研究筒形件的成形质量时必须对周向变形进行分析。

综合以上筒形件强力旋压成形时的应力应变的分析，平面变形状态下的力学简图如图 2-8 所示。

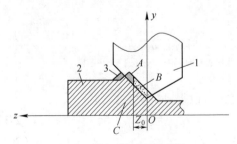

图 2-7　旋压时材料的分流

1—旋轮；2—工件；3—隆起

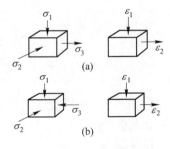

图 2-8　筒形件强力旋压的
应力、应变简图

(a) 正旋；(b) 反旋

2.3 旋转辗轧力能参数计算

正确地分析旋轧力和计算旋轧力，对于设计轧制工具和正确地控制工艺参数都是十分必要的。本节在分析受力过程中，假定没有横变形，管壁的压下全部转化为纵向延伸。

2.3.1 横断面压下量分析和计算

旋轧纵向变形区可以看作一个锥形断面，如图 2-9 所示。

取芯棒和轧辊轴线互相平行且位于同一个平面内。直线 AB 表示变形区中工作锥在变形前的瞬间位置。由于钢管轴向送进，工作锥母线 AB 相对应 y 轴移至 $A'B'$ 的位置。

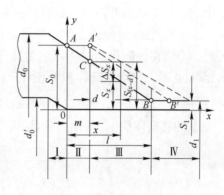

图 2-9 旋轧纵向变形区

$$A'C = \Delta S_0 = \frac{m}{N} \times \frac{S_0 - S_1}{l}$$

$$= m' \frac{\Delta S_\Sigma}{l}$$

$$= m' \tan\alpha \tag{2-5}$$

式中 m ——芯棒每转的送轧量；

     N ——工作轧辊数；

     m' ——芯棒每转每个轧辊的送轧量；

     ΔS_Σ ——沿 y 轴管壁总压下量；

     S_0，S_1 ——管坯和钢管的壁厚；

     l ——变形区长度。

变形区在长度方向上可分成为四个特征区域：

Ⅰ——减径区，在该区域中，只改变管坯的直径而不减壁，其长度 $l_1 = \dfrac{d_0' - d_1'}{2\tan\alpha}$；

Ⅱ——管坯被送进 m 值后所形成的区域，其长度为 $l_2 = m\mu_{x=m}$；

Ⅲ——压下区，在这个区域内进行管压下，$l_3 = \dfrac{\Delta S_\Sigma}{\tan\alpha} - l_2$；

Ⅳ——抛光区，在这段区域内均整管壁，它的长度取决于均整系数 K，

     $l_4 = Km\mu_\Sigma$。

在第Ⅱ区域内，任一横断面上的压下量，按下列公式计算

$$\Delta S_x = \frac{x}{l}(S_b - S_1) = \frac{x}{l}\Delta S_\Sigma$$

在第Ⅲ区域内，压下量的计算是

$$\Delta S_x = S_{x-d} - S_x \quad 或 \quad \Delta S_x = \frac{d}{l}\Delta S_\Sigma$$

式中　d——从第Ⅱ区域开始到任一未知断面的间距，$d = m\mu_{x-d}$。

为了计算 $x - d$ 断面上的延伸系数，引入一个移动体积的概念，即芯棒在 $1/n$ 转时，金属在纵向移动的体积。在没有横变形的情况下变形时，即 $\beta_\Sigma \geqslant 1.0$ 和 $\mu_\Sigma \geqslant 1.0$ 时，平均移动体积 V' 为

$$V' = \pi\overline{D}Sm(\mu_\Sigma - 1) \tag{2-6}$$

V' 是总的移动体积 V_Σ 的纵向分量

$$K_1 = \frac{V'}{V_\Sigma} = \frac{\pi D_1 S_1 m(\mu_\Sigma - 1)}{\pi D_0(S_0 - S_1)m - \frac{1}{2}\pi D_1 \dfrac{(m\mu_\Sigma)^2 \Delta S_\Sigma}{l + m(\mu_\Sigma - 1)}} \tag{2-7}$$

式（2-7）经过整理后得 μ_x 的三次方程式

$$B\mu_x^3 + C\mu_x^2 + D\mu_x + E = 0 \tag{2-8}$$

其中

$$B = 0.5\frac{D_1}{D_0}m\Delta S_\Sigma$$

$$C = m\left[\frac{S_0}{S_1}\left(\frac{1}{K_1} - 1\right) + 1\right]$$

$$D = l\left[\frac{S_0}{S_1}\left(\frac{1}{K_1} - 1\right) + 1\right] + \left(\frac{S_0}{S_1} - 1\right)m$$

$$E = -\frac{S_0}{S_1} \times \frac{lm}{K_1}$$

解式（2-8）可近似得到

$$\mu_x \approx \frac{1}{1 - K_1\left(\dfrac{S_0}{S_x}\right)} \tag{2-9}$$

这样，计算Ⅲ区压下量的公式是

$$\Delta S_x = \frac{1}{2K_1}\sqrt{\left[(S_0 - K_1)\frac{x}{l}\Delta S_\Sigma\right]^2 + 4mK_1\frac{\Delta S_\Sigma}{l}S_0} - \left(S_0 - K_1\frac{x}{l}\Delta S_\Sigma\right) \tag{2-10}$$

系数 K_1 在 $0 \sim 1.0$ 之间变化。当 $K = 0$ 时，属于不延伸的横轧；当 $K_1 = 1$ 时，属于没有横向变形的旋轧，即管壁的压下，没有切向扩径而全部转化为纵向延

伸。K_1 本身受径向应力 σ_r、切向应力 σ_t 和轴向应力 σ_1 的影响。这些应力决定着金属流动方向，也就是影响着金属的移动体积分量。变形区的尺寸，影响着变形区中的应力数值。K_1 值一般可以从实验中求得。

一般说来，在 $m = 0.1 \sim 3 \text{mm/r}$、$\varepsilon = 10\% \sim 50\%$ 和 $\alpha = 15° \sim 35°$ 时，工作锥母线实际上是直线。在 $m = 2 \text{mm/r}$ 和 $\alpha = 15°$ 时，取母线为直线，其误差仅为 10.5%，即在允许的精度范围之内。

取 $K_1 = 1$ 的状态下旋轧（没有横向变形的旋轧，$\beta = 1$），式（2-10）可以写成

$$\Delta S_x = \frac{S_0}{S_0 - \dfrac{x}{l}\Delta S_\Sigma} \times \frac{m}{l}\Delta S_\Sigma \tag{2-11}$$

2.3.2 接触表面积计算

旋轧变形区内金属与轧辊的接触表面积，实际上是一个曲线三角形（也可以看成 1/4 椭圆）。为了简化计算，取直线代替曲线，如图 2-10 所示。

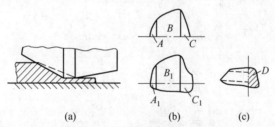

图 2-10　轧辊与钢管接触的投影
(a) 不考虑工具和钢管的弹性变形时，变形区的水平投影；
(b) 考虑到工具和钢管的弹性变形时，变形区的水平投影；
(c) 考虑到工具和钢管的弹性变形时，变形区的垂直投影

图 2-10 中（a）和（b）是轧辊与钢管接触的水平投影，图 2-10（a）没有考虑轧辊和钢管的弹性变形。

A 区：　　　　　　　　　　$F_A = 0.5 m b_1$

C 区：　　　　　　　　　　$F_C = 0.5 m \mu_\Sigma b_2$

B 区：　　　　　　$F_B = 0.5(b_1 + b_2)\left(\dfrac{\Delta S_\Sigma + \Delta}{\tan\alpha} - m\right)$

接触表面积的总的水平投影

$$F_1 = 0.5(m b_1 + m \mu_\Sigma b_2) + (b_1 + b_2)\left(\frac{\Delta S_\Sigma + \Delta}{\tan\alpha} - m\right) \tag{2-12}$$

式中　　b_1——在 $m \sim \left(\dfrac{\Delta S_\Sigma - \Delta}{\tan\alpha} - m \right)$ 区边界上的接触表面积的宽度，$b_1 =$

$$\sqrt{2\frac{Rr}{R+r}\Delta S_1} \; ;$$

　　　　b_2——在 $\left(\dfrac{\Delta S_\Sigma - \Delta}{\tan\alpha} - m \right) \sim m\mu_\Sigma$ 区边界上的接触表面积的宽度，$b_2 =$

$$\sqrt{2\frac{Rr}{R+r}\Delta S_2} \; ;$$

　　　　Δ——芯棒和钢管之间的间隙；

　　　　R，r——芯棒和轧辊的半径；

ΔS_1，ΔS_2——与变形宽度 b_1 和 b_2 相对应的减壁量。

　　轧辊和钢管之间的垂直投影（不考虑弹性变形，即忽略图 2-10 中的 D 区）。

$$F_2 = 0.5[\Delta S_1 b_1 + \Delta S_2 b_2 + (b_1 + b_2)](\Delta S_\Sigma + \Delta - \Delta S_1 + \Delta S_2) \quad (2\text{-}13)$$

　　如果考虑到轧辊和钢管之间的弹性变形，接触表面积将增加。如图 2-10（b）所示，接触表面积的宽度为

$$b_1' = \sqrt{b_1^2 + a_1^2} + a_1$$
$$b_2' = \sqrt{b_2^2 + a_2^2} + a_2$$

其中

$$a_1 = 2\frac{Rr}{R+r} \times \frac{\overline{P_1}}{1.88 \times 10^5}$$

$$a_2 = 2\frac{Rr}{R+r} \times \frac{\overline{P_1'}}{1.88 \times 10^5}$$

式中　　$\overline{P_1}$，$\overline{P_1'}$——在 $m \sim \left(\dfrac{\Delta S_\Sigma - \Delta}{\tan\alpha} - m \right)$ 和在 $\left(\dfrac{\Delta t_\Sigma - \Delta}{\tan\alpha} - m \right) \sim m\mu_\Sigma$ 两个区域

　　　　　　内金属在轧辊上的平均单位压力。

　　这样，考虑到弹性变形时的接触表面积

$$F_1' = 0.5\left[m(b_1' + a_1) + (b_1' + b_2')\left(\frac{\Delta S_\Sigma + \Delta}{\tan\alpha} - m \right) + m\mu_\Sigma(b_2' + 3a_2) + 4a_2 l' \right]$$

$$\quad (2\text{-}14)$$

$$F_2' = 0.5\left[\Delta S_1(b_1' + a_1) + \Delta S_2(b_2' + a_2) + (b_1' + b_2') \times (\Delta S_2 + \Delta - \Delta S_1 - \Delta S_2) \right]$$

$$\quad (2\text{-}15)$$

式中　　l'——轧辊的圆柱段长度。

2.3.3　旋轧力计算

2.3.3.1　变形区中微分体受力分析

　　旋轧过程中，轧辊的半径 r 还小于芯棒的半径 R，即 $r \ll R$。取变形区中任

一微分体为立方体变形。如图 2-11 所示，假定旋轧变形区的受力状态是一个不等厚的变形微分体的受力状态。其厚度是两个坐标的函数 $f(x, y)$。

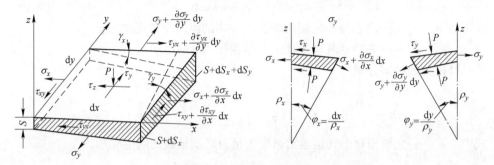

图 2-11　旋轧时管壁微分体变形时的受力状态

取 z 为主轴，则 $\tau_{xy} = \tau_{yx} = 0$，在轧辊和芯棒与管坯接触的表面上，作用着正压力 $P(x, y)$ 及切向力 τ_x 和 τ_y，它们与金属相对运动的矢量倾角为

$$\tau_x = \tau\cos(\tau, x) = \frac{\Delta V_x}{|\Delta V|}\tau$$

$$\tau_y = \tau\cos(\tau, y) = \frac{\Delta V_y}{|\Delta V|}\tau$$

在微分体的变形过程中，$\mathrm{d}x$ 和 $\mathrm{d}y$ 方向上的变形（沿 x 轴）是 $\mathrm{d}S_x$ 和 $\mathrm{d}S_y$，如图 2-11 所示。变形后微分面在 x 轴上剪变位为 γ_x 和在 y 轴上剪交位为 γ_y，而在 yz 平面内对 y 轴呈 φ_y 角，作用力在 x 轴上的投影微分方程为

$$\begin{cases} \dfrac{\partial\sigma_x}{\partial x} + (\sigma - P)\dfrac{1}{S}\times\dfrac{\partial S}{\partial x} + \dfrac{\tau_{xy}}{S}\times\dfrac{\partial S}{\partial y} \pm \dfrac{\partial\tau_x}{S} = 0 \\[3mm] \dfrac{\partial\sigma_y}{\partial y} + (\sigma_y - P)\dfrac{1}{S}\times\dfrac{\partial S}{\partial y} + \dfrac{\tau_{xy}}{S}\times\dfrac{\partial S}{\partial x} \pm \dfrac{\partial\tau_y}{S} = 0 \end{cases} \quad (2\text{-}16)$$

取 x 轴和 y 轴为主轴

$$\begin{cases} \dfrac{\partial\sigma_x}{\partial x} + (\sigma_x - P)\dfrac{1}{S}\times\dfrac{\partial S}{\partial x} \pm \dfrac{\partial\tau_x}{S} = 0 \\[3mm] \dfrac{\partial\sigma_y}{\partial y} + (\sigma_y - P)\dfrac{1}{S}\times\dfrac{\partial S}{\partial y} \pm \dfrac{\partial\tau_y}{S} = 0 \end{cases} \quad (2\text{-}17)$$

2.3.3.2　旋轧力的计算

A　轧制时单位压力的计算

假定旋轧过程中没有横变形，即管壁的全部压下都转化为纵向延伸，旋轧可以简单地看成一瞬间从环形的间隙中挤压金属。根据式（2-17），在 x 轴上力的微分方程式为

$$\frac{\mathrm{d}\sigma_x}{\mathrm{d}x} + \frac{1}{S_0 + x\tan\alpha}(\sigma_x\tan\alpha - \tau_2 - \tau_1 - p_1\tan\alpha) = 0 \qquad (2\text{-}18)$$

$$p_2 - p_1 + \tau_1\tan\alpha = 0 \qquad (2\text{-}19)$$

式中　τ_2，τ_1——沿芯棒和轧辊的表面上作用的纵向单位摩擦力；

　　　p_2，p_1——芯棒和轧辊表面上的单位压力。

摩擦力的纵向分量

$$\tau_1 = p_1 f_1 \cos\bar{\xi}$$

$$\tau_2 = p_2 f_2$$

式中　$\bar{\xi}$——金属相对于轧辊运动速度矢量与轧制轴线之间的夹角。

$$\bar{\xi} = \arctan\frac{\Delta\bar{V}_y}{\bar{V}} = \arctan\frac{0.21R}{m'(\mu_\Sigma - 1)N}\left(\frac{V}{R} \times \frac{R + 0.5\Delta S_\Sigma}{r - 0.5\Delta S_\Sigma} - 1\right)$$

式中　$\Delta\bar{V}_y$——沿变形区长度上金属切向流动速度增量的平均值；

　　　$\bar{V}$——沿变形区长度上金属轴向移动速度的平均值；

　　　r，R——轧辊圆柱段和钢管半径；

　　　N——轧辊数。

取金属与轧辊和芯棒之间的摩擦力相等，即

$$f = f_1 = f_2$$

按式（2-19）

$$p_1 = \frac{p_2}{1 - f\cos\bar{\xi}\tan\alpha} \qquad (2\text{-}20)$$

根据塑性方程式

$$p - \sigma_x = 1.15\sigma_s$$

则式（2-18）可以写成

$$\frac{\mathrm{d}\sigma_{2x}}{\mathrm{d}x} = p_{2x}\frac{a}{S_0 - x\tan\alpha} + 1.15\sigma_{sx}\frac{\tan\alpha}{S_0 - x\tan\alpha} \qquad (2\text{-}21)$$

$$a = \frac{f[(1 - f)\cos\bar{\xi}\tan\alpha + 1 - \cos\bar{\xi}]}{1 - f\cos\bar{\xi}\tan\alpha}$$

在解线性微分方程式（2-21）时，必须考虑到金属沿变形区长度上的硬化（即 σ_{sx} 不是一个常数）。

考虑到旋轧总的变形量一道次不超过 20%~30%，可以近似地取下列关系

$$\sigma_{sx} \approx \Delta S_0 + xK$$

式中　ΔS_0——金属变形前后的强度极限；

　　　K——$\sigma_{bx} = f(x)$，硬化直线对 x 轴倾角的正切。

积分方程（2-21）之后，可得

$$p_{2x} = \frac{C}{(S_0 - x\tan\alpha)^\delta} - \frac{1.15\sigma_{b0}}{\delta}\left[1 + \frac{K}{\sigma_{b0}}\frac{S_0 + x\delta\tan\alpha}{(1+\delta)\tan\alpha}\right] \qquad (2\text{-}22)$$

根据 $x = 0$ 时的边界条件求积分常数

$$p_{2x} = 1.15\sigma_{b0} + \sigma'$$

式中　σ'——保证管坯在纵向送进时，作用在管坯轴向上的应力（在反旋轧时）。

代入后，经整理可得金属在轧辊上的单位压力计算公式

$$p_{1x} = \frac{1.15\sigma_{b0}}{1 - f\cos\bar{\xi}\tan\alpha}\left\{\frac{S_0}{S_x}\left(1 + B + \frac{A}{\delta}\right) - \left[\frac{A}{\delta} + \frac{K_x}{\sigma_{b0}(1+\delta)}\right]\right\} \qquad (2\text{-}23)$$

式中　$\delta = \dfrac{a}{\tan\alpha}$;

$$A = 1 + \frac{K}{\sigma_{b0}} \times \frac{S_0}{(1+\delta)\tan\alpha};$$

$$B = \frac{\sigma}{1.15\sigma_{b0}}（考虑推应力系数）。$$

从式（2-23），可以得出计算平均单位压力公式

$$\overline{p_1} = \frac{1}{l_1}\int_0^{l_1} p_{1x}\mathrm{d}x$$

$$\approx 1.15\sigma_{b0}\left[\left(1 + B + \frac{A}{\delta}\right)\frac{S_0 - S_1\mu_\Sigma^\delta}{(1-\delta)\Delta S_\Sigma} - \frac{A}{\delta}\right] \qquad (2\text{-}24)$$

变形区圆柱段上的平均单位压力，可以根据 $\overline{p_1'} \approx p_{2x=l}$ 条件计算。圆柱段上的平均单位压力为

$$\overline{p_1'} = 1.15\sigma_{b0}\left[\left(1 + B + \frac{A}{\delta}\right)\mu_\Sigma^\delta - \frac{A}{\delta}\right] \qquad (2\text{-}25)$$

在整个挤出表面上的平均单位压力为

$$\overline{p_1} = \frac{\overline{p_1}(F_\Sigma - F_2) + \overline{p_1'}F_2}{F_\Sigma}$$

式中　F_Σ，F_2——整个变形区和圆柱段接触表面积的水平投影。

A 轴向推力系数 B 计算如下。

根据在变形区中，作用在金属上外力相等的条件按照图 2-12，$\Sigma x = 0$ 得

$$B = \frac{1}{1.15\sigma_{b0}b_1'F_0}\left[\overline{p_1}L(F_\Sigma - F_2) + 2\overline{p_1'}fF_2\right] \qquad (2\text{-}26)$$

式中　F_0——变形区入口处管受轴向力作用的面积，$F = b_1'S_0$;

b_1' ——考虑到在 $x = m(m \ll l_1)$ 的断面上工具的弹性压扁时，变形区的宽度。

$$L = f + \frac{\tan\alpha}{1 - f\cos\bar{\xi}\tan\alpha} + f\frac{\cos\bar{\xi}}{1 - f\cos\bar{\xi}\tan\alpha}$$

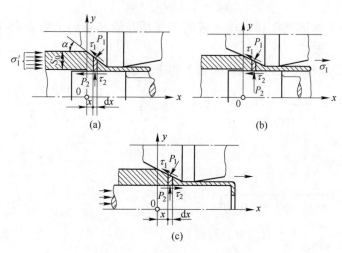

图 2-12 旋轧过程受力计算图

(a) 在固定芯棒上轧制，压缩式；(b) 在固定芯棒上轧制，拉伸式；(c) 在运动芯棒上轧制，拉伸式

将 $\bar{p_1}$ 和 $\bar{p_1'}$ 代入式 (2-26) 中，在 $m\mu_\Sigma < l_2$ 时，

$$B = \frac{LF_1\left[\left(1 + \dfrac{A}{\delta}\right)E - \dfrac{A}{\delta}\right]}{b_1'S_0 - LF_2E - 2f\mu_\Sigma^\delta F_2} + \frac{2fF_2\left[\left(1 + \dfrac{A}{\delta}\right)\mu_\Sigma^\delta - \dfrac{A}{\delta}\right]}{b_1'S_0 - LF_2E - 2f\mu_\Sigma^\delta F_2} \tag{2-27}$$

$$E = \frac{S_0 - S_1\mu_\Sigma^\delta}{(1 - \delta)\Delta S_\Sigma}$$

在计算 B 值时，接触表面积可以采用下列近似公式

$$F_1 = \frac{b_1' + b_2'}{2} \times \frac{\Delta S_\Sigma}{\tan\alpha}$$

$$F_2 = \frac{l_2}{2}(3a_2 + b_2)$$

式中 l_2 ——轧辊圆柱段长度；

b_1'、b_2'、a_2 和 b_2 的计算见本节接触表面积计算部分。

B 轴向力的计算

计算出系数 B 和平均单位压力后，可以计算作用在管坯上总的轴向力

$$Q = 1.15\sigma_{b0}B\,b_1'S_0N \tag{2-28}$$

C 金属在轧辊上总压力

$$P = \overline{p_1}(F_\Sigma - F_2) + \overline{p_1'}F_2 \qquad (2\text{-}29)$$

D 计算举例

旋轧时的初始条件如下。

轧制表：146mm × 8.5mm ~ 144mm × 5.9mm；20 号钢；二辊式旋转辗轧机；芯棒主轴转速 $n = 50\text{r/min}$，每转送进 3mm；从轧辊最大直径 113mm；轧辊母线斜角 $\alpha = 20°$。

a 每个轧辊的送轮量

$$m = \frac{m}{N} = \frac{3.2}{2} = 1.6\text{mm}$$

b 折算半径

$$R' = 2\frac{Rr}{R+r} = 2 \times \frac{72 \times 113}{72+113} = 98.5\text{mm}$$

c 计算接触表面积水平投影

在 $p = 1960\text{MPa}$ 时其接触表面积的弹性压扁

$$a_0 = a_1 = a_2 = \frac{R'p}{1.88 \times 10^5} = \frac{1960 \times 10^{-6}}{1.88 \times 10^{-5}} \times 98.5 = 1\text{mm}$$

接触表面积的宽度

$$b_1 = \sqrt{R'\,m'\tan\alpha} = \sqrt{98.5 \times 1.6 \times 0.364} = 7.3\text{mm}$$

$$b_2 = \sqrt{Rm\mu_\Sigma \tan\alpha} = \sqrt{98.5 \times 1.6 \times \frac{8.5}{5.9} \times 0.364} = 8.0\text{mm}$$

$$b_1' = b_1 + a_1 = 7.3 + 1 = 8.3\text{mm}$$

$$b_2' = b_2 + a_2 = 8 + 1 = 9.0\text{mm}$$

取 $l_2 = 4\text{mm}$，计算圆锥和圆柱段上的接触表面积

$$F_1 = \frac{b_1' + b_2'}{2} \times \frac{\Delta S_\Sigma}{\tan\alpha} = \frac{8.3 + 9.0}{2} \times \frac{8.3 - 5.9}{0.364} = 62\text{mm}^2$$

$$F_2 = \frac{l_2}{2}(3a + b_2) = \frac{4}{2} \times (3 + 8) = 22\text{mm}^2$$

d 计算金属与轧辊接触单位摩擦力的位置

$$\overline{\xi} = \arctan\frac{0.21R}{m'(\mu_\Sigma - 1)N}\left(\frac{R}{r} \times \frac{r + 0.5\Delta S_\Sigma}{R - 0.5\Delta S_\Sigma} - 1\right)$$

$$= \arctan\frac{0.21 \times 72}{1.6 \times \left(\frac{8.5}{5.9} + 1\right) \times 2}\left[\frac{113}{72} \times \frac{72 \times 0.5 \times (8.5 - 5.9)}{113 - 0.5 \times (8.5 - 5.9)} - 1\right]$$

$$= 0.057\text{rad}$$

e 计算各系数

$$a = \frac{f\left[(1 - f)\cos\bar{\xi}\tan\alpha + (1 - \cos\bar{\xi}) \right]}{1 - f\cos\bar{\xi}\tan\alpha} = 0.34f = 0.034$$

$$\delta = \frac{0.034}{0.364} = 0.094$$

系数 K 由 20A 钢的原始强度 $\sigma_{b0} = 510\text{MPa}$，总变形量为

$$\varepsilon = \frac{S_0 - S_1}{S_0} = \frac{8.5 - 5.9}{8.5} = 30.5\%$$

根据图 2-13，与这个变形量相对应的 20 号钢强度极限 $\sigma_{bx} = 628\text{MPa}$。

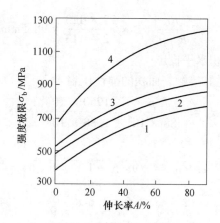

图 2-13 强度极限与变形程度的关系

1—10 号钢；2—20 号钢；3—20A 钢；4—1Cr18Ni9Ti 钢

$$K = \frac{\sigma_{bx} - \sigma_{b0}}{l_1} = \frac{\sigma_{bx} - \sigma_{b0}}{\Delta S_\Sigma}\tan\alpha = \frac{64 - 52}{8.5 - 5.9} \times 0.364 = 1.68$$

$$A = 1 + \frac{K}{\sigma_{b0}} \times \frac{S_0}{(1 + \delta)\tan\alpha} = 1 + \frac{1.68}{52} \times \frac{8.5}{(1 + 0.094) \times 0.364} = 1.68$$

$$\mu_\Sigma^\delta = \left(\frac{8.5}{5.9}\right)^{0.094} = 1.44^{0.094} = 1.036$$

$$E = \frac{S_0 - S_1\mu_\Sigma^\delta}{(1 - \delta)\Delta S_\Sigma} = \frac{8.5 - 5.9 \times 1.036}{(1 - 0.094) \times 2.6} = 1.015$$

$$L \approx 2f\tan\alpha = 2 \times 0.01 \times 0.364 = 0.564$$

f　计算推力系数

$$B = \frac{LF_1\left[\left(1+\dfrac{A}{\delta}\right)E - \dfrac{A}{\delta}\right] + 2fF_2\left[\left(1+\dfrac{A}{\delta}\right)\mu_{\Sigma}{}^{\delta} - \dfrac{A}{\delta}\right]}{b_1'S_0 - LF_1E - 2f\mu_{\Sigma}{}^{\delta}F_2}$$

$$= \frac{0.564\times62\left[\left(1+\dfrac{1.68}{0.094}\right)\times1.015 - \dfrac{1.68}{0.094}\right] + 2\times0.1\times22\left[\left(1+\dfrac{1.68}{0.094}\right)\times1.036 - \dfrac{1.68}{0.094}\right]}{8.3\times8.5 - 0.546\times62\times1.015 - 0.2\times1.036\times22}$$

$$= 1.54$$

g　根据式（2-28）计算轴向力

$$Q = 1.15\sigma_{b0}B\,b_1'S_0N = 1.15\times52\times1.54\times8.3\times8.5\times2 = 127.5\text{kN}$$

h　根据式（2-24）计算变形区锥形段上的平均单位压力

$$\overline{p_1} = 1.15\sigma_{b0}\left[\left(1+B+\frac{A}{\delta}\right)E - \frac{A}{\delta}\right]$$

$$= 1.15\times52\times\left[\left(1+1.54+\frac{1.68}{0.094}\right)\times1.015 - \frac{1.68}{0.094}\right]$$

$$= 1697\text{MPa}$$

按式（2-25）计算变形圆柱段的平均单位压力

$$\overline{p_1'} = 1.15\sigma_{b0}\left[\left(1+B+\frac{A}{\delta}\right)\mu_{\Sigma^{\delta}} - \frac{A}{\delta}\right]$$

$$= 1.15\times52\times\left[\left(1+1.54+\frac{1.68}{0.094}\right)\times1.036 - \frac{1.68}{0.094}\right]$$

$$= 1940\text{MPa}$$

i　金属在轧辊上的总压力

$$P = F_1\overline{p_1} + F_2\overline{p_1'} = 62\times1697 + 22\times1940 = 148\text{kN}$$

实际测得的轴向力为108kN，在轧辊上的总压力为175kN，实际测定的值和计算值很接近，误差约15%。

2.3.3.3　各种旋轧状态下的轧制力计算

式（2-28）和式（2-29）仅适用于图2-14（a）的旋轧方式，即芯棒不动，管坯轴向送进。图2-14（b）是芯棒不动，图2-14（c）是芯棒运动的旋轧方式。两者的轧出端都承受轴向拉力。这两种方式的旋轧力受其旋轧方式的影响。

A　芯棒不动，轧出端受轴向拉力

图2-14（b）的受力状态基本和图2-11相同，仅在变形区的出口方向上承受拉力σ_1，它的变形特点是轧出端承受轴向拉力。在这种情况下，式（2-27）可以写成

在变形区出口端作用着拉力σ_1时，

$$B_1 = \frac{\sigma_1}{1.15\sigma_{b0}}$$

在变形区入口端作用着推力 σ_1' 时，

$$B_1' = \frac{\sigma_1'}{1.15\sigma_{b0}}$$

B_1 和 B_1' 称为拉力和推力系数。可以根据轴向力 Q 计算拉力和推力系数。

$$B_1 = \frac{Q}{1.15\sigma_{b0}\pi d_1 S_1} \tag{2-30}$$

$$B_1' = \frac{Q}{1.15\sigma_{b0}\pi b_1' S_0} \tag{2-31}$$

式中　　d_1——轧后钢管直径。

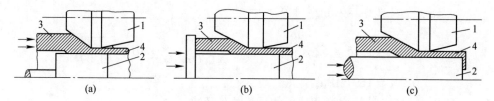

图 2-14　轧辊旋转辗轧过程简图

（a）芯棒不动；（b）芯棒与管坯同时送进到变形区中（反旋轧）；

（c）管坯由芯棒带动进入变形区（正旋轧）

1—轧辊；2—芯棒；3—管坯；4—钢管

B　芯棒运动，轧出端受轴向拉力

图 2-14（c）是芯棒运动和轧出端受轴向拉力的旋轧方式，其边界条件与图 2-14（b）相似。

为计算图 2-14（c）的旋轧力，现作如下分析。

如上所述，在芯棒固定不动旋轧时，由于出口端受拉力，变形区金属在轧辊上的压力

$$\overline{P_1} = 1.15\sigma_{b0}\left[\left(1 + B_1' + \frac{A}{\delta}\right)E - \frac{A}{\delta}\right] \tag{2-31a}$$

在变形区的圆柱段上

$$\overline{p_1'} = 0.5[1.15\sigma_{b0}(1 - B_1) + p_{1x=1}] \tag{2-32}$$

式中　$p_{1x=1}$——在应用式（2-25）时，变形区圆锥段终点的单位压力。

$$p_{1x=1} = 1.15\sigma_{b0}\left[\left(1 + B_1' + \frac{A}{\delta}\right)\mu_\Sigma^\delta - \frac{A}{\delta}\right] \tag{2-32a}$$

根据 $\sum x = 0$，利用式（2-30）、式（2-31）、式（2-31a）和式（2-32a），

计算

$$B_1' = \frac{LF_1\left[\left(1+\dfrac{A}{\delta}\right)E - \dfrac{A}{\delta}\right] + fF_2\left[\dfrac{\sigma_0}{\sigma_{b0}} + \left(1+\dfrac{A}{\delta}\right)\mu_\Sigma{}^\delta - \dfrac{A}{\delta}\right]}{p_1'S_0 + fF_2\left(N\dfrac{b_1'}{\pi d_1} - \mu_\Sigma - \mu_\Sigma{}^\delta - LEF_1\right)} \tag{2-33}$$

$$B_1 = B_1'\frac{\sigma_{b0}}{\sigma_b}N\frac{b_1'}{\pi d_1}\mu_\Sigma \tag{2-33a}$$

在运动的芯棒上轧管时，计算作用在轧辊上的单位压力，仍可以用式(2-31a)，式（2-32）和式（2-32a），但必须用 δ' 代替 δ

$$\delta = \delta' = -\frac{a}{\tan\alpha}$$

推力系数用式（2-34）计算

$$B_1' = \frac{F_1(\tan\alpha - f)\left[\left(1-\dfrac{A}{\delta}\right)E - \dfrac{A}{\delta}\right]}{p_1'S_0 - E(\tan\alpha - f)F_1} \tag{2-34}$$

式（2-34）推导的前提是钢管紧贴在芯棒上，而实际上旋轧后钢管和芯棒之间有一定的间隙，在计算拉力系数时应予考虑

$$B_1 = \frac{F_1\tan\alpha\left[\left(1-\dfrac{A}{\delta}\right)E - \dfrac{A}{\delta}\right]}{p_1'S_0 - E\tan\alpha F_1} \tag{2-34a}$$

这样，可以得到正旋轧时，金属在轧辊上的总压力和轴向力

$$P_1 = \overline{p_1'}F_2 + \overline{p_1}F_1 \tag{2-35}$$

$$Q = 1.15\sigma_b B_1\pi d_1 S_1 \tag{2-36}$$

由公式所求得的结果与实际测定的结果相比较，基本上相符合，但是，在正旋轧的情况下，计算值与测量值相差较大，其中下限是钢管贴紧芯棒的原因，上限是钢管未贴紧芯棒。

图 2-15 和图 2-16 是轧制力与移动体积 $\dfrac{m^{\frac{3}{2}}\Delta S_\Sigma}{\sqrt{\tan\alpha}}$ 之间的关系。从图中可以看出，尽管轴向作用力的方式不同（推力或拉力），实际上轴向力是一致的，这一点证明了旋轧方式不同，对轴向力的影响不大，但对金属在轧辊上总压力的影响则有区别，轴向承受拉力时在轧辊上的总压力 P_Σ 比轴向承受压力的要小。

2.3.4 旋轧扩管时金属变形和应力状态

在轴向力 Q 的作用下进行扩管时，金属在不同的方向作用着不同的应力，在

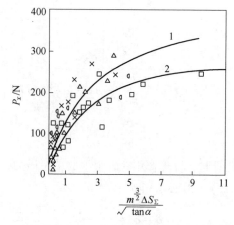

图 2-15　金属在轧辊上的总压力与线移动体积之间的关系

1—推力形式旋轧；2—张力形式旋轧

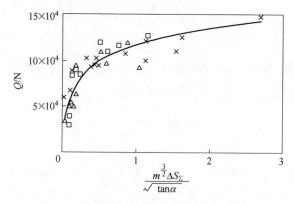

图 2-16　轴向力与线移动体积之间的关系

纵向作用着压应力 σ_3，在切向作用着拉应力 σ_2，在径向作用着压应力 σ_1。

　　如果是属于拉拔扩管，则纵向应力由压力变成拉应力，钢管长度上的缩短而转换成直径方向上的扩大。由于主应力是拉应力，从而限制了每一道次的扩径量。例如，尺寸为 $\phi102\text{mm} \times 4\text{mm}$ 的 10 号钢在拉拔扩管时，每一道次的扩径不超过 10%~12%，如果扩径过大，就会造成纵向开裂。

　　旋轧扩管的变形区横断面可以分成两个部分（见图 2-17），一部分是在轧辊作用下的变形区（见图 2-17 中的 I 区），另一部分是不与轧辊接触位于轧辊之间的外区（见图 2-17 中的 II 区）。

　　旋轧扩管时，直径的扩径量为

$$\Delta D_x = D_x(\beta_x - 1) \tag{2-37}$$

式中　D_x——在 x 断面上钢管的平均直径；

　　　β_x——在 x 断面上的横向延伸系数。

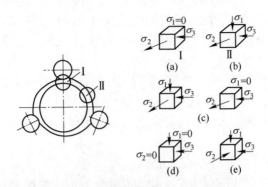

图 2-17　旋轧扩管时的应力状态图

Ⅰ—轧辊作用区；Ⅱ—在芯棒上扩径区

（a）在芯棒上扩径；（b）旋轧；（c）扩径宽展；

（d）小扩径量下的宽展；（e）钢管离开芯棒时的旋轧

如果忽略钢管在长度上的变化，则

$$\beta_x = \frac{S_x}{S} = \frac{S_0 - \Delta S}{S_0} = 1 - \frac{\Delta S}{S_0} \tag{2-38}$$

将式（2-38）代入式（2-37）中得

$$\Delta D_x = D_0 \frac{\Delta S}{S_0} \tag{2-39}$$

因此，旋轧钢管时的扩径量与钢管的平均直径和减壁率有关。

如果以 ΔD 表示纯扩径下的扩径量，ΔD 与芯棒的锥度成正比，即 $\Delta D = 2m\tan\alpha$。

因为，$\Delta D > \Delta D_x$ 或 $m2\tan\alpha > D_x \dfrac{\Delta S}{S_0}$，所以钢管旋轧扩径既是在顶头上纯扩径又是在横轧下扩径。从图 2-17 可以看出，在Ⅱ区中，金属位于纯扩径的条件下，而在Ⅰ区中，金属作用着径向压应力和切向拉应力。其应力状态与张力轧制下的应力状态相类似，两个轴向是压应力，一个轴向是拉应力。

通过上述分析可以看出，钢管的张力扩径可以看作张力旋轧扩径和在小锥度芯棒上纯扩径的两个过程的组合。考虑到这两个特点，引进一个"条件锥度" $\tan\alpha'$ 的概念。

$$2\tan\alpha' = 2\tan\alpha - \frac{D_x}{m} \times \frac{\Delta S}{S_0} \tag{2-40}$$

随着压下量的增加，旋轧扩径的分量增加（即Ⅰ区增加）和纯扩径的分量下降（即Ⅱ区下降）；同时，在整个变形的过程中旋轧扩径与纯扩径之间的应力状态关系保持不变。在Ⅰ区中，由于旋轧分量增加，σ_2 减小，σ_1 增加。在Ⅱ区中

σ_2 应力基本上等于在这个区域中发生塑性变形时金属的屈服应力；同时，轴向力降低。如果旋轧扩径等于纯扩径时的扩径量时，即在 I 区和 II 区中的扩径量相等时，变形区中的 σ_2 下降到 0 ［见图 2-17（d）］，这时，在 II 区的应力趋近于零。芯棒的"条件锥度" $2\tan\alpha' = 0$。

增加旋轧时的管壁压下量时，辗轧后钢管的直径增加得很大，造成了金属在 II 区中脱离了芯棒；而在变形区中，即 I 区中产生体压应力，这种应力状态过程即图 2-17（d）表示的应力状态过程，这个过程可以用式（2-41）表示

$$D_x \frac{\Delta S}{S_0} > m2\tan\alpha \tag{2-41}$$

在 II 区中，如果减壁量过大，金属与芯棒之间的间隙增大。这样，在轧制过程中产生的管壁多次反复弯曲，不仅会引起很大的椭圆度，也会发生纵向裂纹。从分析图 2-17 可以看出，各种变形图示中唯有图 2-17（c）最好，它的拉应力最小，$\sigma_2 = 0$。因此，旋轧扩管应采用这种应力状态方式。

增加工作轧辊的数目使 I 区增加，相对地减小 II 区，改变 I 区和 II 区的比例。

旋轧扩管的另一个问题是变形过程中，金属在纵向和横向的流动。众所周知，拉拔扩管是在壁厚不变（或稍为变化）的情况下，由长度的缩短而转化为直径的增加。那么，在旋轧扩管时，金属将会怎样沿轴向和切向流动，这是研究旋轧扩管工艺所必须知道的问题。金属在纵向和横向上的流动趋势，可以用轧辊在金属上作用的单位压力的比值来衡量。这一问题与旋轧延伸一样，与纵向和横向金属流动的阻力有关。这样，旋轧扩管时，钢管的内壁和外壁上金属沿纵向和横向流动的可能性，就可以用这两个方向上的合力的比值来确定，如图 2-18 和图 2-19 所示。以 T_1 代表金属纵向流动阻力，T_2 代表金属横向流动阻力。

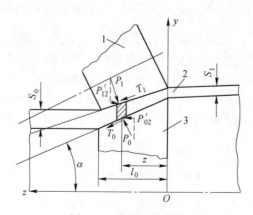

图 2-18 变形区纵剖图

1—轧辊；2—钢管；3—芯棒

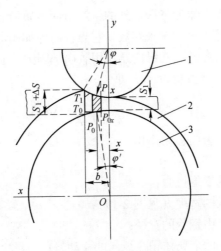

图 2-19　变形区横剖图

1—轧辊；2—钢管；3—芯棒

$$T_1 = \int_0^b \int_0^{l_0} \left(P_1 f_1 + P_0 f_0 - P_1 \frac{\sin\gamma}{\cos\gamma} + P_0 \frac{\sin\alpha}{\cos\alpha} \right) \mathrm{d}x\mathrm{d}z$$

或写成

$$T_1 = \int_0^b \int_0^{l_0} \left[(f_1 - \tan\gamma)P_1 + (f_0 + \tan\alpha) \right] \mathrm{d}x\mathrm{d}z \tag{2-42}$$

式中　　P_1，P_0——轧辊和芯棒作用在金属上的单位压力；

f_1，f_0——在轧辊和芯棒表面上的外摩擦系数；

$\tan\gamma$，$\tan\alpha$——钢管和芯棒的母线锥度；

l_0——钢管、芯棒和轧辊间接触长度上的水平投影；

b——变形区宽度的水平投影。

根据图 2-19 金属在横向上的流动阻力可以写成

$$T_2 = \int_0^b \int_0^{l_0} \left(P_1 \frac{\sin\varphi}{\cos\varphi} \pm P_1 f_1 + P_0 \frac{\sin\varphi'}{\cos\varphi'} \pm P_0 f_0 \right) \mathrm{d}x\mathrm{d}z \tag{2-43}$$

沿变形区宽度上的速度条件取决于传动方式，如果是轧辊传动、钢管和芯棒被动，那么，金属相对轧辊表面后滑，相对芯棒表面前滑。这时，式（2-43）可以写成

$$T_2 = \int_0^b \int_0^{l_0} (P_1 \tan\varphi - P_1 f_1 + P_0 \tan\varphi' + P_0 f_0) \mathrm{d}x\mathrm{d}z \tag{2-43a}$$

如果芯棒和钢管传动、轧辊被动，则

$$T_2 = \int_0^b \int_0^{l_0} (P_1 \tan\varphi + P_1 f_1 + P_0 \tan\varphi' - P_0 f_0) \mathrm{d}x\mathrm{d}z \tag{2-43b}$$

式（2-43）仅计算作用在变形中的外部阻力，但是金属在流动时，不仅要克

服这个阻力，而且还要克服变形区以外的钢管断面金属沿芯棒表面上移动时的摩擦力。但是，这个摩擦力是一个未知数，它与轴向施加压力或是拉力有关。可以初步认为它是递增的。此外，在纵向还作用着内部阻力，它与金属的未接触部分有关。假定在纵向总的阻力功为 A_1，即

$$A_1 = \Delta V_1 K\left(1 - \frac{b}{\pi D}n\right) + \Delta a_1 \Delta T \tag{2-44}$$

式中　　ΔV_1——金属在纵向移动体积；

　　　　K—— $K = 1.15\sigma_s$；

　　　　σ_s——金属的变形抗力；

　　　　b——变形区的宽度（见图 2-19）；

　　　　D——变形区中钢管的直径；

　　　　Δa_1——所研究的金属体积在纵向的移动量；

　　　　ΔT——在变形区中 ΔX 的微分长度上总的移动外力；

　　　　n——参加变形时的轧辊转数。

在横向上总的阻力功为 A_2，即

$$A_2 = \Delta a_2 \Delta T - \Delta V_2 \sigma_x \tag{2-45}$$

式中　　Δa_2——所研究金属体积在横向的移动量；

　　　　ΔV_2——横向移动的金属体积；

　　　　σ_x——限制金属横向移动的应力（即作用在横向的切应力-拉应力）。

为了比较金属在横向和纵向上的流动，可以取芯棒和轧辊作用给金属的单位压力相等。

$$P_1 = P_0 = \overline{P}$$

假定扩管时，轧辊是主动的，也就是说 $\sigma_x = 0$，从图 2-20 可以看出

$$\tan\alpha - \tan\gamma = \frac{S_0 - S_1}{l_0}$$

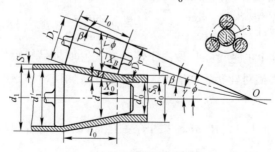

图 2-20　旋轧扩管过程简图

1—芯棒；2—轧辊；3—钢管

令变形区横断面上以弦代弧（见图 2-19），

$$\tan\varphi - \tan\varphi' = \frac{\Delta S_1}{b_0} + \frac{\Delta S_2}{b_0} = \frac{\Delta S}{b_0}$$

式中 ΔS_1, ΔS_2 ——管壁在轧辊和芯棒下的减壁量。

$$\Delta S = \frac{m'}{l_0}(S_0 - S_1)$$

有

$$\frac{\Delta S}{\bar{b}} = \sqrt{\frac{\bar{D} + \bar{d}}{\bar{D} \times \bar{d}} \times \frac{m'}{l_0}(S_0 - S_1)}$$

式中 $\bar{D}$, $\bar{d}$ ——轧辊和芯棒的平均直径；

$\bar{b}$ ——变形区宽度的平均值。

代入式 (2-42) 和式 (2-43a) 中，整理后得

$$T_1 = \bar{b}\, l_0 \bar{P}\left(f_1 + f_0 + \frac{S_0 - S_1}{l_0}\right) \tag{2-46}$$

$$T_2 = \bar{b}\, l_0 \bar{P}\left(f_0 - f_1 + \frac{S_0 - S_1}{\bar{b}}\right) \tag{2-47}$$

纵向和横向移动的外部阻力比值

$$\frac{T_1}{T_2} = \frac{f_1 + f_0 + \dfrac{S_0 - S_1}{l_0}}{f_0 - f_1 + \dfrac{S_0 - S_1}{\bar{b}}} \tag{2-48}$$

例如，将 102mm×4mm 管坯旋轧扩径成 150mm×2mm 管，采用的是两个主动轧辊，$D_1 = 200$mm，芯棒锥度 $\alpha = 15°$，$l_0 = 95$mm，$m = 2$mm，则

$$\frac{\Delta S}{\bar{b}} \sqrt{\frac{200 + 120}{200 \times 120} \times \frac{2}{95}(4 - 2)} = 0.024$$

取 $f_1 = f_0 = 0.1$，代入式 (2-48)，计算纵向和横向移动的外部阻力比值

$$\frac{T_1}{T_2} = \frac{0.2 + \dfrac{2}{95}}{0.024} = \frac{0.22}{0.024} = 9.2$$

从计算证明纵向阻力比横向阻力大很多，因此，在旋轧扩管时的金属的轴向流动可以忽略（即图 2-17 中的 Ⅱ 区远大于 Ⅰ 区；即使在轧制过程中在 Ⅰ 区中管壁的压下使得一部分金属产生轴向流动，但由于受到 Ⅱ 区很大阻力的影响，金属流动困难）。10 号钢冷旋轧扩径时，坯料长度由 500mm 变化到 503mm，可以认为在长度上没有增加。大量的实验研究证明，上述的纵横阻力比基本上是不变

的；因此认为旋轧扩管时没有纵向变形，这样，就大大地简化了计算和分析。

由于旋轧扩管出现了径向压应力，对于图 2-17（c）的变形图示，在 I 区中的塑性条件可以写成

$$\sigma_1 - (+\sigma_2) = K \quad 或 \quad \sigma_1 = K - \sigma_2 = P$$

也就是说，旋轧扩管时金属在轮辊上的单位压力小于材料的屈服极限，再过渡到图 2-17（d）型时

$$\sigma_1 = P = K = 1.15\sigma_s$$

而按图 2-17（d）扩管时

$$P = \sigma_1 = K + \sigma_2$$

按图 2-17（d）型旋轧扩管时轴向应力的计算仅考虑钢管的二次弯曲和在轧辊和芯棒之间挤压钢管时所需要的力。而按图 2-17（c）型旋轧扩管时，还应当考虑到在具有母线斜角的芯棒上扩管时所需要的力。

2.3.5　旋轧扩管轴向力计算

旋轧扩管时的轴向力是由三部分组成的，即在芯棒开始的 l_1 长度上的旋扩管力（见图 2-21）；在芯棒锥度为 $2\tan\alpha$ 上的扩径力和钢管在轧辊和芯棒之间的挤压力。

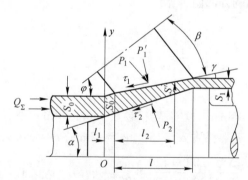

图 2-21　旋轧扩管时在变形区的作用力

在 l_0 长度上预扩管和在 $2\tan\alpha$ 锥度上旋轧扩管的轴向力都可以按沙克斯公式计算

$$Q_{1,2} = 1.15\,\overline{\sigma}_s \left(1 + \frac{\tan\alpha}{f}\right)\left[1 - \left(\frac{D_0}{D_1}\right)^{\frac{f}{\tan\alpha}}\right] \tag{2-49}$$

式中　D_0——管坯的平均直径；

　　　D_1——在开始计算扩径力时，扩径区终端的钢管平均直径，$D_1 = D_0 + \Delta D$；

　　　ΔD——开始扩管时，钢管平均直径的增量；

$\tan\alpha$——开始扩径段芯棒母线对其轴线斜角的正切；

$\overline{\sigma}_s$——在所研究的区内，材料的平均屈服极限。

根据图 2-21，旋轧扩径段的长度可以用式（2-50）计算

$$l_2 = 0.5l\left(\frac{S_0}{\Delta S_\Sigma} - \frac{\overline{D}_0}{\Delta\overline{D}_\Sigma} + \frac{m'}{l}\right) \tag{2-50}$$

式中　　ΔS_Σ——旋轧扩管段总的减壁量；

S_0——开始旋轧扩管段管坯壁厚；

l——扩管段长度；

$\Delta\overline{D}_\Sigma$——旋轧扩管段的总平均直径增量。

旋轧扩径段钢管的平均扩径量为

$$\Delta\overline{D} = l\left[2\tan\alpha - \frac{\Delta S_\Sigma}{l}\left(\frac{\overline{D}_0}{S'}\right)\right] \tag{2-51}$$

式中　　S'——旋轧扩径段终端壁厚。

"条件锥度"计算如下

$$\tan\alpha' = \frac{\Delta D}{2l_2} \tag{2-52}$$

在轧辊和芯棒之间，把钢管挤扩过去所消耗的轴向力，用金属在轧辊上总压力的分力计算。由于旋轧扩管时咬入角很小，可以认为金属在轧辊上的分力 P_1 通过钢管和轧辊的中心，其方向垂直于轧辊的母线，如图 2-21 所示。根据干摩擦条件（$\tau_1 = f_1 P_1\cos\overline{\xi}$，$\overline{\xi}$ 为沿变形区长度上摩擦力的矢量角，切向摩擦力 $\tau_0 = f_0 P_0$），取轧辊、金属和芯棒之间的摩擦系数相同并沿变形长度不变 $f = f_1 = f_0$，根据 $\sum x = 0$ 和 $\sum y = 0$ 时力的平衡条件可得

$$Q_3 = P_{1\Sigma}\frac{\cos\alpha}{\cos\beta}\times\frac{f(1 + \cos\overline{\xi}) + \alpha - \gamma}{1 - f\tan\alpha}N \tag{2-53}$$

式中　　N——分布在钢管圆周上的工作辊数。

如果在计算过程中出现 $0 < \Delta D < 0.002\overline{D}$ 时，也就是扩管发生在弹性变形的范围内，那么按照塑性变形的条件计算是不合适的。这时的 Q_3 值也不大，可以忽略，在总的轴向力中所引起的误差不大。

参 考 文 献

[1] 成友义. 热轧钢管 [M]. 北京：冶金工业出版社，1986.

[2] 卢于述. 热轧钢管生产问答 [M]. 北京：冶金工业出版社，1991.

[3] 成海涛，李赤波，李晓. 热轧无缝钢管实用技术 [M]. 成都：四川科学技术出版

社，2018.

[4] 易兴斌. 无缝钢管生产现代核心技术 [M]. 贵阳：贵州科技出版社，2016.

[5] 刘宝珩. 轧钢机械设备 [M]. 北京：冶金工业出版社，1986.

[6] 邹家祥. 轧钢机械 [M]. 3 版. 北京：冶金工业出版社，2000.

3 金属极薄带材多辊轧制技术

3.1 概述

3.1.1 引言

冷轧钢带的轧制最初是在二辊、四辊轧机上进行的。根据工业发展的需求，需要轧制更薄的带材。四辊轧机的轧辊直径比较大，轧制时轧辊本身产生的弹性压扁值往往比所要轧制的带材厚度还要大，显然四辊轧机已经不能满足极薄带材的要求。

轧辊的弹性压扁，在单位压力相同时，与轧辊直径成正比。当轧辊材质一定时，要减小轧辊的弹性压扁值，就必须缩小辊径；而轧辊辊径的减小，相应又会出现轧辊刚度不够的问题。为了解决这一矛盾，便出现了既具有小的轧辊直径，同时又具有良好刚度的塔形支撑辊系的新型结构轧机——多辊轧机。

最初出现的多辊轧机是六辊轧机，接着发展为十二辊轧机、二十辊轧机。图3-1为六辊轧机、十二辊轧机、二十辊轧机的辊系配置示意图。为了获得厚度不大于0.001mm的极薄带，还出现了工作辊直径为2mm的二十六辊轧机，工作辊直径为1.5mm的三十二辊轧机和三十六辊轧机，其辊系配置如图3-2所示。在多辊轧机的发展过程中还出现过一些复合式多辊轧机。另外，还有诸如MKW（偏八辊）轧机、"Z"（十八辊）轧机、CR（十二辊）轧机等形式的多辊轧机。在诸多的多辊轧机类型中，以二十辊轧机发展得最为完善，使用得最多、最广泛，二十辊轧机也有多种形式。MKW轧机和"Z"轧机的辊系可以转换成四辊辊系，也可以将四辊轧机改造成MKW轧机和"Z"轧机。

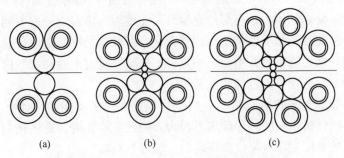

(a)　　　　　(b)　　　　　(c)

图 3-1　六辊、十二辊、二十辊轧机辊系配置图

(a) 六辊轧机；(b) 十二辊轧机；(c) 二十辊轧机

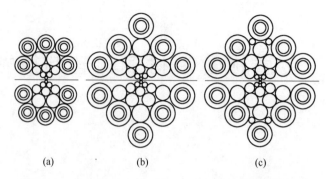

图 3-2　二十六辊、三十二辊、三十六辊轧机辊系配置图
(a) 二十六辊轧机；(b) 三十二辊轧机；(c) 三十六辊轧机

20 世纪 80 年代初，我国自主研制成功了三十辊轧机。轧机工作辊直径 2mm，背衬轴承直径 26mm，用于轧制金属及合金，轧制成品最大宽度 45mm，最小厚度 0.001mm，现已轧出 0.0008mm×40mm 极薄钛带。

3.1.2　多辊轧机的特点

与一般冷轧机相比，多辊轧机具有许多优点，具体如下。

(1) 工作辊径小。多辊轧机的最大特点之一就是采用小直径的工作辊。轧机的辊子数越多，工作辊直径越小，轧制带材厚度就越薄。轧制压力的减小，会减小轧辊挠曲变形，相应地也会减小轧辊与带材间的摩擦发热和轧辊的磨损。

工作辊径小，轧制变形区长度小，在给定的轧制压力下可增大压下率，在具有较大带材张力的情况下，可获得大的道次压下率（60%），总的压下率可达 90% 以上；工作辊径小，工作辊弹性压扁小，允许无中间退火或淬火，可以较少的轧制道次轧制难变形金属及合金薄带材。

工作辊径小，变形区小，摩擦阻力小，带材的宽展也随之减小，这样会减少某些带材裂边趋势。

(2) 塔形辊系。塔形辊系是多辊轧机结构的另一大特点。

塔形辊系使轧制压力呈扇形传递给外层支撑辊。塔形辊子层数越多，即辊子数越多，外层支撑辊承受的轧制压力就会越小，轧辊的挠曲变形量就越小。

塔形辊系结构能够很好地保证小直径工作辊在垂直平面和水平面内具有较大的刚度和稳定性，减小轧辊挠曲变形量。

(3) 多支点梁支撑辊结构。一般冷轧机仅通过简支梁结构的支撑辊辊颈将轧制力传递给轧机机架的两片牌坊；而大多数的多辊轧机，是将轧制力经多支点支撑梁结构的外层支撑辊通过鞍座均匀地传递给机架。

由于工作辊较小，因而产生的轧制压力也较小；较小的轧制压力，经塔形辊系将其呈扇形分散到外层支撑辊,再通过鞍座均匀地传给牢固的机架。因此,轧机刚度较大,轧辊挠曲变形较小,加上多辊轧机具有的特殊的径向及轴向辊型调节系统,从而可以轧制高精度的成品带材。

(4) 轧机体积小、质量轻。与四辊轧机相比,二十辊轧机的设备总质量约为前者的一半。因此,多辊轧机可减少车间生产面积,降低车间高度,减小天车起重吨位,减小磨床及其他辅助设备的吨位,从而减少基建投资;另外,工作辊径小,更换十分方便,可以减少辅助时间,提高生产率,工作辊有效利用率高,并在经济上有理由采用硬质合金工作辊,生产成本降低。

正是由于多辊轧机的上述特点,导致设备制造、安装调整更加复杂,使得辊系的冷却比较困难,限制了轧制速度的提高。生产中出现断带时,机内带头不容易清除。在轧制过程中,支撑辊轴承的摩擦功率损耗、轧辊滚动功率损耗和由于接触辊子数多引起的空程功率损耗,特别是在轧制极薄带材时,这些无用的有害功率损耗大,致使轧制总功率消耗与四辊轧机比较相差不多。

3.1.2.1 罗恩型钳式多辊轧机

罗恩型(森德威钳式)十二辊、二十辊轧机机架牌坊,是由上下两部分用铰链连接而成的。每一部分是两个由螺栓连接的颚板,牌坊上加工成孔以安装带辊颈的整体支撑辊。铰链对面的上颚板上,安装了调节辊缝的电动压下装置。辊颈上装有滑动轴承或滚动轴承,最外层的支撑辊是传动辊,即十二辊轧机为6个传动支撑辊,二十辊轧机为8个传动支撑辊。

这种钳式结构的十二辊、二十辊轧机不能轧制较宽的带材,这是因为该种形式的轧机没有多支点梁支撑辊结构,而带辊颈的整体支撑辊刚度较差。

3.1.2.2 森吉米尔型多辊轧机

森吉米尔轧机机架为一整体铸件。对于小规格轧机,机架用锻钢制造;对于大型轧机,机架用特殊铸钢制造。

机架的底部和顶部采用等强度梁的形式。轧辊配置的特点是:塔形辊系的每一个辊子都能自由地、辊身两端无支撑地落在后边的两个辊子上。轧制力由工作辊通过第一、第二中间辊传递给支撑辊。

支撑辊由一套具有加厚外环的圆柱滚子轴承1、鞍座2和心轴3组成(见图3-3),鞍座固定在机架的梅花形镗孔内,心轴3将轴承1和鞍座2连接起来。支撑辊的轴承承受第二中间辊的载荷,并通过心轴和鞍座将载荷传递给机架。

工作辊通过6个第二中间辊中4个边部传动辊的摩擦而旋转。传动的4个第二中间辊由万向接轴传动,该接轴能在高速状态下传递大扭矩。

为了调节和控制工作辊辊缝和轧制压力,支撑辊设有相对于机架镗孔中心线的偏心调整装置。调整辊缝和轧制力是通过上部中间两个支撑辊的偏心装置来实现的;轧制线的调整则是通过调整下部中间两个支撑辊的偏心装置来实现的,以

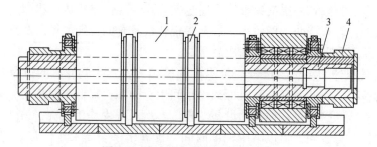

图 3-3 森吉米尔轧机支撑辊结构
1—具有加厚外环的圆柱滚子轴承；2—鞍座；3—心轴；4—压下齿轮

保证轧制线不变；轧辊经重磨后辊径减小，轧辊辊径的补偿通过边部 4 个支撑辊的偏心装置来完成。

上部及下部中间支撑辊通过固定在轴端的扇形齿轮或齿轮，在齿条作用下旋转。齿条与液压缸活塞杆连接，液压缸分别装在机架的上部、下部。液压缸由液压伺服机构控制，调节辊缝值，并使其在轧制过程中保持恒定。

边部支撑辊具有成对的相对于垂直中心线对称布置的传动装置，该装置由减速机通过蜗轮副或齿轮副传动。

3.1.2.3 森德威四柱式二十辊轧机

四柱式二十辊轧机是由罗恩型钳式轧机发展而来的。轧机的机架也由上下两部分组成，属于开口机架。

四柱式二十辊轧机有 1 个固定的下机架，在下机架的 4 个角上各有 1 根导柱。可以活动的上机架沿着下机架上的 4 根导柱准确地上下移动，并由 4 个液压缸来调整辊缝和轧制力。

四柱式二十辊轧机对罗恩型钳式轧机的另一重大改进是最外层支撑辊也采用了多支点梁，使辊系的刚度与森吉米尔轧机相近，可以轧制宽的带材，目前已达到 1350mm。

自 1960 年问世至 1995 年，共制造了 74 台森德威四柱式二十辊轧机，原有轧机现代化改造 7 台。

四柱式轧机塔形辊系的每一个工作辊、中间辊都自由地落在后边的两个辊子上，支撑辊轴承承受第二中间辊传递的载荷，并通过支撑辊轴和鞍座将载荷传递给上下机架。

辊系中，第二中间辊的 4 个边部辊为传动辊，其余辊子均为自由辊，靠辊子间的摩擦而旋转。

轧机压下控制，依靠机架 4 根立柱上的 4 个液压缸控制活动的上机架在导柱上准确地上下移动来完成。

轧制线的调整，通过调整下机架 4 个支撑辊下面的轧制线调整楔块，使整套轧辊的几何尺寸能够适应改变了的轧辊直径，以保持轧制线不变。

轴向调整辊子一端带有锥度的第一中间辊及非传动的两根第二中间辊，可以得到合适的辊缝形状；利用外侧 4 个支撑辊支撑鞍座后面的楔块来调整鞍座的位置，可以使轧辊弯曲，得到合适的辊形。

正是由于四柱式轧机是开口机架，上机架可能相对于下机架产生倾斜，即轧辊倾斜。轧辊倾斜引起辊缝发生线性变化。当轧制楔形坯料时，可以利用轧辊的倾斜来适应坯料形状。根据机架尺寸的不同，这种可能产生的倾斜量可达±2mm。

3.1.2.4　苏联研制的多辊轧机

1948—1949 年，全苏冶金机械科学研究院设计了苏联的第一台多辊轧机，接着生产了一批工作辊直径为 10~38mm、辊身长为 160~350mm 的十二辊和二十辊轧机，用于轧制薄带和极薄带，后来研制了辊身长度为 60~2000mm 的二十辊轧机系列。

苏联研制的多辊轧机有数十台之多。全苏冶金机械科学研究院设计的多辊轧机其结构形式大致分为两大类：一类为整体机架，即森吉米尔型；另一类为开口机架，采用一种特殊的钳式结构，但不同于罗恩钳式多辊轧机。为了轧制厚度为 1μm 的带材，工作辊直径为 2mm 的 60 型二十六辊轧机，以及由苏联中央黑色冶金科学研究院研制的工作辊直径为 1.5mm 的三十二辊和三十六辊轧机均采用这种特殊的钳式结构机架。

3.1.3　多辊轧机的结构

二十辊轧机有很多种，如森吉米尔式二十辊轧机、森德威四柱式二十辊轧机、弗若凌式二十辊轧机、DMAG 式二十辊轧机等，其主要结构包括机架、轧辊系统、轧机调整机构等。下面以弗若凌二十辊轧机为例详细介绍轧机结构。

3.1.3.1　轧机机架

弗若凌二十辊轧机机架的设计，不同于通常整体的、钳式的及四柱式的二十辊轧机机架的结构形式，而与传统的二辊或四辊轧机机架的结构形式相似。

轧机机架是用拉杆将轧机传动侧和操作侧的两片机架连接成一个稳定的整体结构。两个可以在机架窗口内上下移动的辊箱呈上下对称形式布置。上下辊箱分别装有一套轧辊和相应的支撑辊装置。可以单独垂直移动的上下辊箱能形成较大的轧辊辊缝，这有利于穿带和对辊缝的观察；此外，润滑冷却液可以很好地排放而有利于冷却。通过下辊箱的移动来调整轧制线的高度。

Z20/180 × 420 型二十辊轧机机架在结构上特殊的地方（见图 3-4）有以下几种。

（1）直接液压压下液压缸。两片机架上横梁中间各设置一个。

（2）上部可倾斜的辊箱及下部可倾斜的辊箱。上下辊箱呈对称布置；每个辊箱装一套上辊组或下辊组以及相应的支撑轴、支撑辊（背衬轴承）；上下辊箱可以在机架窗口的低摩擦导轨中上下移动。

（3）轧制线补偿。在轧机机架的下横梁与下辊箱之间，通过更换中间板或用楔形块来调节下辊箱的位置，从而使下辊箱的上表面保持在轧制线的高度上。

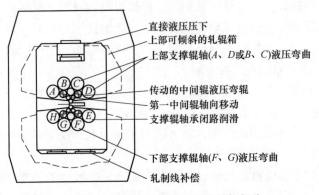

图 3-4　弗若凌二十辊轧机特殊结构部分

3.1.3.2　轧辊系统

弗若凌直接液压压下的二十辊轧机的轧辊系统与森吉米尔二十辊轧机、森德威二十辊轧机一样，也是按 1-2-3-4 呈塔形布置、上下对称，20 个辊子分上下两组分别设置在上下两个辊箱内。

辊系中起支撑作用的外层 8 个支撑辊，实际上也是通过心轴和鞍座分别固定在上下辊箱上的 8 组背衬轴承。与森吉米尔及森德威二十辊轧机支撑辊结构有所不同，该轧机支撑辊的鞍座，部分机型没有偏心机构，更没有双偏心机构，采用 A、D 支撑辊鞍座后的斜楔推动鞍座产生位移达到调整辊形的目的。

部分没有径向辊形动态调整机构的弗若凌二十辊轧机，在 A、D 和 F、G 支撑辊鞍座设有偏心机构，可以进行动态径向辊形调整。

另外，弗若凌二十辊轧机支撑辊还有一个独特的结构，即各支撑辊的背衬轴承的个数不是一样多。一般 B、C 和 F、G 支撑辊的背衬轴承个数为 N；而 A、D 和 E、H 支撑辊的背衬轴承个数为 $N+1$。或者 B、C 和 E、H 支撑辊的为 N；而 A、D 和 F、G 支撑辊的为 $N-1$。一种支撑辊（N 个背衬轴承）的鞍座与另一种支撑辊（$N+1$ 个背衬轴承）的背衬轴承相对应，如图 3-5 所示。

其他类型的二十辊轧机各支撑辊的背衬轴承数量是一样的，并且背衬轴承与鞍座各辊子完全一致。严格讲，支撑辊并不是一个连续的辊子，而是间断的背衬轴承。因此，背衬轴承作用在第二中间辊上的力也应该是间断的。同样，第二中间辊作用在第一中间辊上的力也不是完全均匀一致的。这个不均匀力的分布最终将反映在所轧制的带材表面质量上。与背衬轴承相对应的部分，带材的受力大于

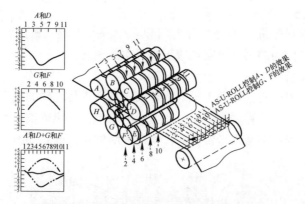

图 3-5 背衬轴承布置对平面度质量的影响

与鞍座对应的部分，因此带材在宽度方向上张应力的分布是有差别的。当然，该张应力的分布与轧机大小，即轧辊直径的大小、刚度有关。但是背衬轴承的分布对带材表面质量的影响，能够从与背衬轴承相应的带面产生条纹状隐影看出来。

弗若凌二十辊轧机在背衬轴承的分布上采取了以上措施后，使得背衬轴承对带材表面质量的影响均匀化了，尽可能地消除了因背衬轴承带来的条纹状隐影。图 3-5 示意出了背衬轴承布置对平面度的影响。

6 个第二中间辊中，轧机中心线两侧的 4 个外侧中间辊为传动辊，中间的两个第二中间辊为非传动辊。与其他二十辊轧机的不同之处在于，该轧机的 4 个传动辊均设有液压弯辊装置，可以进行弯辊。

4 个第一中间辊同样是自由辊，靠摩擦力转动，辊子的一端磨成锥形，上下两组带锥度的端头正好左右对称，同时上下两组第一中间辊可以进行相反方向的轴向移动。

两个工作辊为平辊，支撑在第一中间辊上靠摩擦力转动。

3.1.3.3 轧机的调整机构

弗若凌二十辊轧机有其独特的调整机构和调整方法。

A 液压压下机构

根据弗若凌二十辊轧机的结构形式，它采用了用于二辊和四辊轧机的液压压下机构。

该轧机分别在两片机架的上横梁上各设一个液压油缸，将轧制力直接传到上辊箱上。因为是直接压下，液压缸的移动量即是轧机上工作辊位置的变化量，所以，该轧机压下机构的响应时间短，压下速度快。

由于轧辊直径大小的选择和支撑辊的磨细，要求压下液压缸具有长行程的功能。但是，该轧机通过在液压缸和上辊箱之间加一个中间垫板，便可采用短行程的液压缸，无须考虑上辊箱所必须有的总行程。

B 辊形调整机构

弗若凌二十辊轧机除具有森吉米尔和森德威二十辊轧机的辊形调整功能之外，还具有4根传动的第二中间辊液压弯辊功能。

a 轧辊的倾斜

弗若凌二十辊轧机采用两个压下调整液压缸来进行轧机的压下调整。如果两个压下液压缸的压下行程调整不同，便可使上辊箱在轧辊的轴向产生倾斜，从而使工作辊缝倾斜，使其与入口带材的任何楔形断面相匹配，如图3-6所示。

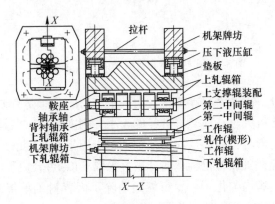

图3-6 上轧辊倾斜示意图（X—X 剖面）

b 径向辊形调整机构

弗若凌二十辊轧机的径向辊形调整有两种方法。

（1）用液压缸带动斜楔调整 A、D 支撑辊的鞍座位置，如图3-7所示。

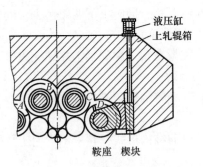

图3-7 A、D 辊鞍座调整机构示意图

液压调节机构位于 A、D 辊的鞍座的后边。当液压缸进行压下时，斜楔推动鞍座产生位移，鞍座位移改变了 A、D 支撑辊心轴的形状。支撑辊心轴的弯曲，影响整个辊系的弹性变形，从而在轧制时调整辊缝形状。

液压支撑辊心轴的弯曲调整是作为轧制前的预调整，它不是常规轧制时进行的动态调整。

（2）径向辊形动态调整。图 3-8 为径向辊形动态调整装置示意图。

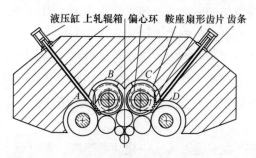

图 3-8　B、C 辊径向辊形动态调整装置示意图

上部，通过液压缸用齿条调整鞍座的偏心环位置，从而使支撑辊心轴产生弯曲以改变辊缝形状。支撑辊 B 及 C 是用各自的调整液压缸单独调整的。下部，是用一组液压缸同时调整 F、G 两个支撑辊。

由于具有上部及下部径向辊形动态调整机构，以及 A、D 辊的轧前预调整机构，因此，弗若凌二十辊轧机的径向调整能力优于其他形式的二十辊轧机。

c　轴向辊形调整机构

各种呈塔形布置的二十辊轧机的第一中间辊均可做轴向移动。各自有一端磨成锥形的第一中间辊在轴向移动时，对带材边部形状有影响。有关内容可参见森吉米尔二十辊轧机的轴向辊形调整机构。

d　液压弯辊

弗若凌二十辊轧机较其他形式的二十辊轧机多了一种辊形调整手段，在 4 个传动的第二中间辊上设有液压弯辊机构。从图 3-4 上可以清楚地看到 4 个传动的第二中间辊一端的液压弯辊装置。

传动的第二中间辊不直接靠近辊缝，弯辊的作用与所施的弯辊力有关。弯曲力及产生的轧辊曲线通过辊系的弹性变形也作用到工作辊上，由此再作用于辊缝形状而达到平衡。中间辊弯曲影响轧出带材整个宽度上的断面形状。

e　对工作辊直径产生影响的多段冷却

为使工艺润滑冷却液进入轧机辊缝，在上下辊箱之间左右各设置有两个冷却液喷射板。该喷射板沿带材宽度方向分成几个独立的区段，可单独控制各区段冷却液的流量，从而影响工作辊各区段的热平衡而控制辊形。

由于各种辊形调整机构的不同特性，当单独或联合使用一种或几种调整功能时，在轧辊倾斜、轧辊径向辊形调整、轧辊轴向移动、中间辊液压弯辊及工作辊分段冷却多种调整手段的一种或综合作用下，可有效地对带材平直度进行控制。

　　C　轧制线调整机构

　　轧机的下辊箱位于机架的下横梁上，下辊箱内的下工作辊的上表面应保持在轧制线上。轧辊和支撑辊的磨削及选用不同直径的工作辊而使下工作辊表面不在轧制线上，这时需要将下工作辊表面调到轧制线上来。

　　轧机机架下横梁上各有两个支点来支撑下辊箱，另外，在下辊箱下还有两个支撑液压缸。调整时先用两个液压缸将下辊箱托起，然后可以采用更换各支点上的中间垫板或者调节斜楔的办法来进行补偿，最后液压缸将下轧辊箱放在下横梁的支点上。

　　这种轧制线调整形式只是改变了下辊箱的高度，而辊系中各辊的相对位置没有发生变化，因此不涉及各辊的配置，轧辊间力的分配也不发生变化。

3.1.4　多辊轧机的应用

　　多辊轧机的用途主要有以下三个方面。

　　(1) 轧制高强度的金属和合金薄带材。用四辊轧机冷轧高强度薄带材，不但不经济，而且在许多情况下在技术上还不可能达到。

　　(2) 轧制极薄带材。轧机的最小可轧制厚度受工作辊直径的限制，往往轧辊的弹性压扁值可以同带材的厚度相比拟，当工作辊本身的弹性压扁值大于轧件厚度时，就妨碍其继续压下。

　　在四辊轧机上采用小直径工作辊不能保证它们在轧制方向上的稳定性和补偿用小辊径而降低的侧向刚度。塔形辊系的多辊轧机很好地解决了使用小直径工作辊的技术问题。

　　(3) 轧制高精度带材。现代四辊轧机（包括 VC、HC、UC、HCW、CVC、UPC、PC 等轧辊为简支梁结构的轧机）在控制带材的厚度精度和平直度方面采取了各种有效措施，并取得了很大成绩。20 世纪 60 年代至 70 年代中期，由于液压压下厚度自动控制（HAGC）技术的采用，带材纵向厚度精度得到了明显的提高。但是，由于现代四辊轧机的支撑辊辊子数量少，支撑辊支点间的距离大，因此产生挠度大。为了进一步增大轧辊的刚度，四辊轧机支撑辊的长度与直径之比已经接近于 1，甚至小于 1。因此，带材横向厚度（或称横截面）和平直度（或称板形）的控制很困难，并且不是随意的。多辊轧机，特别是二十辊轧机，支撑辊数量多，轧制负荷通过辊系的许多支点传给机架（部分钳式轧机除外），因此，轧机辊系的刚度较大；支撑辊的长度与心轴直径比达 5.2~30，钢带横向厚度可以用多点调节支撑辊心轴的曲线来控制，调节非常方便、可靠，从而轧制出横向精度非常高的带材。

3.2 多辊轧机冷轧板带成形原理

3.2.1 轧制过程中的前滑和后滑现象

实践证明，在轧制过程中轧件在高度方向受到压缩的金属，一部分纵向流动，使轧件形成延伸，而另一部分金属横向流动，使轧件形成宽展。轧件的延伸是由于被压下金属向轧辊入口和出口两个方向流动的结果。在轧制过程中，轧件出口速度 v_h 大于轧辊在该处的线速度 v，即 $v_h > v$ 的现象，称为前滑现象。而轧件进入轧辊速度 v_H 小于轧辊在该处线速度 v 的水平分量 $v\cos\alpha$ 的现象称为后滑现象。在轧制理论中，通常将轧件出口速度 v_h 与对应点的轧辊线速度之差同轧辊线速度的比称为前滑值，即

$$S_h = \frac{v_h - v}{v} \times 100\%$$
(3-1)

式中　　S_h——前滑值；

　　　　v_h——在轧辊出口处轧件的速度；

　　　　v——轧辊的线速度。

同样，后滑值是指轧件入口断面轧件的速度与轧辊在该点处圆周速度的水平分量之差同轧辊圆周速度水平分量的比值，即

$$S_H = \frac{v\cos\alpha - v_H}{v\cos\alpha} \times 100\%$$

式中　　S_H——后滑值；

　　　　v_H——在轧辊入口处轧件的速度。

通过实验方法也可求出前滑值。将式（3-1）中的分子和分母分别各乘以轧制时间 t，则

$$S_h - \frac{v_h t - vt}{vt} = \frac{L_h - L_H}{L_H}$$
(3-2)

事先在轧辊表面上刻出距离为 L_H 的两个小坑，如图 3-9 所示。轧制后，轧件的表面上出现距离为 L_h 的两个凸包。测出尺寸，用式（3-2）能计算出轧制时的前滑值。由于实测出轧件尺寸为冷尺寸，故必须用下面公式换算成热尺寸（L_h）

$$L_h = L_h'[1 + \alpha(t_1 - t_2)]$$
(3-3)

式中　　L_h'——轧件冷却后测得的尺寸；

　　　　t_1，t_2——分别为轧件轧制时的温度和测量

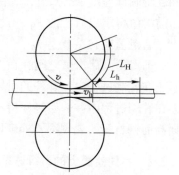

图 3-9　用刻痕法计算前滑

时的温度；

α ——线膨胀系数，见表 3-1。

表 3-1　碳钢的线膨胀系数

温度/℃	线膨胀系数 α/℃$^{-1}$	温度/℃	线膨胀系数 α/℃$^{-1}$
0~1200	$(15~20)\times10^{-6}$	0~800	$(13.5~17.0)\times10^{-6}$
0~1000	$(13.3~17.5)\times10^{-6}$		

由式（3-3）可看出，前滑可用长度表示，所以在轧制原理中有人把前滑、后滑作为纵向变形来讨论。下面用总延伸表示前滑、后滑及有关工艺参数的关系。

按秒流量相等的条件，则

$$F_{H} v_{H} = F_{h} v_{h} \quad 或 \quad v_{H} = \frac{F_{h}}{F_{H}} v_{h} = \frac{v_{h}}{\mu}$$

将式（3-1）改写成

$$v_{h} = v(1 + S_{h}) \tag{3-4}$$

将式（3-4）代入 $v_{H} = \dfrac{v_{h}}{\mu}$，得

$$v_{H} = \frac{v}{\mu}(1 + S_{h}) \tag{3-5}$$

有

$$S_{H} = 1 - \frac{v_{H}}{v\cos\alpha} = 1 - \frac{\dfrac{v}{\mu}(1 + S_{h})}{v\cos\alpha}$$

或

$$\mu = \frac{1 + S_{h}}{(1 - S_{h})\cos\alpha} \tag{3-6}$$

由式（3-4）~式（3-6）可知，前滑和后滑是延伸的组成部分。当延伸系数 μ 和轧辊圆周速度 v 已知时，轧件进出辊的实际速度 v_{H} 和 v_{h} 取决于前滑值 S_{h}，或由前滑值可求出后滑值 S_{H}；此外，还可看出，当 μ 和咬入角 α 一定时前滑值增大，后滑值就必然减小。

前滑值与后滑值之间存在上述关系，所以弄清楚前滑问题，对后滑也就清楚了。在轧制过程中，轧件的出辊速度与轧辊的圆周速度不相一致，而且这个速度差在轧制过程中并非始终保持不变，它受许多因素的影响。在连轧机上轧制和周期断面钢材等的轧制都要求确切知道轧件进出轧辊的实际速度。

3.2.2　不同断面上的运行速度

当金属由轧前高度 H 轧到轧后高度 h 时，由于进入变形区高度逐渐减小，根

据体积不变条件，变形区内金属质点运动速度不可能一样。金属各质点之间及金属表面质点与工具表面质点之间就有可能产生相对运动。

设轧件无宽展，且沿每一高度断面上质点变形均匀，其运动的水平速度一样，如图 3-10 所示。在这种情况下，根据体积不变条件，轧件在前滑区相对于轧辊来说，超前于轧辊，而且在出口处的速度 v_h 最大；轧件后滑区速度低于轧辊线速度的水平分速度，并在入口处的轧件速度 v_H 最小，在中性面上轧件与轧辊的水平分速度相等，并用 v_γ 表示在中性面上的轧辊水平分速度。

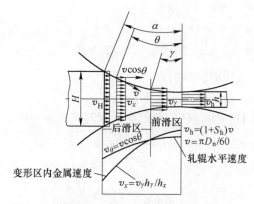

图 3-10 轧制过程速度图示

由此可得出

$$v_h > v_\gamma > v_H \tag{3-7}$$

而且轧件出口速度 v_h 大于轧辊圆周速度 v，即

$$v_h > v \tag{3-8}$$

轧件入口速度小于轧辊水平分速度，在入口处轧辊水平分速度为 $v\cos\alpha$，则

$$v_H < v\cos\alpha \tag{3-9}$$

中性面处轧件的水平速度与此处轧辊的水平速度相等，即

$$v_\gamma = v\cos\gamma \tag{3-10}$$

变形区任意一点轧件的水平速度可以用体积不变条件计算，也就是在单位时间内通过变形区内任一横断面上的金属体积应该为一个常数。也就是任一横断面上的金属秒流量相等。每秒通过入口断面、出口断面及变形区内任一横断面的金属流量可用式（3-11）表示

$$F_H v_H = F_x v_x = F_h v_h = 常数 \tag{3-11}$$

式中　F_H，F_h，F_x——入口断面、出口断面及变形区任一横断面的面积；

$\quad\quad\quad v_H$，v_h，v_x——在入口断面、出口断面及任一断面上的金属平均运动速度。

根据式（3-11）可求得

$$\frac{v_H}{v_h} = \frac{F_h}{F_H} = \frac{1}{\mu} \tag{3-12}$$

式中 μ ——轧件的延伸系数，$\mu = \dfrac{F_H}{F_h}$。

金属的入口速度与出口速度之比等于出口断面的面积与入口断面的面积之比，等于延伸系数的倒数。在已知延伸系数及出口速度时可求得入口速度，在已知延伸系数及入口速度时可求得出口速度。

如果宽展忽略不计，式（3-12）可写成

$$\frac{v_H}{v_h} = \frac{F_h}{F_H} = \frac{hb}{HB} = \frac{h}{H} \tag{3-13}$$

式中 H，B ——入口断面轧件的高度和宽度；

  h，b ——出口断面轧件的高度和宽度。

根据关系式（3-11）求得任意断面的速度与出口断面的速度有下列关系

$$\frac{v_x}{v_h} = \frac{F_h}{F_x}$$

由此 $$v_x = v_h \frac{F_h}{F_x} \ , \ v_\gamma = v_h \frac{F_h}{F_\gamma} \tag{3-14}$$

宽展忽略不计时，则得

$$v_x = v_h \frac{F_h}{F_x} = v_h \frac{h_h}{h_x} \ , \ v_\gamma = v_h \frac{h_h}{h_\gamma} \tag{3-15}$$

研究轧制过程中的轧件与轧辊的相对运动速度有很大的实际意义。如对连续式轧机欲保持两机架间张力不变，很重要的条件就是要维持前机架轧件的秒流量和后机架的秒流量相等，也就是必须遵守秒流量不变的条件。

3.2.3 冷轧带钢的板形自动控制

板形控制的目的是要轧出横向厚差均匀和外形平直的带钢。但由于对板形概念的定量描述比较困难，影响板形的因素也很复杂，而板形在线检测装置和控制技术也在不断完善和发展中，因此板形自动控制技术在生产中应用比厚度自动控制要晚得多。较长时期内，人们是凭目测感觉和操作经验进行板形调节和控制的。近年来，板形在线检测装置和各种控制技术在生产中得到了越来越广泛的应用，并将成为今后冷轧技术的重要发展方向。

平直度是表示带材在没有外力作用时，失去平坦的外形表面特征而出现浪形、翘曲等形状缺陷的指标。产生平直度缺陷的直接原因是轧制时带材在宽度方向上变形不均匀，在带材宽度方向产生相互作用的内应力，当内应力达到一定量时，带材的受压部分就会失稳而造成浪形。

　　带材在冷轧过程中，由于带材的宽厚比很大，所以在轧制过程中，基本没有宽展发生。带材厚度的变薄，完全转换为带材长度的增长。如果带材在整个宽度方向上，均匀地按比例减薄，那么，成品带材表面将是平坦的。如果在轧制过程中，带材在宽度方向的某个部位（边部或者中部）变形量大，那么，成品带材相应部位的轧出长度相对就较长，该部位就会受到相邻部分带材限制其伸长的压应力，当该内应力达到一定值时便会出现平直度缺陷（边浪或者中浪）。因此，带材沿宽度方向各点的相对伸长率 $\Delta L/L$ 是衡量带材平直度的标志，如图 3-11 所示。

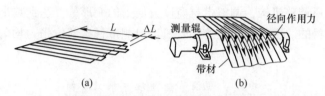

图 3-11　带材在张应力作用下的伸长率

(a) 带材沿宽度方向各点相对伸长；(b) 接触式板形仪的多段测量辊

平直度的定量表示方法主要有以下两种。

(1) 翘曲度 λ，其计算公式为

$$\lambda = \frac{h}{L} \times 100\%$$

式中　h——浪形高度；

　　　L——浪形波长。

(2) 相对延伸差 ε 和 I 单位，其计算公式为

$$\varepsilon = \frac{S - L}{L}$$

式中　S——波的弧长；

　　　L——波对应的直线长度；

　　I 单位 $= 10^5 \varepsilon$，即 100m 长带钢发生 1mm 的延伸差为 1 个 I 单位。

　　现在用户对带材平直度的要求越来越高，普遍使用要求严格的相对延伸差 ε 来表示平直度。

　　平直度缺陷主要有边浪、1/4 中浪、中浪、侧弯等。各种缺陷可以叠加。图 3-12 为平直度缺陷的类型及相对伸长率的分布。

　　在轧制过程中由于有张力的存在，一般不能直接看出带材的平直度缺陷。但是由于带材沿宽度方向变形的不均匀，各部位所受的张力就不相同。变形量大的部分，其轧出长度比变形量小的部分的轧出长度大，该部分所受张力就小；相反，变形量小的部分，所受张力就相对大。根据虎克定律有：

$$\frac{\Delta L}{L} = \frac{\Delta \delta_T}{E} = \varepsilon$$

式中　E——带材的弹性模量；

　　　$\Delta \delta_T$——带材张应力的变化量。

可知，张应力的变化量 $\Delta \delta_T$ 反映出了相对伸长率的大小，即在带材上张应力的分布与平直度有关系，带材平直部分（$\varepsilon = 0$）受张力大，而有波浪的部分（$\varepsilon > 0$）受张力小。因此，测出实际张应力与平均张应力的偏差 $\Delta \delta_T$ 沿带材宽度方向的分布，所反映的就是带材的平直度。根据 $\Delta \delta_T$ 的分布，可以通过轧机的径向、轴向辊形调整机构，调整带材宽度方向上的变形量，达到减小 $\Delta \delta_T$ 从而获得良好板形的目的。也就是说，控制轧机出口侧带材各部位张力均匀，就能保证带材的平直度。

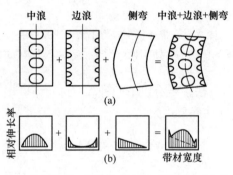

图 3-12 平直度缺陷(a)的类型和相对伸长率(b)的分布图

带材横断面张力的分布可通过板形仪来进行检测。

二十辊轧机，辊形的调整手段较多，只要知道出口侧带材横断面上的张力分布状况，即可进行调整。

一般在小型轧机上不设置板形测量仪，仅根据张力测量辊上的张力计读数，或者根据操作工用棍子敲打带材各部位，检测带材的边部与中部的张力是否一致，通过调整辊形调整机构，使带材横向各部位的张力一致。由于二十辊轧机的刚度大，调整手段多，手工检测的方法在中小型的轧机上，基本能满足需要。比如武汉的几台 ZR-22BS-42″轧机，也并没有装备板形仪。

但是，大型轧机由于轧制的带材宽度大，以及一些对带材板形要求非常高的中型轧机，往往都配备板形仪及板形自动控制系统。图 3-13 为森吉米尔轧机板形控制系统图。该板形控制系统为接触式闭环控制系统，由板形检测仪、控制装置和执行机构组成。

该系统的板形检测仪，为一多段组合式的测量辊。测量辊与带材直接接触来检测带材对每一段辊环的压力，并将所测各段辊环所受的压应力数据，以模拟量

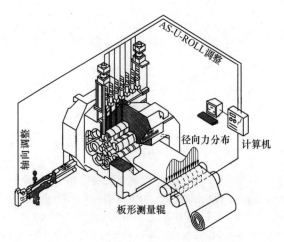

图 3-13　森吉米尔轧机板形控制系统图

的形式输送到系统控制装置。

控制装置包括微处理计算机和图像显示装置。微处理装置根据测量辊送回来的测量数据及带材的工艺参数（带厚、带宽、带材张力等），计算各测量段（辊环）的应力，并将其结果显示在终端显示器上。同时，计算机通过计算选择校正板形的控制方法并发出相应的控制命令。

森吉米尔轧机的板形自动控制系统的执行机构主要是 AS-U-ROLL 径向辊形调整装置和第一中间辊轴向移动装置。执行机构根据控制命令调整辊形。

3.3　多辊轧制力能参数计算

3.3.1　辊系受力分析

森吉米尔轧机的特点之一是机架为一整体铸钢件，作用在工作辊上的轧制力呈放射状传递到各支撑辊上，而多支点梁的支撑辊将其沿辊身长度方向传到机架上，这样充分利用了整体机架的断面，使这种机架的刚度高于其他形式机架的刚度。

3.3.1.1　静压时的辊系受力

在轧机开始轧制前，给轧机前后以相同的张力值，轧机带钢压下，这时轧机上工作辊受轧件一个垂直向上的压力（轧机上下对称，轧机下部受力与上部对称并平衡）。轧制力通过第一中间辊、第二中间辊、支撑辊的中心，最后呈放射状传递给机架。轧辊辊系受力如图 3-14 所示，机架受力如图 3-15 所示。

根据轧机型号的不同、轧辊直径的变化，以及轧辊压下、辊径补偿，各个轧辊受力的角度和大小各不相同。从图 3-14 可以看出：两侧轧辊的受力大于中间

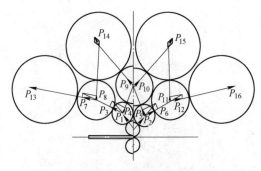

图 3-14 ZR-33 型轧机轧辊受力图

左半幅：偏心全部打开，工作辊辊径最大，开口度最大

右半幅：偏心全部闭合，工作辊辊径最小，开口度为 0

$P_1 = 68.73\% \sim 68.74\%$；$P_2 = 66.26\% \sim 66.65\%$；$P_3 = 63.31\% \sim 65.69\%$；

$P_4 = 21.55\% \sim 27.78\%$；$P_5 = 22.20\% \sim 27.29\%$；$P_6 = 59.07\% \sim 61.45\%$；

$P_7 = 58.05\% \sim 62.80\%$；$P_8 = 14.29\% \sim 18.23\%$；$P_9 = 26.63\% \sim 33.59\%$；

$P_{10} = 27.83\% \sim 33.75\%$；$P_{11} = 13.30\% \sim 16.80\%$；$P_{12} = 53.41\% \sim 58.04\%$；

$P_{13} = 58.05\% \sim 62.80\%$；$P_{14} = 41.49\% \sim 44.36\%$；$P_{15} = 41.61\% \sim 43.94\%$；

$P_{16} = 53.41\% \sim 58.04\%$；$P = 100\%$

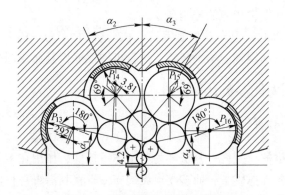

图 3-15 ZR 型轧机机架受力图

$\alpha_1 = 11.92° \sim 10.45°$；$\alpha_2 = 23.66° \sim 29.50°$；$\alpha_3 = 25.39° \sim 30.53°$；$\alpha_4 = 13.48° \sim 12.09°$；

$P_{13} = 58.05\% \sim 62.80\%$；$P_{14} = 41.49\% \sim 44.36\%$；$P_{15} = 41.61\% \sim 43.94\%$；$P_{16} = 53.41\% \sim 58.04\%$

位置的轧辊，两侧传动的第二中间辊的受力为轧制力的 59% ~ 65.7%，大于中间的自由辊的受力（为轧制力的 39.5% ~ 49.5%）；两侧支撑辊 A、D 的受力为轧制力的 58% ~ 62.5%，为中间支撑辊 B、C 受力的 1.4 倍左右，B、C 辊受力为轧制力的 41.5% ~ 44.4%，这对于轧机压下及辊形调整是有利的；B、C 支撑辊压下偏心装置及 A、D 辊辊径调整偏心装置全部打开时，A、D 辊受力方向与水平线的夹角小、受力大，比 A、D 及 B、C 辊的偏心装置全部闭合时大 5%~10%。

支撑辊所受的轧制力，经芯轴通过背衬轴承间的鞍座，以多支点梁受力的形式传递给整体机架。对机架而言，上下左右 8 个力相互平衡，如图 3-15 所示。

3.3.1.2 轧制过程中的辊系受力

轧制过程中轧辊辊系，除了静压下时辊系所受的力外，还应该考虑辊系之间的滚动摩擦力和支撑辊（即背衬轴承）中的摩擦力。图 3-16 示出了轧制过程中二十辊轧机辊系受力情况。轧辊之间各接触点以字母 A、B、C、D、E、F、G、H、I、J、K、L 表示，各接触点上的作用力分别以 P_A、P_B、P_C、P_D、P_E、P_F、P_G、P_H、P_I、P_J、P_K、P_L 表示；工作辊与第一中间辊之间的滚动摩擦力臂以 m_1 表示；第一中间辊与第二中间辊的传动辊之间的滚动摩擦力臂以 m_2 表示；第一中间辊与第二中间辊的自由辊之间的滚动摩擦力臂以 m_4 表示；传动的第二中间辊与支撑辊 A、D 之间的滚动摩擦力臂以 m_3 表示；第二中间自由辊与支撑辊 B、C 之间的滚动摩擦力臂以 m_5 表示；支撑辊背衬轴承的摩擦圆半径以 ρ 表示。

轧辊上下对称布置。为简化计算，取 $D_2 = D_3$，$D_4 = D_5 = D_6$，$D_7 = D_8 = D_9 = D_{10}$。

A 轧辊各接触点上作用力的方向

a 作用在支撑辊上作用力的方向

传动的第二中间辊 4 与支撑辊 7 之间的作用力为 P_G，力 P_G 与辊 4、辊 7 的连心线之间的夹角 α_G 用式（3-16）确定

$$\sin\alpha_G = 2\frac{\rho + m_3}{D_7} \tag{3-16}$$

同样，支撑辊与第二中间辊之间的其他各接触点上的作用力的方向为

$$\begin{cases} \sin\alpha_L = 2\dfrac{\rho + m_3}{D_{10}} \\[2mm] \sin\alpha_H = 2\dfrac{\rho\cos\beta_H + m_5}{D_8} \\[2mm] \sin\alpha_I = 2\dfrac{\rho\cos\beta_I + m_5}{D_8} \\[2mm] \sin\alpha_J = 2\dfrac{\rho\cos\beta_J + m_5}{D_9} \\[2mm] \sin\alpha_K = 2\dfrac{\rho\cos\beta_K + m_5}{D_9} \end{cases} \tag{3-17}$$

因为 β 角很小，$\cos\beta \approx 1$，因此可以认为 $\rho \approx \rho \cdot \cos\beta$，所以

$$\sin\alpha_G = \sin\alpha_L = 2\frac{\rho + m_3}{D_7} \tag{3-18}$$

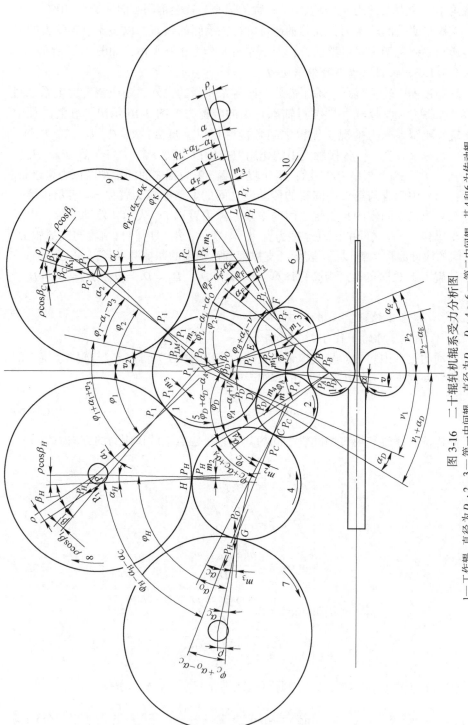

图 3-16 二十辊轧机辊系受力分析图

1—工作辊，直径为 D_1；2、3—第一中间辊，直径为 D_2、D_3；4～6—第二中间辊，其 4 和 6 为传动辊，直径 D_4、D_5、D_6；7～10—支撑辊（背衬轴承），直径 D_7、D_8、D_9、D_{10}

$$\sin\alpha_H = \sin\alpha_I = \sin\alpha_J = \sin\alpha_K = 2\frac{\rho + m_5}{D_7} \tag{3-19}$$

b 作用在工作辊上作用力的方向

根据轧件和第一中间辊作用在工作辊上的力矩平衡条件，可知

$$P_{np}a = P_A\left(\frac{D_1}{2}\sin\alpha_A - m_1\right) + P_B\left(\frac{D_1}{2}\sin\alpha_B - m_1\right) \tag{3-20}$$

为简化计算，取 $\alpha_A = \alpha_B$，则

$$\sin\alpha_A = \frac{P_{np}a + (P_A + P_B)m_1}{P_A + P_B} \times \frac{2}{D_1} \tag{3-21}$$

c 作用在非传动的第二中间辊 5 上作用力的方向

根据辊 5 的力矩平衡条件，可知

$$P_I\left(\frac{D_5}{2}\sin\alpha_I + m_5\right) + P_J\left(\frac{D_5}{2}\sin\alpha_J + m_5\right)$$
$$= P_D\left(\frac{D_5}{2}\sin\alpha_D - m_4\right) + P_E\left(\frac{D_5}{2}\sin\alpha_E - m_4\right) \tag{3-22}$$

为简化计算，取 $\alpha_D = \alpha_E$，$\alpha_I = \alpha_J$，则

$$(P_I + P_J)\left(\frac{D_5}{2}\sin\alpha_I + m_5\right) = (P_D + P_E)\left(\frac{D_5}{2}\sin\alpha_D - m_4\right)$$

$$\sin\alpha_D = \frac{2}{D_5} \times \frac{P_I + P_J}{P_D + P_E}\left(\frac{D_5}{2}\sin\alpha_I + m_5\right) + \frac{2}{D_5}m_4 \tag{3-23}$$

d 作用在第一中间辊上作用力的方向

根据第一中间辊的力矩平衡条件，可知

$$P_C\left(\frac{D_2}{2}\sin\alpha_C - m_2\right) = P_A\left(\frac{D_2}{2}\sin\alpha_A + m_1\right) + P_D\frac{D_2}{2}(\sin\alpha_D + m_4) \tag{3-24}$$

则

$$\sin\alpha_C = \frac{P_A}{P_C}\sin\alpha_A + \frac{P_A m_1}{P_C} \times \frac{2}{D_2} + \frac{P_D}{P_C}\sin\alpha_D + \frac{P_D m_4}{P_C} \times \frac{2}{D_2} + m_2\frac{2}{D_2} \tag{3-25}$$

同样

$$P_F\left(\frac{D_2}{2}\sin\alpha_F - m_2\right) = P_B\left(\frac{D_2}{2}\sin\alpha_B + m_1\right) + P_E\left(\frac{D_2}{2}\sin\alpha_E + m_4\right) \tag{3-26}$$

则

$$\sin\alpha_F = \frac{P_B}{P_F}\sin\alpha_B + \frac{P_B m_1}{P_F} \times \frac{2}{D_2} + \frac{P_E}{P_F}\sin\alpha_E + \frac{P_E m_4}{P_F} \times \frac{2}{D_2} + m_2\frac{2}{D_2} \tag{3-27}$$

B　轧辊各接触点上作用力的大小

a　工作辊上的作用力 P_A、P_B

根据工作辊的力平衡条件, 把力 P_A、P_B 投影到轧件给工作辊的合力 P_{np} 的方向上, 则得到

$$P_{np} = P_A\cos(\varphi_A - \alpha_A + \nu) + P_B\cos(\varphi_B + \alpha_B - \nu) \tag{3-28}$$

因为 P_A、P_B 在力 P_{np} 的垂线方向上的投影应彼此相等, 所以

$$P_A\sin(\varphi_A - \alpha_A + \nu) = P_B\sin(\varphi_B + \alpha_B - \nu) \tag{3-29}$$

解方程式 (3-28)、式 (3-29), 由式 (3-29) 得

$$P_B = \frac{P_A\sin(\varphi_A - \alpha_A + \nu)}{\sin(\varphi_B + \alpha_B - \nu)} \tag{3-30}$$

将式 (3-30) 代入式 (3-28), 得

$$P_{np} = P_A\cos(\varphi_A - \alpha_A + \nu) + P_A\frac{\sin(\varphi_A - \alpha_A + \nu)}{\sin(\varphi_B + \alpha_B - \nu)}\cos(\varphi_B + \alpha_B - \nu)$$

整理得

$$P_A = P_{np}\frac{\sin(\varphi_A + \alpha_A - \nu)}{\sin2\varphi_A} \tag{3-31}$$

$$P_B = P_A\frac{\sin(\varphi_A - \alpha_A + \nu)}{\sin(\varphi_B + \alpha_B - \nu)} = P_{np}\frac{\sin(\varphi_A - \alpha_A + \nu)}{\sin2\varphi_A} \tag{3-32}$$

b　支撑辊上的作用力 P_G、P_H、P_I、P_J、P_K、P_L

(1) 作用力 P_G、P_H。根据中间辊 4 的力平衡条件, 把力 P_G、P_H 投影到力 P_C 的方向上, 得到

$$P_C = P_G\cos(\varphi_G + \alpha_G - \alpha_C) + P_H\cos(\varphi_H - \alpha_H + \alpha_C) \tag{3-33}$$

因为 P_G、P_H 在力 P_C 的垂线方向上的投影应彼此相等, 所以

$$P_G\sin(\varphi_G + \alpha_G - \alpha_C) = P_H\sin(\varphi_H - \alpha_H + \alpha_C) \tag{3-34}$$

解方程式 (3-33)、式 (3-34), 由式 (3-34) 得

$$P_H = P_G\frac{\sin(\varphi_G + \alpha_G - \alpha_C)}{\sin(\varphi_H - \alpha_H + \alpha_C)} \tag{3-35}$$

将式 (3-35) 代入式 (3-33) 得

$$P_C = P_G\cos(\varphi_G + \alpha_G - \alpha_C) +$$

$$P_G\frac{\sin(\varphi_G + \alpha_G - \alpha_C)}{\sin(\varphi_H - \alpha_H + \alpha_C)}\cos(\varphi_H - \alpha_H + \alpha_C)$$

$$= P_G\frac{\sin(\varphi_G + \alpha_G + \varphi_H - \alpha_H)}{\sin(\varphi_H - \alpha_H + \alpha_C)} \tag{3-36}$$

$$P_G = P_C\frac{\sin(\varphi_H - \alpha_H + \alpha_C)}{\sin(\varphi_G + \alpha_G + \varphi_H - \alpha_H)} \tag{3-37}$$

$$P_H = P_G \frac{\sin(\varphi_G + \alpha_G - \alpha_C)}{\sin(\varphi_H - \alpha_H + \alpha_C)}$$

$$= P_C \frac{\sin(\varphi_G + \alpha_G - \alpha_C)}{\sin(\varphi_G + \alpha_G + \varphi_H - \alpha_H)} \tag{3-38}$$

（2）作用力 P_L、P_K。同样，根据中间辊 6 的力平衡条件，并解方程，可得到

$$P_L = P_F \frac{\sin(\varphi_K + \alpha_K - \alpha_F)}{\sin(\varphi_K + \alpha_K + \varphi_L - \alpha_L)} \tag{3-39}$$

$$P_K = P_F \frac{\sin(\varphi_L - \alpha_L + \alpha_F)}{\sin(\varphi_K + \alpha_K + \varphi_L - \alpha_L)} \tag{3-40}$$

（3）作用力 P_I、P_J。同样，根据中间辊 5 的平衡条件，并解方程，可得到

$$P_{DE} = P_I\cos(\varphi_I + \alpha_I + \nu_3) + P_J\cos(\varphi_J - \alpha_J - \nu_3) \tag{3-41}$$

$$P_I = \sin(\varphi_I + \alpha_I + \nu_3) = P_J\sin(\varphi_J - \alpha_J - \nu_3) \tag{3-42}$$

解方程式（3-41）、式（3-42），由方程式（3-42）得

$$P_J = P_I \frac{\sin(\varphi_I + \alpha_I + \nu_3)}{\sin(\varphi_J - \alpha_J - \nu_3)} \tag{3-43}$$

将式（3-43）代入式（3-41）得

$$P_{DE} = P_I\cos(\varphi_I + \alpha_I + \nu_3) + P_I \frac{\sin(\varphi_I + \alpha_I + \nu_3)}{\sin(\varphi_J - \alpha_J - \nu_3)}\cos(\varphi_J - \alpha_J - \nu_3)$$

$$= P_I \frac{\sin[(\varphi_I + \alpha_I + \nu_3) + (\varphi_J - \alpha_J - \nu_3)]}{\sin(\varphi_J - \alpha_J - \nu_3)}$$

为简化计算，取 $\varphi_I \approx \varphi_J$，$\alpha_I \approx \alpha_J$，则

$$P_{DE} = P_I \frac{\sin2\varphi_I}{\sin(\varphi_J - \alpha_J - \nu_3)} \tag{3-44}$$

$$P_I = P_{DE} \frac{\sin(\varphi_J - \alpha_J - \nu_3)}{\sin2\varphi_I} \tag{3-45}$$

$$P_J = P_{DE} \frac{\sin(\varphi_I + \alpha_I + \nu_3)}{\sin2\varphi_I} \tag{3-46}$$

c 作用力 P_{DE}

力 P_{DE} 为作用在非传动的第二中间辊 5 上的作用力 P_D 和 P_E 的合力。作用力 P_{DE} 与工作辊 1、中间辊 5 之连心线的夹角为 ν_3，如图 3-17 所示。

因为 $\nu_1 = \nu_2$、$\alpha_D = \alpha_E$，因此

$$P_{DE} = \sqrt{P_D^2 + P_E^2 - 2P_D P_E\cos(180° - 2\nu_1)} \tag{3-47}$$

$$\nu_3 = \nu_1 + \alpha_D - \beta_E \tag{3-48}$$

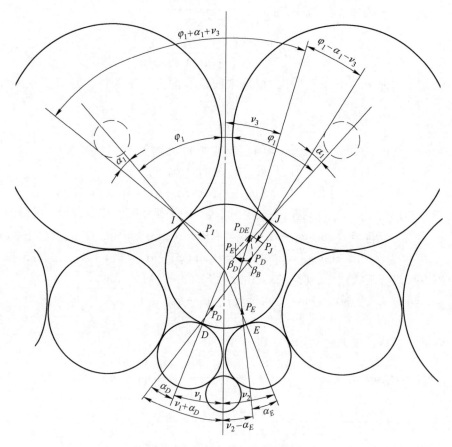

图 3-17　非传动第二中间辊受力图

因为

$$\sin\beta_E = \frac{P_E \sin(180° - 2\nu_2)}{P_{DE}} = \frac{P_E \sin 2\nu_2}{P_{DE}}$$

所以

$$\beta_E = \arcsin \frac{P_E \sin 2\nu_1}{P_{DE}} \tag{3-49}$$

$$\nu_3 = \nu_1 + \alpha_D - \arcsin \frac{P_E \sin 2\nu_1}{P_{DE}} \tag{3-50}$$

d　第一中间辊上的作用力 P_C、P_D、P_E、P_F

（1）作用力 P_C、P_D。根据第一中间辊 2 的力平衡条件，可得到

$$P_A = P_C \cos(\varphi_C + \alpha_C + \alpha_A) + P_D \cos(\varphi_D + \alpha_D - \alpha_A) \tag{3-51}$$

$$P_C \sin(\varphi_C + \alpha_C + \alpha_A) = P_D \sin(\varphi_D + \alpha_D - \alpha_A) \tag{3-52}$$

解方程式 (3-51)、式 (3-52) 得

$$P_C = P_A \frac{\sin(\varphi_D + \alpha_D - \alpha_A)}{\sin(\varphi_C + \alpha_C + \varphi_D + \alpha_D)} \tag{3-53}$$

$$P_D = P_A \frac{\sin(\varphi_C + \alpha_C + \alpha_A)}{\sin(\varphi_C + \alpha_C + \varphi_D + \alpha_D)} \tag{3-54}$$

(2) 作用力 P_E、P_F。根据第一中间辊 3 的力平衡条件，并解联立方程，得

$$P_E = P_B \frac{\sin(\varphi_F - \alpha_F - \alpha_B)}{\sin(\varphi_E - \alpha_E + \varphi_F - \alpha_F)} \tag{3-55}$$

$$P_F = P_B \frac{\sin(\varphi_E - \alpha_E + \alpha_B)}{\sin(\varphi_E - \alpha_E + \varphi_F - \alpha_F)} \tag{3-56}$$

3.3.1.3　轧机传动力矩

二十辊轧机上部辊系由传动的第二中间辊 4 及辊 6 驱动，辊 4 的传动力矩为 M_4，辊 6 的传动力矩为 M_6，所需总传动力矩为 M，则

$$M = 2(M_4 + M_6) \tag{3-57}$$

3.3.1.4　传动力矩 M_4

根据传动辊 4 上的力矩平衡条件，传动力矩 M_4 为

$$M_4 = P_C \left(\frac{D_4}{2} \sin\alpha_C + m_2 \right) + P_G \left(\frac{D_4}{2} \sin\alpha_G + m_3 \right) + P_H \left(\frac{D_4}{2} \sin\alpha_H + m_5 \right) \tag{3-58}$$

经整理后得

$$M_4 = P_A \frac{P_{np}a + (P_A + P_B)\,m_1}{P_A + P_B} \times \frac{D_4}{D_1} + P_D \frac{P_I + P_J}{P_D + P_E} \times \frac{D_5}{D_7}(\rho + m_5) +$$

$$P_D \frac{P_I + P_J}{P_D + P_E} m_5 + (P_A m_1 + P_C m_2 + P_D m_4) \frac{D_4}{D_2} + P_G(\rho + m_3) \frac{D_4}{D_7} +$$

$$P_H(\rho + m_5) \frac{D_4}{D_7} + P_C m_2 + P_G m_3 + P_D m_4 + P_H m_5 \tag{3-59}$$

3.3.1.5　传动力矩 M_6

根据传动辊 6 上的力矩平衡条件，传动力矩 M_6 为

$$M_6 = P_F \left(\frac{D_4}{2} \sin\alpha_F + m_2 \right) + P_L \left(\frac{D_4}{2} \sin\alpha_L + m_3 \right) + P_K \left(\frac{D_4}{2} \sin\alpha_K + m_5 \right) \tag{3-60}$$

同样，并经整理后得

$$M_6 = P_B \frac{P_{np}a + (P_A + P_B)\,m_1}{P_A + P_B} \times \frac{D_4}{D_2} + P_E \frac{P_I + P_J}{P_D + P_E} \times \frac{D_5}{D_7}(\rho + m_5) +$$

$$P_E \frac{P_I + P_J}{P_D + P_E} + (P_B m_1 + P_F m_2 + P_E m_4) \frac{D_4}{D_2} + P_L(\rho + m_3) \frac{D_4}{D_7} +$$

$$P_K(\rho + m_5) \frac{D_4}{D_7} + P_F m_2 + P_L m_3 + P_E m_4 + P_K m_5 \tag{3-61}$$

3.3.1.6   总传动力矩 M

将 M_4 及 M_6 代入式（3-57）并整理得

$$M = 2(M_4 + M_6)$$

$$= 2P_{np} a \frac{D_4}{D_1} + 2(P_A + P_B) m_1 \left(\frac{D_4}{D_1} + \frac{D_4}{D_2} \right) +$$

$$2 \left[(P_C + P_F) m_2 + (P_D + P_E) m_4 \right] \left(1 + \frac{D_4}{D_2} \right) +$$

$$2(P_G + P_L) \left[m_3 \left(1 + \frac{D_4}{D_7} \right) + \rho \frac{D_4}{D_7} \right] +$$

$$2(P_H + P_I + P_J + P_K) \left[m_5 \left(1 + \frac{D_4}{D_7} \right) + \rho \frac{D_4}{D_7} \right] \tag{3-62}$$

式中，第一项为轧制力矩；第二项为消耗在工作辊与第一中间辊之间的滚动摩擦力矩；第三项为消耗在第一中间辊与第二中间辊之间的滚动摩擦力矩；第四项为消耗在两侧的支撑辊与第二中间辊之间的滚动摩擦力矩，以及克服支撑辊背衬轴承中的摩擦所需的力矩；第五项为消耗在中间的两个支撑辊与第二中间辊之间的滚动摩擦力矩，以及克服支撑辊背衬轴承中的摩擦所需的力矩。

从式（3-62）中可以看出，由于二十辊轧机辊系层次多，辊与辊之间的滚动摩擦力矩及背衬轴承的摩擦力矩占总力矩的比例较大。计算表明，摩擦力矩占总力矩的 25%~50%。随着轧件厚度的减小，轧制力矩占总力矩的比例也变小，轧制薄的轧件比轧制厚的轧件，轧制力矩所占比例小。

3.3.2   轧机力能参数的计算

3.3.2.1   平均单位压力及总压力计算

计算冷轧薄板平均单位压力的公式很多，但最常用的是斯通（M. D. Stone）公式

$$p_{cp} = (K - t_{cp}) \frac{e^{\frac{fl}{h_{cp}}} - 1}{\frac{fl}{h_{cp}}} = (K - t_{cp}) C \tag{3-63}$$

式中 K ——平均变形抗力，MPa，其计算公式为

$$K = 1.15 \frac{\sigma_{S0} + \sigma_{S1}}{2} \tag{3-64}$$

σ_{S0}，σ_{S1}——分别为轧制前、后轧件的屈服强度，MPa；

h_{cp}——轧件的平均厚度，mm，其计算公式为

$$h_{cp} = \frac{h_0 - h_1}{2}$$

h_0，h_1——轧制前、后的轧件厚度，mm；

t_{cp}——轧件入口及出口的平均单位张力，MPa，其计算公式为

$$t_{cp} = \frac{t_0 - t_1}{2} \tag{3-65}$$

t_0，t_1——轧件入口及出口的单位张力，MPa；

C——应力增加系数，随 $\dfrac{fl}{h_{cp}}$ 而变，其计算公式为

$$C = \frac{e^m - 1}{m} \tag{3-66}$$

$$m = \frac{fl}{h_{cp}}$$

f——轧件与轧辊间的摩擦系数，根据轧制速度由图 3-18 查得，或由表 3-2 取值；

l——考虑轧辊弹性压扁后的接触弧长的水平投影，mm，其计算公式为

$$l = \sqrt{R(h_0 - h_1) + \left[\frac{8R(1 - \nu^2)}{\pi E}\right]^2 p_{cp}^2} + \frac{8R(1 - \nu^2)}{\pi E} p_{cp} \tag{3-67}$$

并令：

$$a = \frac{8R(1 - \nu^2)}{\pi E}$$

式中　ν——轧辊材料的泊松比；

　　　E——轧辊弹性模量，MPa；

　　　R——轧辊半径，mm。

表 3-2　冷轧摩擦系数（塔列契科夫数据）

润滑液	轧制速度/m·s^{-1}			
	< 3	3~10	10~20	> 20
乳化液	0.14	0.12~0.10		
矿物油	0.12~0.10	0.10~0.09	0.08	0.06
棕榈油	0.08	0.06	0.05	0.03

注：适用于薄带钢轧制，轧辊表面精磨或抛光。

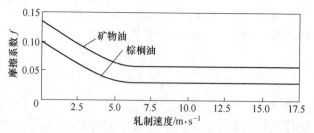

图 3-18　冷轧钢带条件下的摩擦系数（斯通曲线）

对于钢轧辊，取 $E = 2.2 \times 10^5 \text{MPa}$，$\mu = 0.3$，所以

$$a = \frac{R}{9500} \tag{3-68}$$

$$l_0 = \sqrt{R(h_0 - h_1)} \tag{3-69}$$

将式（3-68）、式（3-69）代入式（3-67）并乘以 $\dfrac{f}{h_{\text{cp}}}$ 得：

$$\frac{fl}{h_{\text{cp}}} = \sqrt{\left(\frac{fl_0}{h_{\text{cp}}}\right)^2 + \left(\frac{fa}{h_{\text{cp}}}\right)^2 p_{\text{cp}}^2} + \frac{fa}{h_{\text{cp}}} p_{\text{cp}}$$

整理化简后得

$$\left(\frac{fl}{h_{\text{cp}}}\right)^2 - \left(\frac{fl_0}{h_{\text{cp}}}\right)^2 = 2\left(\frac{fl}{h_{\text{cp}}}\right)\left(\frac{fa}{h_{\text{cp}}}\right) p_{\text{cp}} \tag{3-70}$$

将式（3-63）代入式（3-70）即得

$$\left(\frac{fl}{h_{\text{cp}}}\right)^2 = \left(e^{\frac{fl}{h_{\text{cp}}}} - 1\right) 2a \frac{f}{h_{\text{cp}}}(K - t_{\text{cp}}) + \left(\frac{fl_0}{h_{\text{cp}}}\right)^2 \tag{3-71}$$

把式（3-71）作成图表（见图3-19），先算出 $\dfrac{fl_0}{h_{\text{cp}}}$ 及 $2a$ $\dfrac{f}{h_{\text{cp}}}(K - t_{\text{cp}})$，并在纵坐标上找出对应的点，连接此两点与图中曲线交点即为 $\dfrac{fl}{h_{\text{cp}}}$ 值，从而算出压扁后的接触弧长 l。当交于图中两个点时，取较小值为 $\dfrac{fl}{h_{\text{cp}}}$ 值，并计算 l 值。

根据所计算的 l 值，即可计算出平均单位压力

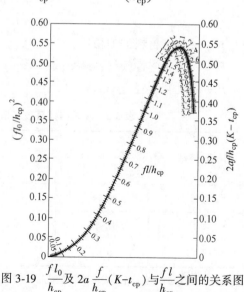

图 3-19　$\dfrac{fl_0}{h_{\text{cp}}}$ 及 $2a\dfrac{f}{h_{\text{cp}}}(K - t_{\text{cp}})$ 与 $\dfrac{fl}{h_{\text{cp}}}$ 之间的关系图

$$p_{cp} = \frac{\left(\dfrac{fl}{h_{cp}}\right)^2 - \left(\dfrac{fl_0}{h_{cp}}\right)^2}{2\dfrac{fl}{h_{cp}} \times \dfrac{fa}{h_{cp}}} = \frac{l^2 - l_0^2}{2al} \tag{3-72}$$

总压力即总轧制力则为

$$P = p_{cp}Bl \tag{3-73}$$

式中　B ——轧件宽度，mm。

3.3.2.2 辊系各分力计算

根据辊系受力分析，辊系各分力计算公式如下

$$P_A = P_{np}\frac{\sin(\varphi_A + \alpha_A - \nu)}{\sin 2\varphi_A}$$

$$P_B = P_{np}\frac{\sin(\varphi_A - \alpha_A' + \nu)}{\sin 2\varphi_A}$$

$$P_C = P_A\frac{\sin(\varphi_D + \alpha_D - \alpha_A)}{\sin(\varphi_C + \alpha_C + \varphi_D + \alpha_D)}$$

$$P_D = P_A\frac{\sin(\varphi_C + \alpha_C + \alpha_A)}{\sin(\varphi_C + \alpha_C + \varphi_D + \alpha_D)}$$

$$P_E = P_B\frac{\sin(\varphi_F - \alpha_F - \alpha_B)}{\sin(\varphi_E - \alpha_E + \varphi_F - \alpha_F)}$$

$$P_F = P_B\frac{\sin(\varphi_E - \alpha_E + \alpha_B)}{\sin(\varphi_E - \alpha_E + \varphi_F - \alpha_F)}$$

$$P_G = P_C\frac{\sin(\varphi_H - \alpha_H + \alpha_C)}{\sin(\varphi_G + \alpha_G + \varphi_H - \alpha_H)}$$

$$P_H = P_C\frac{\sin(\varphi_G + \alpha_G - \alpha_C)}{\sin(\varphi_G + \alpha_G + \varphi_H - \alpha_H)}$$

$$P_{DE} = \sqrt{P_D^2 + P_E^2 - 2P_DP_E\cos(180 - 2\nu_1)}$$

$$P_I = P_{DE}\frac{\sin(\varphi_J - \alpha_J - \nu_3)}{\sin 2\varphi_I}$$

$$P_J = P_{DE}\frac{\sin(\varphi_I + \alpha_I + \nu_3)}{\sin 2\varphi_I}$$

$$P_K = P_F\frac{\sin(\varphi_L - \alpha_L + \alpha_F)}{\sin(\varphi_K + \alpha_K + \varphi_L - \alpha_L)}$$

$$P_L = P_F\frac{\sin(\varphi_K + \alpha_K - \alpha_F)}{\sin(\varphi_K + \alpha_K + \varphi_L - \alpha_L)}$$

P_H、P_L 的合力 P_{HL} 为

$$P_{HL} = \sqrt{P_I^2 + P_H^2 - 2P_I P_H \cos(180° - \varphi_2)} \qquad (3-74)$$

P_J、P_K 的合力 P_{KJ} 为

$$P_{KJ} = \sqrt{P_J^2 + P_K^2 - 2P_J P_K \cos(180° - \varphi_2)} \qquad (3-75)$$

以上辊系各分力,均与辊系的几何角度有着密切的关系。

A 有关几何角度的确定

首先必须根据轧机机架结构,确定 4 个支撑辊中心线的定位尺寸 l_1、l_2、l_3 和 l_4。

支撑辊中心线定位应根据机架梅花孔中心,即鞍座的中心;压下调整装置偏心环的偏心量及调整角度;辊径补偿装置偏心环的偏心量及调整角度进行计算。

轧辊几何关系如图 3-20 所示。

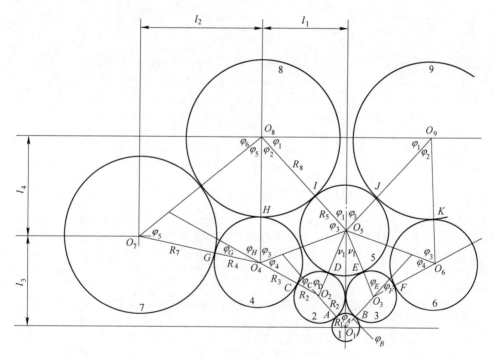

图 3-20 轧辊几何关系图

由图 3-20 可知:

$$\varphi_I = \arcsin \frac{l_1}{R_8 + R_5} \qquad (3-76)$$

$$O_1 O_5 = l_3 + l_4 - \sqrt{(R_8 + R_5)^2 - l_1^2}$$

$$\nu_1 = \arccos \frac{(R_5 + R_2)^2 - O_1 O_5^2 - (R_2 + R_1)^2}{2(R_5 + R_2) O_1 O_5} \tag{3-77}$$

$$\varphi_A = \arccos \frac{(R_2 + R_1)^2 + O_1 O_5^2 - (R_5 + R_2)^2}{2(R_2 + R_1) O_1 O_5} \tag{3-78}$$

$$\varphi_D = \varphi_A + \nu_1 \tag{3-79}$$

$$O_7 O_8 = \sqrt{l_2^2 + l_4^2}$$

$$\varphi_6 = \arctan \frac{l_4}{l_2}$$

$$\varphi_5 = \arccos \frac{\sqrt{l_2^2 + l_4^2}}{2(R_7 + R_4)}$$

$$\varphi_1 = \arccos \frac{l_1}{R_7 + R_4}$$

$$\varphi_2 = 180° - \varphi_1 - \varphi_5 - \varphi_6$$

$$\varphi_3 = \frac{180° - \varphi_2}{2}$$

$$\varphi_4 = 180° - \varphi_1 - \varphi_3 - \nu_1$$

$$\varphi_C = 2\varphi_1 + 2\varphi_3 + 2\nu_1 - \varphi_D - 180° \tag{3-80}$$

$$\varphi_H = \varphi_1 + \nu_1 \tag{3-81}$$

$$\varphi_G = 180° - 2\varphi_5 - \varphi_H \tag{3-82}$$

B 轧制力 P_{np}、夹角 ν、力臂 a

轧制力 P_{np} 与夹角 ν、力臂 a，受轧制力方向、轧机前后张力大小的影响如图 3-21 所示，并且有

$$\sin\varphi = \frac{l}{D_1} \tag{3-83}$$

式中　D_1——工作辊直径；

　　　l——考虑轧辊弹性压扁的接触弧长的水平投影。

$$\sin\nu = \frac{X}{P_{np}} \tag{3-84}$$

式中　X——轧机前、后张力之差的一半，即

$$X = \frac{X_1 - X_0}{2}$$

　X_1，X_0——轧机前、后张力；

　　P_{np}——轧制力。

　　因此

$$\nu = \arcsin \frac{X}{P_{np}} \tag{3-85}$$

当 $X \geqslant 0$ 时 $\qquad a = R_1 \sin(\varphi - \nu) \tag{3-86}$

当 $X < 0$ 时 $\qquad a = R_1 \sin(\varphi + \nu) \tag{3-87}$

式中 R_1——工作辊半径；

　　　　a——轧制力臂。

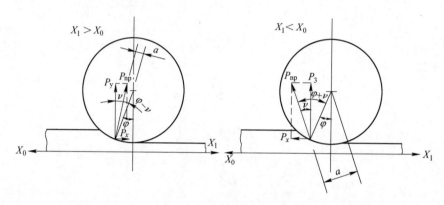

图 3-21   轧制力方向示意图

C   摩擦圆半径 ρ、滚动摩擦力臂 m

二十辊轧机的支撑辊，实质上是由若干个特殊的短圆柱滚子轴承（背衬轴承）组成的。考虑到轴承上的摩擦力，第二中间辊传递到支撑辊的合力将不通过轧辊的轴线，而其方向与摩擦圆相切。因此，轧辊上的摩擦力矩为

$$P_G \rho = P_G \mu \frac{d}{2}$$

$$P_{HI} \rho = P_{HI} \mu \frac{d}{2}$$

式中 ρ——摩擦圆半径；

　　　　μ——轧辊轴承的摩擦系数；

　　　　d——轧辊轴承直径（滚柱中心）。

因此

$$\rho = \mu \frac{d}{2} \tag{3-88}$$

轧机各层轧辊之间相互接触，并通过摩擦而传动，在其接触面上产生滚动摩擦，摩擦力臂 m 与接触长度有关，可以用式（3-89）表示

$$m = kc \tag{3-89}$$

式中 k——考虑到接触应力不对称分布的系数；

c ——两个轧辊间的扭曲段长度值。

对于冷轧机，可采用 $K = 0.1$，并且有

$$c = 2.15 \sqrt{\frac{P}{L} \times \frac{E_1 + E_2}{E_1 E_2} \times \frac{R_1 R_2}{R_1 + R_2}} \tag{3-90}$$

式中　E_1，E_2 ——接触的两个轧辊材料的弹性模量；

　　　R_1，R_2 ——接触的两个轧辊的半径；

　　　L ——轧辊辊身长度；

　　　P ——轧辊上的轧制力。

因此

$$m = 2.15k \sqrt{\frac{P}{L} \times \frac{E_1 + E_2}{E_1 E_2} \times \frac{R_1 R_2}{R_1 + R_2}} \tag{3-91}$$

D　各分力的方向角

根据辊系受力分析，各分力的方向角为

$$\sin\alpha_A = \frac{P_{np}a + (P_A + P_B) m_1}{P_A + P_B} \times \frac{2}{D_2}$$

并且　　　　　　　　　$\sin\alpha_A = \sin\alpha_B$

$$\sin\alpha_G = \sin\alpha_L = 2\frac{\rho + m_3}{D_7}$$

$$\sin\alpha_H = \sin\alpha_L = \sin\alpha_J = \sin\alpha_K = 2\frac{\rho + m_5}{D_7}$$

$$\sin\alpha_D = \frac{2}{D_5} \times \frac{P_I + P_J}{P_D + P_E}\left(\frac{D_5}{2}\sin\alpha_I + m_5\right) + \frac{2}{D_5} m_4$$

并且　　　　　　　　　$\sin\alpha_D = \sin\alpha_E$

$$\sin\alpha_C = \frac{P_A}{P_C}\sin\alpha_A + \frac{P_A m_1}{P_C} \times \frac{2}{D_2} + \frac{P_D}{P_C}\sin\alpha_D + \frac{P_D m_4}{P_C} \times \frac{2}{D_2} + m_2\frac{2}{D_2}$$

并且　　　　　　　　　$\sin\alpha_C = \sin\alpha_F$

可以得到

$$\alpha_A = \alpha_B = \arcsin\frac{P_{np}a + (P_A + P_B) m_1}{P_A + P_B} \times \frac{2}{D_2} \tag{3-92}$$

$$\alpha_G = \alpha_L = \arcsin 2\frac{\rho + m_3}{D_7} \tag{3-93}$$

$$\alpha_H = \alpha_I = \alpha_J = \alpha_K = \arcsin 2\frac{\rho + m_5}{D_7} \tag{3-94}$$

$$\alpha_D = \alpha_E = \arcsin\left[\frac{2}{D_5} \times \frac{P_I + P_J}{P_D + P_E}\left(\frac{D_5}{2}\sin\alpha_I + m_5\right) + \frac{2}{D_5} m_4\right] \tag{3-95}$$

$$\alpha_C = \alpha_F = \arcsin\left(\frac{P_A}{P_C}\sin\alpha_A + \frac{P_A\,m_1}{P_C}\times\frac{2}{D_2} + \frac{P_D}{P_C}\sin\alpha_D + \frac{P_D\,m_4}{P_C}\times\frac{2}{D_2} + \frac{2}{D_2}\,m_2\right)$$

(3-96)

根据各分力的计算公式，将有关的几何角及其他参数代入公式进行计算，即可计算出各分力的值。但是从相关的分力计算公式、几何角表达式中不难看出，往往是二者互为条件，因此，不能直接进行计算，给计算增加了很大难度。

首先，设定一个几何角度，将其代入分力公式，求出该分力的值；然后，用计算出的分力，计算出该几何角；接着，用计算出的几何角与设定的几何角进行比较，并重新设定一个几何角，然后重复上述的计算。通过不断地反复计算，使设定的几何角与计算出的几何角之差，达到一个精度值为止，这样可计算出该几何角和分力值。

显然，求解每一个轧制分力的计算量是很大的，特别是要达到一个高的精度，其计算量非常庞大。但是，在进入计算机时代的今天，计算的问题也迎刃而解，并可达到非常高的精度。

3.3.2.3　传动力矩计算

根据辊系受力分析，轧机总传动力矩 M 为

$$M = 2P_{np}a\frac{D_4}{D_1} + 2(P_A + P_B)\,m_1\left(\frac{D_4}{D_1} + \frac{D_4}{D_2}\right) +$$

$$2\left[(P_C + P_F)\,m_2 + (P_D + P_E)\,m_4\right]\left(1 + \frac{D_4}{D_2}\right) +$$

$$2(P_G + P_L)\left[m_3\left(1 + \frac{D_4}{D_7}\right) + \rho\frac{D_4}{D_7}\right] +$$

$$2(P_H + P_I + P_J + P_K)\left[m_5\left(1 + \frac{D_4}{D_7}\right) + \rho\frac{D_4}{D_7}\right]$$

在计算出轧机各分力后，相应地也计算出了轧制力臂 a、滚动摩擦力臂 m，以及支撑辊背衬轴承的摩擦圆半径 ρ，根据上式便可很容易地计算出传动轧机所需总力矩。

3.3.2.4　主电机容量计算

多辊冷轧机，由于每道次轧制时间较长，而间歇时间相对较短，因此不需要进行均方根力矩计算，按电动机发热量确定电动机容量。只需根据传动轧机所需力矩，以及轧机的转数计算出主电动机功率。

主电机功率可以由式（3-97）求得

$$N = \frac{M\omega}{\eta} = \frac{2\pi}{60}\times\frac{Mn}{\eta} = 0.1047\frac{Mn}{\eta}$$

(3-97)

式中　　N——主电机功率，kW；

M——轧机传动力矩，kN·m；

ω——角速度，s^{-1}；

n——轧辊转速（传动轴），r/min；

η——主传动装置传动效率（小于1）。

参 考 文 献

[1] 许石民，孙登月. 板带材生产工艺及设备 [M]. 北京：冶金工业出版社，2008.

[2] 王廷溥. 板带材生产原理与工艺 [M]. 北京：冶金工业出版社，1995.

[3] 齐淑娥. 板带材生产技术 [M]. 北京：冶金工业出版社，2015.

[4] 李登超. 不锈钢板带材生产技术 [M]. 北京：化学工业出版社，2008.

[5] 陈连生，朱红一，任吉堂. 热轧薄板生产技术 [M]. 北京：冶金工业出版社，2006.

[6] 尹晓辉. 铝合金冷轧及薄板生产技术 [M]. 北京：冶金工业出版社，2010.

[7] 傅作宝. 冷轧薄板生产 [M]. 北京：冶金工业出版社，1996.

4 轴类零件楔横轧技术

4.1 概述

4.1.1 引言

楔横轧是指圆形坯料在两个或三个轧辊的模具间或两平板模具之间发生连续局部变形的一种回旋加工工艺，轧制成的零件形状与模具底部型槽的形状一致，因其利用带楔形模的轧辊对坯料进行横轧而得名。楔横轧分为辊式楔横轧和板式楔横轧两种。

4.1.1.1 国外研究现状

近年来，国外对于楔横轧技术的研究大多是基于对工艺的研究，其中包括楔横轧成形机理、各种工艺参数（成形角 α、展宽角 β 和面积收缩率 ΔA）对楔横轧过程中产生的缺陷（包括颈缩、滑动和内部裂纹等）的影响及成形过程中力能参数（径向力、轴向力、切向力和轧制力矩等）的变化分配规律的研究等。

采用的研究方法包括滑移线法、上限法和有限元法等，特别是近年来随着计算机技术的快速发展和有限元理论的不断成熟，有限元方法得到了越来越广泛的应用。通过在计算机上应用相关有限元软件对成形过程进行数值模拟，分析工艺参数对成形过程中各种缺陷和力能参数的影响规律，并通过专门设计的实验装置对分析结果进行验证，证明该方法具有比较高的可靠性，可以对实际生产进行指导，特别是对于一些形状比较复杂的零件，通过在计算机上应用相关有限元软件对楔横轧工艺过程进行设计将具有非常重要的意义。

4.1.1.2 国内研究现状

北京科技大学设计制造模具并在工厂投入楔横轧生产的轴类零件毛坯和模锻毛坯件已超过100多种，在全国21个省市建成40多条楔横轧生产线。此外，上海一家电器厂为楔横轧生产线配套生产中频加热装置。如今，对于汽车轴类零部件的需求，为楔横轧技术的广泛应用奠定了良好基础。

燕山大学的王海儒、邹娇娟、黄贤安等研究了三辊楔横轧轧齐曲线和三辊楔横轧，以及楔横轧过程的曼氏效应；杜凤山、汪飞雪、杨勇等对三辊楔横轧空心轧件的成形机理做了研究。吉林工业大学、北京机电研究所在楔横轧技术的理论方面也做了深入的研究。如提出了楔横轧变形载荷的计算，偏心阶梯轴成形技术。应用光塑性物理模拟方法研究了楔横轧三维变形规律，研究了空心件楔横轧的旋转条件、压扁失稳条件与壁厚变化规律，楔横轧变形区前沿变形程度，楔横轧工艺两次轧制时断面收缩率的分配，楔横轧轧齐曲线的计算。

4.1.2　楔横轧的特点

传统的轧制方法只能成形等截面的型材，如板材、管材、圆材、方材等。通常，机器零件是将这些型材经过锻造、切削等方法成形的。而楔横轧是用轧制工艺成形机器零件的方法，既体现了冶金轧制技术的发展（特殊轧制），又体现了机械制造技术的发展（零件轧制）。

在某些国家，楔横轧被称为回转成形，因为工件是在回转中成形零件的。所指的回转既可以是工具，也可以是工件，或者是工具加工件。

楔横轧与传统的间歇整体锻造成形不同，工件为连续局部成形，所以人们又称它为特殊锻造。

楔横轧工艺与传统锻造工艺比较，具有如下优点。

（1）工作载荷小。由于是连续局部成形，工作载荷很小。工作载荷只有一般模锻的几分之一到几十分之一。

（2）设备重量轻。工作载荷小，设备重量轻、体积小及投资省。

（3）生产率高。一般高几倍到十几倍。

（4）产品精度高。产品尺寸精度高、表面粗糙度低，具有显著的节材效果。

（5）工作环境好。冲击与噪声都很小，工作环境显著改善。

（6）易于实现机械化自动化生产等。

楔横轧工艺的缺点：通用性差，需要专门的设备和模具，而且多数模具的设计、制造及生产工艺调整比较复杂。

4.1.3　轴类零件楔横轧技术的结构形式

4.1.3.1　楔横轧机的基本类型

在国外与国内都有三种基本类型的楔横轧机（见图 4-1），即单辊弧形式（简称弧形式）、辊式和板式楔横轧机。

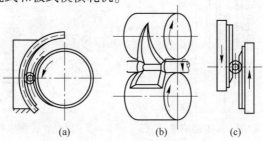

图 4-1　楔横轧机的三种基本类型

（a）弧形式；（b）辊式；（c）板式

本节对这三种基本类型的楔横轧机的特点、应用范围及其主要技术特性等进行介绍。

A 弧形式楔横轧机

弧形式楔横轧机的主要优点是结构简单、重量轻、设备造价低。它与辊式楔横轧机相比较，只需驱动一个轧辊，可以省掉将一个传动转换为两同向转动的分齿机（又称齿轮座）部分，以及万向接轴、相位调整机构等。

它与板式轧机相比较，没有空行程及往返时的惯性载荷，故生产率高，每分钟能生产 10~25 个（对）产品。

但是，这种类型的轧机存在下述缺点：

（1）由于轧件做行星运动，无法施加导板，轧制过程中轧件容易歪斜而卡住，尤其是非对称复杂零件更容易发生，此外产品精度也难以控制；

（2）其中一支楔形模具为内弧形，加工制造相当困难；

（3）轧机的调整困难，尤其是径向与喇叭口的调整很难实施，故工艺不易稳定等。

由于该类型轧机存在上述较严重的缺点，因而无论国内、国外都应用较少。主要用于那些尺寸不大、形状较简单产品的生产。

弧形式楔横轧机的传动简图如图 4-2 所示。

B 辊式楔横轧机

辊式楔横轧机在三种类型轧机中应用最广泛。它的主要优点如下。

（1）生产率高，一般为 6~25 个(对)/min。

（2）设有导板装置。如图 4-3 所示，上下两个轧辊轧制时，左右有两个导板控制轧件。这样，不仅可以防止轧件歪斜，保证轧制过程的稳定，而且可以有效地控制产品的尺寸精度，有利于精密楔横轧工艺的实现。

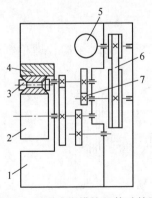

图 4-2 弧形式楔横轧机传动简图

1—机架；2—轧辊及模具；3—轧件；4—弧形模具；

5—电动机；6—皮带减速机构；7—齿轮减速机构

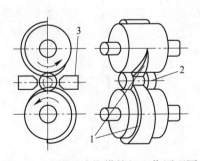

图 4-3 二辊立式楔横轧机工作原理图

1—轧辊；2—轧件；3—导板

（3）一般都设有径向、轴向、相位及喇叭口调整机构，能方便、准确地实现工艺调整等。

辊式楔横轧机的缺点是：

（1）设备结构庞大、质量大、占地面积大；

（2）模具加工需要大型机床等。

辊式楔横轧机按轧辊配置分为立式［见图4-4(a)］与卧式［见图4-4(b)］。与卧式楔横轧机比较，立式楔横轧机具有占地面积小，进出料方便，导板装卸容易等优点。所以，国内外多采用立式楔横轧机。只是在小型楔横轧上采用卧式的。

辊式楔横轧机除二辊式外，还有三辊式［见图4-4(c)］。三辊式轧机的优点是：三个轧辊在三个方向（相差120°）控制轧件，产品的精度高；三个方向轧制比两个方向轧制更容易实现轴向流动，轧件心部应力状态改善，可以较好地控制轧件中心可能出现的疏松缺陷；由于取消了导板，不会发生导板刮伤轧件表面等。

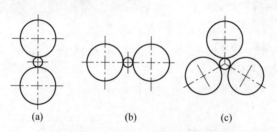

图 4-4　辊式楔横轧机的轧辊配置图
(a) 二辊立式；(b) 二辊卧式；(c) 三辊式

但是，与二辊式比较，三辊式严重的缺点是：轧辊的最大外径受轧件最小直径的限制，否则将发生三个轧辊在最大直径处相碰的问题，不发生相碰的几何关系为

$$D_{\max} \leqslant 6.464 d_{\min} \tag{4-1}$$

式中　　$D_{\max}$——轧辊允许的最大直径；

　　　　$d_{\min}$——轧件轧制中的最小直径。

与二辊式比较，三辊式尽管存在一些突出优点，但它只适合于轧件最小直径较大而长度较短的产品。而属于这种类型的零件产品是很少的。加上三辊式较二辊式多一个轧辊，不仅结构复杂而且工艺调整难度也加大了，所以三辊式楔横轧机至今未被广泛采用。

C　板式楔横轧机

板式楔横轧机，与弧形式、辊式楔横轧机比较，最突出的优点是模具制造比较容易，由于它是平板的，只需一般的刨床或铣床就可以完成。

板式楔横轧机，由于是往复运动，有空行程，与辊式、弧形式比生产率是最低的，一般为4~10个(对)/min。此外，板式轧机还存在无法施加导板，以及调整比较困难等缺点。

板式楔横轧机有两种形式：一种为两个平板水平布置，如图4-5与图4-6所示；另一种为两个平板垂直地面布置的，如图4-7所示。垂直与平行布置相比较，前者高但占地面积小，轧件上脱落的氧化铁皮不会掉在平板上影响轧件的表面质量。

图4-5 白俄罗斯设计的平板
水平布置板式楔横轧机

图4-6 我国设计的平板
水平布置板式楔横轧机

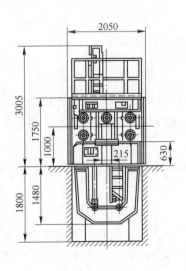

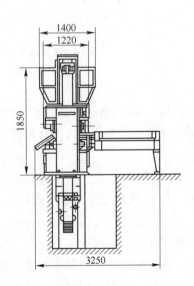

图4-7 两个平板垂直地面布置的板式楔横轧机（单位：mm）

为保持板式轧机的优点，又解决由往复运动带来生产率低的缺点，北京科技大学曾设计出一种链板式楔横轧机，其运动原理如图4-8所示。该机的模具装在带齿条的链板上，链板由齿轮驱动。这样就避免了由于空行程降低生产率的缺点。

从上述三种基本类型的楔横轧机分析比较，可以看出，二辊立式楔横轧机优点突出，应用最广泛。我国已投入生产应用的楔横轧机，绝大多数是二辊立式楔横轧机，有 40 多台。

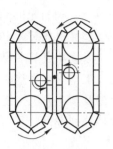

图 4-8 链板式楔横轧机原理图

4.1.3.2 楔横轧机的总体配置

介绍二辊立式楔横轧机的总体配置。楔横轧机的总体结构配置有两种。

（1）整体式如图 4-9 所示，将工作机构、传动机构及主电机混为一体布置。这种轧机大多按锻压机床思路设计，力图使结构紧凑、减小占地面积，带离合器既能单动也可连续工作。这种轧机比较适合将楔横轧机作为连续锻造生产线的制坯工序使用。

（2）分体式如图 4-10 所示，将工作机构、传动机构及主电机分开布置。这种轧机大多按轧钢机思路设计，力图使轧机的刚度大、工艺调整方便可靠，轧机不带离合器连续工作。这种轧机比较适合为用户提供各种轴类零件毛坯的专业化工厂使用。

图 4-9 D46 型楔横轧机（整体式）

图 4-10 H630 型楔横轧机（分体式）

4.1.3.3 工作机座的结构与设计

辊式楔横轧是靠装有楔形模具的轧辊实现成形的，为了控制轧件位置与变形，还设有辅助工具导板。楔横轧工作机座的作用是实现轧辊和导板的固定与调整，当然还包括承受轧辊和导板工作时产生的载荷。

对工作机座的基本要求是：

（1）对轧辊和导板的调整既要准确又要方便；

（2）轧辊与导板在长时间工作中位置不发生变化；

（3）要有足够的强度与刚度；

（4）轧辊模具和导板拆卸方便，易损零部件更换方便等。

以上几点基本要求也是对工作机座的结构与设计的基本要求。

工作机座通常由轧辊辊系、轴向调整机构、径向调整机构、导板机构、工作机架及预应力机构组成，如图 4-11 所示。本节将对工作机座组成机构的结构与设计分别进行介绍。

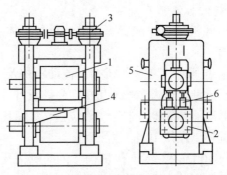

图 4-11   H1000 楔横轧机的工作原理

1—轧辊辊系；2—轴向调整机构；3—径向调整机构；4—导板机构；

5—工作机架；6—预应力机构

A   轧辊辊系

轧辊辊系的结构如图 4-12 所示，由模具、轧辊芯轴、轴承及轴承盒组成。

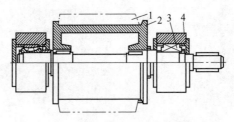

图 4-12   H 型楔横轧机轧辊辊系

1—模具；2—轧辊芯轴；3—轴承；4—轴承盒

在设计轧辊辊系的零部件时，应考虑下面几个问题。

a   模具与芯轴的结构及固定

冶金工厂一般轧钢机、轧辊与轴辊为一体。楔横轧机与其不同，轧辊模具和轧辊芯轴分开，如图 4-12 所示。轧辊模具分成若干块，再装在轧辊芯轴上。模具与芯轴分开的好处如下。

（1）模具更换频繁，模具报废时芯轴不报废。

（2）产品更换只需换模具，不必将整个轧辊从机座中取出，缩短了换模具的时间。

（3）模具按工具钢要求选取，芯轴按结构钢要求选取，模具在芯轴上有以下两种方式。

1）如图 4-13 所示，模具 1 的两侧都做成斜面，一面靠芯轴 2 的内斜面定位（见图 4-13 左面），另一面靠两面带斜面的楔块 4，通过埋头螺钉 3 挤紧模具 1。这种固定模具的方式的优点是快速方便，缺点是模具的宽度不能改变，对于某些长度短的产品，造成模具材料浪费。所以这种固定方式适合小型楔横轧机，例如 H630 轧机就采用这种结构。

为了节省模具材料，长产品用长模具，短产品用短模具，在芯轴上设计出两个以上的环沟，如图 4-14 所示。在环沟上装上可拆卸的带斜面的环圈 5，改变环圈 5 的位置，在同一芯轴上就可以实现不同宽度模具的固定，在 H750 轧机上就采用了这种结构。

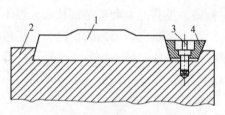

图 4-13　靠楔块压紧模具

1—模具；2—芯轴；3—螺钉；4—楔块

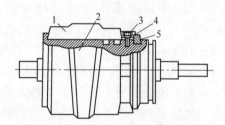

图 4-14　模具由多个位置楔块固定

1—模具；2—芯轴；3—螺钉；4—楔块；5—环圈

2）在轧辊芯轴上开了多个纵向打通的燕尾槽，如图 4-15 所示。模具 1 通过螺钉 3 与带燕尾螺母 4 固定在轧辊芯轴 2 上，如图 4-16 所示。这种固定方式的优点是可以实现各种宽度尺寸模具的固定，包括在同一芯轴上固定。

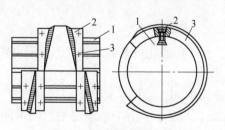

图 4-15　模具靠螺栓固定

1—模具；2—螺栓；3—模具

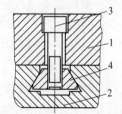

图 4-16　模具与芯轴的连接

1—模具；2—芯轴；3—螺钉；4—燕尾螺母

不同宽度的几块模具，可以十分有效地节省模具材料，固定也比较牢靠，缺点是轧辊芯轴与加工用的芯轴结构复杂、模具上要打螺栓孔、模具安装费事等。

所以这种结构多用在大型楔横轧机上，如 H1000、H1200 就采用这种结构。

b 模具材料

选择楔横轧模具材料时，应考虑以下基本要求。

(1) 寿命长模具一次使用寿命（中间不修复）要大于 1 万件零件。而模具总寿命（中间进行多次修复）应该大于 10 万件。

(2) 可修复由于楔横轧模具孔型使用中不是均匀磨损，局部磨损后进行局部补焊，再进行局部修磨，一副模具要进行多次这样的修复。当模具孔型整体磨损时，或者报废，或者在机床上对模具孔型进行整体修复。用球墨铸铁材料做模具虽然寿命长、价格低，但因难于进行焊接修复，所以很少采用。

(3) 低成本楔横轧比一般锻造用的模具既大又复杂。为了降低其成本，在材料选择上除考虑上述两点要求外，还应使其自身成本低，机加工、热处理便宜，尽量降低模具的总成本等。

在热锻造中常用的材料都可作为楔横轧模具的材料，它们是 5CrMnMo、5CrNiMo、3Cr2W8V、4Cr5MoVSi。用以上材料做的模具的寿命都是较长的，但不能进行整体热处理，否则模具块发生变形后，无法保证生产工艺的稳定，只能进行模具的表面处理。而扇形块的表面热处理也并不容易。另一种办法是采用一般工程用的铸造碳钢，如 ZG340~640 铸钢。其工艺路线为：冶炼→浇铸成圈→退火→粗加工→调质处理→精加工成模具圈。调质的硬度一般为 HRC28~34，硬度高，模具寿命长，但机加工困难。现正在寻求一种能加工硬度更高的刀具。

后一种用铸钢方法做出的模具，显然使用寿命不如前一种用锻造方法做出的模具，但材料成本、机加工及热处理费用都较低，并且简单易行，得到较广泛的应用。

在国外，楔横轧模具做出后，在试验轧机调试并将模具修好后，再对模具进行表面热处理，使其表面硬度达到 HRC40~45，其一次寿命可达 6 万~8 万件，这也是一种办法。

c 辊系轴承

辊系中的轴承应该采用滚动轴承。但 UL 型轧机及我国某工厂生产的楔横轧机都采用金属滑动轴承。

采用金属滑动轴承的优点是承载能力大而外形尺寸较小。

楔横轧采用金属滑动轴承有两大缺点：第一，由于轴承与轴之间的间隙大，影响轧制零件的尺寸精度，甚至影响零件内部质量；第二，轴承处消耗的功率将占轧制总功率 10% 左右，不仅能量消耗大，而且连续生产轴承处发热严重，需要强力润滑与冷却。所以，在设计楔横轧机辊系轴承时，不应选择金属滑动轴承。当载荷大、单列滚动轴承能力不够时，可选择双列滚动轴承，如图 4-12 所示。

楔横轧采用滑动轴承，功率消耗大的原因，可以用机械原理中摩擦圆理论进

行分析。对于简单横轧情况，其受力如图 4-17 所示，轧制力矩 M_1 为

$$M_1 = Pa \tag{4-2}$$

式中　P——轧件作用于轧辊的总压力；

　　　a——轧制总压力对轧辊中心的力臂。

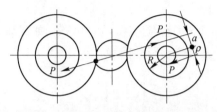

图 4-17　楔横轧考虑轴承摩擦的受力图

轧辊轴承产生的摩擦阻力矩为

$$M_2 = P\mu R = P\rho \tag{4-3}$$

式中　μ——轧辊轴承处的摩擦系数；

　　　R——轧辊轴颈半径；

　　　ρ——摩擦圆半径。

摩擦力矩与轧制力矩之比为

$$\frac{M_1}{M_2} = \frac{P\mu R}{Pa} = \frac{\mu R}{a} \tag{4-4}$$

对于一般机器传动，如齿轮、皮带传动，工作力臂 a 比 R 大得多，故无论是采用摩擦系数较大的金属滑动轴承，还是采用摩擦系数小得多的滚动轴承，摩擦力矩与工作力矩之比都很小，一般仅占 $0.05\% \sim 2\%$。

对于楔横轧轧辊传动，由于轧辊与轧件接触宽度 b 很小，轧制力臂 a 也不大，比轴颈半径 R 不但不大，而且小得多。这种情况如果选择金属滑动轴承，那么由于摩擦系数大，如 $\mu = 0.05 \sim 0.09$，当 $a = 0.4R$ 时，摩擦力矩 M_2 与工作力矩 M_1 之比为

$$\frac{M_2}{M_1} = \frac{\mu R}{a} = \frac{(0.05 \sim 0.09) \times R}{0.4R} = 12.5\% \sim 22.5\%$$

即电机总功率中 $12.5\% \sim 22.5\%$ 消耗在轧辊轴承处，不仅多消耗电能，而且产生的热量还需要强力冷却。

如果选择滚动轴承，摩擦系数小，如 $\mu = 0.008 \sim 0.03$，当 $a = 0.4R$ 时，摩擦力矩 M_2 与工作力矩 M_1 之比为

$$\frac{M_2}{M_1} = \frac{\mu R}{a} = \frac{(0.008 \sim 0.03) \times R}{0.4R} = 2\% \sim 7.5\%$$

不仅显著减小轧辊轴承处的能量消耗，轴承处的发热问题也不难解决。

B 轴向调整机构

楔横轧轧辊模具上的孔型在轴向应该对齐。在某些楔横轧机上，例如 UL 型楔横轧机，模具孔型对齐靠模具在芯轴上安装保证。生产实践证明，这样做很不方便，应该设有轧辊辊系的轴向调整机构。

a 轴向调整的目的

上下两个轧辊上的模具型槽应该在轴向对齐，如果轴向错位，如图 4-18 所示，将产生两边瞬时展宽量 S 不等的问题，即

$$\begin{cases} S_1 = S - \Delta \\ S_2 = S + \Delta \end{cases} \tag{4-5}$$

式中 S_1——轴向不错位时，轧件上下左右的瞬时展宽量；

S_2——轧件右下边与左上边的瞬时展宽量；

Δ——轴向错位量。

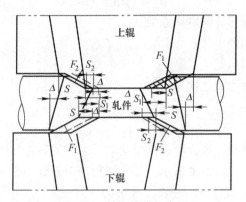

图 4-18   轴向错位示意图

模具轴向错位，将会引起轧件的两头分别贴上下轧辊与左右导板轧制，即轧件轴线与轧辊轴线空间是交叉轧制。这种轧制对工艺稳定、产品质量都是不利的。此外，由于轧件上下的瞬时展宽量 S_1 与 S_2 不等，造成轧件上下作用力 P 与 F 也不相等，也容易造成螺旋形缩颈。

b 轴向调整机构

楔横轧的轴向调整机构有三种。

图 4-19 为带翅轴承盒的轴向调整机构。轧辊辊系非传动端的轴承盒两边带翅缘，翅缘带长孔，上轧辊上下调整，上下螺丝管向外轴向调整，中间靠螺母移动管向内轴向调整。这种机构由于简单可靠，在 H630 等轧机上得到

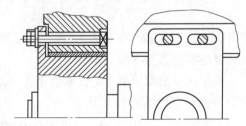

图 4-19   带翅轴承盒的轴向调整机构

较广泛的应用。

图 4-20 为带 C 形压板的轴向调整机构。这种机构也比较简单,但在机架的两个外侧都要设这样的机构才能完成轴向左右的调整与固定,调整时比第一种麻烦一些。

图 4-21 为带双拉杆轴向调整机构。拉杆上有正反螺纹,当螺母转动时,拉杆产生伸缩运动,实现轧辊的轴向调整。上下两套机构一套管拉、一套管推,只需在机架一侧进行调整。

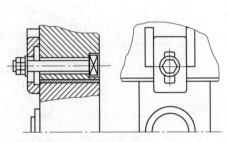 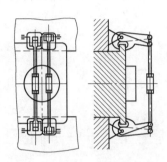

图 4-20 带 C 形压板的轴向调整   图 4-21 带双拉杆的轴向调整

C 径向调整机构

为了控制产品的径向尺寸,必须设置径向调整机构。由于径向调整经常使用,故要求调整方便可靠。

此外,对径向调整机构还有下述要求:

(1) 保证轧辊平行移动,即两边压下机构要同步等距离移动;

(2) 当轧件一边的径向尺寸到位,而另一边的径向尺寸未到位(或大或小)时,需要对一边的压下机构单独进行调整,即进行喇叭口的调整;

(3) 上轧辊调整完毕时,轧辊轴承盖与螺丝头部、压下螺丝与螺母等的间隙应消除,避免轧制时孔型尺寸的变化与冲击等。

为简化轧机的调整机构,通常上下轧辊辊系中一个为固定不动,另一个进行径向调整。UL 型楔横轧机采用上轧辊辊系固定,下轧辊辊系进行径向调整的方案。这种调整方案是由于该轧机的主电机放在机座的上面,上面没有放径向调整机构的位置。此外,下辊系调整不存在间隙问题,这是它的优点。但缺点是,当采用水冷却模具时,下辊系调整机构容易因锈蚀失灵。此外,下调整机构失灵后不如上调整机构失灵便于修理。

径向调整机构有手动与电动的。小型楔横轧机多用手动的,大型楔横轧机多用电动的。

图 4-22 为楔横轧机的手动径向调整机构传动简图。手轮 1 与蜗杆 2 连接，当手轮转动时，通过蜗杆带动蜗轮 3 转动，蜗轮通过键 4 带动压下螺丝 5 做转动，由于压下螺丝与固定在机架内的压下螺母相啮合，故压下螺丝除转动外还做上下移动，推动轧辊辊系做径向调整运动。当中间的离合器 6 啮合时，扳动手轮时，两边的压下螺丝做同步移动，即轧辊辊系做平行于轧件的移动。当中间的离合器 6 脱开时，动哪边的手轮，哪边压下螺丝移动，实现喇叭口的调整。

图 4-23 为手动径向调整机构的结构图。

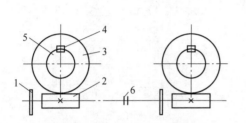

图 4-22　手动径向调整装置

1—手轮；2—蜗杆；3—蜗轮；

4—键；5—压下螺丝；6—离合器

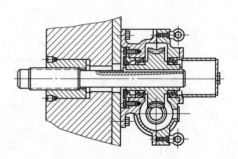

图 4-23　手动径向调整机构的结构图

电动径向调整机构有两种传动方式。

第一种，高速级采用二级圆柱齿轮减速，低速级采用蜗杆蜗轮传动，如图 4-24 所示。

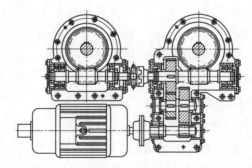

图 4-24　高速级采用二级圆柱齿轮减速的径向调整机构

第二种，高速级与低速级都采用蜗杆蜗轮减速传动，如图 4-25 所示。

与第二种传动比较，第一种传动的优点是圆柱齿轮传动效率高，缺点是结构大。由于径向调整机构的工作时间很少，所以大多采用第二种方式。

径向调整机构中的压下螺丝与螺母由于都是单向受力，故多采用传动效率高、强度好的锯齿形螺纹。其螺纹应设计成细牙的，因为细牙的自锁性好，并具有降低传动系统总速比等优点。

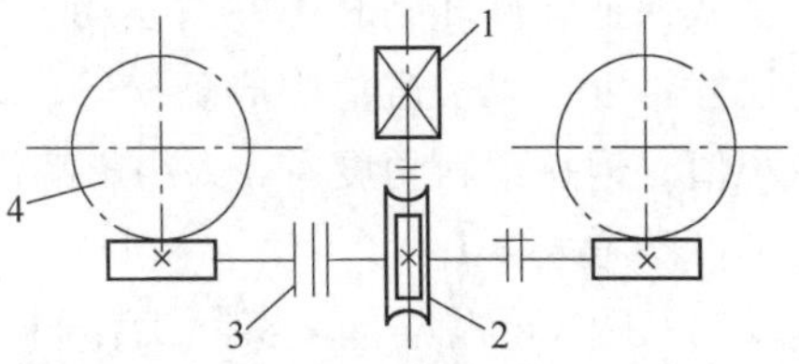

转动压下螺丝所需的力矩 M 为

$$M = F\left[\frac{d_1}{3}\mu + \frac{d_2}{2}\tan(\rho \pm \alpha)\right] \quad (4\text{-}6)$$

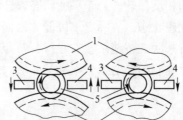

图 4-25　二级蜗杆蜗轮减速的径向调整机构
1—电动机；2—蜗轮减速机；
3—离合器；4—蜗轮减速器

式中　F——压下螺丝头部作用的力；

μ——压下螺丝头部与轧辊辊系轴承盒接触处的摩擦系数；

d_1——压下螺丝头部直径；

d_2——压下螺丝螺纹部分中径；

ρ——螺纹的摩擦角；

α——螺纹的螺旋升角，压下螺丝压下时为正，上提时为负。

D　导板机构

a　导板位置的确定

导板上下、左右位置对轧制工艺的稳定，产品质量影响很大，在生产中应该给予重视。

（1）导板上下位置的确定。左右两个导板上下位置与两个轧辊的转动方向有关。如图 4-26（a）所示，当轧辊逆时针旋转时，轧件顺时针旋转，轧件容易被左导板工作面的下部和右导板工作面的上部刮伤。所以在两个轧辊的径向调整好后，应将左导板调整到尽量贴向下轧辊，将右导板调整到贴向上轧辊。如图 4-26（b）所示，当轧辊顺时针旋转时，轧件逆时针旋转。情况正好相反，左导板应贴向上轧辊，而右导板应贴向下轧辊。

图 4-26　导板上下位置确定图
（a）轧辊逆时针旋转；（b）轧辊顺时针旋转
1—上轧辊；2—下轧辊；3—左导板；
4—右导板；5—轧件

（2）导板左右位置的确定。

1）导板间的距离两个导板工作面之间的距离 Q 为（见图 4-27）

$$Q = Kd_0 + \delta \quad (4\text{-}7)$$

式中　d_0——轧件的最大外径，一般为毛坯的直径；

K——材料的热胀系数；

δ——轧件与导板之间的间隙。

两个导板之间的距离，实际上就是如何确定间隙 δ 值。

从保证轧件轧制时不左右摆动，控制轧制产品的尺寸精度，以及避免中心疏松等，都应使 δ 尽量取小值。但从落料角度看 δ 太小影响进料。δ 值的选取，可参考表 4-1。

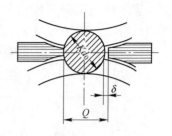

图 4-27　导板左右位置确定图

2）工作导板位置。实际工作时，轧件只贴一个导板工作，或者说主要在一个板面上工作，而另一个导板只是偶尔工作。这样的轧制是稳定的，容易控制产品的质量。

表 4-1　导板距毛坯间的间隙值

毛坯直径 d_0 /mm	10~30	30~50	50~80	>80
间隙值 δ /mm	0.8~2	1~3	2~4	3~5

为了保证轧件主要贴一个导板工作，主要工作导板面应偏离轧辊中心线一个距离。如图 4-28（a）所示，轧制中心与轧辊中心线一致，作用于轧件的正压力 P 与摩擦力 T 对称，并且 P 与 T 的合力 N 的作用方向通过轧件中心，其数值相等方向相反，轧件处于平衡状态。轧件在水平方向的力平衡，左右导板不受力。这是理想状态，实际上不可能，因而实际上轧件不是贴向左导板就是贴向右导板，或者来回交替地贴左右导板，甚至出现轧件一端贴一个导板，并不断地变化等。这对轧制的稳定十分不利。

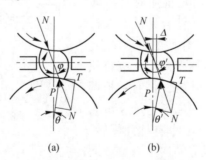

(a)　　　　　　(b)

图 4-28　工作导板位置确定图
（a）轧件中心与轧辊中心线一致；（b）轧件中心与轧辊中心线不一致

如图 4-28（b）所示，将两个导板都向一个方向移动一个距离，迫使轧制中心离开轧机中心线 Δ 距离。这时两个轧辊作用于轧件的正压力 P 与摩擦力 T 都偏转一个角度，其合力偏向右方，即贴在右导板上。显然，偏离值 Δ 越大，贴右导板的力也越大。当然，希望既能稳贴一个导板轧制，又不希望贴导板的压力过大，否则既消耗能量，又加重导板的磨损，所以偏离值 Δ 过大也是不合理的。

b　导板材料及工作面宽度

（1）导板材料。导板工作表面直接与热轧件接触，并且承受很大压力下的切向和轴向滑动摩擦。所以对导板工作部分的材料要求在高温下耐磨损。导板的材料通常用 5CrMnMo、5CrNiMo、3Cr2W8V、4C5MoVSi。对于某些要求高的导板也有用高铬铸铁及高温合金的。对于大型导板，为了节省合金材料，可以采用普碳钢上堆焊耐磨合金的方法，如在导板工作表面上堆焊 337 及 667 材料。

（2）导板工作面宽度。导板工作面的宽度 b 为（见图 4-29）

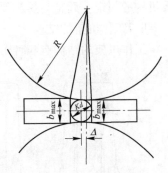

$$b_{max} \approx Kd + 2R\left[1 - \sqrt{1 - \left(\frac{Kd \pm \Delta}{2R}\right)^2}\right]$$

$$(4-8)$$

式中　b_{max}——导板面允许最大宽度；

　　　　d——轧件轧后直径；

　　　　R——轧辊半径；

　　　　K——材料热胀系数；

　　　　Δ——导板移动量。

图 4-29　导板工作面宽度

按照式（4-8），导板工作表面宽度随轧制零件直径变化，但实际上，由于这样做导板的形状与制造麻烦，除特殊要求外，大都按轧件最小直径计算导板整个工作表面的宽度。

c　导板结构

生产工艺对导板机构的要求是：

（1）既要固定位置牢靠，又要拆卸方便；

（2）既要有一定的强度与刚度，又要便于调整，包括上下、左右的调整。

实际上，上述要求往往是矛盾的，在设计上很难处理。图 4-30 为 H 型楔横轧机上使用的导板机构。

E　工作机架

a　工作机架的作用与要求

工作机架是楔横轧机最基础的零部件，它起如下重要作用：

（1）承受轧制力并在它上面平衡；

（2）承受轧制力矩，并将倾翻力矩传给基础；

（3）许多机构，如压下、导板、辊系、轴向等机构都要安装在它上面并进

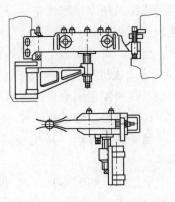

图 4-30　H 型楔横轧机的导板机构

行工作等。

因此，对工作机架有很高的要求：

（1）要有足够的强度，在设计上要保证安全，一般情况不允许破坏与更换；

（2）要有足够的刚度，因为受力时，工作机架占整个机座变形的50%左右，故机架自身的刚度要足够大；

（3）要有合理的结构，其结构除保证强度、刚度外，还要保证众多零部件及机构的固定、调整与拆卸要求等。

b 工作机架的结构

工作机架的结构有四种形式，如图4-31所示。

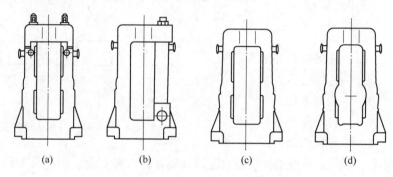

图 4-31 工作机架形式图

(a) 开盖式；(b) 开立柱式；(c) 闭式；(d) 开内弧闭式

图 4-31 （a）为开盖式机架，属开式机架。这种机架的优点是换辊系方便，只需要将拉杆的楔块打掉，拉杆旋倒，将上盖取走，辊系就可以从上面吊走。但这种机架的缺点是刚性差，以及上面主电机和压下机构不好布置等。所以这种机架较少采用。图 4-31 （b）为开立柱式机架。这种机架也是开式机架，刚性也较差，但上面可以布置主电机等机构。这种机架在 UL 型轧机上得到应用。图 4-31 （c）为闭式机架。这种机架具有刚性好，上面可以布置机构及制造容易等优点。但缺点是换辊系困难。这种结构在 H 型轧机上得到应用。

这种机架换辊系有两种办法。

第一种，移动一片机架进行辊系的更换，这样做虽很麻烦，但机架形状简单。

第二种，如图 4-31 （d）所示，在机架立柱两内侧做成圆弧形，便于辊系从中抽出。

4.1.4 应用简况

我国早在 20 世纪 50 年代就开始楔横轧试验工作。

20 世纪 60 年代初，重庆大学最早进行楔横轧汽车球销的实验研究工作，并获得初步成功，但由于某些原因未能应用于生产。20 纪 70 年代初，东北工学院（现东北大学）在实验室轧出火车 D 轴的模拟件，以后与沈阳轧钢厂合作，试轧出火车 D 轴，但由于种种原因未能应用于生产。20 世纪 70 年代中期，清华大学与北京电讯工具厂合作，也试轧出尖嘴钳毛坯。

上海锻压机床三厂研制成功单辊弧形式楔横轧鲤鱼钳毛坯新工艺，是我国最早将楔横轧应用于生产的单位，并收到较好的经济效果。由于单辊弧形式楔横轧在模具制造、工艺调整等方面都十分困难，故一直不能得到推广。

从 20 世纪 70 年代初起，北京科技大学（原北京钢铁学院）在有较好孔型斜轧技术基础上开展楔横轧技术的研究工作。北京科技大学与无锡江南工具厂合作，在我国首先将二辊式楔横轧工艺研制成功并应用于五金工具的生产。随后大力进行研究、开发与推广工作，先后帮助工厂建成楔横轧生产线 80 多条，其中两条出口美国。开发并应用于生产的零件 300 多种，包括汽车、拖拉机、摩托车、发动机、油泵与水泵等机器的轴类零件（见图 4-32），累计生产轴类零件近 200 万吨，使我国成为世界上开发并投产楔横轧产品最多的国家之一。为此，国家科委编集的《中

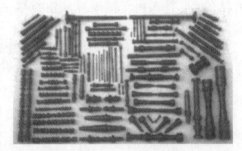

图 4-32 北京科技大学开发的部分楔横轧产品

华人民共和国重大科技成果选集（1979—1988）》，收录了北京科技大学的这项研究成果，该研究室被国家科委、国家教委及原冶金工业部列为"轴类零件轧制（斜轧与楔横轧）研究与推广中心"。

20 世纪 80 年代以来，机械工业部的济南铸锻研究所、郑州机械所、北京机电研究所、吉林工业大学，先后开展了楔横轧的研究与开发工作，也都取得了不同的进展。

北京科技大学零件轧制研究室，自 20 世纪 70 年代初起，在有较好的孔型斜轧技术基础上开展楔横轧技术的研究与开发工作。

已经完成的工作主要有以下几项。

（1）将楔横轧机系列化并定点生产。先后设计出辊径 $\phi 350 \sim 1400$mm 的楔横轧机系列，并列为国家专业标准［ZB J62 04—89］。它们是 H350、H500、H630、H800（H750）、H1000、H1200 及 H1400 等。到目前为止已生产销售 100 多台，其中 2 台出口美国。

（2）帮助国内建成并投产的楔横轧生产线 100 多条。1979 年北京科技大学与无锡江南工具厂合作，将辊式楔横轧在中国首先研制成功并投入生产，随后在

国内得到大力推广。在国内由北京科技大学直接指导、帮助建成并投产的楔横轧生产线有100多条，有相当部分形成楔横轧专业化工厂，向该地区提供各种轴类零件毛坯。此外，还有部分楔横轧机作为锻造车间单台设备，或生产线上的一台设备使用。由于专业化楔横轧厂具有显著的社会效益与经济效益，故得到迅速的发展。如四川某厂的楔横轧专业化工厂，年产多缸凸轮轴毛坯50多万件，节材率达37%，年节材达2400t，仅节材一项的年直接经济效益近千万元。由于该厂成本低质量好，还为美国汽车厂提供凸轮轴毛坯。这样的专业化楔横轧厂与生产线，分别建在北京、上海、江苏、浙江、黑龙江、辽宁、福建、江西、安徽、湖北、山东、河南、广西、四川、云南、陕西等多个省（直辖市、自治区），使我国成为世界上采用楔横轧技术最广泛的国家之一。

（3）开发并投产的楔横轧轴类件品种200多种。由北京科技大学设计开发，并已在工厂投入生产的楔横轧轴类零件毛坯以及为模锻制坯件200多种，分别为：

1）汽车零件，包括东风、解放、黄河130、212、切诺基、红旗、夏利、大发等型号汽车上的变速箱一轴、二轴及中间轴、后桥主动轴、转向蜗杆轴、直接杆及球销、同步器锁销、双联齿轮坯、吊耳轴、半轴等，如图4-33所示。

2）拖拉机零件，包括手扶、小四轮及大拖拉机上的变速箱一轴、三轴、五轴、半轴等，如图4-34所示。

图4-33　我国生产的楔横轧汽车轴类零件　　图4-34　我国生产的楔横轧拖拉机轴类零件

3）发动机零件，包括单缸、双缸、三缸、四缸及六缸上的凸轮轴，以及油泵凸轮轴，如图4-35所示。

4）摩托车与自行车零件，包括齿轮轴、传动主轴、花键轴、连杆坯起动轴等，如图4-36所示。

5）五金工具制坯零件，包括各种钢丝钳、尖嘴钳、木凿、卸扣体、麻

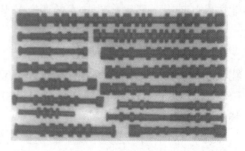

图4-35　我国生产的楔横轧发动机凸轮轴

花钻头锥柄等，如图4-37所示。

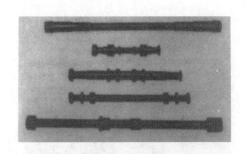

图4-36 我国生产的楔横轧摩托车
与自行车轴类零件

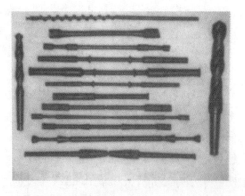

图4-37 我国生产的楔横轧五金工具毛坯

6）其他零件，如纺织机械锭杆（见图4-38），采煤机械截齿刀体、电磁铁角等，如图4-39所示。

图4-38 我国生产的楔横轧纺织锭杆

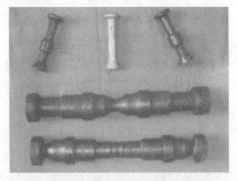

图4-39 我国生产的楔横轧电磁铁角、截齿刀体

在对楔横轧空心零件的工艺参数进行较系统研究的基础上，将楔横轧东风EQ-140汽车的直拉杆空心零件应用于生产。与原旋转锻造工艺比较，其优点主要是生产率高、无噪声、表面无螺旋痕等。图4-40为楔横轧空心零件，图4-40中上面为汽车直拉杆零件。

图4-40 我国生产的楔横轧空心零件

（4）科研上取得一批成果。北京科技大学所取得的生产技术成果，都是在科研基础上取得的，这些科研成果概括

如下。

对楔横轧模具设计的三个主要参数（成形角、展宽角与断面收缩率）进行广泛的、理论与实际相结合的研究。这三个参数的确定涉及多方面，包括旋转条件、中心疏松、产品螺旋缩颈及拉细等。

对断面收缩率大于 75% 的产品，一般都应二次起楔。对二次起楔的许多理论与实际问题也进行了较全面的研究，并已实用化，如轧制汽车变速箱一轴，其最大断面收缩率达 91%。图 4-41 为通过二次楔轧出的汽车变速箱中间轴、后桥主动轴等零件，可以看出节省材料非常显著。

图 4-41   楔横轧二次楔轧制的汽车
中间轴与主动轴（上下为原料）

对某些超长的产品，在条件许可的情况下，应采用多楔轧制，这个理论与实际问题也得到解决并实用化，如轧制汽车半轴毛坯。

对某些重要零件，已实现精轧。如图 4-42 中的汽车同步器锁销、转向球销与纺织锭杆等，轧后直接上精加工，如精车与磨削。

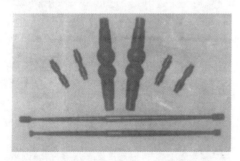

图 4-42   精轧的汽车同步器锁销、
转向球销与纺织锭杆

楔横轧带内台阶轴，在模具上有一个轧齐曲线设计与制造问题。这一问题比较早就得到解决。近来由于产品的需要，从理论到实际解决了轧制内任意曲面，如锥面、弧面的问题，如转向球销等；解决了窄凹档台阶产品，如多缸凸轮轴等。

理论分析与实验结合，确定楔横轧的接触面积、轧制压力、轧制力矩及电机功率，为设计系列化轧机打下了基础。

设计的楔横轧机系列，其主要特点是保证有足够刚度（通过结构设计与预应力装置），满足工艺调整及进出料的要求等。

在开发众多产品的基础上，编制了模具设计系统软件，并已实用化，使模具设计实现了 CAD，既提高模具设计的速度又保证质量。在模具的计算机辅助制造（CAM）上，已经实用化。

（5）楔横轧与模锻结合成形零件。楔横轧一般只能成形轴类零件，但许多非圆形截面的零件可以用楔横轧制坯，再经模锻成形。如图 4-43 所示，发动机的连杆、空调机的曲柄、五金工具等都是楔横轧后模锻成形的。这些零件由楔横轧制坯，其优点是生产效率高，温降小，可不再加热锻造，制坯的形状与精度高，效果良好，成为某些零件的首选工艺。

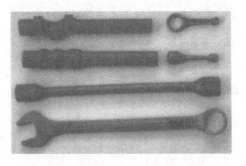

图 4-43　楔横轧制坯模锻成形的连杆、
曲柄与五金工具零件

此外，还实现了楔横轧制坯，摆辗成形汽车半轴的新方法。汽车半轴盘部尺寸过大，用楔横轧工艺不能直接成形，但用楔横轧工艺可先将杆部成形，不经再加热用摆辗将大头部分成形盘形，这种方法收到很好的效果。该方法成形的零件如图 4-44 所示。

图 4-44　楔横轧与摆辗结合生产的汽车半轴零件

（6）建立模具研究与制造中心。北京科技大学在国家科委与国家计委及冶金部的支持下，在校内建成近 $800m^2$ 的零件轧制模具研究设计与制造中心。该中心除为新产品的研究制造模具外，主要为生产厂家提供 $\phi200\sim700mm$ 的斜轧用模具，以及 $\phi200\sim700mm$ 的楔横轧用模具，每年达 200 多副。此外，正在筹建一个数控模具加工中心，实现模具的 CAD→CAPP→CAM，并为实现模具的计算机集成制造系统（CIMS）创造条件。

4.2　轴类零件楔横轧成形原理

4.2.1　轧辊与轧件的相对运动

本节主要阐述楔横轧轧制时，轧辊与轧件间的运动关系。这对于认识轧件在轧辊上如何相对运动、零件成形过程、轧辊调整依据、轧辊磨损的原因以及轧件发生扭转变形缺陷等都有直接关系。

4.2.1.1　轧辊与轧件的圆周速度

图 4-45 为典型楔横轧轧制的两个视图。轧辊以逆时针主动旋转带动轧件顺

时针旋转。

轧辊上任意一点的圆周速度 v 为

$$v = \omega_1 R = \frac{\pi D n_1}{60} \tag{4-9}$$

式中　　ω_1, n_1——轧辊的角速度与转速；

　　　　R, D——轧辊上任意一点的半径与直径。

轧辊的圆周速度，如图 4-45 所示，呈三角形 $O_1 B' B$ 分布。

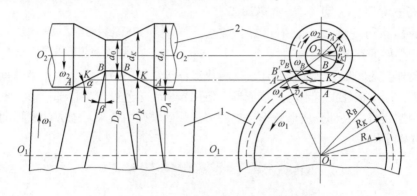

图 4-45　典型楔横轧轧制主侧视图
1—轧辊；2—轧件

轧辊表面圆周速度最大值在 B 处（楔顶处），其速度 v_B 为

$$v_B = \omega_1 R_B = \frac{\pi D_B n_1}{60} \tag{4-10}$$

式中　　R_B, D_B——轧辊楔顶面（B 处）的半径与直径。

轧辊表面圆周速度最小值在 A 处（指与轧件接触表面中），其速度 v_A 为

$$v_A = \omega_1 R_A = \frac{\pi D_A n_1}{60} \tag{4-11}$$

式中　　R_A, D_A——轧辊与轧件接触表面中最小半径与直径。

将轧件视为绝对刚体，当正常稳定轧制时，轧件上任一点的圆周速度 ω 为

$$\omega = \omega_2 r = \frac{\pi d n_2}{60} \tag{4-12}$$

式中　　ω_2, n_2——轧件的角速度与转速；

　　　　r, d——轧件上任意一点的半径与直径。

轧件的圆周速度，如图 4-45 所示，呈三角形 $O_2 A' A$ 分布。

轧件表面圆周速度最大值在 A 处，其速度 ω_A 为

$$\omega_A = \omega_A r_A = \frac{\pi d_A n_2}{60} \tag{4-13}$$

式中　r_A，d_A——轧件表面最大半径与直径（即轧件的外径）。

轧件表面圆周速度最小值在 B 处（指与轧辊接触表面中），其速度 ω_B 为

$$\omega_B = \omega_2 r_B = \frac{\pi d_B n_2}{60} \tag{4-14}$$

式中　r_B，d_B——轧件与轧辊楔顶面接触表面的半径与直径。

4.2.1.2　轧辊与轧件间的相对滑动

当正常稳定轧制时，并将轧件视为绝对刚体时，轧辊与轧件间的相对运动（见图 4-45）如下。

（1）在 K 处，轧辊与轧件的圆周速度是相等的。在 K 处轧辊与轧件做无相对滑动的滚动，即

$$v_K = \omega_1 R_K = \omega_2 r_K = \omega_K \tag{4-15}$$

$$\frac{\omega_1}{\omega_2} = \frac{r_K}{R_K} = \frac{n_1}{n_2}$$

得到

$$n_2 = \frac{R_K}{r_K} n_1 \tag{4-16}$$

式中　v_K，ω_K——轧辊与轧件在 K 处的圆周速度；

　　　R_K，r_K——轧辊与轧件的轧制半径。

K 点位置应根据轧件自身力矩平衡条件来确定，即作用于轧件上的力矩之和为零（$\sum M = 0$）。但由于孔型形状、压力分布、摩擦系数等十分复杂，很难用解析式求得，但可以用实测轧辊转速 n_1 与轧件转速 n_2 的方法求得。

（2）在 KB 段，轧辊的圆周速度 v 均大于轧件的圆周速度 ω，之间产生相对滑动。

圆周速度差最大在 B 处，其速度差（即相对滑动速度）Δv_B 为

$$\Delta v_B = v_B - \omega_B = \omega_1 R_B - \omega_2 r_B$$

$$= \frac{\pi}{30}(R_B n_1 - r_B n_2) = \frac{\pi n_1}{30}\left(R_B - r_B \frac{R_K}{r_K}\right) \tag{4-17}$$

式中　v_B，ω_B——轧辊与轧件在 B 处的速度。

（3）在 KA 段，轧辊的圆周速度 v 均小于轧件的圆周速度 ω，之间产生相对滑动。

圆周速度差最大处在 A 处，其速度差（即相对滑动速度）Δv_A 为

$$\Delta v_A = \omega_A - v_A = \omega_2 r_A - \omega_1 R_A$$

$$= \frac{\pi}{30}(r_A n_2 - R_A n_1)$$

$$= \frac{\pi n_1}{30}\left(r_A \frac{R_K}{r_K} - R_A\right)$$

式中 ω_A, v_A——轧件与轧辊在 A 处的速度。

尽管 A 处的相对滑动较大，但此处的压力并不大，所以在 A 处附近的磨损不如 B 处附近严重。

4.2.1.3   轧件上的扭矩

以楔横轧轧件为平衡对象，由于相对滑动发生的摩擦力，对轧件形成力偶矩，沿轧件长度上是变化的。

此力矩 M 在轧件内产生的剪应力 τ 应小于轧件热状态下的屈服剪应力 τ_s。否则发生扭转塑性变形，即

$$\tau = \frac{M}{W_\tau} \leqslant \tau_s$$

式中 W_τ——轧件的剪切模量。

A   对称楔轧件上的扭矩

图 4-46 为对称楔轧件上的摩擦力方向图［见图 4-46（a）］与扭矩图［见图 4-46（b）］。图 4-47 为对称楔顶部脱空时轧件上的摩擦力方向图［见图 4-47（a）］与扭矩图［见图 4-47（b）］。

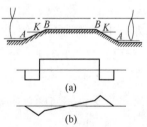

图 4-46   对称楔轧制轧件上的扭矩
（a）摩擦力方向；（b）扭矩大小与方向

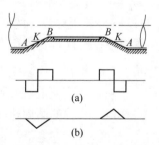

图 4-47   对称楔楔顶面脱空轧制件上的扭矩
（a）摩擦力方向；（b）扭矩大小与方向

从图 4-46 与图 4-47 可以看出两边的扭矩是对称的，在轧件的 K 处扭矩最大，但此处轧件的截面积大，即 W_τ 比较大，剪应力 τ 不一定大，故不一定在此处发生扭转塑性变形。在 B 处，虽然扭矩不是最大，但截面积最小，剪应力 τ 可能最大，加上此处的轴向拉应力比较集中，故容易在此处产生扭转或拉伸塑性变形。

此外，还可以看出，楔顶部脱空后轧件上的扭矩减小，在 B 处的扭矩减小更为显著，故此处不易产生扭转塑性变形。

B   非对称楔轧件上的扭矩

当轧制带锥的零件时，两边的楔是非对称的。下面以它为例分析轧件上的扭

矩分布。

图 4-48 为非对称楔楔顶脱空时轧件上的摩擦力方向图 ［见图 4-48 （a）］ 与扭矩图 ［见图 4-48 （b）］。

从图 4-48 与图 4-49 可以看出，两边的扭矩是非对称的，最大的扭矩不一定发生在 K 处。剪切应力 τ 在什么截面，也要作具体分析才能确定。

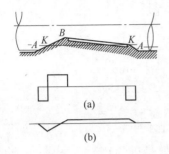

图 4-48　非对称楔楔顶面脱空轧件的扭矩

（a）摩擦力方向；（b）扭矩大小与方向

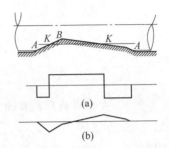

图 4-49　非对称楔轧制轧件的扭矩

（a）摩擦力方向；（b）扭矩大小与方向

当楔顶面脱空时，摩擦力方向区也将发生变化，扭矩也将发生变化。扭矩的总趋势是下降的，但对某一截面是否下降不一定。如容易产生扭转、拉伸塑性变形的 B 处，其截面上的扭矩不一定下降。

带锥面的零件形成的非对称楔只是其中一种。在楔横轧零件中将形成各式各样的非对称楔，这需要我们应用上思路与方法进行具体分析，避免轧件产生扭转塑性变形等缺陷。

4.2.2　模具的展宽角

展宽角 β（又称楔展角）是楔横轧中最主要的工艺参数之一。也是轧辊孔型设计中最主要的参数之一。β 角设计得越大，轧辊的直径 D_1 越小，这对轧辊的加工制造、节省模具的材料、减小整个设备的外形尺寸及重量等有利，但它受旋转条件的限制。

按旋转条件得：

$$\beta \leqslant \cot\left[\frac{md\mu^2}{\pi d_k\left(1 + \dfrac{d}{D}\right)k\tan\alpha}\right] \tag{4-18}$$

式中　m——摩擦系数；

　　　d——轧件直径；

　　　d_k——轧件滚动直径；

　　　D——轧辊直径；

　　　m——轧辊个数；

　　　α——成形角。

　　那么，根据旋转条件，允许最大的展宽角 β'（或称极限展宽角）为

$$\beta' = \cot\left[\frac{md\mu^2}{\pi d_k\left(1 + \dfrac{d}{D}\right)k\tan\alpha}\right]$$

或

$$\beta' = \cot\left[\frac{m\mu^2}{\pi d_k\left(\dfrac{1}{d} + \dfrac{1}{D}\right)k\tan\alpha}\right] \tag{4-19}$$

4.2.2.1　变形区极限展宽角 β' 的分布

　　在同一变形区内，m、μ、d_1、Δr、α 值是不变量，只是 d、D、k 三个值在变化。因此，变形区内极限展宽角 β' 的变化就是因为这三个变量的变化引起的。图 4-50 中可以看出，从 A' 到 B 这个接触区中 d 与 D 的变化。运用式（4-19）可以分析 A' 到 B 点各位置的极限展宽角 β'。

　　A' 位置：$d = d_1$，$D = D_1$，$k = 0$，$\beta' = 90°$

　　A 位置：$d = d_1$，$D = D_1$，$k = 1$

$$\beta' = \cot\left[\frac{m\mu^2}{\pi(d_1 + \Delta r)\left(\dfrac{1}{d_1} + \dfrac{1}{D_1}\right)\tan\alpha}\right] \tag{4-20}$$

　　B'' 位置：$d = d_0 - 2Z_0$，$D = D_0 + 2Z_0$，$k = 1$

$$\beta' = \cot\left[\frac{m\mu^2}{\pi(d_1 + \Delta r)\left(\dfrac{1}{d_0 - 2Z_0} + \dfrac{1}{D_0 + 2Z_0}\right)\tan\alpha}\right] \tag{4-21}$$

　　B 位置：$d = d_0$，$D = D_0$，$k = 0$，$\beta' = 90°$

　　从上面的分析不难看出，极限展宽角 β' 沿轴线是变化的，其分布如图 4-50 所示，最小值在 A 位置。

　　图 4-51 为沿变形区轴线方向极限展宽角 β' 的变化曲线。只要轧辊的展宽角小于或等于 A 位置的极限展宽角 β'，轧件的旋转是不成问题的。当展宽角 β 稍大于 β'_A 时也有可能旋转，这是因为除 A 点以外其余位置的极限展宽角 β' 都比角 β'_A 大。

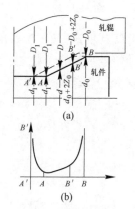

图 4-50　变形区中 d
与 D 的变化图

(a) d 与 D 在变形区的变化图；
(b) β 沿变形区的变化图

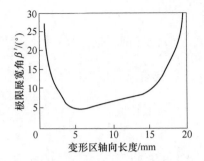

图 4-51　沿变形区轴线方向极限展宽角的变化曲线

($m = 2$；$\mu = 0.35$；$a = 30°$；$d_1 = 20\text{mm}$；$\Delta r = 10\text{mm}$；

$d_0 = 40\text{mm}$；$\beta = 6°$；$S = 4.95\text{mm}$；$Z_0 = 2.86\text{mm}$)

4.2.2.2　μ、α、ξ_k、m、Δr 对极限展宽角 β' 的影响

A　摩擦系数 μ

理论分析与实践均表明摩擦系数是影响旋转条件的关键因素，自然也是影响 β' 的关键因素。图 4-52 表示 μ 与 β' 的关系曲线，从曲线可以看出 μ 对 β 的影响很大。为了保证轧件旋转，或者说为了在设计中采用比较大的展宽角 β，轧制中最有效、最简便的方法是在成形斜面上刻痕，如图 4-53 所示。

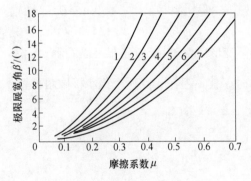

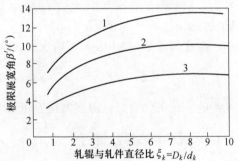

图 4-52　摩擦系数、成形角
对极限展宽角的影响

1—$\alpha = 15°$；2—$\alpha = 20°$；3—$\alpha = 25°$；4—$\alpha = 30°$；
5—$\alpha = 35°$；6—$\alpha = 40°$；7—$\alpha = 45°$

图 4-53　轧辊与轧件直径比与
极限展宽角的关系曲线

($\mu = 0.35$；$\alpha = 30°$；$k = 1$)
1—$m = 4$；2—$m = 3$；3—$m = 4$

B　成形角 α

成形角 α 对极限展宽角度的影响关系表示在图 4-52 上。从图上可以看出，α 对 β' 影响也是不小的。但是，由于 α 受轧件中心疏松与拉伸产生缩颈的限制，一般 α 在 20°~35°范围内选取，在这个范围内 α 对 β' 的影响就不算大了。

C   轧辊与轧件直径比 ξ_k

令 $\dfrac{D_k}{d_k} = \xi_k$，且 $k = 1$，$g = 0.5$，即轧辊孔型的平均直径 $D_c = D_0 + \Delta r$ 等于轧制

直径 D_k（$d_c = d_1 + \Delta r = d_k$）。这样就可以写成

$$\beta' = \cot\left[\frac{m\mu^2}{\pi\left(1 + \dfrac{1}{\xi_k}\right)\tan\alpha}\right] \tag{4-22}$$

根据式（4-22）得到 ξ_k 与 β' 的关系，可以看出：当 $\xi_k < 5$ 时，ξ_k 对 β' 的影响较大；当 $\xi_k > 5$ 时，ξ_k 对 β' 影响较小；而当 $\xi_k > 10$ 时，ξ_k 对 β' 的影响很小可以忽略。

D   轧辊个数

轧辊个数 m 对极限展宽角度的影响表示在图 4-53 上。m 对 β' 的影响很直接。根据计算结果，可以把式（4-22）近似写成

$$\beta' \approx m \cdot \cot\left[\frac{\mu^2}{\pi\left(1 + \dfrac{1}{\xi_k}\right)\tan\alpha}\right] \tag{4-23}$$

即极限展宽角 β' 与轧辊个数 m 成正比。轧辊个数越多极限展宽角越大，这是有利的一面。但是，轧辊个数越多，除增加一套轧辊辊系以及相应传动装置外，还受到最小轧件直径 $d_{1\min}$ 的限制，如：三辊轧制时，$d_{1\min} > 0.154D_1$；四辊轧制时，$d_{1\min} < 0.414D_1$。

总比缩量 Δr 对极限展宽角度的影响从变形区在 β' 度的分布可以看出，Δr 越大 β' 越小，当 $\Delta r < Z_0 = \dfrac{1}{m}\pi d_k \tan\alpha\tan\beta$ 时。就不存在 A 点这个最小极限角位置，此时的旋转条件更好，即展宽角 β 可以大一些。

4.2.3 轧件端面移动量

4.2.3.1 基本关系

当楔形模具从轧件中部楔入时，将引起轧件上未参加变形的端部向外移动，其移动距离称为轧件端面移动量。图 4-54 表示了轧制过程进行到任意位置 y 时，轧件端面移出的距离 t，图中 oa 线即轧件端面移动量曲线。

金属的体积在压力加工中具有不可压缩性（铸造金属压力加工的最初阶段除外），因而在变形前后，其总体积保持不变，这一结论称为

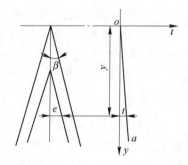

图 4-54 轧件端面移动量曲线示意图

体积不变定律。

根据体积不变定律，轧件端面移出的体积应等于被模具挤开的体积。然而，由于轧件是在旋转中产生变形的，所以轧件被挤开的体积并不等于模具凸起的体积。因此需要根据楔横轧工艺的特点，建立在模具压入的任意位置计算轧件上已变形区体积的数学几何模型，并推导出相应公式。

楔横轧的工艺特点决定了在正常展宽阶段，轧件变形区表面为阿基米德螺旋面，其螺距为 $h = 2\pi r_k \tan\beta$。该螺旋面与垂直于轧件轴线平面的交线为阿基米德螺旋线。该螺旋线的极坐标方程可表示为

$$\rho = a^\phi \tag{4-24}$$

式中 ρ ——极径；

       ϕ ——极角；

       a ——参数。

根据阿基米德螺旋面的几何数学性质及特定螺距 h，可得参数 a 的表达式为

$$a = r_k \tan\beta\tan\alpha \tag{4-25}$$

式中 β ——模具展宽角；

       α ——模具成形角；

       r_k ——轧件旋转半径。

在此阶段中，两个模具压出的变形区没有重叠。

楔入段轧件旋转半径 r_k 是极径 ρ 的函数，考虑到成形面对 r_k 的主导作用和 r_k 的逐渐减小，设

$$r_k = \frac{r_0 + \rho}{2} \tag{4-26}$$

将式（4-26）和式（4-25）代入式（4-24）得 ϕ 的表达式

$$\phi = \frac{2\rho}{(r_0 + \rho)\tan\beta\tan\alpha} \tag{4-27}$$

至此，表示轧件上 V 形槽底部半径的极径 ρ 实际上已成为变参数螺线。

根据体积不变定律，两倍的已变形区体积 V_{ABCD} 应等于轧件端部伸长的体积 V_{t_1}，即

$$2V_{ABCD} = V_{t_1} \tag{4-28}$$

已变形区体积 V_{ABCD} 可用积分法求出

$$V_{ABCD} = \int_{r_a}^{r_0} \frac{1}{2}(r - r_a)\cot\alpha(\phi_r - \phi_{r_a})r\mathrm{d}r$$

$$= \frac{1}{2\tan\beta\tan^2\alpha}\int_{r_a}^{r_0}(r - r_a)\left(\frac{r}{r_0 + r} - \frac{r_a}{r_0 + r_a}\right)r\mathrm{d}r$$

$$= \frac{1}{6(r_0 + r_a)\tan\beta\tan^2\alpha}\left[5r_0^4 - 3r_0^2r_a^2 - 2r_0r_a^3 + 6r_0^2(r_0 + r_a)^2\ln\frac{6(r_0 + r_a)}{2r_0}\right]$$

$$(4-29)$$

式中 r_0——轧件原始半径；

　　　　r_a——当前轧件最小半径；

　　　　r——轧件任意位置半径。

轧件端部伸长的体积

$$V_{t_1} = \pi r_0^2 t_1 \qquad\qquad (4-30)$$

式中 t_1——第一阶段轧件端面移动量。

将式（4-29）和式（4-30）代入式（4-28）中整理得

$$t_1 = \frac{5r_0^4 - 3r_0^2r_a^2 - 2r_0r_a^3 + 6r_0^2(r_0 + r_a)^2\ln\dfrac{6(r_0 + r_a)}{2r_0}}{3\pi r_0^2(r_0 + r_a)\tan\beta\tan^2\alpha} \qquad (4-31)$$

在模具展开方向上与 t_1 相对应的长度记为 y_1（见图4-54），则有

$$y_1 = \frac{r_0 - r_a}{\tan\beta\tan\alpha} \qquad\qquad (4-32)$$

当轧件旋转到半周时，令 $r_a = r_a'$，此时应有

$$\phi_{r_0} = \phi_{r_a}' = \pi \qquad\qquad (4-33)$$

令式（4-27）中 ρ 分别为 r_0 和 r_a' 后代入式（4-33）得

$$r_a' = \frac{1 - \pi\tan\beta\tan\alpha}{1 + \pi\tan\beta\tan\alpha}r_0 \qquad\qquad (4-34)$$

式（4-31）和式（4-32）就是开始楔入至轧件旋转半周段上轧件端面移动量的表达式。其参数 r_a 的取值范围是 $r_0 \geqslant r_a \geqslant r_a'$。

4.2.3.2 楔入半周至达到最小半径

在该段中，轧件上被压出的 V 形槽底部最大半径 r_b 小于或等于轧件原始半径 r_0，其前半周最小半径 r_a 大于或等于轧件轧后最小半径 r_1。

此时，轧件上两个模具所压出的区域有一部分发生了重叠。轧件变形区横截面瞬时被压缩的面积小于相应模具凸起的横截面积。该段变形区的几何形状如图4-55所示。

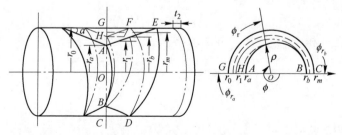

图 4-55　楔入半周至达到最小半径 r_1 阶段易变形区体积计算图

该阶段的体积平衡公式如下

$$2V_{ABIH} + 2V_{BCDEFGHI} = V_{t_2} \tag{4-35}$$

本段轧件旋转半径 r_k 仍在变化中，式（4-26）及式（4-27）适用于本段。

分别用积分法求两部分体积

$$V_{ABIH} = \int_{r_a}^{r_b} \frac{1}{2}(r_l - r_a)\cot\alpha(\phi_{r_l} - \phi_{r_a})r_l \mathrm{d}r_l$$

$$= \frac{1}{2\tan\beta\tan^2\alpha}\int_{r_a}^{r_b}(r_l - r_a)\left(\frac{r_l}{r_0 + r_l} - \frac{r_a}{r_0 + r_a}\right)r_l \mathrm{d}r_l$$

$$= \frac{3r_a^2r_b^2 - 2r_ar_b^3 - r_a^4}{6(r_0 + r_a)\tan\beta\tan^2\alpha} + \frac{1}{6\tan\beta\tan^2\alpha}\left[2(r_0 + r_a)^3 - 2(r_0 + r_a)^3 - \right.$$

$$\left. 9r_0(r_b^2 - r_a^2) - 3r_a(r_0 - r_b)^2 + 3r_a(r_0 - r_a)^2 + 6r_0^2(r_0 + r_a)\ln\frac{r_0 + r_a}{r_0 + r_b}\right] \tag{4-36}$$

$$V_{BCDEFGHI} = \int_{r_a}^{r_0}\left[\frac{1}{2}(r_b - r_a)\cot\alpha + (r_m - r_b)\right]\pi r_m \mathrm{d}r_m$$

$$= \frac{\pi}{12\tan\alpha}[4(r_0^3 - r_b^3) - 3(r_a + r_b)(r_0^2 - r_b^2)] \tag{4-37}$$

而

$$V_{t_2} = \pi r_0^2 t_2 \tag{4-38}$$

将式（4-36）、式（4-37）及式（4-38）代入式（4-35）中整理后得

$$t_2 = \frac{3r_a^2r_b^2 - 2r_ar_b^3 - r_a^4}{3\pi r_0^2(r_0 + r_a)\tan\beta\tan^2\alpha} + \frac{1}{3\pi r_0^2\tan\beta\tan^2\alpha}\left[2(r_0 + r_b)^3 - 2(r_0 + r_a)^3 - \right.$$

$$\left. 9r_0(r_b^2 - r_a^2) - 3r_a(r_0 - r_b)^2 + 3r_a(r_0 - r_a)^2 + 6r_0^2(r_0 + r_a)\ln\frac{r_0 + r_a}{r_0 + r_b}\right] +$$

$$\frac{\pi}{6r_0^2\tan\alpha}[4(r_0^3 - r_b^3) - 3(r_a + r_b)(r_0^2 - r_b^2)] \tag{4-39}$$

式中 t_2——第二段端面移动量；

r_b——大于 r_a，与 r_a 相差半周的轧件 V 形压缩区槽底半径。

由 r_b 和 r_a 所对应的极角 ϕ_{r_b} 和 ϕ_{r_a} 相差半周的定义可得

$$\phi_{r_b} - \phi_{r_a} = \pi \tag{4-40}$$

将式（4-27）代入式（4-40）中可得

$$r_b = \frac{2r_a + (r_0 + r_a)\pi\tan\beta\tan\alpha}{2r_0 - (r_0 + r_a)\pi\tan\beta\tan\alpha}r_0 \tag{4-41}$$

由图 4-54 可得，与 t_2 相对应的模具展开方向长度 y_2 为

$$y_2 = \frac{r_0 - r_a}{\tan\beta\tan\alpha} \tag{4-42}$$

式（4-39）和式（4-42）中参数 r_a 的取值区间为 $r'_a \geqslant r_a \geqslant r_1$ [r'_a 由式（4-34）决定]，该两式即为第二阶段轧件端面移动量的数学表达式。

4.2.3.3 楔入到最小半径至再旋转半周

本段轧件上被压出的 V 形槽底已有部分达到了预定最小半径 r_1，并开始展宽。但槽底最大半径 r_b 仍大于 r_1 轧件须再旋转半周，V 形槽底就可全部达到最小半径 r_1。本段轧件旋转半径 r_k 不再变化，设其为

$$r_k = \frac{r_0 + r_1}{2} \tag{4-43}$$

因螺旋线 $\overset{\frown}{AB}$ 是在第二阶段中形成的，所以式（4-27）仍适用于本段。本段变形区几何形状如图 4-56 所示。

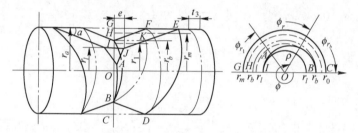

图 4-56 楔入到最小半径 r_1 至再旋转半周阶段已变形区体积计算图

本段体积平衡关系式为

$$2V_{ABKHI} + 2V_{BCDEFGHK} = V_{t_3} \tag{4-44}$$

已展宽的宽度记做 e。由图 4-56 可得

$$e = (\pi - \phi_{r_b} + \phi_{r_1})r_k\tan\beta$$
$$= \frac{\pi}{2}(r_0 + r_1)\tan\beta - \frac{(r_b - r_1)r_0}{(r_0 + r_b)\tan\alpha} \tag{4-45}$$

求两部分螺旋体体积

$$V_{ABKHI} = \int_{r_1}^{r_b} \frac{1}{2}[e + (r_l - r_1)\cot\alpha](\pi - \phi_{r_b} + \phi_{r_l})r_l\mathrm{d}r_l$$
$$= \int_{r_1}^{r_b} \frac{1}{2}\left(\frac{e\tan\alpha - r_1}{\tan\alpha} + \frac{r_1}{\tan\alpha}\right)\left[2\frac{e\tan\alpha - r_1}{(r_0 + r_1)\tan\beta\tan\alpha} + \frac{2r_l}{(r_0 + r_l)\tan\beta\tan\alpha}\right]r_l\mathrm{d}r_l$$
$$= \frac{e\tan\alpha - r_1}{6(r_0 + r_1)\tan\beta\tan^2\alpha}[3(e\tan\alpha - r_1)(r_b^2 - r_1^2) + 2(r_b^3 - r_1^3)] +$$

$$\frac{e}{2\tan\beta\tan\alpha}\left[(r_0-r_b)^2-(r_0-r_1)^2+2r_0^2\ln\frac{r_0+r_b}{r_0+r_1}\right]+$$

$$\frac{1}{6\tan\beta\tan^2\alpha}\left[2(r_0+r_b)^3-2(r_0+r_1)^3-9r_0(r_b^2-r_1^2)-\right.$$

$$\left.3r_1(r_0-r_b)^2+3r_1(r_0-r_1)^2-6r_0^2(r_0+r_1)\ln\frac{r_0+r_b}{r_0+r_1}\right] \tag{4-46}$$

$$V_{BCDEFGHk}=\int_{r_b}^{r_0}\pi r_m(r_m-r_b)\cot\alpha dr_m+\int_{r_b}^{r_0}\pi r_m[e+(r_b-r_1)\cot\alpha dr_m]$$

$$=\frac{\pi}{12}\tan\alpha(4r_0^3-r_b^3-3r_0^2r_b-3r_0^2r_1+3r_b^2r_1)+\frac{\pi e}{4}(r_0^2-r_b^2) \tag{4-47}$$

而

$$V_{t_3}=\pi r_0^2 t_3 \tag{4-48}$$

将式（4-46）、式（4-47）及式（4-48）代入式（4-44）中得第三阶段端面移动量公式为

$$t_2=\frac{e\tan\alpha-r_1}{3\pi r_0^2(r_0+r_1)\tan\beta\tan^2\alpha}\left[3(e\tan\alpha-r_1)(r_b^2-r_1^2)+2(r_b^3-r_1^3)\right]+$$

$$\frac{e}{\pi r_0^2\tan\beta\tan\alpha}\left[(r_0-r_b)^2-(r_0-r_1)^2-2r_0^2\ln\frac{r_0+r_1}{r_0+r_b}\right]+$$

$$\frac{1}{3\pi r_0^2\tan\beta\tan^2\alpha}\left[2(r_0+r_b)^3-2(r_0+r_1)^3-9r_0(r_b^2-r_1^2)-\right.$$

$$\left.3r_1(r_0-r_b)^2+3r_1(r_0-r_1)^2-6r_0^2(r_0+r_1)\ln\frac{r_0+r_1}{r_0+r_b}\right]+$$

$$\frac{1}{6r_0^2\tan\alpha}(4r_0^3-r_b^3-3r_0^2r_b-3r_0^2r_1+3r_b^2r_1)+\frac{e}{2r_0^2}(r_0^2-r_b^2) \tag{4-49}$$

与 t_3 相对应的模具展开长 y_3 为

$$y_3=\frac{r_0-r_1}{\tan\beta\tan\alpha}+r_k(\pi-\phi_{r_b}+\phi_{r_1})$$

$$=\frac{r_0-r_1}{\tan\beta\tan\alpha}+\frac{\pi}{2}(r_0+r_1)-\frac{(r_b-r_1)r_0}{(r_0+r_b)\tan\alpha\tan\beta} \tag{4-50}$$

令式（4-41）中 $r_a=r_1$，此时记 r_b 为 r_b'，则有

$$r_b'=\frac{2r_1+(r_0+r_1)\pi\tan\beta\tan\alpha}{2r_0-(r_0+r_1)\pi\tan\beta\tan\alpha}r_0 \tag{4-51}$$

式（4-51）值范围是 $r'_b \geqslant r_b \geqslant r_1$。

4.2.3.4　正常展宽

本阶段轧件上被轧出的 V 形槽底部半径全部达到了预定最小半径 r_1。轧件旋转半径及变形区几何形状不再发生变化。唯一变化的是轧件颈部已展宽的宽度 e。因此关于 r_k 的式（4-43）仍适用本段，变形区几何形状如图4-57所示。

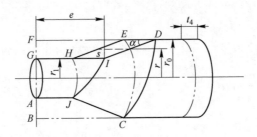

图 4-57　正常展宽阶段已变形区体积计算图

在上述条件下，变形区的瞬时展宽量为

$$S = \pi r_k \tan\beta = \frac{\pi}{2}(r_0 + r_1)\tan\beta \tag{4-52}$$

本阶段中被模具压缩开的体积是面积围绕轴线旋转一周所围的体积，以及两倍的螺旋体 $CDEHJI$ 的体积。其体积平衡关系式如下

$$V_{ABCJHEFG} + 2V_{CDEHJI} = V_{t_4} \tag{4-53}$$

由图4-57可得

$$V_{ABCJHEFG} = \int_{r_1}^{r_0} \big[(e - s) + (r - r_1)\cot\alpha\big]2\pi r dr$$

$$= \pi(e - s)(r_0^2 - r_1^2) + \frac{\pi}{3\tan\alpha}(2r_0^3 - 3r_0^2 r_1 + r_1^3) \tag{4-54}$$

$$V_{CDEHJI} = \int_{r_1}^{r_0} \frac{1}{2}\pi r s dr = \frac{\pi}{4}s(r_0^2 - r_1^2) \tag{4-55}$$

$$V_{t_4} = \pi r_0^2 t_4 \tag{4-56}$$

将式（4-54）~式（4-56）及式（4-52）代入式（4-53）中得第四阶段端面移动量公式

$$t_4 = \frac{e}{r_0^2}(r_0^2 - r_1^2) - \frac{\pi\tan\beta}{4r_0^2}(r_0 + r_1)(r_0^2 - r_1^2) + \frac{1}{3r_0^2\tan\alpha}(2r_0^3 - 3r_0^2 r_1 + r_1^3)$$

$$\tag{4-57}$$

与 t_4 相对应的模具展开方向长度 y_4 为

$$y_4 = \big[e + (r_0 - r_1)\cot\alpha\big]\cot\beta \tag{4-58}$$

式中　e——已展宽的宽度。

当第三阶段结束时，其中 r_b 等于 r_1，令此时的 e 为 e'，则

$$e' = \frac{\pi}{2}(r_0 + r_1)\tan\beta \tag{4-59}$$

由此得式（4-57）和式（4-58）中参数 e' 的取值区间是 $e' \leqslant e < \infty$。

4.2.3.5　第二种情况

在某种条件下，将会出现式（4-34）的计算结果为 $r'_a < r_1$，而式（4-51）的计算结果 $r'_b > r_0$ 的情况。为确定出现上述情况的临界点，令式（4-34）中 $r'_a = r_0$，将等号改为大于号。或令式（4-51）中 $r'_a = r_0$，将等号改为小于号。则由两式均可得到出现该情况的判别式为

$$\pi\tan\beta\tan\alpha > \frac{r_0 - r_1}{r_0 + r_1} \tag{4-60}$$

当选定参数使式（4-60）成立时，意味着从开始楔入到旋转还不足半周时，即已达到预定最小半径 r_1。因此第一阶段和第三阶段的有效区间将发生变化。而第二阶段的变形区几何形状也会有所改变，如图 4-58 所示。

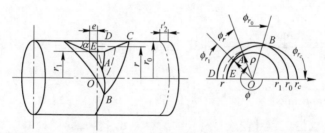

图 4-58　当 $\pi\tan\beta\tan\alpha > \dfrac{r_0 - r_1}{r_0 + r_1}$ 时，第二阶段已变形区体积计算图

由于几何形状的差异，须重新推导第二阶段端面移动量公式。根据体积平衡原理，本段的体积平衡关系式为

$$2V_{ABCDE} = V_{t'_2} \tag{4-61}$$

为计算体积 V_{ABCDE}。设半径 r_c 大于 r_0。假设极径 ρ 超过 r_0 后仍存在，并达到 r_c。由于实际轧件最大变形深度不变，所以设旋转半径 $r_k = \dfrac{1}{2}(r_0 + r_1)$。由图 4-58 可得已展宽的宽度为

$$\begin{aligned}
e &= (\pi - \phi_{r_c} + \phi_{r_1})r_k\tan\beta \\
&= \frac{\pi}{2}(r_0 + r_1)\tan\beta - \frac{(r_c - r_1)r_0}{(r_0 + r_c)\tan\alpha}
\end{aligned} \tag{4-62}$$

则体积 V_{ABCDE} 为

$$V_{ABCDE} = \int_{r_1}^{r_0} \frac{1}{2} \left[e + (r - r_1) \cot\alpha \right] (\pi - \phi_{r_c} + \phi_r) r dr$$

$$= \int_{r_1}^{r_0} \left(\frac{e\tan\alpha - r_1}{\tan\alpha} + \frac{r}{\tan\alpha} \right) \left[\frac{e\tan\alpha - r_1}{(r_0 + r_1)\tan\beta\tan\alpha} + \frac{r}{(r_0 + r)\tan\beta\tan\alpha} \right] r dr$$

$$= \frac{e\tan\alpha - r_1}{6(r_0 + r_1)\tan\beta\tan^2\alpha} \left[3(e\tan\alpha - r_1)(r_0^2 - r_1^2) + 2(r_0^3 - r_1^3) \right] -$$

$$\frac{e}{2\tan\beta\tan\alpha} \left[(r_0 - r_l)^2 - 2r_0^2 \ln\frac{2r_0}{r_0 + r_1} \right] +$$

$$\frac{1}{6\tan\beta\tan^2\alpha} \left[16r_0^3 - 2(r_0 + r_1)^3 - 9r_0(r_0^2 - r_1^2) + \right.$$

$$\left. 3r_1(r_0 - r_1)^2 - 6r_0^2(r_0 + r_1) \ln\frac{2r_0}{r_0 + r_1} \right] \tag{4-63}$$

而

$$V_{t_2'} = \pi r_0^2 t_2' \tag{4-64}$$

将式（4-63）和式（4-64）代入式（4-61）中，得在第二种情况下第二阶段端面移动量公式：

$$t_2' = \frac{e\tan\alpha - r_1}{3\pi r_0^2(r_0 + r_1)\tan\beta\tan^2\alpha} \left[3(e\tan\alpha - r_1)(r_0^2 - r_1^2) + 2(r_0^3 - r_1^3) \right] -$$

$$\frac{e}{\pi r_0^2 \tan\beta\tan\alpha} \left[(r_0 - r_1)^2 2r_0^2 \ln\frac{r_0 + r_1}{2r_0} \right] +$$

$$\frac{1}{3\pi r_0^2 \tan\beta\tan^2\alpha} \left[16r_0^3 - 2(r_0 + r_1)^3 - 9r_0(r_0^2 - r_1^2) + \right.$$

$$\left. 3r_1(r_0 - r_1)^2 + 6r_0^2(r_0 + r_1) \ln\frac{r_0 + r_1}{2r_0} \right] \tag{4-65}$$

与 t_2' 相对应的模具展开方向 y_2' 为

$$y_2' = \frac{r_0 - r_1}{\tan\beta\tan\alpha} + r_k(\pi - \phi_{r_c} + \phi_{r_1})$$

$$= \frac{r_0 - r_1}{\tan\beta\tan\alpha} + \frac{\pi}{2}(r_0 + r_1) - \frac{(r_c - r_1)r_0}{(r_0 + r_c)\tan\alpha\tan\beta} \tag{4-66}$$

当 e 等于零时，令 r_c 等于 r_c'，则应有

$$\phi_{r_c} - \phi_{r_1} = \pi \tag{4-67}$$

将式（4-27）代入式（4-67）中可得

$$r_c' = \frac{2r_1 + (r_0 + r_1)\pi\tan\beta\tan\alpha}{2r_0 - (r_0 + r_1)\pi\tan\beta\tan\alpha} r_0$$

因此，式（4-65）及式（4-66）中参数 r_c 的取值范围为 $r_c' \geq r_c \geq r_0$。

由于基本几何形状未变，所以第一和第三阶段的端面移动量公式仍适用于满足判别式（4-60）条件下的情况，但它们的适用区间发生了变化。第一阶段参数 r_a 的取值范围变为 $r_0 \geqslant r_a \geqslant r_1$；第三阶段参数 r_b 的取值范围变为 $r_0 \geqslant r_b \geqslant r_1$。

4.3 轴类零件楔横轧力能参数计算

楔横轧轧辊与轧件间的轧制压力、力矩的确定是十分重要的。因为它是机座中主要零部件强度与刚度计算的主要依据之一。此外，轧制力矩又是电动机功率计算的主要依据之一。

轧制压力、力矩的大小主要取决于轧辊与轧件间的接触面积及其空间位置，以及在这个接触面上的单位压力及其分布。所以在介绍本章内容时，按轧制接触面的数学模型、接触面积、单位压力、轧制压力和力矩的数值计算、实验测定、力能参数影响因素的顺序进行。

4.3.1 模具与轧件接触面积

楔横轧在典型轧制展宽面的接触面由两部分组成，圆弧面 ABN 部分和直纹螺旋面 BCMN 部分，如图 4-59 所示。下面分别叙述求接触面积的方法。

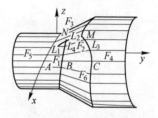

图 4-59　楔横轧轧制接触面图示

4.3.1.1 直纹螺旋面面积

直纹螺旋面 BCMN 面是一个空间曲面，其面积直接计算起来比较复杂，但可以看出，这个曲面在 y 轴方向投影面的几何形状比较简单（见图 4-60），由此可以较容易地计算出直纹螺旋面 BCMN 面积在 y 轴方向的投影面积，进而近似计算出螺旋面 BCMN 面积。

扇形 OCP 的面积为

$$F_{OCP} = \frac{1}{2}r_0^2\theta_0 \qquad (4\text{-}68)$$

扇形 O'PB 的面积为

$$F_{O'PB} = \frac{1}{2}R^2\varphi_0 \qquad (4\text{-}69)$$

其中

$$\varphi_0 = \arcsin\left(\frac{r_0}{R}\sin\theta_0\right) \qquad (4\text{-}70)$$

△OEP 的面积为

$$F_{OEP} = \frac{1}{2}R^2\sin\theta_0\cos\theta_0$$

△O'EP 的面积为

$$F_{O'EP} = \frac{1}{2}R^2\sin\varphi_0\cos\varphi_0$$

由此可以得到扇形 OCP 和扇形 $O'PB$ 重叠部分 BCP 的面积

$$F_{BCP} = F_{OCP} + F_{O'PB} - F_{OEP} - F_{O'EP} \tag{4-71}$$

设点 M、P、N 在坐标 xOz 内的坐标分别为 $M(x_M, z_M)$、$P(x_P, z_P)$、$N(x_N, z_N)$，可近似得到 MPN 的面积

$$F_{MPN} \approx \frac{1}{2}\begin{vmatrix} x_M & z_M & 1 \\ x_P & z_P & 1 \\ x_N & z_N & 1 \end{vmatrix}$$

代入坐标值，得

$$F_{MPN} \approx \frac{r_0}{2}\{r_0\sin(\theta_0 - \theta_2) - r_1(\sin\theta_0 - \sin\theta_2) - R[\sin(\theta_2 + \varphi_1) - \sin\theta_2] +$$

$$R[\sin(\theta_0 + \varphi_1) - \sin\theta_0]\} \tag{4-72}$$

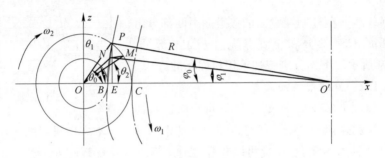

图 4-60   直纹螺旋面 $BCMN$ 在 y 轴方向的投影图示

由图 4-60 可以看出，直纹螺旋面 $BCMN$ 面积在 y 轴方向的投影面积为

$$F_{2y} = F_{BCP} - F_{MPN}$$

将式（4-71）和式（4-72）代入上式得

$$F_{2y} = \frac{r_0^2}{2}[\theta_0 - \sin\theta_0\cos\theta_0 - \sin(\theta_0 - \theta_2)] + \frac{1}{2}r_1r_0(\sin\theta_0 - \sin\theta_2) +$$

$$\frac{1}{2}Rr_0[\sin(\theta_2 + \varphi_1) - \sin\theta_2] - \frac{1}{2}Rr_0[\sin(\theta_0 + \varphi_1) - \sin\theta_0] +$$

$$\frac{1}{2}R^2(\varphi_0 - \sin\varphi_0\cos\varphi_0) \tag{4-73}$$

直纹螺旋面 $BCMN$ 的参数方程也可写成如下切线方程式

$$\frac{x - R - r_1}{\sin\alpha\cos\varphi} = \frac{y - R\cot\alpha - \pi r_k\tan\beta - R_k\tan\beta\varphi}{\cos\alpha}$$

$$= -\frac{z}{\sin\alpha\cos\varphi} = t_m - \frac{R}{\sin\alpha} \tag{4-74}$$

我们把模具斜楔螺旋面纯滚动点的轨迹称作纯滚动轨迹线，可得其参数方程

$$\begin{cases} x = R + r_1 - R_k\cos\varphi \\ y = R_K\tan\beta\varphi + \pi r_k\tan\beta \\ z = R_k\sin\varphi \end{cases} \tag{4-75}$$

由此得

$$\frac{d_x}{\cos\beta\sin\varphi} = \frac{d_y}{\sin\beta} = \frac{d_z}{\cos\beta\cos\varphi} = \frac{R_k d_\varphi}{\cos\beta} \tag{4-76}$$

由式（4-74）和式（4-76）可得直纹螺旋面 BCMN 内纯滚动轨迹线上一点的两个切向向量为

$$\boldsymbol{P} = \{\sin\alpha\cos\varphi, \ \cos\alpha, \ -\sin\alpha\sin\varphi\}$$

$$\boldsymbol{q} = \{\cos\beta\sin\varphi, \ \sin\beta, \ \cos\beta\cos\varphi\}$$

由此可得其法向向量为

$$\boldsymbol{n} = \boldsymbol{p} \times \boldsymbol{q} \begin{vmatrix} \boldsymbol{i} & \boldsymbol{j} & \boldsymbol{k} \\ \sin\alpha\cos\varphi & \cos\alpha & -\sin\alpha\sin\varphi \\ \cos\beta\sin\varphi & \sin\beta & \cos\beta\cos\varphi \end{vmatrix}$$

整理后得

$$\boldsymbol{n} = \{\cos\alpha\cos\beta\cos\varphi + \sin\alpha\sin\beta\sin\varphi \ -\sin\alpha\cos\varphi\sin\alpha\sin\beta\cos\varphi - \cos\alpha\cos\beta\sin\varphi\} \tag{4-77}$$

由式（4-77）看出，直纹螺旋面 BCMN 内逐点法向向量是随 φ 变化的，因此它的面积 F_2 与其在坐标轴 y 向投影面积 F_{2y} 的关系，不是简单的夹角余弦关系。但是根据楔横轧工艺的特点，模具半径较轧件半径大得多，为了近似求出轧制接触面积，这里做适当简化，近似认为直纹螺旋面 BCMN 是一个平面，取 $\varphi_0 = \varphi_1/2$，写成单位法向量形式

$$\boldsymbol{n} = \{\cos\gamma_x, \ \cos\gamma_y, \ \cos\gamma_z\}$$

其中

$$\gamma_x = \arccos\left[\frac{\cos\alpha\cos\beta\cos\varphi_0 + \sin\alpha\sin\beta\sin\varphi_0}{\sqrt{\sin^2\alpha + \cos^2\alpha\cos^2\beta}}\right]$$

$$\gamma_y = \arccos\left[\frac{-\sin\alpha\cos\beta}{\sqrt{\sin^2\alpha + \cos^2\alpha\cos^2\beta}}\right]$$

$$\gamma_z = \arccos\left[\frac{\sin\alpha\sin\beta\cos\varphi_0 - \cos\alpha\cos\beta\sin\varphi_0}{\sqrt{\sin^2\alpha + \cos^2\alpha\cos^2\beta}}\right] \tag{4-78}$$

根据式（4-73）和式（4-78）求出接触面直纹螺旋面 BCMN 的面积 F_2 为

$$F_2 \approx \frac{1}{2\sin\gamma_y}\{r_0^2[\theta_0 - \sin\theta_0\cos\theta_0 - \sin(\theta_0 - \theta_2)] + r_1 r_0(\sin\theta_0 - \sin\theta_2) +$$

$$Rr_0[\sin(\theta_2 + \varphi_1) - \sin\theta_2] - Rr_0[\sin(\theta_0 + \varphi_1) - \sin\theta_0] +$$
$$R^2(\varphi_0 - \sin\varphi_0\cos\varphi_0)\}$$

$$(4\text{-}79)$$

因此得接触面直纹螺旋面 $BCMN$ 的面积 F_2 在各坐标平面的投影面积为

$$\begin{cases} F_{2x} = F_2\cos\boldsymbol{\gamma}_x \\ F_{2y} = F_2\cos\boldsymbol{\gamma}_y \\ F_{2z} = F_2\cos\boldsymbol{\gamma}_z \end{cases} \qquad (4\text{-}80)$$

4.3.1.2 圆弧面面积

圆弧形接触面 BCN 的面积 F_1 可由式（4-81）积分得（见图 4-59）

$$F_1 = \int_0^{\varphi_1} [y_4(\varphi) - y_1(\varphi)] R\mathrm{d}\varphi \qquad (4\text{-}81)$$

式中，$y_1(\varphi)$ 和 $y_4(\varphi)$ 由式（4-82）确定，即

$$\begin{cases} y_1(\varphi) = (r - r_1)\cot\alpha + r_k\tan\beta\theta \\ y_4(\varphi) = R_k\tan\beta\varphi + \pi r_k\tan\beta \end{cases} \qquad (0 \leqslant \theta \leqslant \theta_1) \qquad (4\text{-}82)$$

其中

$$r = \frac{R + r_1 - R\cos\varphi}{\cos\theta}$$

将式（4-82）代入式（4-81）并整理后得

$$F_1 \approx \int_0^{\varphi_1} (\pi r_k\tan\beta + r_1\cot\alpha + R_k\varphi\tan\beta) R\mathrm{d}\varphi - \cot\alpha\int_0^{\varphi_1} rR\mathrm{d}\varphi - r_k\tan\beta\int_0^{\varphi_1} \theta R\mathrm{d}\varphi$$

$$(4\text{-}83)$$

将式（4-83）适当进行简化，将弧线（面）$\overset{\frown}{BN}$ 简化为直线（平面）$\overline{BN}$，这时有

$$\begin{cases} r \approx \dfrac{\cos\varphi_0}{\cos(\theta + \varphi_0)} r_1 \\ R\mathrm{d}\varphi \approx \mathrm{d}\left[\dfrac{r_1\sin\theta}{\cos(\theta + \varphi_0)} \right] \end{cases} \qquad (4\text{-}84)$$

将式（4-84）代入式（4-83），设 $\gamma_1 = \theta_1 + \varphi_0$ 积分并整理后得

$$F_1 \approx \left(\pi r_k\tan\beta + r_1\cot\alpha + \frac{1}{2}R_k\varphi_1\tan\beta \right) R\varphi_1 - r_1 r_k\tan\beta\cos\varphi_0 \times$$

$$(\theta_1\tan\gamma_1 + \ln\cos\gamma_1 - \ln\cos\varphi_0) - \frac{1}{2}r_1^2\cos^2\varphi_0[\tan\gamma_1\sec\gamma_1 +$$

$$\ln(\tan\gamma_1 + \sec\gamma_1) - \tan\varphi_0\sec\varphi_0 - \ln(\tan\varphi_0 - \sec\varphi_0)] \qquad (4\text{-}85)$$

由此可得出弧形接触面 ABN 在各坐标系平面的投影面积为

$$\begin{cases} F_{1x} \approx F_1\cos\varphi_0 \\ F_{1z} \approx F_1\sin\varphi_0 \end{cases} \tag{4-86}$$

4.3.2 接触面上的单位压力

楔横轧属于复杂的三维变形，其轧辊与轧件的接触存在接触表面非线性、材料非线性和几何非线性问题。这些非线性的相互影响给求解者带来许多困难。轧制是轧辊和轧件的弹塑性接触问题，轧制单位压力的计算精度不仅取决于解题方法对原问题的模拟精度，而且还取决于解题方法的自身精度。用滑移线法分析轧制过程，必须做许多简化和假定，因而其求解精度和使用范围受到限制。近几年来，数值方法得到迅速发展。边界元法和有限元法成功地应用于轧制领域，使轧制理论及技术都有了新的进展。特别是边界元法自身特点决定特别适合求解多物体接触问题，优势在于求解速度快和精度高。因此，用边界元法研究弹塑性有限形变接触这类多重非线性问题十分有效。

将轧制过程视为轧辊与轧件的统一体，用弹塑性有限形变接触边界元法模拟轧制过程，不仅在解题方法上选用了较高精度的边界元法，而且在模拟技术方面将轧辊视为弹性体、轧件视为弹塑性体，把轧件与轧辊两者按接触问题来加以处理，避免了对轧件或轧辊分割处理的惯用做法的不足。

由于边界元法具有求解速度快和精度高等特点，特别适合求解轧制接触问题，因此，采用三维弹塑性有限形变接触边界元数值方法求解轧制过程中接触面上的单位压力。对于两个相互接触的弹塑性体，其弹塑性有限形变接触问题的边界积分方程矩阵形式为

$$\boldsymbol{H}^k v^k = \boldsymbol{G}^k \dot{P}^k + \boldsymbol{D}_1^k \dot{\varepsilon}^p + \boldsymbol{D}_2^k \dot{\varepsilon}^p \quad (k = A,\ B) \tag{4-87}$$

式中　　$\boldsymbol{D}_1$——材料非线性区域积分所形成的系数阵；

　　　　$\boldsymbol{D}_2$——几何非线性区域积分所形成的系数阵。

　　$\boldsymbol{H}$，$\boldsymbol{G}$——弹性系数矩阵。

改写成方程组形式为：

$$[A]\{\dot{X}\} = \{\dot{F}\} + \{\dot{R}\} \tag{4-88}$$

式中　　$\{\dot{F}\}$——非接触区形成的右端数项，$\{\dot{F}\} = \{\dot{F}\} + \{\dot{F}_C\}$；

　　$\{\dot{F}_C\}$——接触表面非线性对体系的影响；

　　$\{\dot{R}\}$——材料非线性和几何非线性对体系的影响。

$$\{\dot{R}\} = [D_1]\{\dot{\varepsilon}^p\} + [D_2]\{\dot{\varepsilon}^g\} \tag{4-89}$$

选代求解上述方程组，即可得到接触单元上任一节点的单位压力其求解框图，如图 4-61 所示。

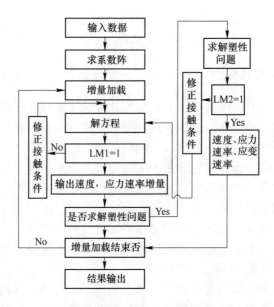

图 4-61   三维弹塑性有限性变接触边界元法求解框图

4.3.3   轧制压力和轧制力矩的数值计算

楔横轧轧制属轧辊和轧件的弹塑性接触问题，对于如图 4-62 所示轧制过程接触区中任一单元。采用上节三维弹塑性有限形变接触边界元法求出各节点单位压力 p_i^k 后，由形函数 N^k 可确定在该单元上任一点的单位压力分布函数为

$$p(\xi_1, \xi_2) = \sum_{k=1}^{4} N^k p_i^k \quad (i = 1, 2, 3) \tag{4-90}$$

其中

$$N^1 = \frac{1}{4}(1 - \xi_1)(1 - \xi_2)$$

$$N^2 = \frac{1}{4}(1 + \xi_1)(1 - \xi_2)$$

$$N^3 = \frac{1}{4}(1 + \xi_1)(1 + \xi_2) \tag{4-91}$$

$$N^4 = \frac{1}{4}(1 - \xi_1)(1 + \xi_2)$$

将单位压力在该单元内积分得到该单元分布力的合力和轧制力矩为

$$F_1 = \iint p(\xi_1, \xi_2) \mathrm{d}\xi_1 \mathrm{d}\xi_2 \cdot n_i \quad (i = 1, 2, 3) \tag{4-92}$$

$$M_1 = \iint \mu p(\xi_1, \xi_2) R \mathrm{d}\xi_1 \mathrm{d}\xi_2 \cdot n_i \quad (i = 1, 2, 3) \tag{4-93}$$

将所有单元合力合成，即可得到整个接 56 区的总合力和力矩，即轧制压力和轧制力矩

$$F = \sum F_1 = \sum \iint p(\xi_1, \xi_2) \mathrm{d}\xi_1 \mathrm{d}\xi_2 \cdot n_i$$
$$(i = 1, 2, 3) \qquad (4\text{-}94)$$

$$M = \sum M_1 = \sum \iint \mu p(\xi_1, \xi_2) R \mathrm{d}\xi_1 \mathrm{d}\xi_2 \cdot n_i$$
$$(i = 1, 2, 3) \qquad (4\text{-}95)$$

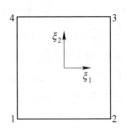

图 4-62　接触区中任一单元

有限元法和边界元法一样，也是一种先进的数值方法。本节主要采用 LS-DYNA 有限元软件模拟楔横轧轧制过程，并计算出轧制压力和轧制力矩。用有限元法计算轧制压力和轧制力矩大致分为以下三个步骤，即前处理、求解计算和后处理。图 4-63 是整个计算过程的流程图。

前处理部分的主要工作是：确定轧辊及轧件的工艺参数、模型、生成轧件模型、施加轧辊和轧件的边界条件。

前处理工作完成后会生成一个包含所有模型信息的文件，即 K 文件，对此文件进行适当的编辑后，就可用 LS-DYNA3D 求解器求解。

求解完成后，进入 ANSYS 软件的后处理器就可以得到轧制过程中的力能参数信息。

下面以计算 H1400 大型楔横轧机轧制压力和轧制力矩为例，说明采用有限元法确定轧制压力和轧制力矩的具体步骤。图 4-63 为轧制压力有限元计算框图。

4.3.3.1　有限元计算模型的建立

楔横轧成形过程是一个非常复杂的大弹塑性变形过程，既有径向压缩和轴向延伸，又存在横向扩展。它不但存在材料和几何非线性，而且其边界条件也很复杂。建立有限元分析模型时，只有充分考虑上述多种因素，才能得到成形过程比较真实的描述。由于轧辊的刚度较大，弹性变形

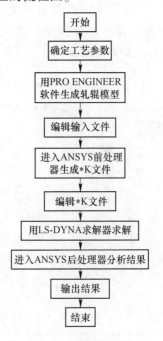

图 4-63　轧制压力有限元
计算框图

较小而可忽略，故将轧辊视为刚体；轧件成形属连续局部大弹塑性变形过程，故将轧件视为弹塑性体。楔横轧轧制中轴向力在轧件和轧辊允许最上限自相平衡，为了能够分析轧制过程中轧件承受轴向力的变化规律，将轧件取一半，并在对称面上给予轴向位移约束。

4.3.3.2　计算参数确定

根据轧制压力和轧制力矩的影响因素，在轧制工艺允许条件下，轧件尺寸取较大、成形角较小、展宽角较大、断面收缩率60%左右计算得到轧制压力和轧制力矩最大。故确定允许最大轧制压力和轧制力矩最大正常轧制压力和轧制力矩的计算参数见表4-2。

表4-2　轧制压力和轧制力矩计算参数

工　况	成形角 /(°)	展宽角 /(°)	端面收缩率 /%	轧件尺寸 /mm	轧制温度 /℃
允许最大（No.1）	22	9	60	150	1000
最大正常（No.2）	28	10	55	150	1050

利用有限元模型计算轧制过程中轧制压力和轧制力矩（双辊）随时间变化关系，如图4-64所示，由此得到H1400楔横轧最大轧制压力和轧制力矩（单辊），见表4-3。

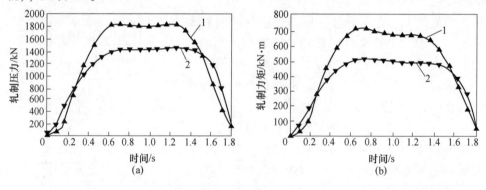

图4-64　轧制压力和轧制力矩变化图

（a）轧制压力；（b）轧制力矩

1—No.1；2—No.2

表4-3　H1400楔横轧机轧制压力和轧制力矩

允许最大轧制压力 /kN	最大正常轧制压力 /kN	允许最大轧制力矩 （单辊）/kN·m	最大正常轧制力矩 （单辊）/kN·m
1800	1400	355	240

4.3.4　楔横轧力能参数的影响因素

楔横轧工艺参数与力能参数之间存在着密切而复杂的关系，也是影响楔横轧力能参数的关键因素。由测试结果可知，小断面收缩率（通常50%以下）下楔横轧模具是否脱空对轧制压力大小有直接的影响。为了消除轧件已轧部分与辊面接触产生的附加轧制压力的影响，本节将模具在脱空情况下，对展宽角 β、成形角 α、断面收缩率 ϕ 及轧件尺寸 d_0 对力能参数的影响进行有限元模拟和理论分析。

4.3.4.1 展宽角的影响

轧制过程中各种展宽角下力能参数的变化如图 4-65 所示。可以看出，在楔入段，各力能参数急剧增大，在楔入段结束时，达到最大值；展宽角各力能参数比较稳定。随着展宽角的增大，径向力和切向力增加，轴向力减小，轧制力矩增加。原因是展宽角增大使轧件变形区内金属的流动量增加，轴向压缩量增大。变形程度加大。轧件的轴向延伸受到的阻力增加，恶化了应力状态，轴向拉应力减小；另外，轧件沿径向方向发生塑性变形的轴部接触面积也随展宽角的增大而增加，所以径向力、切向力和轧制力矩均因展宽角的增大而增大。随着展宽角的增大，轧件沿轴向方向产生塑性变形的肩部面积减少，金属的轴向流动趋势减弱，轧件沿轴向方向发生塑性变形的轴部接触面积增大，与金属流动方向相反的摩擦力增大，导致轴向力减小。所以轴向力随展宽角的增大而减小。

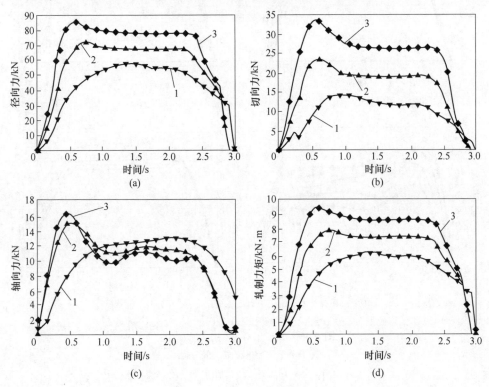

图 4-65 展宽角对力能参数的影响

（$\alpha=25°$，$\varphi=50\%$，$d_0=50\text{mm}$）

（a）径向力；（b）切向力；（c）轴向力；（d）轧制力矩

1—4°；2—8°；3—12°

4.3.4.2 成形角的影响

轧制过程中不同成形角下力能参数变化如图 4-66 所示。可以看出，在楔入段，各力能参数急剧增大，在楔入段结束时，达到最大值；展宽段各力能参数比较稳定。随着成形角的增大，径向力、切向力和轧制力矩成小，轴向力增加。因为成形角增大，使轧件轧制区金属的轴向流动量增加，径向流动量减小，金属轴向延伸阻力减小，金属产生塑性流动所需轧制压力减小；同时，轧制接触内轧件沿径向方向发生塑性变形的轴部接触面积减少，这两方面的综合作用使径向力、切向力和轧制力矩都减少。对轴向力而言，由于成形角的增大，作用于接触面上正压力的轴向分力增加，轴向流动的金属量增加，所以轴向力增加。

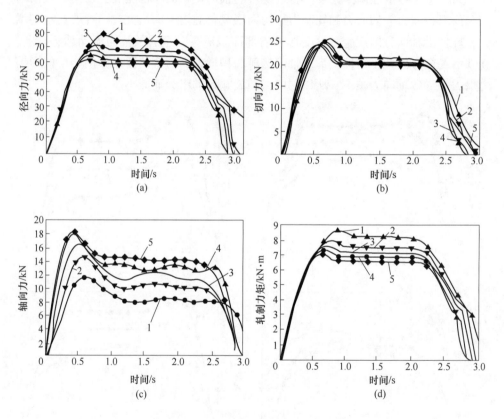

图 4-66　成形角对力能参数的影响

($\beta = 8°$，$\varphi = 50\%$，$d_0 = 50\text{mm}$)

(a) 径向力；(b) 切向力；(c) 轴向力；(d) 轧制力矩

1—18°；2—22°；3—25°；4—28°；5—32°

4.3.4.3 断面收缩率的影响

轧制过程中断面收缩率对力能参数影响如图 4-67 所示。可以看出，断面收缩率对力能参数的影响比较复杂，径向力、切向力和轧制力矩首先表现为随断面收缩率的增加而增大。当断面收缩率达到一定数值后，又随断面收缩的增加而减小；轴向力随断面收缩率的增加而增大。

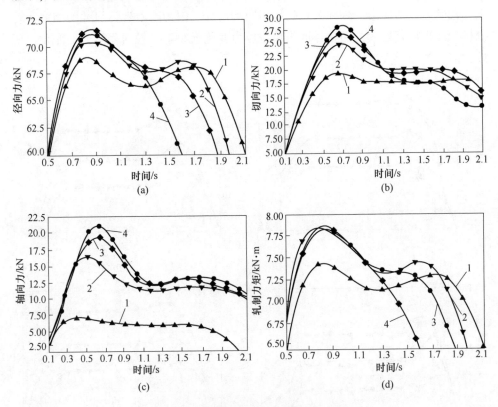

图 4-67　断面收缩率对力能参数的影响

（$\alpha = 25°$，$\beta = 8°$，$d_0 = 50\text{mm}$）

（a）径向力；（b）切向力；（c）轴向力；（d）轧制力矩

1—30%；2—50%；3—60%；4—70%

由楔横轧轧制过程中轴向压缩量 S_1 和斜面投影长度 S_0 得，断面收缩率的增大为

$$\begin{cases} S_1 = \pi(R_0 - \Delta H \cdot \xi)\tan\beta \\ S_0 = \Delta H/\tan\beta \end{cases}$$

式中，$\xi = 0.5$；R_0 为轧件轧前半径；ΔH 为绝对压下量。

使轴向压缩量 S_1 减少，从而使压缩量 Z 值减小；另外，当由 $S_1 > S_0$ 向 $S_1 = S_0$ 方向过渡时，压下量 Z 又随断面收缩率的增大而增大。因此存在一个临界值 $\Delta H'$，当 $\Delta H < \Delta H'$ 时，径向力、切向力和轧制力矩随断面收缩率增大而增加；

当 $\Delta H > \Delta H'$ 时随断面收缩率增大而减小。

4.3.4.4 轧件尺寸的影响

轧件尺寸对力能参数的影响如图 4-68 所示。可以看出，随着轧件尺寸的增大，径向力、切向力、轴向力和轧制力矩均增加。因为随着轧件尺寸的增大，轧制接触面积显著增大，而接触面内单位压力变化远小于接触面积增大的变化，所以力能参数均增大。

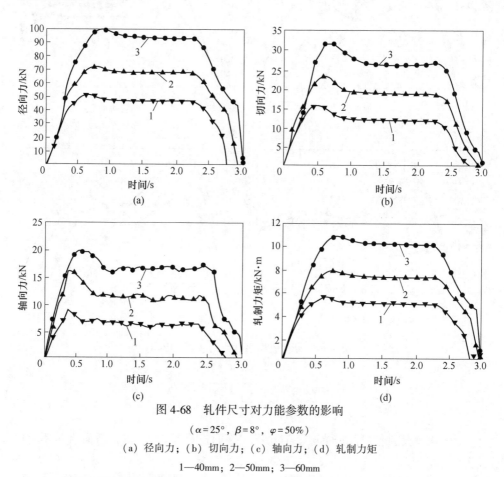

图 4-68 轧件尺寸对力能参数的影响

$(\alpha = 25°, \beta = 8°, \varphi = 50\%)$

（a）径向力；（b）切向力；（c）轴向力；（d）轧制力矩

1—40mm；2—50mm；3—60mm

4.3.5 力能参数影响因素分析

通过上述对楔横轧力能参数影响因素的实验研究与理论分析可知，各影响因素在不同程度上影响着楔横轧的力能参数，且实验与理论分析结果一致。为了得到各影响因素对楔横轧力能参数的影响主次，本文引入无量纲量影响因子 λ 和影响系数 η，且定义为

$$
\begin{cases}
\lambda = \dfrac{X_i}{X_0} \\[2mm]
\eta = \dfrac{Y_i}{Y_0}
\end{cases}
\tag{4-96}
$$

式中　X_i——影响因素值;

　　　X_0——影响因素初值;

　　　Y_i——力能参数值;

　　　Y_0——力能参数初值。

综合上述分析结果,得到影响因子对力能参数的影响,由此可以得到如下结论。

(1) 影响楔横轧力能参数的四个因素中,轧件尺寸影响最大,其次是成形角和展宽角,而且成形角比展宽角的影响要大,断面收缩率对力能参数影响较小。

(2) 对于轧制压力和轧制力矩而言,随轧件尺寸和展宽角的增大而增大,随成形角的增大而减小。断面收缩率对其影响表现为在模具辊面脱空情况下随断面收缩率的增加而增大,当断面收缩率达到一定数值后,又随断面收缩率的增加而减小;在模具辊面不脱空情况下随断面收缩率的增加而减小。轴向力随轧件尺寸、成形角和断面收缩率的增加而增大;随展宽角的增大而减小。

(3) 小断面收缩率(通常50%以下)下模具辊面脱空,可以显著减小附加轧制压力。

参 考 文 献

[1] 胡正寰. 楔横轧理论与应用 [M]. 北京:冶金工业出版社,1996.

[2] 胡正寰. 斜轧与楔横轧原理、工艺及设备 [M]. 北京:冶金工业出版社,1985.

[3] 胡正寰. 楔横轧零件成形技术与模拟仿真 [M]. 北京:冶金工业出版社,2004.

[4] 束学道. 楔横轧理论与成形技术 [M]. 北京:科学出版社,2014.

[5] 束学道. 楔横轧多楔同步轧制理论与应用 [M]. 北京:科学出版社,2011.

[6] 采里柯夫,斯米尔诺夫. 机器制造中的横轧 [M]. 北京:中国工业出版社,1964.

5 螺旋孔型轧制技术

5.1 概述

5.1.1 引言

螺旋孔型轧制是斜轧技术之一，基本方法是用斜轧机的轧辊加工出螺旋状的沟槽或凸起，其断面可以是半圆形、梯形或其他形状，从而使变形区形成螺旋状的孔型。在轧制过程中，轧辊使轧件螺旋前进，金属逐渐充满孔型，进而得到所需要的轧件。该项技术主要用于钢球、麻花钻头和羽翎翅片管的轧制生产，也可以用来生产各种环件产品，见表5-1。

表5-1 螺旋孔型轧制的产品种类

实心体	简单外形	球类件 [见图5-1 (a)]
		柱状回转体 [见图5-1 (b)]
		筒类、锥套类回转体 [见图5-1 (c)]
	复杂外形	成品，如滚铣刀坯 [见图5-1 (d)]
		异形件，如备坯 [见图5-1 (e)]
环形件	光环件 [见图5-1 (f)]	包括固定芯棒轧制 [见图5-1 (g)] 和浮动芯棒轧制两种类型
	异形环件 [见图5-1 (h)]	
螺旋面件	实心件，如螺纹、蜗杆、钻头等	
	空心件、翅片管等	
螺旋孔型轧制产品，如麻花钻头等		

20世纪50年代，苏联、日本、美国等国采用螺旋孔型轧制技术高效率生产钢球、丝杠等产品（包括冷、热轧和空、实心零件），取得了显著的经济效益。我国从20世纪60年代开始利用该技术生产球磨机钢球。70年代开发了单孔型工艺、深浅孔型工艺、多头轧制工艺及相应的设备和轧辊，使该技术得到较快的发展。

螺旋孔型轧制所使用的设备主要是二辊式或三辊式斜轧机，利用辊型的变化来生产不同形式的产品。其传动方式有单辊传动、多辊传动和轧辊自由传动等不

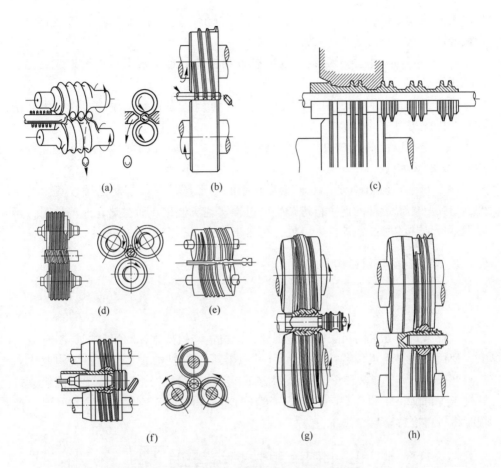

图 5-1　螺旋孔型轧制的成形方式

同形式，也有一些特殊形式的轧机，如麻花钻头轧机、行星式管料切断轧机等。

螺旋孔型轧机可以实现单机自动化生产，如翅片管轧机等，生产线的组成包括上料装置、加热用自动输送机构、自动推料入料装置、轧机和出料分选装置，还有淬火或冷却装置等。

螺旋孔型轧制也可以由几台轧机组成生产线进行自动化连续生产。由于生产线的效率很高，配套的各个辅助装置也应该有很高的生产效率，如加热炉、芯棒装取、冷却和输送装置等。

5.1.2　螺旋孔型轧制特点

螺旋孔型斜轧的轧辊轴线不平行，而是交叉的，工作时各轧辊绕自轴作同向旋转，由轧辊和轧件的接触摩擦力带动轧件旋转前进。圆棒矫直和无缝钢管的轧制，轧辊为曲面光辊，不需要相位调整，都是最简单的螺旋轧制。轧辊上所表现出来的螺旋形凸棱，组成孔型，可以轧制成球形、柱、锥台和球台及其组合件。螺旋轧制特点可归纳为如下几点。

（1）生产率高。由于螺旋轧制可以采用长棒坯连续成形，连续出成品，生产率很高。

（2）节约原材料。采用螺旋轧制成形，可以省去软磨工序，实现少无切削加工，因此可以节约大量的原材料。

（3）产品精度高。在生产一些轧件过程中，精度可以达到 7 级，表面粗糙度达到 $R0.8$。

（4）易于机械自动化。由于螺旋轧制的变形压下量靠螺旋凸棱模具，而工件进给又是轧辊带动的连续行进，生产过程实现机械化。而在热轧或温轧时，可以把感应加热线圈放在轧件入口处，更易于实现。

5.1.3 螺旋孔型轧机结构形式

5.1.3.1 机架

A 二辊卧式穿孔机的机架

二辊卧式穿孔机的机架一般是剖分式，机盖与机架本体间用拉杆斜楔连接。

现代二辊斜轧机机架特点是：（1）以液压锁紧机构或气动偏心机构取代人工斜楔锁紧，如图 5-2 和图 5-3 所示。（2）装设开盖机构，以便换辊时能快速打开机盖。目前有两种方式：铰接式，液压缸将机盖旋转至直立位置；移开式，换辊时将机盖推移至后台设备上方。

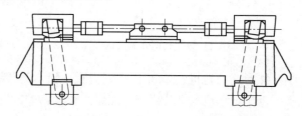

图 5-2 140 立式穿孔机液压机盖锁紧机构示意图

B 二辊立式穿孔机的机架

机架由二片牌坊、下部连接梁、机盖组成。为提高机架的刚性，用预应力螺栓将牌坊、连接梁固紧在一起。牌坊、机盖间连接如图 5-3 所示。牌坊立柱上固装了四组十六块弧形滑板，以支撑转鼓。为便于吊装转鼓，每组弧形滑板弧的直径自上而下递减 5mm。

较大型钢球轧机的主要结构与螺旋孔型轧机的结构基本相同，如图 5-4 所示。4 个立柱、上横梁和底座由上下各 4 个拉杆组装在一起构成轧机的机架。立柱和底座为铸钢件，横梁采用焊接结构。

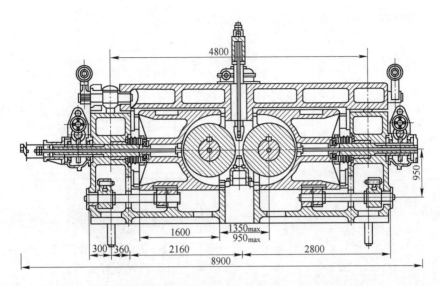

图 5-3 苏联制造的穿孔机工作机座（单位：mm）

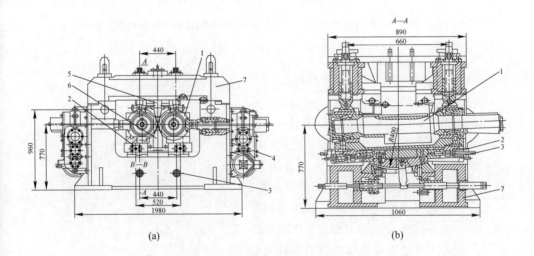

(a)   (b)

图 5-4 穿孔机式螺旋孔型轧机的主机座（单位：mm）

（a）主视图；（b）侧视图

1—轧辊装置；2—轴向调整机构；3—轧辊送进角调整机构；4—轧辊径向调整装置；

5，6—导板装置；7—机架部件

5.1.3.2 轧辊系统

轧辊系统由轧辊、轧辊轴、轴承箱、连接板等组成。两个轧辊部件分别放置在转鼓滑槽内，如图 5-5 所示。有的穿孔机轧辊轴承直接装在转鼓镗孔内，以减小转鼓、机架尺寸，提高机架刚度。

钢球轧机的轧辊装置（见图 5-6）被安装在一个转鼓上，调整轧辊的送进角时，转鼓在横梁和底座之间旋转，带动轧辊调整到要求的角度。

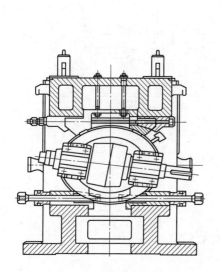

图 5-5　卧式穿孔机工作机座图

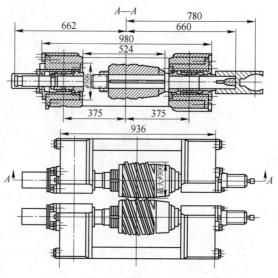

图 5-6　螺旋孔型轧机的轧辊装置（单位：mm）

5.1.3.3　调整机构

A　二辊卧式穿孔机的调整机构

（1）轧辊侧压调整机构（见图 5-7）。侧压调整机构的作用是按工艺要求对称于轧制线调整两轧辊间距，电动机经蜗轮蜗杆减速后驱动两根侧压丝杆。为保证同步调整，侧压丝杆间有连接齿轮。为实现单独调整，右边齿轮内设有齿形离合机构。轧辊采用弹簧平衡，为保持弹簧平衡力恒定，中间齿轮内设有螺母，可使支撑弹簧的空心丝杆随侧压丝杆同步移动。有的穿孔机仅设一根侧压丝杆，如图 5-6 所示。有些大型穿孔机的侧压机构直接装在转鼓尾端。

（2）送进角调整机构。转动转鼓便可调整轧辊送进角。100 穿孔机是由手动螺杆使转鼓在弧形底座上转动的，如图 5-7 所示。还可采用在转鼓上装设齿圈（见图 5-6）或电动链条机构转动转鼓。送进角调整好后，需保持固定。为此，设置

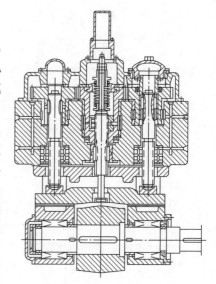

图 5-7　100 穿孔机轧辊部件及轧辊调整机构

了转鼓固定（压紧）装置，它由弧形压块、斜楔、螺杆等组成，如图 5-4 *B—B* 所示。

（3）导板调整机构。导卫工具直接参与金属变形，其装置应满足上下导板间距可调，结构牢固可靠，更换方便。100 穿孔机的上导板是由杠杆固定在支架上的，如图 5-7 所示。电动机经蜗轮蜗杆减速后带动丝杆使支架在机盖滑槽内移动，实现调整。下导板高度用垫板调整。

B　二辊立式穿孔机的调整机构

（1）轧辊调整机构，如图 5-8 所示。上辊调整机构由电动机、蜗轮减速机（二级）、压下螺丝等组成。整套机构固装在机盖上。下辊调整机构的组成与上辊调整机构类似，仅安装位置有所区别。为避免冷却水淋着，电动机及蜗轮减速机（一级）安装在工作机座外侧的基础上，再通过球铰接轴、蜗轮减速机（一级）传动压上螺丝。压下（上）螺丝经球面垫（装在螺丝头部）压紧转鼓。上辊压下螺母处设有压力传感器，可在线监测轧制力。上下辊调整机构均设有一套监控装置，用于测定轧辊调整量，并在轧辊到达预定位置前将电流频率从 50Hz 切换为 6Hz，使调整精度达到 ±0.1mm。

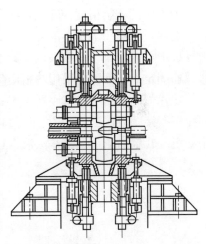

图 5-8　立式穿孔机剖面示意图

采用液压平衡时，上下辊平衡液压缸分别与机盖、连接梁铰接。活塞杆头部为 T 形，倒勾着转鼓，平衡液压缸缸体与机盖或连接梁间铰接一小液压缸，用于换辊时使平衡液压缸脱离转鼓。

（2）送进角调整机构（见图 5-9）。送进角调整机构包括以下两套装置。

1）推进装置（由带减速齿轮的电动机、蜗轮减速机、丝杠等组成）。为使转鼓带着轧辊绕机架垂直中心线转动，转鼓镶有八块钢滑板，其直径、位置与机架的弧形滑板相应。

2）锁紧液压缸，待推进装置的丝杆定位后锁定转鼓。牌坊立柱孔内装有顶杆，顶杆的一端经螺纹、销轴与丝杆或活塞杆相连，另一端经球面

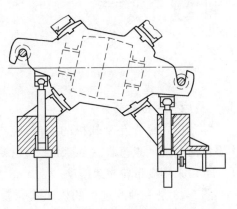

图 5-9　立式穿孔机送进角调整机构示意图

垫（装在顶杆上）顶着转鼓钩形挂耳。这套调整机构优点是：调整快速灵便；换辊时本机构无需任何拆装，便于加工、维修。

　　钢球轧机机架的两侧有轧辊压下装置，用于调整辊缝。压下装置由电动机通过蜗轮蜗杆减速器带动前后两个压下螺丝，使轧辊做径向调整。两个减速机构之间有离合器，可以使前后的压下螺丝同时或单独压下，以使轧辊的前后辊距不等，满足轧制工艺要求。

　　为了保证轧制精度，轧辊还设有轴向调节机构。在两个轧辊之间安装上下导板。上导板固定在上横梁的支架上，上导板的调整使用螺旋压下机构手动完成。上导板也可以用 4 个螺钉来调整其水平面。下导板固定在底座上，用燕尾槽和压紧螺栓固定，高度位置采用垫板调整，如图 5-10 所示。

　　翅片管轧机的工作机座如图 5-11 所示，轧辊座安装在杠杆上，3 个轧辊之间用拉杆铰接，以保证同步压下和抬起。拉杆上有一偏心套，用以调节轧辊之间的中心距。轧辊的压下调整是由液压缸通过杠杆机构实现的。

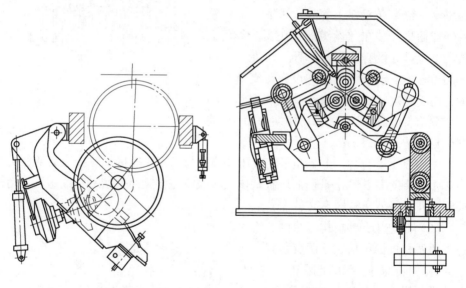

图 5-10　导盘装置示意图　　　　　图 5-11　高翅片管轧机工作机座

5.1.3.4　传动装置

　　穿孔机式螺旋孔型轧机的主传动（见图 5-12）与无缝钢管穿孔机组类似，主要包括电机、减速器、主接手、齿轮箱和万向接轴。对于一些小型螺旋孔型轧机，可以采用皮带轮减速传动。

　　图 5-13 是一种改进型的机床式螺旋孔型轧机，该轧机全部采用齿轮传动，取消万向接轴，将传动机构与主机座布置在一起，结构紧凑，操作观察更加方

便。图 5-14 是机床式螺旋孔型轧机的传动简图。

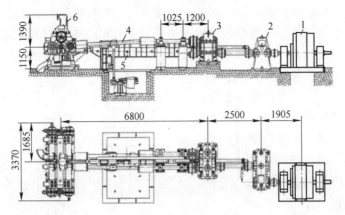

图 5-12　穿孔机式螺旋孔型轧机组成（单位：mm）

1—主电机；2—减速器；3—齿轮座；4—万向连接轴；5—受料台；6—工作机座

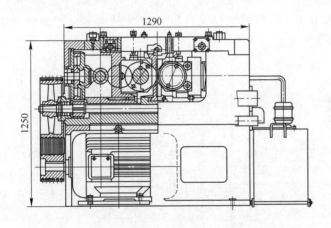

图 5-13　机床式螺旋孔型轧机

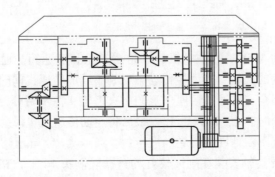

图 5-14　机床式螺旋孔型轧机传动简图

　　钢球轧机的主传动包括主电机、联合减速箱、万向接轴及其平衡装置。轧辊分别由两根万向接轴传动。万向接轴的长度和中心距决定于坯料的最大长度。而坯料的最短长度则取决于轧辊的最大送进角。在轧辊的轴端与万向接轴之间有齿接手相连接，通过齿接手可以调整轧辊的相位角，这一点对于螺旋孔型轧制是十分重要的。万向接轴之间安装受料台（轧机前台），气动推杆将加热的坯料通过导套推入辊缝，然后轧件便被咬入轧制。球磨钢球轧出后马上落入机后的水槽淬火冷却，再由刮板输送机将其输送到另一个料斗中。

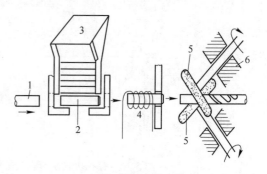

图 5-15　钻头轧机构成示意图
1—送料装置；2—坯料；3—料斗；
4—感应加热器；5—轧辊；6—后座

　　钻头轧机的构成与传动机构如图 5-15 和图 5-16 所示。轧机由机身、后座、轧制头、传动系统、料斗和送料装置组成。工件的加热采用 30kW 高频加热装置。

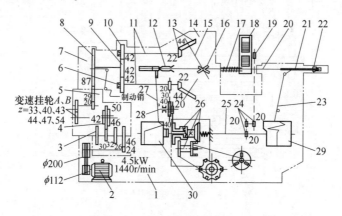

图 5-16　钻头轧机传动机构简图
（序号说明见正文）

　　传动系统包括 4.5kW 的主电机、三角皮带轮和变速箱。通过移动变速箱内的中间齿轮和箱外的挂轮变换使主传动轴得到不同的转速，同时利用齿轮 5 与后座 7 上的齿轮 8 啮合，再通过后座 7 上的中央齿轮 9 将扭矩分配到周围的 4 个对称设置的齿轮 10 和轴 11、锥齿轮 13，最后将运动传递给 4 根扇形板（轧辊）轴上，使其能够连续不断地同步旋转。

　　扇形板（轧辊）轴安装在刚性较好的铸铁轧制头 14 上，在轧制过程中，通过安装在轴 11 和轴 28 上的一组链轮和一套由马氏轮组成的间歇机构 26 实现机身 1 上的分配轴 25 的间歇运动。更换轴 28 上的链轮，可以得到不同周期的间歇运动，从而使送料周期能够适应不同的轧制节奏。进料凸轮 29 通过摆杆 23 控制带有弹性保险装置 22 的推杆 20，沿导向装置 21 进行送料。出料凸轮 30 通过摆杆 27 控制装在铸铁轧制头 14 中心孔内的接料活动套管 12，将轧制好的钻头推出轧机。

接料活动套管 12 的中心与 4 块扇形块构成的轧制孔型中心重合。通过分配轴 25 及一组链轮 24、链轮 19 将运动传给安装在轧机右上方料斗上的拨料轮，以防止坯料在料斗中滚下时形成拱形而被卡住。

翅片管轧机的轧辊由电动机通过齿轮机座、万向接轴传动，3 个轧辊同向转动，有一个相同的送进角，送进角即为翅片管的导程角。轧制采用固定芯棒，对于厚壁翅片管，可以不用芯棒轧制。此外可以采用轧辊公转的轧制方式，工件只做轴向送进，这种行星式高翅片管轧机用来生产特长的翅片管。

5.2 螺旋孔型轧制成形原理

5.2.1 螺旋孔型斜轧时金属成形过程

螺旋孔型斜轧时金属的成形过程是将加热的坯料沿轧辊轴向送入螺旋辊间，坯料被咬入到一对（或三个）同向旋转的轧辊内，用导板使坯料限制在轧制位置上，由于轧辊螺旋孔型与芯棒（轧制环状件时）间的压缩作用，坯料沿固定芯棒呈螺旋式前进，同时被压缩成所要求的形状和尺寸的轧件，轧件由连皮连成一串或呈单个形式。其轧制变形过程如图 5-17 所示。

金属在螺旋孔型中逐步被压缩的过程如图 5-18 所示。

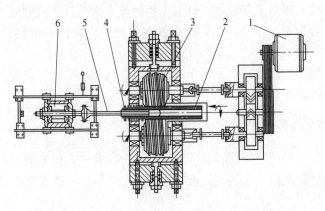

图 5-17　圆锥轴承内环轧制变形过程示意图

1—电动机；2—管坯；3—轧辊；4—轧件；5—顶杆；6—小车

从金属塑性变形的角度看，螺旋孔型斜轧空心的回转体类零件时，其金属的变形可分为三个阶段。

（1）用螺旋孔型轧辊的咬入锥部咬入坯料。

（2）在成形段孔型内，在轧辊、芯棒和导板的作用下，使坯料成形。

（3）在孔型精整段，精整、轧准轧件的形状和尺寸，并消除轧件

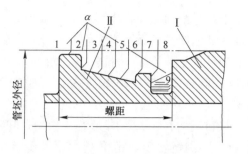

图 5-18　轧制成形过程示意图
Ⅰ—管坯；Ⅱ—轧件；α—轧辊成角

在成形段孔型内形成的椭圆度及压缩两零件之间的连皮，使之达到设计要求的厚度。如为切断轧制，此段孔型还有进一步切离轧件和精整轧件端面的作用。

轧件在轧辊收入锥部被咬入时，只是其径向受到压缩，使其沿轴向延伸和因切向变形而引起的椭圆。坯料被轧辊的成形孔型段咬入之后，金属在轧辊孔型凸棱的复杂作用下，使坯料金属处在很复杂的应力应变状态，金属产生剧烈而复杂的变形过程。金属除因孔型凸棱径向压缩使金属沿轴向剧烈的流动外，还在孔型壁的作用下，沿径向和切向剧烈流动。由于轧辊凸棱径向压缩金属，但孔型壁限制金属轴向的自由流动，很大的切向变形使轧件变成椭圆。随着轧辊的旋转，压下量逐步减小，轧件又呈整圆形，到精整段孔型内，压下量已经很小，孔型只对轧件起到精整的作用。所以，经精整段孔型后，轧件终于变成圆形而轧出，也就是说，坯料在整个螺旋孔型斜轧的过程中，金属有径向、轴向和切向的流动，反映到轧件外形上，除将坯料轧制成所要求的形状和尺寸的轧件外，在轧制过程中轧件还将因两辊的压下作用而变椭圆，而且椭圆的长短轴在轧件的旋转过程中交替反复多次变比，最后轧制成形，此时已消除或大大减轻了椭圆度。

从以上的分析可以看出：螺旋孔型斜轧过程小，轧件一边旋转，一边成形、前进，即轧件一边成形，一边呈螺旋式前进。

坯料往轧辊内的进给速度，等于轧辊出口金属速度除以轧制时的坯料轴向延伸系数和轴向滑动系数。

5.2.2　坯料咬入条件

螺旋孔型斜轧时坯料被旋转着的轧辊咬入，接着进入到刻有与产品形状和尺寸相适应的螺旋孔型中，坯料一边被径向和轴向压缩，一边呈螺旋式前进，直到轧出合格的产品。

为了保证得到要求的形状和尺寸、良好的表面质量、没有内部破坏的零件，就要保证在轧制过程中，变形的金属连续的咬入到孔型中去。当金属滞后于轧辊

凸棱，则零件充填不满或有表面缺陷，如压印等。保证轧制正常进行的第二个重要条件是在孔型中的金属量不变，如果在孔型开始段咬入金属量大于零件体积，那么过剩的金属量将导致金属内部的破坏、表面折叠和内部孔腔等。

从以上叙述可以看出，螺旋孔型斜轧时，坯料的咬入可分为两个咬入过程：

（1）坯料在轧辊的咬入锥形段被咬入，使坯料径向受到压缩，由此所产生的轴向分力使坯料向轧辊的孔型段内运动；

（2）坯料被孔型部分轧辊咬入。

金属咬入必须满足以上两个条件才能得到合格的零件。现在分别讨论坯料在各咬入段的咬入情况和导出咬入条件。

要实现轧制过程和得到合格的零件，必须在轧辊的锥形咬入段顺利的咬入坯料，使坯料以相应的速度（即每单位时间进到孔型中所要求数量的金属体积）进到孔型中去，因而在轧辊锥形段必须有使轧件向轧辊内运动的足够的力才可以实现。现从作用力的观点进行讨论。

设初始作用在坯料上的推力为 Q（见图 5-19），当坯料和轧辊接触时，产生了垂直轧辊表面的压力 N 及摩擦力 T，根据力平衡条件，全部力在穿孔轴方向上的投影之和等于 0，即

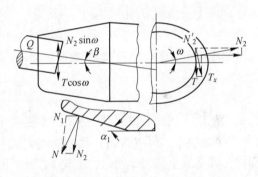

$$\frac{1}{2}Q - N_x + T_x = 0 \qquad (5\text{-}1)$$

式中　Q——外推力，N；

N_x——一个轧辊正压力在穿孔轴上的投影，N；

图 5-19　轧辊锥部作用与金属上的力示意图

T_x——一个轧辊摩擦力在穿孔轴上的投影，N。

作用在轧辊切点上的正压力 N 垂直于轧辊进口锥母线并位于通过切点和轧辊轴的平面中。

正压力在轧辊轴上的投影

$$N_1 = N\sin\alpha_1$$

该力在穿孔轴方向上的投影

$$N_1' = N\sin\alpha_1\cos\beta$$

正压力在垂直于轧辊轴线的分力

$$N_2 = N\cos\alpha_1$$

在穿孔轴方向上的投影

$$N_2' = N\cos\alpha_1\sin\beta\sin\omega$$

作用在一个轧辊上的正压力在穿孔轴线上的投影取决于 $N_1' + N_2'$ 的总和。

$$N_x = N(\sin\alpha_1\cos\beta + \cos\alpha_1\sin\beta\sin\omega)$$

式中 α ——轧辊锥形部分母线锥角；

　　　　β ——轧辊轴与轧件轴之间夹角；

　　　　ω ——正压力垂直于轧辊轴之分力方向与轧辊之间的夹角。

切于轧辊与金属接触点处圆周上作用的摩擦力

$$T = \mu N$$

式中 μ ——摩擦系数。

摩擦力在穿孔轴上的投影

$$T_x = T\cos\omega\sin\beta = \mu N\cos\omega\sin\beta$$

将 N_x、T_x 代入式 (5-1) 中，得

$$Q = 2N(\sin\alpha_1\cos\beta + \cos\alpha_1\sin\omega\sin\beta - \mu\sin\beta\cos\omega)$$

若不加外推力就能顺利咬入时，必须

$$\sin\alpha_1\cos\beta + \cos\alpha_1\sin\omega\sin\beta - \mu\sin\beta\cos\omega \leqslant 0$$

实际上，角度 α_1 和 β 很小，所以

$$\cos\alpha_1 、\cos\beta \approx 1$$

角度 ω 也很小，经数学变换后可得

$$\frac{\sin\alpha_1}{\sin\beta} + \sin\omega \leqslant \mu \tag{5-2}$$

就是说，能充分满足式 (5-2) 方能在无外推力的情况下，顺利咬入毛坯。

从式 (5-2) 可以看出：凡是能增大式 (5-2) 中 μ 值的因素均有利于咬入，同样，凡是减小式 (5-2) 左边部分的因素也有利于坯料的咬入。

但是，一般热轧时 $\mu = 0.2 \sim 0.4$。

当不加外推力时，角度 α_1 减小，有利于满足式 (5-2)，就有利于坯料的咬入。当增大角度 β 值，从式 (5-2) 看出可以增大坯料的咬入能力，但 β 值增大时，轧件前进速度增大，从而又降低了外摩擦系数 μ，这又不利于坯料的咬入。所以，增大角度 β 值改善坯料的咬入条件是有一定限度的。

故从变形作用力的观点看，实现坯料的顺利咬入，最有效的方法是减小角度 α_1 值和增大外摩擦系数 μ 值，或加以外推力 Q。使用外推力时，坯料在接触轧辊时有冲击作用，使在高温下有良好塑性的坯料金属被"碰扁"（使坯料直径减小），从而使角度 ω 减小，从式 (5-2) 可以看出，亦有利于坯料金属的咬入。由此可以得出：当增大轧辊直径和坯料直径之间的比例时（即增大轧辊直径，减小坯料直径），也有利于坯料的咬入。

从以上的叙述可以看出：当只有一定的压下量，从而产生一定的轧辊对金属的压力时，坯料的咬入才成为可能。

下面讨论坯料金属在螺旋孔型中的咬入情况。因等高或渐高凸棱的螺旋孔型

轧辊把毛坯金属咬入到螺旋孔型之内，所以在有螺旋孔型咬入并轧制坯料金属时，坯料金属有轴向压下量。这种轴向压缩是由轧辊上等高或渐高的螺旋凸棱造成的。

在作径向极限压缩量的结论时，根据坯料所受扭矩平衡条件，可以写出下面的关系，如图 5-20 所示。

$$\int_{r_2}^{r_1} p\mu b_x a_x \frac{\mathrm{d}x}{\cos\beta} \geqslant \int_{r_2}^{r_1} p(\sin\beta + \mu\cos\beta) b_x c_x \frac{\mathrm{d}x}{\cos\beta} \tag{5-3}$$

式中　p——金属作用于轧辊的单位压力，MPa；

　　　b_x——金属和轧辊单元接触面的宽度，mm；

　　　β——轧辊工作表面上母线斜角，(°)；

　　　μ——金属和轧辊间的摩擦系数；

　r_1，r_2——被压缩部分毛坯的最大和最小半径，mm；

　　　x——单元面积离开毛坯轴线的距离，mm。

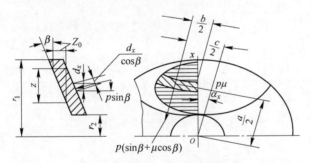

图 5-20　凸棱咬入毛坯的条件

$$a_x \approx 2x\cos\alpha_x, \quad \cos\alpha_x \approx \sqrt{1 - \frac{b_x^2}{(A - 2x)^2}}$$

$$c_x = b_x + 2x\sin\alpha_x, \quad \sin\alpha_x \approx \frac{b_x}{A - 2x}$$

式中　A——两轧辊之间的距离，mm。

光辊斜轧时，金属和轧辊接触面的宽度

$$b = \sqrt{\frac{D(Z^d + 2Z^2)}{\psi(D + d + 2Z)}}$$

再考虑到上述关系，则接触面宽度可用下式表示

$$b_x = \sqrt{\frac{(A - 2x)(Zx + Z^2) \times 2}{\psi(A + 2Z)}}$$

式中　Z——毛坯每半转的压缩量，mm。

将全部数值代入式（5-3），则可得决定轴向极限压下量的展开方程。积分此式将得到非常复杂的，而且是不能解的方程式。

为了简化问题，考虑到 Z 比 A 和 x 之值小得多，可以不计 Z^2，并认为 $A + 2Z \approx A$。

此时，式（5-3）便成为

$$\mu\sqrt{2Z\psi A}\int_{r_2}^{r_1}x\sqrt{(A-2x)x}\,\mathrm{d}x \approx (\sin\beta + \mu\cos\beta)AZ\int_{r_2}^{r_1}x\mathrm{d}x$$

因而

$$Z = \frac{\mu^2\psi}{(\sin\beta + \mu\cos\beta)^2}\cdot\frac{2}{A}\frac{\int_{r_2}^{r_1}x\sqrt{(A-2x)x}\,\mathrm{d}x}{\int_{r_2}^{r_1}x\mathrm{d}x}$$

积分分子得复杂的公式，不能供实际计算之用。

考虑到 $(A - 2x) = D$（轧辊直径）常比 x 大得多，则 $(A - 2x)$ 可写成

$$A - 2x \approx A - (r_1 + r_2) = 常数$$

积分后可得

$$Z = \frac{\mu^2\psi}{(\sin\beta + \mu\cos\beta)^2}\cdot\frac{2[A-(r_1+r_2)]}{A}\frac{4(r_1^2\sqrt{r_1} - r_2^2\sqrt{r_2})}{5(r_1^2 - r_2^2)}$$

令 $\dfrac{r_1}{r_2} = \dfrac{d_1}{d_2} = \lambda$，并考虑到 $Z_0 = Z\tan\beta$，则得

$$\frac{Z_0}{d_2} = \frac{\mu^2\psi\tan\beta}{(\sin\beta + \mu\cos\beta)^2}\left(1 - \frac{d_1 + d_2}{A}\right)\frac{4\lambda^2\sqrt{\lambda} - 1}{5(\lambda^2 - 1)}$$

采用下列符号

$$K_1 = \left(1 - \frac{d_1 + d_2}{A}\right)\frac{4\lambda^2\sqrt{\lambda} - 1}{5(\lambda^2 - 1)} \tag{5-4}$$

$$K_2 = \frac{\mu^2}{(\sin\beta + \mu\cos\beta)^2} \tag{5-5}$$

此时在毛坯每半转之内轴向极限压缩量可按式（5-6）确定

$$\frac{Z_0}{d_2} = \psi\tan\beta K_1 K_2 \tag{5-6}$$

为了计算方便，根据式（5-4）和式（5-5）在图 5-21 作出计算图表。

可以看出：$\dfrac{Z_0}{d_2}$ 的值也是不大的，必须满足式（5-6）才能咬入。

理论上讲，轧制时调整辊距（其本质是控制咬入压下量）就是为了要满足以上方程式。

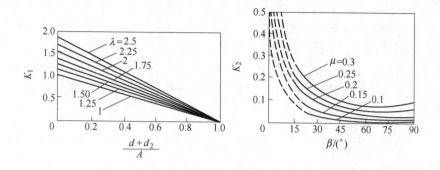

图 5-21　确定系数 K_1、K_2 的图表

从上述可知，为了实现顺利的咬入，轧辊锥形部分必须具有较小的母线锥角 α_1；有较大的外摩擦系数 μ；有适当的轧辊倾角 β；控制咬入压下量，既不能过小，又不能过大而超过极限值。为了实现顺利咬入，必要时应加以外推力 Q。

如钢球轧制，在坯料刚接触到孔型的凸棱时，坯料仅在径向受到压缩，此时接近坯料端部的外侧面出现金属的堆集，随着凸棱压缩金属使其直径减小并沿轴向流动。这时凸棱宽度的变化应该与连接颈的延伸相适应，否则，连接颈将受到压缩或者拉伸。

我们已经明白，在螺旋孔型中零件的成形主要靠轧辊凸棱对旋转着的坯料逐渐地给以压下量来保证。坯料每半转内允许的最大压下量主要取决于坯料的咬入条件。所以，坯料的旋转应该是使作用于坯料上的扭矩平衡。

坯料上作用有如下的力矩，如图 5-20 所示。为保证坯料的咬入和旋转，应该满足以下条件：

$$M_1 \geqslant M_2 + M_摩 + M_惯$$

M_1 与 M_2 之间的比值取决于坯料每半转内的压下量（z），这样，为了保证坯料的咬入，压下量不应超过允许值。

在稳定轧制过程中，$M_惯 = 0$，如果忽略 $M_摩$，那么，允许的压下量值也可由下式确定

$$\frac{z}{d} = \frac{\mu^2}{\xi^2\left(1 + \dfrac{d}{D}\right)}$$

式中　d ——轧制坯料直径，mm；

　　　μ ——金属与轧辊间的摩擦系数；

　　　ξ ——考虑坯料椭圆度的系数；

　　　D ——轧辊直径，mm。

可以看出：随着摩擦系数和轧辊直径的减小及随着椭圆度的增大，坯料的极

限压下量减小。在螺旋孔型中斜轧形状复杂的零件时，问题的解决就比较复杂。

在设计螺旋孔型斜轧工艺过程时，实际上就是要制定出合理的轧辊直径和坯料直径之间的比值，和孔型凸棱升高的激烈程度，后者保证正常的咬入条件和坯料在变形过程中的旋转。实验指出：在螺旋孔型中斜轧时，窄凸棱轧制相对地讲不容易使坯料产生内部破坏，不产生坯料内部破坏的临界压下量随着凸棱宽度的增加而减小。

试验证明，当 $\dfrac{a}{d_{\text{颈}}} \leqslant 1$ 时，坯料允许有很大的压下量和顺利的咬入。a 为凸棱宽度，$d_{\text{颈}}$ 为连接颈直径。

螺旋孔型斜轧时，影响金属内部破坏的主要因素如下：

(1) 坯料每半转内的压下量；

(2) 孔型凸棱的宽度；

(3) 在坯料压缩部分的应力；

(4) 轧制温度；

(5) 轧辊旋转速度；

(6) 金属轴向流动的困难程度和孔型中是否具有过剩金属。

5.2.3 螺旋孔型斜轧时轧件的运动

螺旋孔型斜轧在轧制过程中，轧件呈螺旋式前进，即一边旋转，一边向前运动。

轧制时，毛坯接触到轧辊的锥形段之后，轧辊与坯料之间产生摩擦力，在该摩擦力矩的作用下，轧件获得旋转运动。同时由于轧辊对坯料轴线有倾角，因而轧辊对坯料作用有轴向分力，使坯料获得轴向运动。

在轧辊咬入锥部任一点上速度情况，如图 5-22 所示。

假如轧辊与轧件的任意接触点为 B，轧辊这一截面的圆周速度为 W_B，该速度可分解出两个分量 V_B 和 u_B，则

$$V_B = W_B \cos\beta = \frac{\pi D_B n_B}{60}\cos\beta \qquad (5\text{-}7)$$

$$u_B = W_B \sin\beta = \frac{\pi D_B n_B}{60}\sin\beta \qquad (5\text{-}8)$$

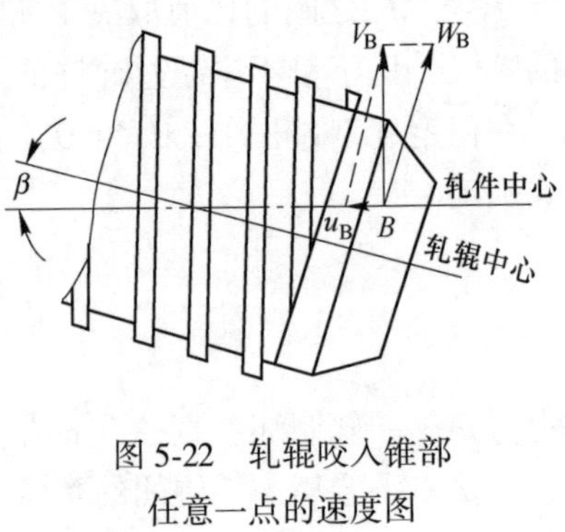

图 5-22 轧辊咬入锥部
任意一点的速度图

式中　V_B ——切于坯料旋转方向之分量，mm/s；

u_B ——沿坯料轴向之分量，mm/s；

D_B ——所讨论的金属与轧辊接触点处轧辊的直径，mm；

n_B——轧辊每分钟转数，r/min；

β——轧辊轴与轧件轴之间的夹角，(°)。

在未接触到孔型壁之前，如果不考虑轧辊与轧件之间的滑动，则 u_B 即为轧件向前直线运动的速度；V_B 即为坯料旋转的切线速度。轧件因有 u_B、V_B 而呈螺旋式前进。

坯料被咬入孔型内之后，由于孔型壁的作用，坯料金属有径向和轴向压缩，高低不等的孔型壁对轧件的螺旋运动（尤其是旋转速度）的速度值虽有所影响，但轧件螺旋运动的形式仍然不变。

坯料的实际进给速度等于轧辊出口金属的速度除以轧制时的轴向滑动系数和坯料的延伸系数。

当坯料被咬入孔型中之后，金属与孔型壁任一点相接触的部分，一方面有旋转运动，一方面有跟随由于相对于孔型壁这一点的空间位置向前运动而运动。也就是说，坯料咬入初始阶段被"卡截"在孔型中的那部分金属，由于轧辊的旋转作用而呈旋转运动；同时，由于孔型是呈螺旋式的刻在轧辊上，被"卡截"在孔型中的那部分金属便"跟随"孔型沿轴向运动。当轧辊旋转完一圈之后，被"卡截"在孔型中的那部分金属也"跟随"孔型经过了成形段孔型和精整段孔型，这样，螺旋式孔型即能轧出单个的回转体零件。

轧辊的孔型部分咬入坯料之后，轧辊继续旋转，孔型壁上的任一点向前运动的距离为螺旋孔型的一个螺距，但这并非是轧辊孔型上的这一点实际向前运动，而是指相对于孔型壁的任意一点的空间位置向前运动一个螺距。孔型壁上任意一点的空间位置向前运动时的近似轨迹展开，如图 5-23 所示。

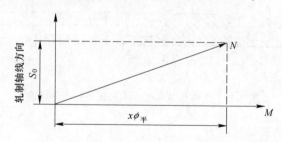

图 5-23 孔型壁上任意一点在轧辊旋转一圈中的运动轨迹展开图

在轧制过程中，参与使金属变形的芯棒如为浮动芯棒时，则芯棒随同轧件一起作螺旋式运动，并同轧件一起轧出轧辊；如为固定芯棒时，在整个轧制过程中，尽管坯料呈螺旋式运动，但固定芯棒却只有旋转运动，而无轴向运动。

5.2.4 毛坯和轧辊间的滑动

轧件与轧辊间靠摩擦力的作用而旋转，理论上轧辊每转一圈轧件所转的圈数取决于两者直径之比，但实际上，它们之间是有相对滑动的。在设计和分析问题时，知道它们之间滑动的程度是有好处的，因为轧制时，滑动对毛坯的压下量有很大的影响，因而对作用在轧辊上的压力及对咬入条件都有所影响。滑动还能影响到轧件的表面质量。

带有凸棱的孔型轧辊轧制时，因轧辊孔型与金属接触点不同位置具有不同的半径（对轧辊和轧件都是如此），因而其圆周速度和坯料的圆周速度是不同的，于是产生了金属与轧辊间的滑动。

若是此滑动过大，则金属容易粘连于轧辊孔型内，使轧件表面质量变坏，产生表面结疤或表面折叠等缺陷，粘连严重时，甚至会破坏轧制过程的顺利进行，也引起轧辊孔型的不均匀磨损，影响轧件的表面质量和尺寸精度。

如图 5-24 所示，轧辊孔型壁和被压缩的毛坯的接触线为 $ABBC$。轧辊的圆周速度在孔型壁的各点由于其旋转半径不同而不同。很明显，轧辊孔型壁的圆周速度从最小的 B 点逐渐增加到最大的 C 点，而且和轧辊的直径 $D_{辊}$ 的增大成比例，如图 5-24 右边速度图中的曲线 $V_B V_B V_C$。受压缩的毛坯的圆周速度由于相对于孔型壁的不同点到坯料自己的旋转中心距离不同而不同，坯料的圆周速度则自最大的 b 点逐渐减小到 a 和 c 点，与轧辊速度的变化正相反，如图 5-24 右边速度图中的曲线 $V_b V_b V_c$。这样，轧件和轧辊的圆周速度应该有一相同点，如图 5-24 所示的 N 点。

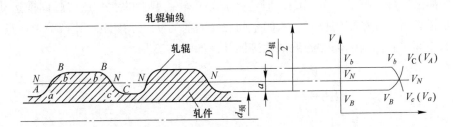

图 5-24 轧辊孔型和被压缩金属不同点的速度

点 A 处轧辊的圆周速度为

$$V_{A辊} = \frac{\pi D_{辊} n_{辊}}{60}$$

式中 $D_{辊}$ ——点 A 处的轧辊直径，mm；

$n_{辊}$ ——轧辊每分钟转数，r/min。

与孔型壁点 A 处相接触的金属 a 点的相对于自己旋转中心的圆周速度为

$$V_{坯} = \frac{\pi d_{坯} n_{坯}}{60}$$

式中　$d_坯$——坯料在 a 点处的直径，mm；

　　　$n_坯$——毛坯每分钟转数，r/min。

通过以上分析可知，轧辊孔型壁和毛坯的圆周速度有一点是相等的，即在这点轧辊孔型壁和金属之间无滑动，此即为 N 点，故

$$V_{N辊} = \frac{\pi(D_辊 - 2a)n_辊}{60}$$

$$V_{N件} = \frac{\pi(d_件 + 2a)n_件}{60}$$

式中　$V_{N辊}$——轧辊 N 点的圆周速度，mm/s；

　　　$V_{N件}$——轧件 N 点的圆周速度，mm/s。

但　　　　　　　　　　　$V_{N辊} = V_{N件}$

因此

$$n_件 = \frac{D_辊 - 2a}{d_件 + 2a}n_辊$$

轧辊凸棱顶端的滑动速度（$V_滑 = V_辊 - V_件$）为

$$V_滑 = \frac{\pi n_辊}{60}\left[D_辊 - \frac{d_件(D_辊 - 2a)}{d_件 + 2a}\right]$$

一般用毛坯实际角速度与理论角速度之比来表示滑动程度。理论角速度 $W_理$ 可用以下公式计算

$$W_理 = \frac{\pi n}{30}\frac{R}{r} \quad (s^{-1})$$

式中　n——轧辊每分钟转数；

　　　R——啮合处（即 N 点）轧辊半径，mm；

　　　r——啮合处轧件的最小半径，mm。

滑动系数为

$$\eta = \frac{W_件}{W_理}$$

式中　$W_件$——轧件实际角速度。

在螺旋孔型中轧制复杂断面轧件时，啮合半径的计算很复杂。实际上，在考虑轧制过程时，只有依靠轧件断面的最大半径，即令

$$W_件 = \frac{\pi n \eta_H}{30}\frac{R}{r_H \xi} \quad (s^{-1})$$

式中　η_H——轧件断面最大半径处的滑动系数；

　　　R, r_H——轧辊和轧件半径，mm；

　　　n——轧辊每分钟转数；

ξ——轧件断面系数，一般 $\xi = 0.7 \sim 1.0$。

根据有关资料介绍，在温度 $700 \sim 1200℃$ 时，热轧圆柱体钢坯料时，其滑动系数 $\eta = 0.90 \sim 0.95$。如在轧制钢球时（见图5-25），沿啮合线上无相对滑动。

轧辊和坯料之间所存在的速度差导致金属在孔型中的滑动。钢球的旋转速度越往中心越小，而轧辊的速度正相反，越往凸棱顶部，轧辊速度越大。金属与轧辊沿线 ABC 接触，轧辊与坯料的圆周速度只有在啮合线上（NN）是一致的，NN 线之外的所有接触点速度都不一致，由此产生金属和轧辊间的滑动，最大的滑动出现在轧辊凸棱的顶部。

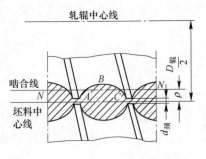

图5-25 确定金属和轧辊间滑动的图示

轧辊和坯料在啮合线上的圆周速度按式（5-9）和式（5-10）确定

$$V_{N辊} = \frac{\pi(D_辊 - 2\rho)n_辊}{60} \tag{5-9}$$

$$V_{N坯} = \frac{2\pi\rho n_坯}{60} \tag{5-10}$$

式中　$V_{N辊}$——轧辊的圆周速度，mm/s；

　　　　$V_{N坯}$——坯料的圆周速度，mm/s；

　　　　$D_辊$——轧辊的计算半径，mm；

　　　　ρ——坯料中心到啮合线距离，mm；

　　　　$n_辊$——轧辊的旋转速度，r/min；

　　　　$n_坯$——坯料的旋转速度，r/min。

但　　　　　　　　　　$V_{N辊} = V_{N坯}$

所以

$$n_坯 = \frac{D_辊 - 2\rho}{2\rho}n_辊 \tag{5-11}$$

轧辊凸棱顶部的滑动速度

$$V_\varepsilon = V_辊 - V_坯 \tag{5-12}$$

式中　$V_辊$——轧辊凸棱顶部的圆周速度，$V_辊 = \dfrac{\pi(D_辊 - d_颈)n_辊}{60}$，mm/s；

　　　　$V_坯$——坯料连接颈处的圆周速度，$V_坯 = \dfrac{\pi d_颈 n_坯}{60}$，mm/s；

　　　　$d_颈$——轧件连接颈最小直径，mm。

将 $V_辊$ 和 $V_坯$ 代入式（5-12），其中 $n_坯$ 按式（5-11）计算，则得

$$V_\varepsilon = \frac{\pi D_{辊} n_{辊}}{60}\left(1 - \frac{d_{颈}}{2\rho}\right) \tag{5-13}$$

由式（5-13）可以得出，金属与轧辊间的滑动，随着轧辊转速的增大和轧辊直径的增大而增大，而过大的滑动会导致金属在轧辊上的粘连，而使产品出现结疤、折叠、刮伤等缺陷。从式（5-13）还可以得出，减小速度差的方法可以减小轧辊转速，但这将导致生产率降低，因此，解决金属粘连的途径一般是合理选择辊径、旋转速度、轧辊材料和合适的热处理。

如轧制的轴承钢球直径 25.4 ~ 34.9mm（$1 ~ 1\frac{3}{8}''$），轧辊直径选择为 $\phi205$ ~ 230mm；钢球直径 35.7 ~ 50.8mm（$1\frac{13}{32} ~ 2''$），轧辊直径选择为 $\phi280$ ~ 300mm，这时可保证轧辊有很高的旋转速度，可达 180r/min。

轧辊可选用合金钢，淬火之后进行化学热处理——渗碳。这样处理后，轧辊孔型表面硬度为 HBC60，这个硬度保证在 450 ~ 500℃时不会降低，这样的轧辊可保证在一个重磨周期内生产直径 $\phi20$ ~ 30mm 的钢球 25 ~ 30t。

5.2.5 凸棱轧辊轧制时金属的流动

为了探讨金属在螺旋孔型内的流动情况，曾进行了如下的专门试验。在圆柱毛坯上自由压入方形凸棱，轧辊如图 5-26 所示。

孔型的总工作长度为 720°，因此，轧辊第一转时，金属在凸棱之下可反着进给方向沿轴线自由流动；而在第二转时，金属又顺着进给方向自由流动。

轧辊凸棱的螺旋升角为 2°30′，坯料为 GCr15，坯料直径为 $\phi29$ ~ 30mm。

轧件如图 5-27 所示。轧辊孔型从 0°

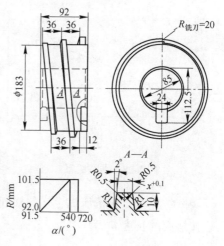

图 5-26　凸棱轧辊

变到 540°时，压缩细颈；从 540°变到 720°时，把轧件的尺寸轧准，表面的波纹轧光。这些波纹是因金属的切向流动而形成的。

根据理论分析与试验曾找出了金属的轴向位移量和细颈压缩量的关系（见图 5-28），该曲线的方程式为

$$l = 2a\ln\frac{D_0}{d} \tag{5-14}$$

式中　a——凸棱的宽度，$a = 8$mm。

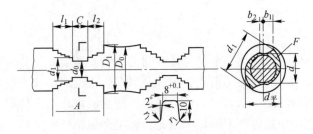

图 5-27 轧件图

了解在凸棱孔型内轧制的基本情况，对分析研究螺旋孔型斜轧是有帮助的。很复杂的孔型也可以分解成很多这种简单孔型加以考虑。

试验表明，在轧制过程中，当压缩某一部分时，金属的轴向流动常伴随径向和切向折叠产生，如图 5-29 所示。

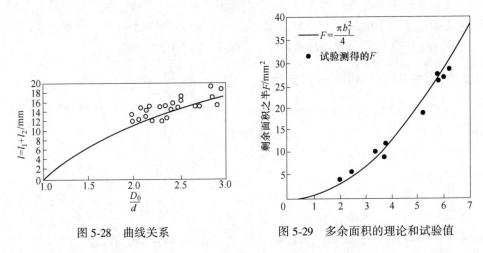

图 5-28 曲线关系   图 5-29 多余面积的理论和试验值

经突然停车，测量压缩毛坯的横断面外形，在此基础上可计算出下列参数。

接触面的长度 b_1 为

$$b_1 \approx \sqrt{\frac{d_1^2 - d^2}{2}} \tag{5-15}$$

切向折叠的长度 b_2 为

$$b_2 \approx \sqrt{\frac{d_2^2 - d^2}{2}} \tag{5-16}$$

断面剩余面积一半 F 值为

$$F \approx \frac{b_1 + b_2}{4}d + \frac{(d_1 + d_{\text{平}})^2}{32}\left(\frac{\pi}{2} - \alpha_1\right) + \frac{(d_2 + d_{\text{平}})^2}{32}\left(\frac{\pi}{2} - \alpha_2\right) \tag{5-17}$$

$$\alpha_1 \approx \cot \frac{2b_1}{d}; \ \alpha_2 \approx \cot \frac{2b_2}{d}$$

按照这些公式计算出来的多余面积之值与理论公式计算的结果完全符合，$F = \frac{\pi b_1^2}{4}$，如图 5-29 所示。

根据稳定轧制时测得的毛坯和轧辊转数，就可按式（5-18）计算毛坯每半转内的压缩量 z 为

$$z = \frac{R_2 - R_1}{\alpha} \pi \frac{n_{辊}}{n_{坯}} \tag{5-18}$$

式中　R_1——压缩开始时的轧辊半径，$R_1 = 92\text{mm}$；

　　　R_2——压缩完毕后的轧辊半径，$R_2 = 101.5\text{mm}$；

　　　α——全部压缩量时的轧辊转角，$\alpha = 3\pi$；

$n_{辊}$，$n_{坯}$——示波器上记录的轧辊和毛坯的转数。

当稳定轧制时，$\dfrac{n_{坯}}{n_{辊}} = 5.9 \sim 7.0$。

根据上述数值，理论压缩量的平均值 $z \approx 0.49\text{mm}$。

在突然停车的毛坯上测得的接触面宽度 b_1（见图 5-30）的试验值和按理论公式计算结果作对比。

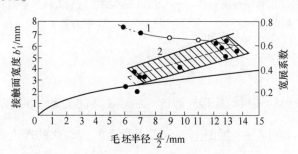

图 5-30　接触面宽度和宽展系数的试验资

1—$\varphi \approx \varepsilon^2$；2—试验所得 $b_{实}$ 点区域；●—宽展点的区

接触面的理论宽度与实际宽度之比$\left(\varepsilon = \dfrac{b_{理}}{b_{实}}\right)$其平均值 ε 常小于 1。

在试验过程中，宽展系数的平均值在下述范围内变动，即

$$\varphi \approx \varepsilon^2 = 0.36 \sim 0.59$$

当窄凸棱自由压入时，宽展系数 φ 的平均值大致可以取 0.4~0.5。

接触面积宽度 b_1 和径向折叠 b_2 之比 $\dfrac{b_2}{b_1}$ 与毛坯半径的关系如图 5-31 所示。$\dfrac{b_2}{b_1}$

之比在 0.35~0.75 的范围之内。

根据试验资料，所得的压力值作为接触面积宽度 b_1 的函数如图 5-32 所示。图上还有平均单位压力的曲线，平均单位压力是根据试验资料按式（5-19）计算出来的，即

$$P_{平} = \frac{P}{ab_1} \tag{5-19}$$

式中 a ——不变的凸棱宽度，$a = 8mm$；

b_1 ——按图 5-30 的曲线所得的金属和轧辊接触面的宽度。

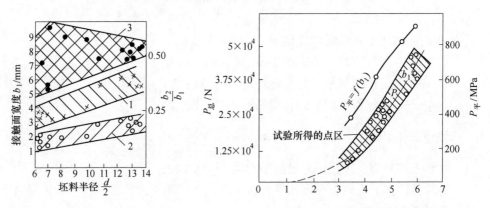

图 5-31 切向辗压和接触面
宽度之比的试验资料
1—试验所得的 b_1 点区；2—试验所得
的 b_2 点区；3—试验所得的 $\frac{b_2}{b_1}$ 点区

图 5-32 试验资料所得的轧辊上的
作用力和平均单位压力

根据试验所得的坯料与轧辊转数比 $\frac{n_{坯}}{n_{辊}}$ 与 α 角的关系（α 为从开始轧制时算起的轧辊转角），在同一坐标图上表示了无滑动时传动比的理论曲线，此比值可按式（5-20）计算

$$\left(\frac{n_{坯}}{n_{辊}}\right)_{理} = \frac{R_K - (r_H - r_K)\left(1 - \frac{R_K - R_H}{r_H - r_K} \cdot \frac{\alpha}{\alpha_0}\right)}{r} \tag{5-20}$$

式中 R_H ——开始的凸棱半径，$R_H = 92mm$；

R_K ——完毕时的凸棱半径，$R_K = 101.5mm$；

α_0 ——凸棱升到全高时的孔型螺旋角，$\alpha_0 = 3\pi$；

r_H, r_K ——压缩部分上开始的和完毕的毛坯半径；

α ——从开始轧制时起的轧辊转角，（°）；

r ——当时的连接颈半径，mm。

按式（5-21）计算的系数在图 5-33 上，即

$$\eta = \left(\frac{n_坯}{n_辊}\right)_实 : \left(\frac{n_坯}{n_辊}\right)_理 \tag{5-21}$$

式中　η——滑动系数。

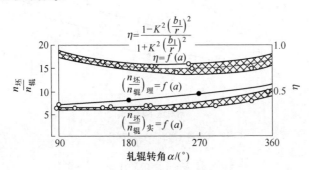

图 5-33　传动比及滑动系数的试验和理论值

通过一系列类似的研究表明，增加单位压缩量，金属内部破坏的趋势减小。因而，要避免毛坯中心区内的破坏，必须尽可能缩短孔型成形段的长度。同时，减小螺旋孔型的凸棱宽度，金属的破坏趋势便减小，当凸棱宽度和孔型直径之比 $\frac{a}{a_孔}=1$ 时，即压缩量可达到非常大，直到毛坯轧成一段一段地分开时，金属也不会破坏。也发现，当在螺旋孔型内轧制时，若有多余的金属或金属在轴向流动困难时，在低的轧制温度时，金属破坏的趋势最小。在轧制时，要避免金属破坏，轧辊转速必须尽量选择得高些。

孔型设计时，理论和原则上是保持等体积条件，实际上，要保证孔型内变形金属的体积不变是不可能的。因此，由于在螺旋孔型内有时有多余金属，而促使毛坯在径向扩张，造成轧实心坯料时在轴心区内发生破坏，轧空心件时造成轧件内径的扩径。

5.2.6　轧件椭圆度变化

螺旋孔型斜轧时，变椭圆之轧件的长短轴呈反复多次的变化。轧件在轧制过程中之所以有时变为椭圆形状断面是因为金属的不均匀变形所致。

将孔型的成形段（第 1 圈内）中轧件不同压下量处的椭圆度做成如图 5-34 所示的曲线。图中的实线表示在成形段内不同压下量时的椭圆度；虚线表示轧件经过 20 次压缩后的不向压下量处的椭圆度；点画线表示处在孔型第 2 圈——即精整段孔型的第 1 圈中的轧件不同压下量处的椭圆度；线 2、3 没有虚线是因为此时的椭圆度已降到零。

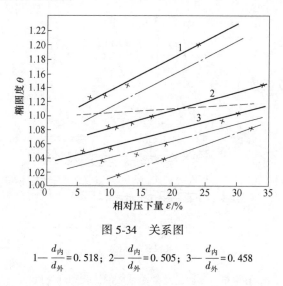

图 5-34　关系图

$$1—\dfrac{d_内}{d_外}=0.518；\quad 2—\dfrac{d_内}{d_外}=0.505；\quad 3—\dfrac{d_内}{d_外}=0.458$$

通过以上曲线和计算，可以得出如下的结论。

（1）随着原坯料内、外径之比的增大，轧件的椭圆度 θ 增大，即轧制薄壁物体时，压下量增大，比用同样压下量轧制厚壁物体时，椭圆度大。

（2）随着相对压下量的增大，轧件椭圆度增大。原坯料内、外径之比相同，则随着相对压下量的增大而椭圆度 θ 增大。

（3）随着原坯料内、外径之比的增大，轧件椭圆度增大的比例加大，即薄壁物体轧制时，椭圆度 θ 随压下量的增大而以较快的速度增大。

（4）通过孔型第 1 圈成形后，轧件继续在精整孔型中精整时，椭圆度下降，而且下降得比较剧烈，且压下量大的地方，椭圆度下降的较大，但有时也不能全部消除。

（5）坯料内、外径之比小于 0.5 时，精整时轧件转 5 转可以完全消除椭圆度，也就是说，当轧制这种坯料时，轧件共转 10 转左右，轧出的轧件可以完全消除椭圆度。

（6）当原坯料内、外径之比大于 0.5 时，精整 10 转之后，轧件仍有椭圆度存在，也就是说，当这种坯料轧制时，成形后精整的转数必须大于 10，而正是随着内、外径比例的加大，精整的转数也越多。

5.3　螺旋孔型轧制成形力能参数计算

5.3.1　轧辊倾角 β 的确定

轧辊倾角对轧制过程和轧件质量的影响最为活跃，所以，合理确定轧辊倾角是十分重要的。

为了实现螺旋孔型斜轧，必须使轧件顺利被轧辊咬入并呈螺旋式前进。轧件前进的力一部分就来自轧辊倾角 β。同时，轧辊倾角对轧制过程和轧件质量及能量消耗也有很复杂的影响，故对轧辊倾角的选定，是保证轧制过程的顺利和轧件优质的重要手段。

当轧辊倾角选择偏小时，变形区长度加长，金属轴向流动比径向流动困难，则轧件产生轴向充不满和内径扩径过大。又如，当轧制内、外径之比大于 0.48 的所谓薄壁轧件时，增大轧辊倾角，金属的变形速度加快，因此金属的变形抗力也增加，所以，金属内部的变形程度减小，使内径的变粗过程停止。当轧制内、外径之比小于 0.48 的所谓厚壁轧件时，因为减小轧辊倾角使变形区加长，轧件内部的拉应力就相应增加，故轧辊倾角小时内径扩径比较显著。所以，随着轧制的原始坯料内、外径之比的增加，轧辊倾角对壁厚改变的影响就减小。

但是应该指出：随着轧辊倾角的增加，变形速度也增加，所以，内径比外径滚压得激烈，因而内、外径之比就增加了。所以说，轧辊倾角的影响是相当复杂的。由于轧辊倾角减小，金属与轧辊间接触表面积加长，故内径比外径增加得快（扩径加大）；倾角为某些中间值时，由于毛坯和轧辊接触表面长度的减小，压缩量稍有增加的缘故，内径增大过程又将减慢。轧辊倾角加大，又由于变形速度的影响，则内径又比外径增加得快。

由于轧辊倾角的加大，金属轴向运动速度加大，相应地进入到孔型中的金属较多，这在某些情况下，或许会成为不利的影响因素，如同样的孔型和同样的轧制条件，仅加大轧辊倾角，便可在轧件上发现轴向折叠的缺陷。

综上所述，轧辊倾角对轧制过程和轧件质量的影响非常大，而且比较复杂。

在生产中曾进行了几十个型号轴承环的轧制，发现，尽管影响合理轧辊倾角的因素很多，但最活跃的因素是轧辊孔型的螺旋升角。因而暂忽略其他的影响因素，仅从保证轧制过程顺利和保证轧件质量的角度探讨合理的轧辊倾角和轧辊孔型螺旋升角的关系。

通过轧辊倾角 β 和轧辊孔型螺旋升角 α 的关系得该曲线的方程式为

$$\beta = \frac{1.05\alpha - 1}{0.145\alpha} \qquad (5-22)$$

式（5-22）虽然是从轴承环轧制的实用数据导出的，但对于类似的其他零件的螺旋孔型斜轧实践证明也是适用的。只有在特高零件或直径与高度比特大的回转体零件轧制时，此公式或许要加以修正，但对于初次试验确定轧辊倾角时，此公式还有一定的参考价值。

当然，式（5-22）中未考虑到轧机的弹性变形和轧机零件之间由于存在有游隙而造成的误差，而且这些也是无法考虑，更无法在计算公式中反映出来，因为不同轧机，这些因素是不同的，还要结合具体情况而定。

5.3.2　螺旋表面零件轧制过程动力学

5.3.2.1　轧制过程的运动

轧制时，轧辊轴线与轧件轴线成一倾角 α，它取决于轧辊和轧件的几何尺寸。位于轧辊上的任一点的圆周速度 V 为

$$V = \frac{\pi D_x n_{辊}}{60} \tag{5-23}$$

式中 D_x——在所研究截面轧辊的直径，mm；

       $n_{辊}$——轧辊每分钟转数。

将速度 V 分解为平行和垂直于轧制轴线的分速度，即可得到坯料的轴向分速度 u 和旋转分速度 ω，分别由式（5-24）和式（5-25）确定（见图5-35）：

$$u = V\sin\alpha = \frac{\pi D_x n_{辊}}{60}\sin\alpha \tag{5-24}$$

$$W = V\cos\alpha = \frac{\pi D_x n_{辊}}{60}\cos\alpha \tag{5-25}$$

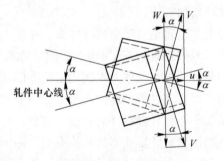

图 5-35 　螺旋斜轧时速度

在轧辊与坯料的接触区内，轧辊的半径沿咬入接触区长度是变化的，但轧件在一定的轧制条件下，实际上只有一个确定的轴向和切向速度，所以，就有一个计算轧制直径。为了确定生产率和计算孔型，必须知道轧制半径。如已知轧辊转数 $n_{辊}$ 和坯料转数 $n_{坯}$，那么，轧制直径可用式（5-26）表示

$$i = \frac{n_{坯}}{n_{辊}} = \frac{D_K}{d_K}\cos\alpha \tag{5-26}$$

式中 D_K——轧辊的轧制直径，mm；

       d_K——坯料的轧制直径，mm；

       i——轧辊和坯料之间的传动比。

轧辊轴线之间的距离 A 为

$$A = D_K + d_K \tag{5-27}$$

代入 d_K 后得

$$A = D_K \left(1 + \frac{\cos\alpha}{i} \right) \tag{5-28}$$

从而

$$D_K = \frac{Ai}{i + \cos\alpha} \tag{5-29}$$

坯料的轧制直径 d_K 为

$$d_K = A - D_K \tag{5-30}$$

根据实验数据，对于实际计算可取

$$d_K = d_底 + h$$
$$D_K = D_H - h$$

式中　h ——齿形高度，mm；

　　$d_底$ ——轧制齿的底径，mm；

　　D_H ——轧辊外径，mm。

5.3.2.2　变形区的速度分布

轧辊由一组轧片组成，从咬入到轧出轧片的半径及其凸棱的形状都在变化，这使得轧制区域的速度分布也在变化，研究轧制区域轧件的速度分布及变化规律对揭示成形机理具有重要的意义。

A　周向速度与轴向速度的变化

任意轧片 P_n 在中性点的切向分速度和轴向速度分别为 ω_n 和 u_n

$$\omega_n = \omega_0 R_{kn} \cos\theta \tag{5-31}$$
$$u_n = \omega_0 R_{kn} \sin\theta \tag{5-32}$$

假设中性点都在轧片凸棱顶端，则连接各轧片凸棱顶点得图 5-36（b）所示的曲线，比较典型的是咬入段轧片顶点连线近似认为是斜率为 k 的直线，碾轧段与精整段轧片顶点连线认为是斜率等于 0 的直线。从而可以近似得到变形区轴向及周向速度变化，如图 5-36（a）所示，周向分速度和轴向分速度在咬入段的直线的斜率分别为 $k\omega_0\cos\theta$ 和 $k\omega_0\sin\theta$，在咬入段沿轧制方向轧件轴向分速度和周向分速度都是增大的，而且周向速度增加的趋势远大于轴向速度，这种速度分布特点与钢管斜轧延伸轧制变形区是相似的，可见螺旋翅片管环状孔型斜轧工艺其变形区中的速度分布特点决定了轧制具有延伸的特性。

B　变形区轧件的角速度及扭转

假设管状轧件可以沿轴向等细分成厚度足够小的环件微单元，当相邻单元以不同角速度转动时在两微单元的连接截面上产生周向的剪切应力，各微单元不同

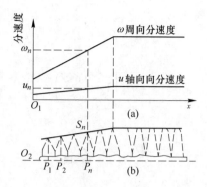

图 5-36 轧制区域周向速度与轴向速度变化示意图

角速度反映到宏观上产生轧件的扭转。轧片 P_n 使与其接触的轧件微单元获得的角速度为

$$\omega_n = \frac{\omega_0 R_n \cos\theta}{r_n} \qquad (5\text{-}33)$$

设轧片 P_{n+1} 相比轧片 P_n 的相对压下量为 Δq_n，即 $R_{n+1} = R_n + \Delta q_n$，则轧片 P_{n+1} 使与其接触的轧件微单元获得的角速度为

$$\omega_{n+1} = \frac{\omega_0 (R_n + \Delta q_n) \cos\theta}{r_n - \Delta q_n} \qquad (5\text{-}34)$$

定义单位长度上垂直于轧件中心线的两个截面的角速度变化率为 φ（单位时间内单位长度上的两个平行平面的扭转角）

$$\varphi = \frac{\Delta\omega}{\Delta d} \qquad (5\text{-}35)$$

式中 $\Delta\omega$ ——两个截面的角速度变化率；

Δd ——两个截面间的距离。

由以上定义可知，轧件由轧片 P_{n+1} 和轧片 P_n 引起的扭转率为

$$\varphi_n = \frac{\omega_{n+1} - \omega_n}{t} \qquad (5\text{-}36)$$

将式（5-33）与式（5-34）代入式（5-36），整理得

$$\varphi_n = \frac{\omega_0 \cos\theta}{t} \left(\frac{R_n + \Delta q_n}{r_n - \Delta q_n} - \frac{R_n}{r_n} \right) \qquad (5\text{-}37)$$

式中 t ——相邻两个轧片的轴向距离，通常为翅片管的螺距。

由于螺旋翅片管轧制时通常上升角 θ 取值很小（一般 $\theta \leqslant 3°$），可近似认为

$$R_n + r_n \approx |O_1 O_2| = d \qquad (5\text{-}38)$$

将式（5-37）代入式（5-36），整理得

$$\varphi_n = \frac{\Delta q_n \omega_0 \cos\theta}{t(r_n - \Delta q_n)r_n} \tag{5-39}$$

或

$$\varphi_n = \frac{\Delta q_n \omega_0 \cos\theta}{t(d - R_n)} \cdot \frac{1}{1 - \dfrac{R_n}{d} - \dfrac{\Delta q_n}{d}} \tag{5-40}$$

轧制区域从咬入到轧出 N 组轧片总的扭转率 φ 为

$$\varphi = \frac{1}{N}\sum \varphi_n \tag{5-41}$$

由式（5-39）和式（5-40）可见，由相邻两个轧片引起的扭转率 φ_n 与轧辊转速、相对压下量、轧辊轧件中心距及轧片半径等因素有关。增大轧辊旋转速度或相对压下量，或减小轧片相邻距离和上升角都会使扭转率变大。

另外，由式（5-39）可得，在压下量不变的条件下（即 r_n 不变），大的轧辊半径（即增大 d）会增加扭转率。由式（5-40）可得，在轧辊半径不变的条件下（即 R_n 不变），增大压下量（即减小 d）会增大扭转率。在钢管斜轧延伸轧制中将扭转变形视为附加变形，认为是对轧制的不利因素。但是斜轧的条件决定了扭转变形是必然的，轧件扭转在螺旋高翅片管的环状孔型斜轧工艺中对伸长率和变形规律的影响有待于进一步研究。

5.3.3 轧制时金属与轧辊的接触面积

螺旋孔型斜轧带有螺旋表面的零件时，轧辊倾角一般较小，一般不超过 $1°\sim 4°$，且轧辊长度不大，一般 $160\sim170\text{mm}$。这就可以忽略轧辊倾角对接触面积的影响，且认为轧辊和坯料处在同一平面内。

螺旋孔型斜轧时，金属与轧辊的接触面积可以看作由很多个别部分的接触面的总和，如图 5-37 所示。

考虑到轧辊孔型侧壁，在坯料外径有压缩时，接触面积的水平投影可用下式表示

$$F = \left(l_z - \sum_1^n x + l_y\right)b_{\text{平}}$$

$$F = \left(L_B - \sum_1^n x\right)b_{\text{平}}$$

$$L_B = l_z + l_y$$

式中　　　　l_z ——轧辊咬入锥形部分长度，mm；

　　　　　　l_y ——轧辊孔型部分长度，mm；

$x_1, x_2, \cdots, x_n$ ——不压下部分长度，mm；

　　　　　　n ——在轧辊咬入锥部不压缩部分数量；

$b_{平}$ ——接触面的平均宽度，mm。

在外径不压缩时则面积 F 为

$$F = \left(l_z - \sum_1^n x + l_y - ma\right)b_{平} = \left(L_B - \sum_1^n x - ma\right)b_{平}$$

式中　m ——轧辊孔型部分的凹槽数量；

　　　a ——轧辊底径处的凹槽宽度，mm。

为了简化计算，设轧制时齿形是均匀升高的。

在咬入锥部给定不压缩部分 x_1，x_2，…，x_n 并求诸项的总和（见图5-37），得到

$$\sum_1^n x = n\left(2y_0 - \frac{1}{2}\frac{n+1}{n}\right)\tan\alpha$$

式中，$n = \dfrac{l_z}{l}$；$y_0 = \dfrac{S}{2}$；$l = \dfrac{S}{2\tan\alpha}$。

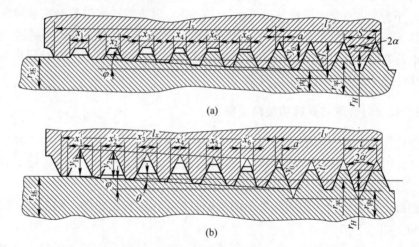

图 5-37　变形区内轧辊和坯料的剖面

(a) 坯料外径有压缩；(b) 坯料外径无压缩

代入 y_0 值后得到

$$\sum_1^n x = \frac{n}{2}\left(S - h\frac{n+1}{n}\tan\alpha\right)$$

式中　S ——轧制零件的螺距，mm；

　　　h ——齿形高度，mm；

　　　α ——孔型凸棱侧斜角，(°)。

在咬入锥接触面的长度

$$L_z = l_z - \frac{n}{2}\left(S - h\frac{n+1}{n}\tan\alpha\right)$$

在被轧零件外径有压缩时，在轧辊的柱形部分接触面的长度 $L_y = l_y$，那时接触面的水平投影为

$$F = \left[L_B - \frac{n}{2}\left(S - h\frac{n+1}{n}\tan\alpha\right)\right]b_平$$

在被轧零件外径没有压缩时，压缩部分的总长度为

$$L_y = l_y - m\left(\frac{l}{2} - h\tan\alpha\right)$$

这里

$$m = \frac{1}{2}l_y$$

在这种情况下，接触面的水平投影为

$$F = \left[L_B - \frac{n}{2}\left(S - h\frac{n+1}{n}\tan\alpha\right) - m(S - 2h\tan\alpha)\right]b_平$$

变形区的宽度，沿轧辊长度上是变化的，而且它依赖于坯料和轧辊的直径及径向单位压下量。

在一定的接触面条件轧制时，变形区的平均宽度 $b_平$ 可取

$$b_平 = \sqrt{\frac{2R_平\, r_平}{R_平 + r_平}\Delta r}$$

式中　$R_平$——型辊的平均半径，mm；

　　　$r_平$——被轧零件的平均半径，mm；

　　　Δr——径向单位压下量，mm。

在冷轧时，应考虑轧辊和坯料的弹性变形，变形区的平均宽度 $b_平$ 可用下式表示

$$b_平 = \sqrt{\frac{2R_平\, r_平}{R_平 + r_平}\Delta r + b_2^2} + b_2$$

b_2 按下式确定

$$b_2 \approx 8P_平\left(\frac{1-\mu_1^2}{\pi E_1} + \frac{1-\mu_2^2}{\pi E_2}\right)\frac{R_平 r_平}{R_平 + r_平}$$

式中　$P_平$——接触面上的平均单位压力，MPa；

　　μ_1，E_1——轧辊的泊松系数和弹性模量，MPa；

　　μ_2，E_2——被轧零件的泊松系数和弹性模量，MPa。

5.3.4 轧制力计算

轧机设计时，轧制力和轧制力矩是很重要的两个参数，这是因为机架和轧辊

箱等方面的强度和刚度、主传动电机容量的确定等都要取决于这两个参数。轧制力矩还将决定传动系统（如减速箱、齿轮箱、万向节及联轴节等）的强度计算，因而在轧机设计和工艺设计时必须首先应该知道这两个参数，同时这也是轧机的两个重要的技术指标。

不过，这两个参数的计算是相当复杂的，因为轧制力是轧辊和金属在变形区内的接触面积与单位压力的乘积。首先，在螺旋孔型斜轧时，轧辊上刻有不同形状（根据所轧零件的要求）的孔型，因而孔型与金属的接触面积是十分复杂的一个空间曲面，要精确确定其变形区的接触面积，将是十分困难的。再则，带螺旋孔型的轧辊，在变形区内金属的受力状态也很复杂，因而单位压力的求得也不容易，其合力作用点及力臂也不易精确地求得，所以要精确地求出轧制力和轧制力矩是比较困难的，只能是尽可能精确地近似计算。

在有凸棱的轧辊上轧制金属时，金属在变形区内和轧辊接触面的宽度 b_x 可按式（5-42）确定（见图5-38）

$$b_x \approx \sqrt{\frac{zd + 2Z^2}{\psi}} \approx \sqrt{\frac{Zd}{\psi}} = \sqrt{\frac{2Z_0\tan\alpha}{\psi}} \qquad (\text{mm}) \qquad (5\text{-}42)$$

式中　Z_0——金属每半转之内的轴向压缩量；

　　　ψ——修正系数。

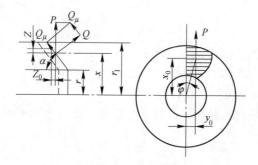

图5-38　压缩圆锥体时作用在轧辊上的力

接触面积 F 等于

$$F = \int_r^{r_1} b_x \frac{\mathrm{d}x}{\sin\alpha}$$

积分后得

$$F = \frac{4}{3}\sqrt{\frac{Z_0}{\psi\sin2\alpha}}(r_1\sqrt{r_1} - r\sqrt{r}) \qquad (\text{mm}^2) \qquad (5\text{-}43)$$

总压力为

$$Q = P_{\Psi}F \qquad (\text{N}) \qquad (5\text{-}44)$$

式中　$P_平$——平均单位压力。

应考虑外摩擦力。单位压力和表面摩擦力的合力，其垂直分量为

$$P = Q(\cos\alpha + \mu\sin\alpha)$$

所以

$$P = \frac{4}{3}P_平 \sqrt{\frac{Z_0}{\psi\sin2\alpha}}(\cos\alpha + \mu\sin\alpha)(r_1\sqrt{r_1} - r\sqrt{r})$$

合力作用点的坐标按下式确定（见图 5-38）

$$y_0 = \frac{1}{F}\int_r^{r_1}\frac{b_x^2}{2}\frac{dx}{\sin\alpha} = \frac{Z_0}{2F\psi\cos\alpha}(r_1^2 - r^2)$$

$$x_0 = \frac{1}{F}\int_r^{r_1}b_x x\frac{dx}{\sin\alpha} = \frac{2}{5}\frac{1}{F\sin\alpha}\sqrt{\frac{2Z_0\tan\alpha}{\psi}}(r_1^2\sqrt{r} - r^2\sqrt{r})$$

根据式（5-43），则得

$$y_0 = \frac{3}{8}\sqrt{\frac{2Z_0\tan\alpha}{\psi}}\left(\frac{r_1^2 - r^2}{r_1\sqrt{r_1} - r\sqrt{r}}\right) \quad (\text{mm}) \tag{5-45}$$

则得

$$x_0 = \frac{3(r_1^2\sqrt{r} - r^2\sqrt{r})}{5(r_1\sqrt{r_1} - r\sqrt{r})} \quad (\text{mm}) \tag{5-46}$$

则轧辊上的力矩可按式（5-47）求得

$$M = Q(R + r)\sin\varphi = P(R + r)\tan\varphi \quad (\text{N}\cdot\text{m}) \tag{5-47}$$

角度值可按式（5-48）确定

$$\tan\varphi = \frac{y_0}{x_0} \approx \frac{Kb}{r} \quad (°) \tag{5-48}$$

式中　K——合力作用点系数。

当轧制复杂的断面时，由于轧件几何形状复杂且有各种因素影响各部分的应力状态和金属流动，所以，接触面积、单位压力、合力和力矩等的解析计算是很困难的。

当轧辊对轧制轴线的位置一定时，作用在轧辊上的力取决于各部分力的总和，即

$$P = \sum_{i=1}^{n}P_i = \sum_{i=1}^{n}p_i F_i(\cos\alpha_i + \mu\sin\alpha_i) \tag{5-49}$$

式中　p_i——单元体上的平均单位压力，MPa；

　　　F_i——单元体的接触面积，mm^2；

　　　α_i——单元体表面母线的斜角，（°）。

5.3.5　轧制力矩计算

转动轧辊的力矩按式（5-50）确定

$$M = \sum_{i=1}^{n} P_i A \tan\varphi_i \tag{5-50}$$

式中　　P_i——每部分孔型断面作用在轧辊上的力，N；

　　　　A——轧制轴线到轧辊轴线的距离，mm；

　　　　$\tan\varphi_i$——按式（5-48）决定，（°）。

轧制功率则按下式确定

$$N = \frac{2Mn}{975} \quad (kW)$$

式中　　M——作用在轧辊上的力矩，可按式（5-50）计算，N·m；

　　　　n——轧辊每分钟转数，r/min。

不难看出：以上的计算是相当繁琐的，而且计算所得结果误差也较大，如果有条件可先在某一轧机上进行电测量，测得必要的应力，经简单计算，亦可得出相应的参数，如轧制电机容量的选择等。电测时，在两个连接轴上贴电阻片，其方向与连接轴的轴线成45°，这时，主应力等于剪应力，连接轴上的扭矩便等于

$$M_{扭} = 0.2d^3\sigma$$

式中　　d——连接轴直径，mm；

　　　　σ——电测量而得的主应力，MPa。

测量后应算出其平均方根值，可按下式计算：

$$M_{扭} = \sqrt{\frac{M_{max}^2 + M_{min}^2}{2}}$$

则可利用下式算出电机功率，即

$$N = \frac{2Mn}{975} \cdot \frac{1}{\eta} \quad (kW)$$

式中　　M——轧制扭矩，N·m；

　　　　n——轧辊每分钟转数，r/min；

　　　　η——传动效率，一般取 $\eta = 0.8$ 左右。

当然，传动效率 η 还应按传动方式，考虑各方面的因素合理地确定。

参 考 文 献

[1] 张庆生. 螺旋孔型斜轧工艺 [M]. 北京：机械工业出版社，1985.

［2］中国锻压协会. 特种锻造 ［M］. 北京：国防工业出版社，2011.

［3］周存龙. 特种轧制设备 ［M］. 北京：冶金工业出版社，2006.

［4］胡正寰. 斜轧与楔横轧——原理，工艺及设备 ［M］. 北京：冶金工业出版社，1985.

［5］双远华，李国祯. 钢管斜轧理论及生产过程的数值模拟 ［M］. 北京：冶金工业出版社，2001.

［6］胡正寰. 零件斜轧成形技术 ［M］. 北京：化学工业出版社，2014.

［7］王廷溥，齐克敏. 金属塑性加工学——轧制理论与工艺 ［M］. 北京：冶金工业出版社，2012.

6 辊 锻 技 术

6.1 概述

6.1.1 引言

辊锻是锻造工艺的方法之一。所谓辊锻是使坯料在一对旋转的辊锻模中通过，借助模槽对金属的压力，使其产生塑性变形，从而获得需要的锻件或锻坯。图 6-1 为辊锻变形的原理图。

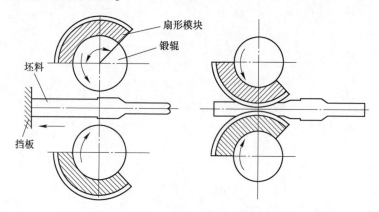

图 6-1　辊锻变形的原理图

从图 6-1 中可看出，坯料在高度方向经辊锻模压缩后，除一小部分金属横向流动外，大部分被压缩的金属沿坯料的长度方向流动。因此，辊锻变形的实质是坯料延伸变形过程。坯料上凡是经过辊锻的部位，其截面积就减小，坯料的宽度略增加，长度增加很大。故辊锻适用于减小坯料截面的锻造过程，如杆件的拔长、板坯的辗片等。

6.1.2 辊锻变形的特点

辊锻是将轧制变形引入锻造生产中的一种锻造新工艺，其特点就在于通过一对反向旋转的模具使毛坯连续地产生局部变形。

采用辊锻工艺进行坯料拔长的工序比锤上锻造的生产效率高，劳动条件也得到改善。一般在锤上拔长时，往往需要打击十几次才能获得的变形量，在辊锻机上只需几次辊压就可完成。采用辊锻工艺进行板坯的辗片，既省力，又高效。如锄头、犁刀、铁锹等锻件，采用辊锻工艺辗压其薄片形部分时，具有良好的经济效果。

辊锻技术具有以下特点。

（1）所需设备吨位小。由于辊锻是连续地局部成形过程，虽然变形量大，但模具又只与坯料的一部分接触，因此所需的变形力较小。以生产 195W 型柴油机连杆为例，如采用模锻需 2000~2500t 锻压机，而成形辊锻时，只需 250t 的辊锻机，再配以较小吨位的整形设备即可。

（2）生产效率高。多型槽成形辊锻的生产率和锤上模锻大体相当，而单型槽一次成形辊锻的生产率则有显著的提高。如冷辊锻医用镊子，其生产率比锤上模锻提高了 2.3 倍。

（3）公害小、劳动条件好。辊锻是静压的变形过程，冲击、振动、噪声等公害小，劳动条件较锤上模锻有很大改善。

（4）材料消耗少。辊锻件尺寸稳定，提供模锻的毛坯体积小，可节约 10%~20%的材料。

（5）模具寿命高。履带节辊锻模寿命可达 15000 件，而锤锻模的平均寿命仅有 3000 多件。

（6）易于实现机械化与自动化。由于辊锻是连续地局部成形过程，故易于实现机械化与自动化，也便于和其他模锻设备组成机械化与自动化的生产线。

6.1.3 辊锻的分类及辊锻轧机结构

6.1.3.1 辊锻的分类
辊锻按其用途、采用的型槽形式、锻造温度和送进方式等进行分类。

辊锻工艺按其用途可分为制坯辊锻与成形辊锻两类。

制坯辊锻主要用于长轴类锻件模锻前的制坯工序，沿坯料长度进行金属体积分配的变形，如图 6-2 所示。制坯辊锻时，有单型槽辊锻和多型槽辊锻两种情况。

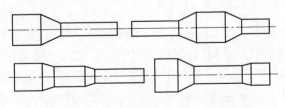

图 6-2 沿坯料长度方向分配金属体积

单型槽制坯辊锻用于拔细坯料的端部或作为模锻前的制坯工序。多型槽制坯辊锻主要用于模锻前的制坯工序，亦可用于拔细坯料的端部。

采用辊锻工艺为模锻制坯，效率高、质量好、省材料。在生产小辊锻机常与热模锻压力机或其他模锻设备组成模锻机组，进行模锻生产。制坯辊锻的生产用例如图6-3所示。

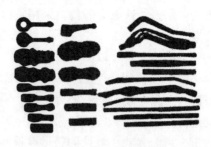

图6-3 制坯辊锻用例

成形辊锻是指对于长轴类、板片类中某些锻件可以在辊锻机上实现锻件的终成形、部分成形或初成形的锻造过程。按锻件成形的程度，成形辊锻可分为完全成形辊锻、部分成形辊锻和初成形辊锻三种。

完全成形辊锻是指锻件的成形过程在辊锻机上完成的，适用于小型锻件及叶片类锻件的直接辊锻成形。如医用镊子的冷辊锻及各类叶片的冷精辊或热精辊等。初成形辊锻是指锻件在辊锻机上基本成形，达到模锻工艺预锻或高于预锻的成形程度。辊锻后需用较小吨位的压力机整形。部分成形辊锻的锻件，其一部分的形状在辊锻上成形，而另一些部分则采用模锻或其他工艺成形。

采用辊锻工艺生产的部分锻件如图6-4所示。

辊锻工艺按采用型槽的类型可分为开式型槽辊锻与闭式型槽辊锻两种方式，如图6-5所示。

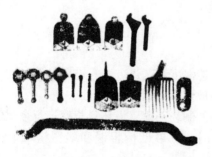

图6-4 成形辊锻工艺生产的部分锻件

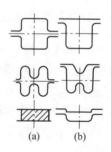

(a)　　　(b)

图6-5 开式型槽与闭式型槽
(a) 开式型槽；(b) 闭式型槽

开式型槽辊锻的模槽是刻制在两个辊锻模上，上下辊锻模的分模线位于辊锻模槽中间，如图6-5 (a) 所示。在开式型槽中辊锻时，金属宽展是比较自由的，所得毛坯侧面几何形状不易十分精确。由于开式型槽的模槽是刻在上下两个辊锻模上，因而刻槽较浅，锻模的强度高，而且能量的消耗也较少。

闭式型槽辊锻的模槽是刻制在一个辊锻模上，其上下辊锻模的分模线在辊锻模槽之外，如图6-5 (b) 所示。在闭式型槽中辊锻时，金属的宽展受到限制，可以增大延伸量强化辊锻过程，并可得到截面几何尺寸精确的毛坯，并有利于限制由不均匀变形而引起的坯料出模时产生水平方向的弯曲。但闭式型槽较开式型槽切槽深，锻模的强度差，辊锻过程中的能量消耗也大。

在制坯辊锻中，单型槽辊锻时，多采用开式型槽进行一次或多次辊锻，或用闭式型槽进行一次辊锻。多型槽制坯辊锻时，采用开式型槽或开式与闭式的组合型槽。

在辊锻的温度范围可将辊锻工艺分为热辊锻和冷辊锻两种。

热辊锻时，坯料应加热到热锻温度范围。热辊锻的应用很广泛，不论制坯辊锻或是成形辊锻，多数都采用热辊锻工艺。

坯料在常温条件下进行辊锻的过程称为冷辊锻，主要用于辊锻件的精整工序，以得到锻件的最终截面形状和尺寸。冷辊锻件的表面粗糙度可达∇8，材料的力学性能也可以提高，现已用于生产的有叶片、医用镊子等的冷精辊工艺。

按辊锻时坯料送进的方式，可分为顺向送进和逆向送进两种方式。

辊锻时，坯料从辊锻机的一侧送入，从另一侧辊锻出来的送进方式称为顺向送进。多道次辊锻时，顺向送进的方式允许坯料反复改变远近方向，并在坯料上无需夹持部位。改变坯料送进方向，有利于辊锻件纵向轮廓的成形。因此，这种送进方式多用在成形辊锻中。如柴油机连杆成形辊锻中的预成形和成形道次、汽车前轴成形辊锻中的各道次均采用顺向送进。在制坯辊锻中也可采用这种送进方式，如单道次辊锻或多道次辊锻中，坯料上不允许有夹钳料头，采用逆向送进又无法解决时，都需采用顺向送进。如梅花扳手等件的单道次制坯辊锻，国内多数采用顺向送进。顺向送进方式的缺点在于工序间坯料传递的不便。例如在一台辊锻机上进行多道次辊锻时，当前一道辊锻进行后，由于坯料已辊锻到辊锻机的另一侧，因此进行下一道辊锻时，必须将坯料夹回到送料这一侧，才能继续进行辊锻。这就使得多道次辊锻时，坯料在工序间的传递复杂化。

逆向送进的方式是坯料的送进与辊锻出来的方向均在辊锻机的同一侧，其优点是操作简便。多道次辊锻时，坯料从送进到辊出都是在夹钳夹持下进行的。在进行下一道辊锻时，只需把夹持坯料的夹钳平行移动或再翻转一角度到下一型槽，便可进行辊锻。逆向送进是辊锻的主要送进方式。制坯辊锻时，基本上都采用逆向送进。成形辊锻中也有不少采用逆向送进的方式，如叶片的成形辊锻、锄头的成形辊锻等。

逆向送进和顺向送进两种方式的选用，常常要根据辊锻工艺来确定。在实际生产中，有时在同一锻件的不同辊锻道次，交替使用逆向送进和顺向送进的两种方式。如柴油机连杆辊锻时，第一道次的制坯采用的是逆向送进，而在预成形和成形的第二、第三两道次则采用顺向送进的方式。又如叉车货叉在制坯和成形的第一、第二、第三道次时是采用顺向送进，而在辊锻叉尖的第四道次时则采用逆向送进。这种改变送进方式的目的在于有利于锻件的辊锻成形。

6.1.3.2 辊锻轧机结构

A 复合式辊锻机结构

图 6-6 为 630mm 复合式辊锻机总图。床身由左右机架、传动箱体及底座组成，两机架及传动箱体均用螺钉及定位销固定主底座上。机架采用整体空心的封闭式框架结构，材料为铸钢，这种结构能承受较大的载荷，刚性好。上锻辊和下锻辊由轴承和轴承座支撑在左右机架的窗口中。轴承和轴承座均为剖分式，便于装配和维修，当轴瓦磨损后可利用调整垫进行调整。

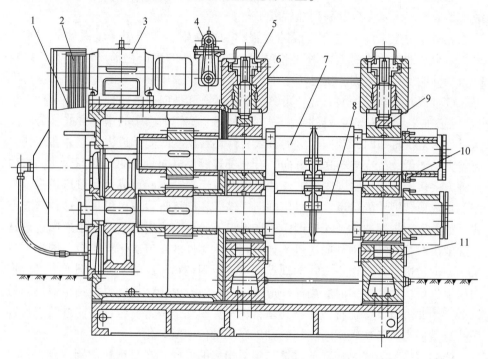

图 6-6　复合式辊锻机

1—三角皮带轮；2—传动箱；3—主电动机；4—中心距调整电动机；5—蜗轮蜗杆机构；
6—压下螺杆；7—上锻辊；8—下锻辊；9—超负荷安全装置；10—蝶形弹簧；11—楔铁

在锻辊的中间部分安装扇形辊锻模、模具用压块压紧固定。锻辊的左右为外辊悬臂部分，左面在传动箱中，其上安装传动齿轮，下锻辊的左边装有两个齿轮，承受较大负荷其左端由球面调心轴承支撑。在下锻辊的下轴承处设有垫铁，当轴瓦磨损后用以调整下锻辊的水平度。上锻辊的重量由碟形弹簧平衡。

锻辊中心距调整由电动机经蜗轮蜗杆减速器带动压下螺杆实现。中心距调整可从两端同时进行，也可从分别对左端或右端单独调整（此时需脱开联轴器）。在压下螺杆的下面设有安全机构，起超负荷的安全保护作用。

锻辊的角度调整机构设在传动箱中，采用四齿轮杠杆结构调整角度（见图6-7），调整量为15°，其操作简便。为使调整手轮灵活，在传动箱上部设有平衡缸，以平衡整个调整机构的重量。

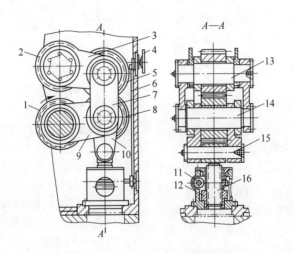

图 6-7 四齿轮杠杆式的角度调整机构

1—下辊锻齿轮；2—上辊锻齿轮；3，7，9，10—杠杆系统的联结板；4—手轮；5，8—浮动齿轮；
6—链传动；11，16—蜗杆；12—蜗轮；13~15—小轴

外锻辊能进行中心距和角度的补偿调整，其结构如图6-8所示。

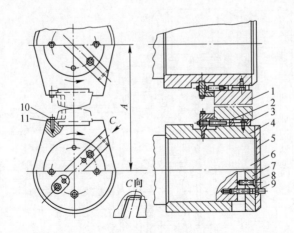

图 6-8 扇形模固定在模具套

1—扇形模块；2—楔形垫板；3—模具套；4—压盖；5—下锻辊；6—端面键；
7，10—螺钉；8—双头螺栓；9—调整螺杆；11—楔形压块

辊锻机设有气动镶块单盘摩擦离合器和制动器，离合器装在传动轴的左端，制动器装在传动轴的右端，两者采用气动联锁控制，压缩空气由气路系统供给。有离合器和制动器使辊锻机具有点动调整、单次运转和连续运转等多种操作规范，便于操作、模具安装、调整试车及安全生产。

该辊锻机的传动系统如图 6-9 所示。

B 双支撑式辊锻机结构

图 6-10 为 400mm 双支撑式辊锻机结构总图。其床身形式同复合式类似，机架也是铸钢的整体封闭式框架结构，上下锻辊用轴瓦交承在机架的窗口中，轴瓦为整体套式结构。整体式轴瓦的

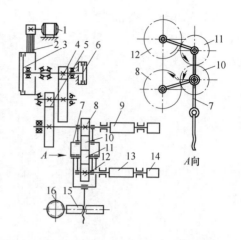

图 6-9 两锻辊间用四齿轮杠杆机构的传动系统
1—电动机；2—皮带传动；3—离合器；4，5—齿轮传动；6—制动器；7—杠杆系统；8，12—上、下锻辊齿轮；9，13—上、下锻辊；10，11—浮动齿轮；14—外辊；15—蜗轮；16—蜗杆

结构简单，便于加工且不需要轴承座，因此径向尺寸小，但轴瓦磨损后不能修复调整。上锻辊轴瓦直接装入机架，下锻辊轴瓦用偏心套装入机架中。锻辊轴颈的中心和偏心套外圆中心之间的偏心距为 20mm，利用偏心套进行锻辊中心距调整，调整量为 14mm，具体调整结构如图 6-11 所示。

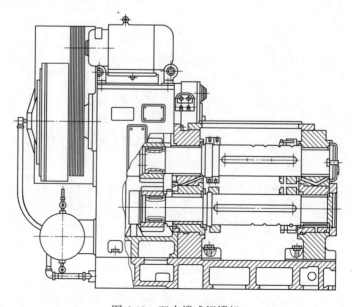

图 6-10 双支撑式辊锻机

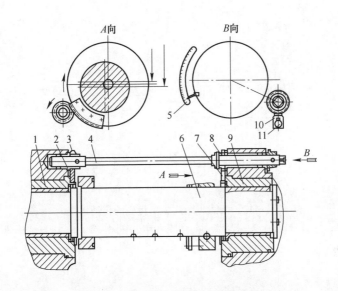

图 6-11　偏心套调整锻辊中心距机构

1—左偏心套；2，7—扇形齿块；3，8—小齿轮；4—小轴；5—刻度牌；
6—下锻辊；9—右偏心套；10—制动块；11—螺钉

扇形模利用镶嵌式的凸凹结构固定在锻辊上，并可进行轴向调整，调整量为±3mm，其结构如图 6-7 所示。该辊锻机没有专门的角度调整机构，根据使用要求，可利用垫片或在平键上安装螺杆式的机构（见图 6-12）进行模具的角度调整。

辊锻机的传动系统如图 6-13 所示。

C　悬臂式辊锻机结构

图 6-14 为 400mm 悬臂式辊锻机的床身装配图。床身为整体空心封闭式结构，材料为铸铁（辊锻机床身除用铸钢、铸铁外还有钢板焊接结构），为提高铸铁床身的强度和刚

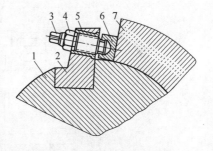

图 6-12　用螺杆调整角度

1—锻辊；2—定位键；3—调整螺杆；
4—锁紧螺母；5—螺母套；
6—凹座；7—模具

度，在床身前部锻辊两侧设有不对称的两根拉紧螺杆，装配时拉紧螺杆需加热装入，使其产生了压应力。上下锻辊用轴承支撑在床身中，轴承为整体套式。

辊锻模为整体套筒模具。并用锥套固定在锻辊的锥面上，模具固定及角度调整结构如图 6-15 所示。

锻辊中心距调整利用转动偏心套实现。上锻辊轴承装在前后两偏心套中，锻辊中心与偏心套外圆中心的偏心距为 20mm，前后偏心套用连接板联成一体，当

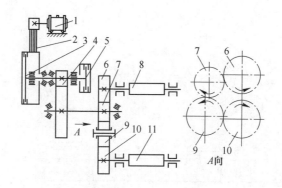

图 6-13　两锻辊间用多个齿轮的传动系统

1—电动机；2—皮带传动；3—离合器；4—齿轮传动；5—制动器；6，10—上、下锻辊齿轮；
7—传动齿轮；8，11—上、下锻辊；9—齿轮

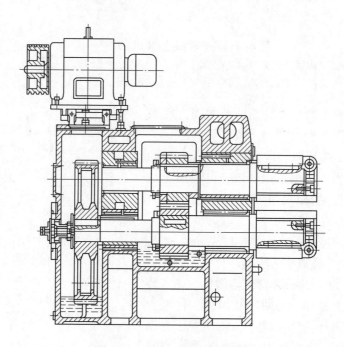

图 6-14　400mm 悬臂式辊锻机

转动手轮，通过螺杆、小轴、连接板带动两偏心套转动，达到调整目的，手柄是作锁紧用。这种调整机构较复杂，现在一般都采用类似图 6-11 的结构。

上锻辊的轴向调整机构设在后偏心套的弧形槽中，当转动偏心小轴，则后偏心套左右移动，便迫使上锻辊连同模具相对于下锻辊做轴向移动，调整量为±3mm，调整后用手柄锁紧。

该辊锻机带有离合器和制动器，其传动系统如图 6-16 所示，上下锻辊之间

采用一对模数 $m = 16mm$ 的长齿齿轮传动，齿顶高系数 $f_0 = 1.25$，为消除由于锻辊中心距调整时引起的齿侧间隙变化对传动的不利影响，设有浮动齿轮。

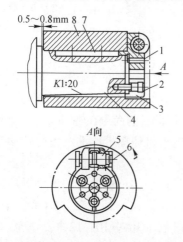 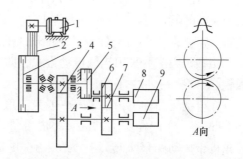

图 6-15　用锥套固定模具及角度调整　　图 6-16　两锻辊间用一对长齿齿轮的传动系统

1，2—螺钉；3—锥套；4—锻辊；5—调整螺杆；　　　1—电动机；2—皮带传动；3—离合器；

6—球面垫块；7—平键；8—模具套　　　　　4—齿轮传动；5—制动器；6—浮动长齿轮；

7—长齿齿轮；8，9—上、下锻辊

D　辊锻机的传动

辊锻机的传动形式目前有两种。液压传动及机械传动。

液压传动的辊锻机（见图 6-17）是由液压泵产生的高压液体介质（一般用油）经管路系统、液压缸等驱动锻辊运动，一般情况下锻辊做往复摆动。与机械

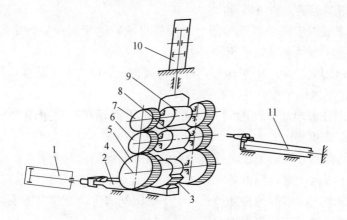

图 6-17　叶片冷辊锻机液压传动示意图

1—主动缸；2—齿条；3—扇形齿轮；4—传动轴；5~7—传动齿轮；

8，9—上下锻辊；10—压下缸；11—送料缸

传动方式相比，液压传动具有以下显著优点：

(1) 同样的功率，液压传动装置的重量轻、体积紧凑、惯性小；

(2) 便于实现无级调速；

(3) 运动平稳、易于吸收冲击力并可以自动防止过载；

(4) 易于实现自动化。

但液压传动系统容易泄漏，从而影响工作效率和运动的平稳性；同时温度变化对油液黏度影响很大，使传动系统工作性能变坏；此外，液压元件的制造及系统的调整需较高的水平；而且产生故障不易排除，因此目前尚未在辊锻机上广泛应用。

辊锻机大多数采用机械传动方式，即由电动机经皮带传动及齿轮传动来驱动锻辊。

在电动机轴和飞轮轴之间一般为三角皮带传动，三角皮带的最大圆周速度为 $25 \sim 35 m/s$，一般在 $20 \sim 25 m/s$ 时皮带传动功率最大，且在良好的条件下工作。三角皮带传动的最大传动比为 $6 \sim 8$，皮带根数不超过 $10 \sim 12$ 根，传动效率为 $0.95 \sim 0.96$。

在锻辊和飞轮轴之间一般采用 $1 \sim 2$ 级齿轮传动，齿轮常做成直齿或斜齿，由于模具是固定在锻辊的一定部位，几乎总是齿轮在工作，将使这些齿根快磨损，因此设计齿轮的其传动比应取素数。齿轮传动的最大允许圆周速度对直齿轮为 $5 \sim 8 m/s$，斜齿及人字齿为 $6 \sim 9 m/s$，齿轮传动最大传动比一般不超过 $7 \sim 8$，一般齿轮传动的效率为 $0.96 \sim 0.98$。

E 锻辊运动对传动的要求

辊锻机同其他锻压机器一样要求传动系统传递足够的工作力矩，因此要求传动零件具有足够的强度，同时传动应平稳。

对锻辊机的运动分析可以看出：

(1) 上下锻辊应同步转动，即上下两锻辊的转速相同而旋转方向相反，这是锻辊运动的基本要求（同步旋转要求）；

(2) 两锻辊间的中心距能在一定范围内调整，即中心距 A 是变化的，但又不能影响锻辊运动的同步性（中心距调整要求）；

(3) 在保证锻辊同步性的同时，又允许上下锻辊在一定范围内相对转动一个角度（角度调整要求）。

辊锻机的传动系统必须在保证第一点的前提下满足后两个要求。上述特殊性集中反映在上下两个锻辊间的传动形式上，因此分析或确定辊锻机的传动系统，突出的是确定上下锻辊间的传动形式。上下锻辊间的传动形式对于辊锻机的总体结构及满足使用要求都有很大影响。

F 锻辊间用一对标准齿轮传动

为使上下锻辊间的运动关系得到保证，最简单的形式是两锻辊间用一对标准齿轮传动，如图 6-18 所示。电动机 1 经三角皮带传动 2、齿轮传动 3 及 4、联轴节 5 带动下锻辊 7 旋转，再经一对齿轮和模数相同的标准齿轮 8，使上锻辊 6 与下锻辊 7 的转速相同，方向相反。大皮带轮兼作飞轮，飞轮一般设在高速传动轴上。

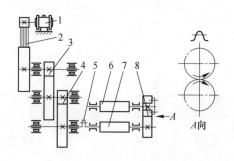

图 6-18　两锻辊间用一对标准齿轮的传动系统

1—电动机；2—三角皮带传动；3，4—齿轮传动；5—联轴节；6，7—上下锻辊；8—上下锻辊传动齿轮

这种传动系统结构简单、便于加工制造，许多使用单位自制的辊锻机不少采用这一类的传动形式。其缺点是：

（1）所允许的锻辊中心距调整量很小；

（2）锻辊中心距的变化会引起齿侧间隙增大，从而影响传动质量，使得齿轮受力变坏，并给辊锻工艺过程带来错模的问题。

在辊锻过程中，由于锻辊、机架的变形及各种间隙等将使锻辊的中心距增大（即所谓张弹）。如图 6-19 所示，若中心距增大 δ，则齿轮轮齿间的齿侧间隙将增加至 ΔS，除了影响传动质量外，由于齿侧间隙增大，将使上锻辊滞后于下锻辊一个角度 $\Delta \alpha$（当下锻辊为主动时），从而造成模具在圆周方向的相对错移，由这种原因引起的错模不能用角度调整方法先消除，因为锻辊的"张弹"量与辊锻力有

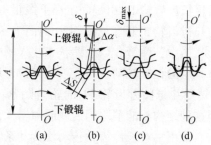

图 6-19　中心距变化对锻辊齿合的影响

(a) 初始状态；(b) 中心距增加 δ；

(c)，(d) 中心距达到极限值

关，对于断面变化的锻件不同部位的变形量是不同的，辊锻力也不一样，由此在锻件不同部位产生错模量亦不相等，这使得所辊制的锻件形式及尺寸不合要求。中心距变化达到极限值，即等于或大于齿高时，两个齿轮将脱开，传动便不能实现，如图 6-19 所示。

G　两锻辊间用一对长齿齿轮传动

如图 6-16 所示，在上下锻辊间采用一对长齿齿轮 7 传动。采用长齿齿轮后，

可允许锻辊中心距调整量有所增加，为了消除因中心距变化后齿侧间隙增加对传动不平稳的影响，采用了如图 6-20 所示的消除齿侧间隙机构。

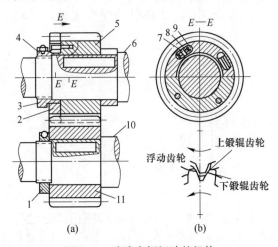

图 6-20 消除齿侧间隙的机构

(a) 主视图；(b) 侧视图

1，4—螺母；2—浮动长齿齿轮；3—套件；5，11—长齿齿轮；

6，10—上、下锻辊；7—活动销；8—弹簧；9—挡销

上锻辊齿轮由长齿齿轮 5 及浮动长齿齿轮 2 组成，长齿齿轮 5 用键固定在上锻辊 6 上，并由螺母 4 通过套件 3 作轴向压紧浮动长齿齿轮 2 套在套件 3 上，下锻辊长齿齿轮 11 由键固定在下锻辊 10 上，并由螺母 1 作轴向压紧。挡销 9 固定在长齿齿轮 5 上（见图 6-20 剖面 $E—E$），其半圆部分伸进浮动长齿齿轮 2 的弧形长槽中，弹簧 8 以压缩状态装入槽中，因此浮动长齿齿轮 2 和长齿齿轮 5 之间有一定的相对转动。当上下锻辊拉开后，弹簧 8 推动活动销 7，使浮动长齿齿轮 2 转动并与长齿齿轮 11 的轮齿贴紧，从而消除齿侧间隙，使传动平稳无冲击，但这种结构不能消除因齿侧间隙增大而引起的在圆周方向产生的错模。

采用一对长齿齿轮传动使传动系统的结构简单，但由于轮齿加高，齿顶部分厚度相对变薄，从而降低了承载能力，此外加工长齿需要专用刀具。

H　两锻辊间用多个齿轮传动

在图 6-13 的传动系统中上下锻辊间用了两对齿轮传动。传动齿轮 7 同时啮合上锻辊齿轮 6 及齿轮 9，齿轮 9 与下锻辊齿轮 10 啮合，齿轮 6 和齿轮 9 分别带动上下锻辊 8 和 11 转动。该传动系统中，传动上下锻辊的齿轮不直接啮合，因此锻辊中心距调整量可以较大（它不受像图 6-20 中齿轮直接啮合的限制）。此外，辊锻时中心距的变化对齿轮 6 与齿轮 7 或齿轮 9 与齿轮 10 的中心距影响较小，从而产生的齿侧间隙增加也比较小。

这种传动系统的齿轮多，使得结构复杂，另外传动齿轮 7 要同时啮合两个齿

轮，负荷较大。如果在传动齿轮7的轴上增加一个同它相同的齿轮，它们分别同齿轮6和齿轮9啮合，这可以减轻传动齿轮7的负荷，但又使传动齿轮更多，而且更复杂，该轴的受力变坏。

I　两锻辊间用四齿轮杠杆机构的传动系统

上下锻辊间采用四齿轮杠杆机构的传动系统如图6-9所示。下锻辊齿轮8经浮动齿轮10、齿轮11及上锻辊齿轮12使上下锻辊9和13反向旋转，为使其同步，齿轮8和齿轮12、齿轮10和齿轮11、齿轮11和齿轮12之间分别用杠杆系统7联结（A向视图）。这种传动系统所允许的中心距调整量很大，此外，由于四个齿轮相互间由杠杆系统7联系在一起，经常处于啮合状态，齿轮之间中心距并不改变，因此不会引起齿侧间隙增加，故没有冲击，传动平稳。

该机构在调整锻辊中心距时，由于机构本身的原因，上锻辊13要相对下锻辊9转动一个角度。因此辊锻时因锻辊的"张弹"将会造成错模。

这种传动系统比较复杂，对齿轮及杠杆机构的加工及安装要求较高。

J　锻辊与传动装置之间用万向接轴连接的传动系统

以上四种传动系统的共同特点时在两个锻辊上都设置有传动齿轮，由于辊锻时锻辊的"张弹"将在不同程度上造成在圆周方向的错模。若在锻辊与传动装置之间用万向接轴连接的传动形式（见图6-21），则可解决错模的问题，图中对滚齿轮7通过万向接轴带动上下锻辊10和11转动，在这种传动方式中，锻辊与齿轮分开，齿轮的啮合运动不受中心距调整及锻辊"张弹"的影响，故也不会因这些因素引起错模。此外这种方式可以得到大的中心距调整量。

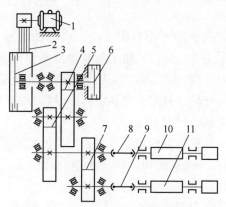

图6-21　辊锻机用万向接轴传动系统

1—电动机；2—皮带传动；3—离合器；4，5—齿轮传动；6—制动器；
7—对滚齿轮；8，9—万向接轴；10，11—上下锻辊

这种传动形式需要增加不易加工的万向接轴，机器占地面积大，一般只用在大规格的辊锻机。

K　辊锻送料装置

送料装置是辊锻机不可缺少的辅助机械。若所辊锻的坯料比较重，如果没有相应的送料装置，依靠人工喂料，不仅容易产生废品，而且劳动强度大，显示不出辊锻机改善劳动条件的优点。此外，辊锻机的辊锻线速度一般较高，人工喂料速度慢，不能充分发挥辊锻机的高生产率的特点。在自动的流水生产线中，辊锻机的自动送料装置更不可缺少。国外对辊锻机的自动送料比较重视，辊锻机都可配备自动送料的机械手。

我国现有的辊锻机都配有相应的送料装置，按其自动化程度可分为简单手工送料装置、半机械送料装置和自动送料装置；按送料装置的动力来源可分为机械驱动、气动和液压驱动等。

送料装置的设计应根据辊锻工艺确定，如辊锻次数、是否要翻转及翻转次数等，此外送料装置的运动应与锻辊的运动相适应。

L　简单手工送料装置

图 6-22 为导轨式的手工送料装置，送料导轨 2 用螺钉 16 固定在滑座 15 上，滑座 15 下部的前面做有燕尾槽，后面与压块 20 组成燕尾槽。调整导轨 14 的燕尾置于滑座 15 的燕尾槽中，其松紧程度由螺钉 21 和调整压块 20 来实现。调整导轨 14 用螺钉 12 固定在横梁 1 上，横梁 1 通过支持板 9 用螺钉 7 固定在机架 8 的内侧面中。

送料滚车 25 由钳架 5、支架 6、偏心小轴 19 和滚动轴承 18 等组成，利用滚动轴承 18 在送料导轨 2 上做前后滚动。滚车上装有定位座 4 和定位块 3，以便装置料钳。

送料时，坯料用带销轴的专用料钳夹持，料钳的销轴置于定位座 4 的锥销中，钳口放在两个定位块 3 之间。料钳上的销轴到钳口部分的长度要与定位座 4 和定位块 3 间的距离相适应，此外钳口及所夹持毛坯的长度应根据工艺确定。辊锻前，把送料滚车推向导轨 2 前端，直到螺钉 24 撞着硬橡胶块 17 为止，辊锻时锻辊旋转，模具滚压毛坯，使滚车退回。

毛坯的送进位置应与模具型槽相适应，否则会产生模具咬入坯料超前或滞后现象，此时可拧动螺钉 24 进行微调，如果相差太大，则应松开螺钉 16，调整送料导轨 2 的前后位置。

若毛坯的中心线高度与辊锻线不一致时，则需调整送料装置的高度。调整时松开螺钉 12，拧动调整螺钉 10，通过顶板 11、接销 13 使调整导轨 14 上下移动。

送料装置的横向对准模具型槽通过调整螺钉 23 推动滑座 15 在燕尾槽间的水平移动来实现。

这种手工送料装置的送料滚车灵活、方便，并可根据辊锻道次数并列安装数套。

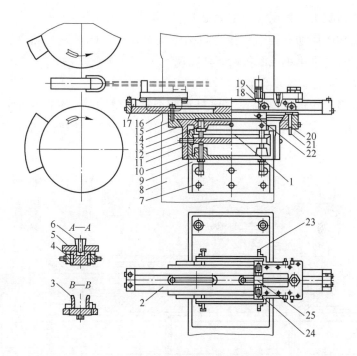

图 6-22 导轨式手工送料装置

1—横梁；2—送料导轨；3—定位块；4—定位座；5—钳架；6—支架；7, 12, 16, 21—螺钉；8—机架；
9—支持板；10, 23, 24—调整螺钉；11—顶板；13—接销；14—调整导轨；15—滑座；17—硬橡胶块；
18—滚动轴承；19—偏心小轴；20—调整压块；22—挡板；25—送料滚车

M 自动辊锻机操作机（机械手）的动作分析

对于辊制较大的毛坯或在高生产率的自动化生产线中，简单送料装置则不能满足生产要求，必须具有相应的自动辊锻操作机，也称辊锻机械手。

辊锻操作机的动作需根据辊锻工步设计，一般应满足以下动作要求：

（1）坯料的夹紧和放松；

（2）坯料的送进及其定位；

（3）横向移动及其定位，对于单工步辊锻则不需要这个动作；

（4）坯料的翻转，对于辊锻中不需要翻转者则没有翻转动作；

（5）坯料送进机构的"随动"动作，即当坯料进入型槽后，送进机械返回的速度和辊锻线速度的关系。

一般在开始辊锻后，送进机械往回运动的速度 v_1 应略低于辊锻线速度 v_2。如果 $v_1 > v_2$，则毛坯可能顶弯，因此，辊锻操作机必须满足这个速度关系。

自动辊锻操作机的各种动作的实现有机械传动、气动和液压传动三种。用机械传动要实现上述各种动作则其结构非常复杂，采用气动的动力来源简单，但不稳定且动作声响大，采用液压传动很平稳但需专用液压泵。

送料机构的运动有的采用摇杆机构由辊锻带动，此时其"随动"动作需由液压补偿，有的采用单独的传动装置实现。

N 单工位液压辊锻操作机（机械手）

这种辊锻操作机（见图6-23）只有两个动作循环——坯料夹紧及送进，送料时的"随动"是通过液压系统的电磁换向阀实现的，该操作机有夹紧机构和送进机构组成。

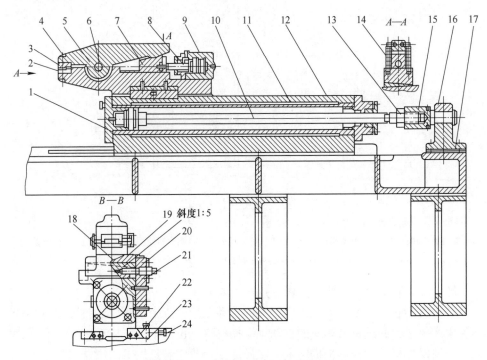

图6-23 单工位液压辊锻机操作机械手

1—送料缸压盖；2，3—上、下钳口；4—下钳；5—上钳；6—销轴；7—斜楔块；8—夹紧缸活塞杆；
9—夹紧缸；10—送料缸活塞杆；11—送料缸体座；12—送料缸缸体；13—螺母；14—弹簧；
15—调整螺母；16—尾架；17—调整垫；18—调整斜楔；19—斜楔；20—调整丝杠；
21—支撑板；22—压板；23—底座；24—调整螺钉

a 坯料的夹紧机构

夹紧机构有料钳及夹料油缸，料钳由上钳5、下钳4和销轴6组成，在钳口装有上钳块3和下钳块2，钳尾用两个弹簧14（见图6-23中B—B剖面）拉紧，上下钳尾之间由斜楔块7撑住。坯料放置在钳口中。当需要夹紧毛坯时，夹紧缸9右腔进油，推动夹紧缸活塞杆8，使斜楔块7向左移动，则料钳把毛坯夹紧。当夹料缸左腔进油时，则斜楔块向右移动，在弹簧14的作用下夹钳松开，便可取出毛坯。

整个料钳和夹持缸均装在送料缸的缸体座 11 的上部，并通过调整丝杠 20 拉动调整斜楔 18 在斜楔 19 上滑动时料钳升降，借以调整料钳的高度位置。调整丝杠 20 是支撑板 21 上，通过刻度盘和指针可以读出料钳的升降量。

　　b　坯料的送进机构

送料缸是一个活塞杆固定而缸体移动的液压缸。缸体座 11 下部的燕尾能在底座 23 的燕尾槽中滑动，底座 23 上边由两块压板 22，构成燕尾槽。并且可以用螺钉 24 来调节其松紧。缸体 12 套装在缸体座 11 内，活塞杆 10 和调整螺母 15 连接，以调正活塞杆的行程位置并用螺母 13 锁紧。调整螺母 15 装在尾架 16 的轴承孔中，它只能转动，不能做轴向移动。尾架 16 用螺栓固定在底座 23 上，轴承孔的中心高度用调整垫 17 调整，使其和活塞杆 10、缸体 12 的中心线一致。

送料时，送料缸左腔充油，则缸体 12 连同料钳沿其底座 23 的燕尾槽向前移动到辊锻位置进行辊锻。辊锻完毕后，送料缸的右腔进油，使缸体座退回起始位置。

　　c　液压传动系统

该辊锻操作机的液压系统如图 6-24 所示，来自油泵的高压油经单向阀，溢流阀及减压阀后分两路：一路经二位四通电磁换向阀 1 进入夹料缸中，另一路经节流阀 4、三位四通电磁换向阀 2 进入送料缸中。电磁换向阀由电气系统的按钮控制，液压系统中油的工作压力约为 10MPa。

当毛坯开始辊锻时，送料缸处于极短的"顶力"状态，随即由时间继电器控制阀的电磁铁，通过电磁换向阀 2 使送料缸的左腔与右腔接通，送料缸处于"浮动"（即"随动"）状态，缸体座 11（见图 6-23）随着毛坯往回运动，缸体左腔中的油经端盖 1（见图 6-23）的油孔及阀 2 排入油箱 3 中。

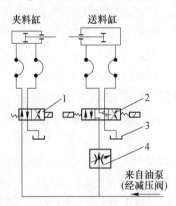

图 6-24　液压系统
1—二位四通电磁换向阀；2—三位四通电磁换向阀；3—油箱；4—节流阀

排油孔及管路直径应与辊锻线速度相适应，若油孔太小，则回油太慢，辊锻线速度将比送料缸往回运动的速度大得多，此时仍处于"顶力"状态，会把坯料顶弯。

6.1.4　辊锻技术的发展和应用

目前辊锻工艺在国外应用很广泛，但大多是制坯辊锻，为模锻提供毛坯。这是与机械锻压机上模锻工艺的发展分不开的。和锤上模锻相比，机械锻压机上模锻的锻件精度高，并具有冲击振动小、劳动条件好、便于实现机械化与自动化等优点。因此，机械锻压机上模锻工艺在大批大量生产中具有很大的优越性。但机械锻压机不适于进行拔长、滚挤等制坯工步，因此要模锻长轴类锻件时，必须配备制坯的辅助设备。实践表明，采用辊锻机制坯，具有效率高、质量好、劳动条件得到改善、对操作人员技术水平要求不高，便于实现机械化与自动化等一系列优点。目前，世界上已建成多条万吨级的机械锻压机自动线，用以生产大型的汽车曲轴和前梁。这些自动线全都配备有辊锻机进行制坯的工序，提供模锻用的毛坯。

国外除制坯辊锻工艺外，也有部分锻件采用了成形辊锻的工艺。对于板片类和长轴类形状简单的锻件如锄头、犁铧、钢叉、十字镐、斧头、餐具刀等的辊锻已广泛用于生产。

国外对航空发动机涡轮与压气机叶片已成功地应用冷精辊工艺进行生产，并有较大进展。许多国家都已系列生产出叶片冷辊锻机，冷辊后叶片的叶型精度可达 0.03~0.05mm。

近十几年来，辊锻工艺在我国的应用和发展很快。在应用制坯辊锻的同时，成形辊锻工艺也得到了较大的发展。

在制坯辊锻工艺方面，汽车行业已应用它与机械锻压机配套，生产前梁、连杆、栓钩、压盘分离杆、传动轴、转向节等锻件。随机工具中各类扳手，则广泛应用辊锻制坯，摩擦压力机成形的工艺。

在成形辊锻工艺方面，对于几何形状较简单的锻件，已采用完全成形辊锻的工艺。如医用镊子用冷辊锻成形，其生产率比锤上模锻高 2.3 倍，节省材料45.7%，成本降低 30%，模具寿命提高 4 倍，质量又高。叶片也成功地采用了成形辊锻工艺，其中采用热精辊工艺生产的叶片，叶型无余量，材料消耗和加工工时都大大地降低，所需设备的吨位也降低了很多。在部分成形辊锻方面，国内已用于生产的有垦锄、钢叉、十字镐、麻花钻、犁刀、铁道防爬器杆、汽车变速操纵杆、各类剪刀的剪子股及餐具中的刀、叉、勺等多种锻件。对于几何形状较复杂、厚度差较大的锻件，还需进行整形工序的初成形辊锻，已成功地用于生产内燃机连杆、拖拉机履带节、活扳手、自行车曲柄、矿山支架销子等，并取得明显的经济效果。例如，履带节的成形辊锻，班产量可高达 1500 件，锻件的单件加工费用比国家定额低 40%，模具费用仅为锤上模锻的一半。用辊锻工艺生产的柴油机连杆锻件已占全国农用柴油机连杆总产量的 1/3 多。国内自行设计、制造的第一条连杆辊锻自动线已经建成并投入生产。

随着辊锻工艺的迅速发展，辊锻机的设计、制造和系列化方面也有很大进展。今后的发展趋向是自动化、高效率与高精度。

目前，国外已有许多厂家能系列生产各种规格的辊锻机。为了充分发挥辊锻机的潜力，国外十分重视为辊锻机配备自动机械手，在发展通用辊锻机的同时，国外还相应发展了一些专用辊锻机。

综上所述，由于辊锻工艺具有很好的技术经济效益，因而受到国内外的普通重视，在其适用范围内有着广阔的发展前景。根据国情和不断提高经济效益的要求，今后辊锻工艺应向两个方向发展：一个方向是发展制坯辊锻，为模锻设备，尤其是模锻锤提供毛坯，以便充分发挥模锻锤的生产效率，提高模锻件的比重；另一方向则是继续进一步的推广与发展成形辊锻，以辊锻代替或部分代替整体模锻，以解决我国大型模锻设备不足的情况。

6.2 辊锻成形原理

辊锻是增长类工序。它既可作模锻前的制坯工序，亦可将坯料直接辊锻成形。辊锻不同于一般轧制，后者的孔形直接刻在轧辊上，而辊锻的扇形模块可以从轧辊上装拆更换；轧制送进的是长坯料，而辊锻的坯料一般都比较短。

辊锻是使坯料在装有扇形模块的一对旋转的轧辊中通过时产生塑性变形，从而获得所需的锻件和锻坯。辊锻近似于小送进量情况下的拔长（在这一点上与轧制相同），即轴向的伸长应变较大，横向的宽展较小。辊锻工艺按用途可分为制坯辊锻与成形辊锻两大类。制坯辊锻是用以辊锻锻坯，是作为模锻（终锻）前或成形辊锻前的制坯工序。

辊锻与一般模锻不同。一般模锻时模具的工作行程是直线运动，而辊锻是旋转运动。与一般锻造相比，辊锻也有其局限性，它主要用于长轴类锻件。对于截面变化复杂的锻件，辊锻成形后还需要在压力机上整形。

6.2.1 辊锻变形区及其参数

在辊锻过程中，坯料并非在整个长度上同时受到辊锻模的压缩作用，而只是在某一段长度上与辊锻模直接接触，并且随着锻辊的转动和坯料的向前运动，坯料上承受压缩的部位也在变化着。直接承受辊锻模压缩作用而产生变形的这一部分金属体积所占有的空间称为变形区，如图 6-25 所示。

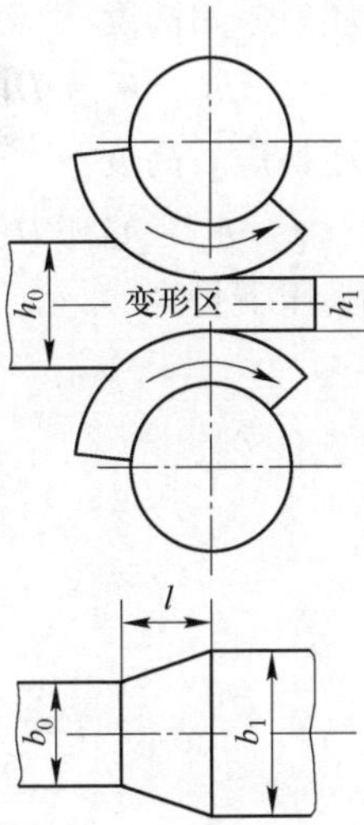

在变形中，坯料高度方向受到压缩，随之其宽度和长度尺寸也发生了变化。

坯料厚度由 h_0 减小至 h_1，二者之差称为绝对压下量

$$\Delta h = h_0 - h_1$$

图 6-25 变形区

绝对压下量 Δh 与坯料原始高度 h_0 之比称为相对下压量，即

$$\varepsilon = \frac{\Delta h}{h_0}$$

坯料宽度由 b_0 增加到 b_1，二者之差值称为绝对宽展量（简称宽展量）

$$\Delta b = b_1 - b_0$$

坯料长度由 l_0 增加到 l_1，其差值称为绝对延伸量

$$\Delta l = l_1 - l_0$$

通常以伸长系数（或称伸长率）λ 表示坯料长度尺寸的变化

$$\lambda = \frac{l_1}{l_0}$$

辊锻变形区的基本参数为：变形区的入口高度 h_0，出口高度 h_1，变形区长度 l，变形区接触弧长度 t，咬入角 α。下面就来讨论它们之间的基本关系。

由图 6-26 可以得到

$$R\cos\alpha = R - \frac{h_0 - h_1}{2}$$

将上式加以适当变换

$$1 - \cos\alpha = \frac{h_0 - h_1}{2R}$$

则咬入角可按式（6-1）计算

$$\cos\alpha = 1 - \frac{h_0 - h_1}{2R} = 1 - \frac{\Delta h}{D} \quad (6\text{-}1)$$

坯料原始高度

$$h_0 = h_1 + D(1 - \cos\alpha) \quad (6\text{-}2)$$

坯料锻后高度

$$h_1 = h_0 - D(1 - \cos\alpha) \quad (6\text{-}3)$$

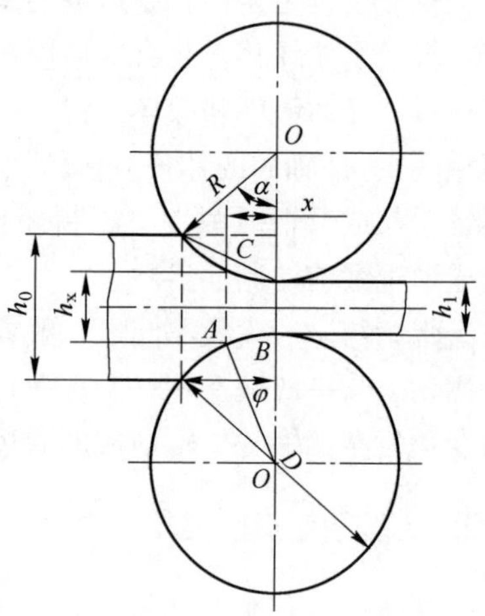

其压下量为

图 6-26 辊锻变形区

$$\Delta h = D(1 - \cos\alpha) \quad (6\text{-}4)$$

变形区长度 l

$$l^2 = R^2 - \left(R - \frac{h_0 - h_1}{2}\right)^2$$

$$l = \sqrt{R^2 - \left(R - \frac{h_0 - h_1}{2}\right)^2} = \sqrt{R\Delta h - \frac{\Delta h^2}{4}} \quad (6\text{-}5)$$

通常，为了计算方便，式（6-5）中的第二项予以忽略，则式（6-5）可简化为

$$l = \sqrt{R\Delta h} \quad (6\text{-}6)$$

这样简化，在计算精度上是足够的，在咬入角小于 20°，压下量 $\Delta h < 0.08R$ 的情况下，其计算误差小于 1%。

变形区接触弧 t 所对应的弦长 c

$$c^2 = \left(\frac{\Delta h}{2}\right)^2 + \left[\sqrt{R\Delta h - \frac{(\Delta h)^2}{4}}\right]^2 = R\Delta h$$

即

$$c = \sqrt{R\Delta h} \tag{6-7}$$

咬入角还可以用如下的关系式表达

由图 6-26

$$l = R\sin\alpha \tag{6-8}$$

故

$$\sin\alpha = \frac{l}{R} = \frac{\sqrt{R\Delta h - \frac{(\Delta h)^2}{4}}}{R} \approx \sqrt{\frac{R\Delta h}{R}} = \sqrt{\frac{\Delta h}{R}} \tag{6-9}$$

或

$$\tan\alpha = \frac{l}{R - \frac{\Delta h}{2}} = \frac{\sqrt{R\Delta h - \frac{(\Delta h)^2}{4}}}{R - \frac{\Delta h}{2}} \approx \frac{\sqrt{R\Delta h}}{R - \frac{\Delta h}{2}} \tag{6-10}$$

当 α 角很小时，角之正弦值可以用其弧度值代替，则式 (6-9) 可以写作

$$\alpha = \sqrt{\frac{\Delta h}{R}} \quad (\text{rad}) \tag{6-11}$$

如用度数表示，则

$$\alpha \approx 57.3\sqrt{\frac{\Delta h}{R}} \quad (\text{rad}) \tag{6-12}$$

上述基本关系式，反映了辊锻变形区中，各参数间的几何关系，若其中之一发生变化，必将引起另一个参数的相应变化。

在变形区中某一中心角 φ 其所对应的坯料高度可按下式计算

$$\cos\varphi = 1 - \frac{h_x - h_1}{D}$$

因此

$$h_x = h_1 + D(1 - \cos\varphi) \tag{6-13}$$

角 φ 按如下关系式决定

$$\sin\varphi = \frac{x}{R} \tag{6-14}$$

用弧长取代 φ 角的正弦值

$$\varphi \approx \frac{x}{R} \quad (\text{rad}) \tag{6-15}$$

6.2.2 锻件的咬入

6.2.2.1 端部自然咬入

为研究方便, 做如下假定 (见图6-27):

(1) 两锻辊为圆形 (表面未刻有型槽), 直径相等;

(2) 两辊同时转动速度相同;

(3) 两辊表面状态相同;

(4) 坯料的截面在其全长上完全相同。

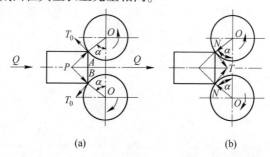

图6-27　锻件和辊锻开始接触瞬间的作用力图解

在坯料端部刚开始和锻辊接触时, 在推力 Q 的作用下, 坯料对锻辊产生作用力 P 及摩擦力 T_0, 如图6-27 (a) 所示。因为坯料力求阻止锻辊转动, 所以摩擦力 T_0 的方向应与锻辊旋转方向相反, 并为切线力。

根据作用力与反作用力大小相等、方向相反的原理, 锻辊对坯料产生与 P 大小相等方向相反的径向力 N 和摩擦力 T, 如图6-27 (b) 所示。T 作用在锻辊运动方向上, 并力求咬入坯料。

将力 N 和 T 分解 (见图6-28)

$$\overline{N} = \overline{N}_x + \overline{N}_z$$

$$\overline{T} = \overline{T}_x + \overline{T}_z$$

径向力 N 和切向力 T 的垂直分力 N_z 及 T_z 对坯料起压缩作用, 使之产生塑性变形, 而对坯料水平方向的运动不起作用。

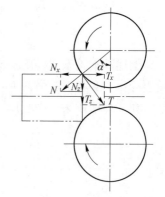

图6-28　开始接触瞬间, 锻辊对坯料的作用力图解

N_x 与 T_x 作用在水平方向上。N_x 与坯料运动方向相反, 对坯件咬入起阻碍作用; 而 T_x 与坯料运动方向一致, 力图把坯料曳入辊中。

显而易见, 为使锻辊曳入坯料, 必须是曳入水平分力 T_x 大于曳入阻力 N_x, 即 $T_x > N_x$, 但实际有三种可能情况发生:

（1）$T_x < N_x$ 不能曳入；

（2）$T_x = N_x$ 平衡状态；

（3）$T_x > N_x$ 可以曳入。

根据图 6-28 得

$$N_x = N\sin\alpha$$
$$T_x = T\cos\alpha$$

又由库仑摩擦定律：

$$\frac{T}{N} = \mu = \tan\beta$$

故 $$T = N\mu$$

式中　μ——摩擦系数；

　　　β——摩擦角。

将 $T = N\mu$ 代入 T_x 式中，则有

$$T_x = N\mu\cos\alpha$$

6.2.2.2 咬入后维持辊锻过程继续进行的条件

坯料被锻辊咬入后，随着辊锻过程的进行，坯料向锻辊中心线方向移动，合力作用点发生变化，它所对应的中心角即咬入角也随之改变为 $\frac{\alpha+\delta}{2}$（见图 6-29），即对咬入变得有利，当坯料到达锻辊中心线时，则咬入角降为 $\frac{\alpha}{2}$，即

$$\varphi = \frac{\alpha}{2} \tag{6-16}$$

或 $$\alpha = 2\varphi$$

由此可见，在端部自然咬入的情况下，开始咬入坯料是较为困难的，必须符合咬入条件。但一经咬入后，便能维持辊锻过程的继续进行，即维持辊锻过程的

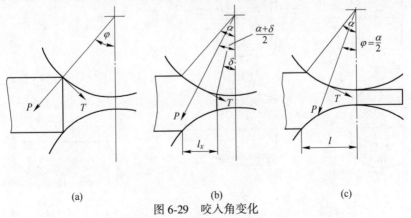

图 6-29　咬入角变化

（a）咬入阶段；（b）充填辊缝阶段；（c）稳定轧制阶段

条件已大为降低。这是因为这时其咬入角仅为开始咬入阶段咬入角的一半，或者说，开始咬入阶段的咬入角等于辊锻过程咬入角的 2 倍。

当为强化轧制过程而增大压下量时，其咬入角有可能大于摩擦角，在这种情况下，有时采用强制送进的办法；另外在制坯辊锻时，通常多采用在坯料中部实现咬入的办法，采用这两种办法均可使咬入角增大，但不能无限增大，它要受到咬入后维持辊锻过程继续进行条件的限制，即辊锻过程中打滑条件的限制，即

$$\varphi \leqslant \beta \tag{6-17}$$

此时的极限咬入角为

$$\alpha_{\max} \leqslant 2\beta \tag{6-18}$$

但生产实践表明，由于轧入后摩擦系数有所降低，故当为采用强制咬入或中间咬入而增大咬入角时，其极限咬入角也有所降低，约等于 1.3~1.5 倍的轧入阶段的咬入角。

即

$$\alpha_{\max} = (1.3 ~ 1.5)\varphi \tag{6-19}$$

$$\alpha_{\max} = (1.3 ~ 1.5)\beta \tag{6-20}$$

此处的 β 角，为开始咬入瞬时的摩擦角。

6.2.2.3　在型槽中轧制（辊锻）时的咬入特点

在型槽中轧制（辊锻）时，咬入过程的基本原理与平辊中轧制矩形坯料的情况完全相同，只是多了一个型槽侧壁的作用。

生产实际中，采用的型槽虽然多种多样，但就其在开始咬入时与坯料的接触情况而言，有两种典型情况：第一种情况与平辊中轧制矩形坯料的情况相似，如图 6-30 （a） 和 （b） 所示；第二种情况是以型槽的斜壁（通称侧壁）与坯料首先接触而实现咬入，如图 6-30 （c） 和 （d） 所示。这是孔型轧制中具有代表性的一种接触情况，如图 6-31 所示。

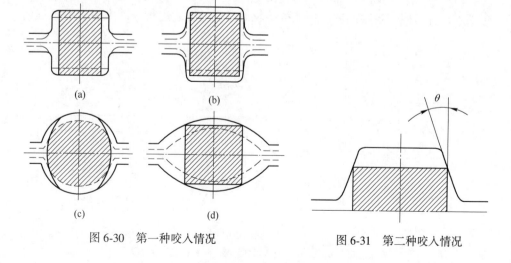

图 6-30　第一种咬入情况　　　　图 6-31　第二种咬入情况

在这种情况下，其咬入条件为

$$\alpha < \frac{1}{\sin\theta}\beta \tag{6-21}$$

式中 θ ——型槽侧壁斜角。

由式 (6-21) 可见，θ 角越小，对咬入越是有利，允许的最大压下量也越大。

6.2.2.4 中间咬入

前面所述的咬入形式为在坯料的端部实现的自然咬入，如图 6-32 (a) 所示，这是轧制过程中的典型咬入方式。其送料方向为正向送料，即坯料从轧机的一侧轧入，另一侧轧出。此种咬入及送料方式在辊锻过程中也有应用；但在辊锻过程中多采用中间咬入、逆向送料的方式进行，如图 6-32 (b) 所示。所谓逆向送料指坯料在辊锻机的一侧送进并在同一侧辊出。辊锻时，在坯料的中部实现咬入的方式称为中间咬入。

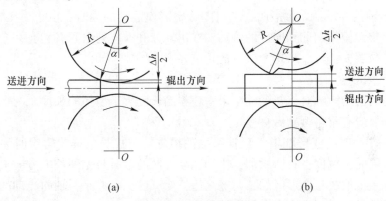

图 6-32 坯料咬入方法

(a) 端部自然咬入；(b) 中间咬入

在坯料端部自然咬入时，其咬入条件为咬入角必须小于或等于摩擦角（极限条件时）。而在中间咬入时，是由辊锻模的突出部位直接压入坯料的中间而实现咬入，相当于机械式钳入。因此，在咬入瞬时，并不受摩擦条件的影响，其咬入角可以很大。但咬入后要继续进行辊锻，必须防止打消现象发生。这就要受到维持辊锻过程继续进行的条件，即摩擦条件的限制，即有

$$\alpha_x = (1.3 \sim 1.5)\alpha_d \tag{6-22}$$

式中 α_x ——中间咬入时的咬入角；

α_d ——端部自然咬入时的咬入角。

在坯料端部自然咬入时，通常其最大咬入角 α_d 不超过 25°，而在中间咬入时，根据实践资料，其最大咬入角 α_x 可以增加到 32°~37°。因此，在中间咬入时，其咬入条件大为改善。

辊锻过程在多数情况下，较之一般纵轧可减少轧制道次。由式 $\Delta h_{max} = D(1 -$

$\cos\beta$）可知，在最大咬入角取 32°~37°时，其最大压下量可达

$$\Delta h_{\max} \leqslant (0.16 ~ 0.20)D \tag{6-23}$$

逆向送料辊锻的基本咬入形式是中间咬入，此种送进及咬入方式多用在制坯辊锻及部分锻件如叶片等的成形辊锻工艺上，正向送料辊锻时，既可采用中间咬入，也可采用端部自然咬入，此种方式多用于成形辊锻。

6.2.3 辊锻工序的变形和流动分析

6.2.3.1 金属的变形

辊锻与纵轧尽管存在一些差异，但是两者的变形特点是一样的。辊锻和纵轧都可以看作在进料比较小情况下的拔长，也是局部加载、局部受力、局部变形。因此，变形区金属的变形除受工具作用和变形体本身相互之间的影响外，还受外端金属的影响，后者阻止其横向的流动。

（1）前滑和后滑。辊锻时，坯料随着辊锻模运动的同时，由于受压缩变形，便相对于辊锻模作向前和向后的流动。在出轧处和入轧处之间必然有一个中间位置，在该位置 $v_{坯} = v_{辊}$，这个位置的角度 γ 称为"临界角"，以此分界，分为前滑区和后滑区。

考虑前滑的影响时，辊锻的结果，坯料的长度大于型槽的长度。为保证辊坯不致过长，应有意将型槽做短些。

（2）辊锻时的变形和增大延伸系数的措施。与拔长一样，辊锻时坯料在轴向伸长的同时，宽度也有所增加，流到宽度方向的金属与流到长度方向上的金属量的比例主要取决于变形区的长与宽之比，变形区长度 L 小，轴向流动的金属量增多。反之，则流到宽度方向的金属量增多，如图 6-33 所示。

轧辊孔形对辊锻时金属的变形有重要影响，例如，图 6-34 所示的轧辊有利于金属宽展而不利于轴向流动。而图 6-35 所示的轧辊则相反。因此辊锻时提高延伸系数的有效措施也与拔长时为提高拔长效率采用型砧一样，可以在凹模槽内辊锻，利用型槽壁的横向阻力限制金属的横向流动。

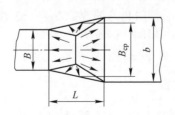

图 6-33 辊锻时金属的变形流动情况

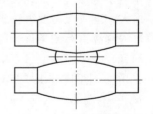

图 6-34 凸肚形轧辊辊锻

6.2.3.2 辊锻时的变形不均匀性

（1）平辊。矩形截面坯料在平轧辊间辊锻时，压下量过大或过小，在厚度

方向的变形都是不均匀的。当压下量 Δh 小（即变形区长度 L 小）时，表层变形大，中间变形小，中间金属受附加拉应力，而当 Δh 大（即变形区长度 L 大）时，中间变形大，表层变形小，表层金属受附加拉应力。

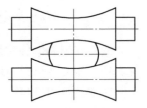

图 6-35　凹肚形轧辊辊锻

（2）带型槽的轧辊。在带型槽的轧辊中辊锻时，如果坯料和孔形设计不当，变形的不均匀性更为严重，加上外端金属的影响常造成变形金属的强迫展宽和拉缩等。

例如，矩形截面坯料在图 6-36 所示的轧辊内辊段时，中间金属变形小，而两侧变形大，两侧金属的轴向流动受到中间金属的限制，于是便大量地向宽度方向流动，即产生所谓的展宽现象。

在图 6-37 所示的辊锻过程中，两侧金属变形时的轴向流动量大，而中间部分金属的变形小，轴向流动的也少，于是两侧的金属便拉着中间部分的金属伸长（即所谓的强制伸长），结果使轧件中心部分的高度和宽度尺寸均可能比型槽的尺寸小。因此，在设计辊锻型槽和坯料时，应使各部分变形尽可能均匀些。

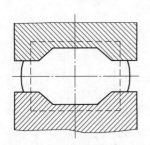

图 6-36　具有强制展宽的辊锻

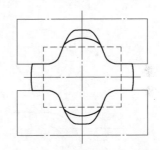

图 6-37　具有强制伸长的辊锻

6.3　辊锻成形力能参数计算

辊锻力、辊锻力矩和电动机功率等力能参数对于辊锻机的设计及在生产中充分发挥设备潜力是很重要的依据，其中辊锻力又是最基本的参数，由它可以确定辊锻力矩并进而选择电动机功率。辊锻过程是属于短时峰负荷，辊锻机一般采用带飞轮的电力拖动方式起着储存能量的作用。

辊锻机的这些力能参数，可以用电测法实际测定，也可以由计算求得。

由于对辊锻过程金属的变形理论和变形力的研究工作进行较少，因此到目前为止，尚没有完整的可靠计算辊锻机力能参数的方法。本章根据现有的一些资料和目前实际中采用的方法，介绍辊锻力和辊锻力矩的计算及飞轮电动机功率的选择，这些方法和计算公式及供参考和进一步探讨。

6.3.1 辊锻力和平均单位压力的确定

辊锻机在辊制锻件时是通过安装在锻辊上的模具施加于被加工锻件上的辊锻力使其产生塑性变形，与此同时锻件本身的变形抗力将给模具和锻辊一个反作用力，这一对力大小相等，方向相反，因此确定辊锻力实际就是确定锻件的变形力。

辊锻时，金属是在一对旋转着的模具中做连续、逐渐的变形，由此显示出辊锻加工的特点：锻件的成形过程是由各局部的逐渐变形连续完成的。因此，对于同一种锻件，用辊锻加工同其他锻压加工相比，则辊锻所需要的压力要小得多。

辊锻力是辊锻机的重要参数，标志着辊锻机的能力。所辊制锻件的辊锻力确定后便可设计或选择合适的辊锻机，并编制合理的辊锻工艺规程。

6.3.1.1 辊锻变形区的几何参数

辊锻时一般被称为辊制锻件与模具的接触区为辊锻变形区，如图 6-38 所示。接触弧 $\overset{\frown}{AB}$（或接触弦 AB）的水平投影称为变形区长度，以 l 表示，角 α 称为咬入角。

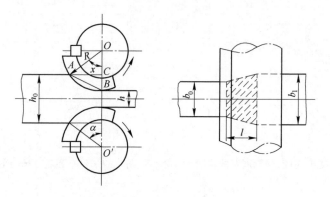

图 6-38　辊锻变形区的几何关系

从图 6-39 的几何关系可知

$$l = AC = \sqrt{OA^2 - OC^2} = \sqrt{R^2 - (R - BC)^2}$$

$$l = \sqrt{R^2 - \left(R - \frac{\Delta h}{2}\right)^2} = \sqrt{R\Delta h - \frac{\Delta h^2}{4}} \tag{6-24}$$

式中　Δh ——绝对压下量，$\Delta h = h_0 - h_1$；

　　　h_0 ——辊锻前毛坯高度；

　　　h_1 ——辊锻后毛坯厚度；

　　　R ——辊锻模具半径。

一般情况下，当 $\alpha < 20°$ 时，$\dfrac{\Delta h^2}{4}$ 同 $R\Delta h$ 比较

其值很小，可以忽略不计，则

$$l = \sqrt{R\Delta h} \qquad (6\text{-}25)$$

若 $\alpha > 20°$ 时，$\dfrac{\Delta h^2}{4}$ 不能忽略，此时变形区长

度应按式（6-26）计算。

变形区中接触面的水平投影面积为

$$F = lb_{cp} = l\,\frac{b_0 + b_1}{2} \qquad (6\text{-}26)$$

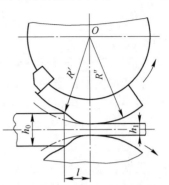

图 6-39　入口处与出口处模具
半径不等的变形区

式中　b_{cp}——变形区平均宽度；

　　　b_0——辊锻前毛坯宽度；

　　　b_1——辊锻后锻件宽度。

若变形区中入口处和出口处模具半径不等时。其变形区长度 l 不能按式
（6-24）或式（6-25）计算，如图 6-40 所示，从其几何关系可得

$$l = \sqrt{R'^2 - R'' - (R'' - \Delta h) - \frac{\Delta h^2}{4}}$$

$$\qquad (6\text{-}27)$$

当 $\alpha < 20°$ 可简化为

$$l = \sqrt{[\Delta h - 2(R'' - R')]R'} \qquad (6\text{-}28)$$

式中　R'——入口处模具半径；

　　　R''——出口处模具半径。

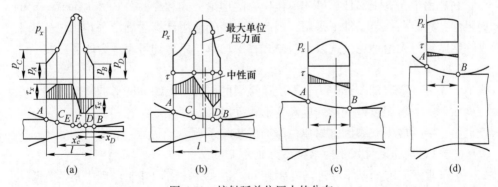

图 6-40　接触弧单位压力的分布

以上是对于简单断面的情形。若辊锻件形状复杂，则模具型槽在纵横方向截
面变化剧烈且形状复杂，此时应将其分成若干简单断面求其变形区投影面积。或
用实测法求得。此外，在辊锻过程中的不同瞬间，变形区面积往往是变化的，在

计算辊锻力时一般选择压下量最大且接触面最大的变形区，即最大辊锻力所处的变形区。

6.3.1.2 辊锻力及平均单位压力

在变形区中，被加工金属和模具接触表面间单位面积上的正应力称为单位压力，以 P 表示。单位压力的大小不仅取决于被加工金属材料的固有性质（成分和组织），而且在很大程度上取决于变形的物理条件（变形温度、变形速度和变形程度）及其应力状态特性（外摩擦、外端和几何尺寸）等因素。

根据轧制理论，变形区中单位压力沿接触弧的分布是不均匀的。近代对单位压力沿接触弧分布的研究指出，单位压力的分布取决于接触摩擦力的分布规律。按照变形区长度与轧件断面的平均高度之比 l/h_{cp} 不同，单位压力有四种不同的分布形式，如图 6-40 所示。

$$a - l/h_{cp} > 5$$
$$b - l/h_{cp} = 2 \sim 5$$
$$c - l/h_{cp} = 0.5 \sim 2$$
$$d - l/h_{cp} < 0.5$$

在实际计算中，常采用平均单位压力 P_{cp}，平均单位压力是接触弧上单位压力的平均值。若已知平均单位压力，则总压力便可确定

$$P = P_{cp}F \tag{6-29}$$

式中　　P——总压力（即辊锻力）；

$\quad\quad P_{cp}$——平均单位压力；

$\quad\quad F$——变形区接触面积对垂直于力 P 方向的平面的投影面积，对于简单轧制条件即接触面积的水平投影。

在轧钢中，有很多计算平均单位压力的理论公式和经验公式，但都有一定的局限性，只能在一定条件下采用，因此目前精确地用计算法确定平均单位压力上有一定困难。无论理论公式或经验公式，平均单位压力均可表示为如下形式

$$P_{cp} = n_\sigma \kappa \tag{6-30}$$

式中　　κ——金属的变形阻力，取决于金属的成分、组织和变形的物理条件（变形温度、变形速度和变形程度）；

$\quad\quad n_\sigma$——应力状态因素对单位压力的影响系数。

6.3.1.3 确定辊锻平均单位压力的方法

由于辊锻变形的基本原理与轧钢相同，过去往往借用轧制原理中某些计算方法用于辊锻力的计算。但是，在辊锻时用计算轧制力的公式所求得的结果一般都低于辊锻时实测的压力值，对成形辊锻尤为明显。这是因为辊锻工艺有它本身的特殊性，同轧钢工艺相比，辊锻工艺的特殊性主要表现在以下几个方面：

（1）辊锻件及其型槽的几何形状比轧钢一般要复杂得多，因此辊锻过程中，

由于纵横断面的变化剧烈必然引起变形分布不均匀；

（2）辊锻件及其型槽几何形状较复杂，造成在辊锻变形过程中，金属所处的应力状态与轧钢相比有较大的差别，辊锻过程中常存在"限制延伸"和"限制宽度"现象，使金属处于三向压应力状态，从而显著地提高了金属的变形抗力；

（3）辊锻过程中，锻件和毛坯往往都是带有飞边的，飞边部分不仅变形抗力很大，而且飞边限制毛坯的延伸和宽展，从而引起金属变形抗力的增加。

近来，在一些文献资料中介绍了一些反映辊锻过程的特点，确定辊锻时平均单位压力的计算公式，但尚未经过大量实践的检验。基于当前的需要，下面介绍几种确定辊锻时平均单位压力的计算方法及有关资料。

A　确定辊锻平均单位压力的理论计算公式

a　简单形状截面的平均单位压力计算

对于截面形状比较简单的毛坯，例如类似扁坯，忽略辊锻时金属的宽展，其平均单位压力可按式（6-31）计算

$$P_{\mathrm{cp}} = \sigma_{\mathrm{s}}^{※} \left[1 + \frac{l}{\Delta h} \ln \frac{\Delta h}{2(\sqrt{h_0 h_1} - h_1)} \right] \tag{6-31}$$

式中　$\sigma_{\mathrm{s}}^{※}$——平面变形状态下金属的流动极限，$\sigma_{\mathrm{s}}^{※} = 1.15\sigma_{\mathrm{s}}$；

　　　　σ_{s}——金属的流动极限，根据锻件的材料、辊锻温度、平均变形速度 ξ_{cp} 和相对变形程度 ε 查图表得。

平均变形速度按式（6-32）计算

$$\xi_{\mathrm{cp}} = \frac{v\Delta h}{lh_0} \quad (\mathrm{s}^{-1}) \tag{6-32}$$

式中　v——辊锻模具表面的圆周速度。

$$v = \frac{\pi R n}{30}$$

式中　n——锻辊转速，r/min。

相对变形程度为

$$\varepsilon = \frac{\Delta h}{h_0} \quad (\%) \tag{6-33}$$

b　锻件截面较复杂并带飞边的平均单位压力计算

对于截面较复杂并带飞边的锻件，其平均单位压力为

$$P_{\mathrm{cp}} = \sigma_{\mathrm{s}}^{※} \left[1 + \frac{1}{6} \left(1 + \frac{2}{1 + \frac{b_0}{b_1}} \right) (k_{\mathrm{d}} - 1) \right] \tag{6-34}$$

式中　b_0——辊锻前毛坯宽度；

b_1——辊锻后锻件宽度（若有飞边则应包括飞边宽度在内）；

k_d——应力状态系数。

应力状态系数按式（6-35）确定

$$k_d = 1 + \frac{1}{\alpha}\ln\frac{h_0}{h_1} \tag{6-35}$$

式中　h_0——辊锻前毛坯高度；

　　　h_1——辊锻后锻件高度；

　　　α——当量斜角。

$$\alpha = \frac{\Delta h}{l} \tag{6-36}$$

式中　Δh——绝对压下量，$\Delta h = h_0 - h_1$；

　　　l——变形区长度，根据具体情况按式（6-24）、式（6-25）、式（6-27）和式（6-28）确定。

对于形状复杂的锻件，应将其截面分成若干形状简单的断面，分别求出各部分的应力状态系数 k_{σ_1}、k_{σ_2}、k_{σ_3}、…，然后按式（6-37）计算总应力状态系数 k_σ。

$$k_\sigma = \frac{k_{\sigma_1}b_1' + k_{\sigma_2}b_1'' + k_{\sigma_2}b_1''' + \cdots}{b_1' + b_1'' + b_1''' + \cdots} \tag{6-37}$$

式中，b_1'、b_1''、b_1'''、…为辊锻后锻件截面各部分的宽度。

辊制拖拉机履带链轨节的实测压力和用式（6-34）的计算结果比较列于表 6-1，从表中可以看出，计算结果比实测值稍微偏低，平均值低 9.5%。

表 6-1　辊制拖拉机履带链轨节的压力

毛 坯 号	1	2	3	4	5	6	7	8	9
送进型槽中锻件温度/℃	1120	1080	1140	1180	1140	1120	1100	1100	1120
连皮厚度/mm	3.5	3.5	2.6	2.2	2.6	2.8	2.8	2.6	2.1
变形区面积/mm²	4470	4450	4630	4700	4630	4600	4600	4630	4720
金属对锻辊的实测总压力 P_ϕ/kN	1230	1310	1340	1400	1440	1490	1500	1650	1700
辊锻转速/r·min⁻¹	7.20	6.25	9.30	8.75	8.30	840	8.50	7.75	7.95
平均变形速度 E_{cp}/s⁻¹	2.7	2.4	3.6	3.4	3.2	3.2	3.3	3.0	3.1
材料流动极限 σ_s/MPa	71	77	71	61	70	74	76	75	73
计算的辊锻平均单位压力 P_{cp}/MPa	253	272	289	266	285	292	300	307	322
计算的辊锻力 P_p/kN	1130	1210	1340	1250	1320	1340	1330	1420	1520

续表 6-1

毛坯号	1	2	3	4	5	6	7	8	9
计算值和实测值的差数 $\dfrac{P_p - P_\phi}{P_p} \times 100\%$	-8.1	-7.6	±0.0	-107	-8.3	-10.0	-8.0	-14.0	-8.8

辊锻条件：毛坯平均高度 $h_0 = 21.6$mm。

毛坯宽度 $b = 59.4$mm，材料 20 号钢压缩后坯料在出口宽度 $b_1 = 93.5$mm。

出口处模具半径 $R'' = 236$mm。

B 确定辊锻平均单位压力的经验公式

平均单位压力可按式（6-38）计算

$$P_{cp} = 1.08\sigma_s n_\mu \quad (\text{MPa}) \tag{6-38}$$

式中 σ_s——金属的流动极限，根据辊锻温度和变形速度 ξ_{cp} 计算得到；

n_μ——与外摩擦及尺寸有关的系数。

变形速度按式（6-39）确定

$$\xi = 0.105n \sqrt{\varepsilon \frac{R}{b_0}} \tag{6-39}$$

式中 n——锻辊转速，r/min；

ε——相对压下量，$\varepsilon = \dfrac{\Delta h}{h_0}$；

R——辊锻模半径。

系数 n 与变形区尺寸有一定函数关系，如图 6-41 所示。

$$n_\mu = \phi \frac{l}{\sqrt{h_0 h_1}}$$

对于没有飞边的辊锻，根据 l、h_0、h_1 计算出 $\dfrac{l}{\sqrt{h_0 h_1}}$ 值，从图 6-41 中查得 n 的数值。如果锻件带有飞边，则取 $n_\mu = 2.5 \sim 3.0$。

用式（6-38）确定平均单位压力比较简单，对 195 型柴油机连杆辊锻按式（6-38）的计算结果和实测值见表 6-2，比较结果表明在辊锻的前两道次（制坯辊锻）数据接近。而在后两道次（预成形及成型辊锻）计算值比实测值偏低。

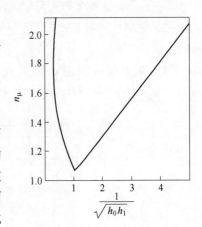

图 6-41 系数 n_μ

表 6-2　195 型柴油机连杆辊锻的辊锻力和单位压力的实测值与计算结果比较

道　次		一				二			
辊锻温度	$t/℃$	1000	1050	1100	1150	1000	1050	1100	1150
实测值	P_{cp}/MPa	121	11520	103	91	1930	156	147	
	P/kN	10610	10180	9160	830	1136	919	867	
B.K 斯米尔诺夫公式	P_{cp}/MPa	133	114	89.6	72.5	195	174	140	119
$P_{cp} = 1.08\sigma_s\eta u$	P/kN	1174	10080	793	641	1150	1043	827	702
S. 埃克隆德公式	P_{cp}/MPa	73.4	63.1	52.5	42.9	661	573	486	402
$P_{cp} = (1+m)(k+\eta u)$	P/kN	648	557	464	379	133	372	309	258
C.N 布金公式	P_{cp}/MPa	252	207	166	129	2458	201	166	125
$P_{cp} = k_v k_t k_f \sigma_b$	P/kN	2274	1830	1465	1140	14950	1202	979	761
道　次		三				四			
辊锻温度	$t/℃$	1000	1050	1100	1150	1000	1050	1100	1150
实测值	P_{cp}/MPa	300	282	222	176	400	296	289	232
	P/kN	1733	163	1282	1068	3093	2290	2384	
B.K 斯米尔诺夫公式	P_{cp}/MPa	265	224	170	140	324	285	227	194
$P_{cp} = 1.08\sigma_s\eta u$	P/kN	1530	1270	983	810	2510	2200	1755	1500
S. 埃克隆德公式	P_{cp}/MPa	727	623	523	427	774	661	553	460
$P_{cp} = (1+m)(k+\eta u)$	P/kN	424	365	304	248	567	488	406	332
C.N 布金公式	P_{cp}/MPa	253	207	166	129	263	217	176	135
$P_{cp} = k_v k_t k_f \sigma_b$	P/kN	14620	1200	960	746	1960	1600	12820	998

　　C　利用实验数值确定辊锻时的平均单位压力

　　对于粗略计算和选用机器时，可以利用一些实验数据来确定辊锻的平均单位压力。

　　(1) 对于成形辊锻碳钢锻件 [成分为 $w(C) < 0.35\%$，$w(Si) < 0.3\%$，$w(Mn) < 0.7\%$] 的平均单位压力数值列于表 6-3 中。

表 6-3　成型辊锻 30 号钢的平均单位压力

锻件复杂程度	锻件简图	辊锻温度 t	单位压力/MPa
I 简单形状		$\dfrac{900}{1000}$	$\dfrac{250}{30}$

续表6-3

锻件复杂程度	锻件简图	辊锻温度 t	单位压力/MPa
Ⅱ 复杂形状	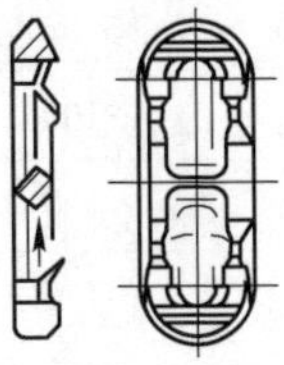	$\dfrac{900}{1000}$	$\dfrac{300}{25}$
Ⅲ 更复杂形状	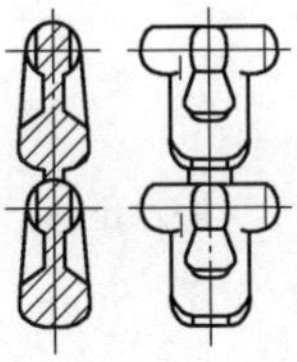	$\dfrac{900}{1000}$	$\dfrac{350}{30}$

材料：30号钢；辊锻条件：无润滑剂；辊锻模直径：$\phi550\text{mm}$

当锻件材料为合金钢时，其平均单位压力按表6-3选用后按下式进行修正：

$$P'_{cp} = P_{cp}\varphi$$

式中　P'_{cp}——成形辊锻合金钢锻件的平均单位压力；

　　　P_{cp}——成形辊锻碳素钢锻件的平均单位压力，按表6-3选取；

　　　φ——修正系数，根据不同钢号按表6-4选取。

表6-4　修正系数 φ

钢的牌号	辊锻温度	
	900℃	1000℃
30CrMnSiA	0.7	0.8
18Cr2Ni4WA	1.0	1.0
2Cr13	1.5	1.3
1Cr17Ni2	2.0	1.6

实验表明，采用润滑剂可使单位压力降低，例如用石墨润滑剂比无润滑剂使得平均单位压力要低30%~35%。

（2）对于轧坯辊锻平均单位压力值可近似按表6-5选取。

表6-5　轧坯辊锻平均单位压力

相对压下量 $\varepsilon = \dfrac{h_0 - h_1}{h_0} \times 100\%$	辊锻温度/℃	平均单位压力 P_{cp}/MPa	
		无润滑剂	石墨润滑剂
30	1150	80	60

相对压下量 $\varepsilon = \dfrac{h_0 - h_1}{h_0} \times 100\%$	辊锻温度/℃	平均单位压力 P_{cp}/MPa	
		无润滑剂	石墨润滑剂
40	1150	100	80
50	1150	120	100
60	1150	170	130

材料：50 号钢；辊锻模直径：$\phi500mm$。h_0、h_1 为辊锻前后相应的毛坯高度

D　冷辊锻的平均单位压力

到目前为止，对于冷辊锻时确定平均单位压力的公式尚没有资料介绍，这里推荐冷轧薄带时计算平均单位压力的方法（M. D. Stone 计算方法），从供冷辊锻粗略计算参数。

M. D. Stone 计算平均单位压力的公式为

$$P_{cp} = (\sigma_s^{※} - \sigma)C \tag{6-40}$$

式中　　$\sigma_s^{※}$——强制屈服应力（即平面变形状态下金属的流动极限），$\sigma_s^{※} = 1.15\sigma_s$；

σ_s——考虑冷加工硬化后的平均流动极限；

σ——平均张应力，当无张力轧制时 $\sigma = 0$；

C——压力倍增系数。

$$C = \frac{e^{\frac{\mu L}{h_{cp}}} - 1}{\dfrac{\mu L}{h_{cp}}} \tag{6-41}$$

式中　　μ——摩擦系数，在光轧辊上轧制当轧制速度为 0.61m/s 时可取 $\mu = 0.08 \sim 0.12$；粗造轧辊取 $\mu = 0.15$；用棕榈油润滑和用水冷却时对低轧制速度 $\mu = 0.09$，轧制速度不低于 5m/s 时 $\mu = 0.03$；

L——考虑轧辊压扁后的变形区长度；

h_{cp}——轧件平均厚度，$h_{cp} = \dfrac{h_0 + h_1}{2}$；

h_0，h_1——轧件轧制前、后的厚度。

压力倍增系数 C 是参数 $\dfrac{\mu L}{h_{cp}}$ 的函数，其关系如图 6-42 所示。

因为 L 是轧辊压扁后的变形区长度，不易确定，一般先给出一个 L 值进行试求，往往需要反复数次。这就使得计算很繁杂，为了简化计算，并有可能采用图表求解，经推导后引入如下关系式

$$\left(\frac{\mu L}{h_{cp}}\right)^2 = (e^{\frac{\mu L}{h_{cp}}} - 1)2a\frac{\mu}{h_{cp}}(\sigma_s^※ - \sigma) + \left(\frac{\mu l}{h_{cp}}\right)^2$$

$$(6\text{-}42)$$

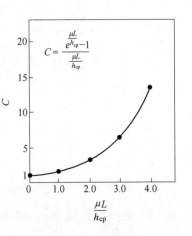

式中　l——轧辊未压扁时的变形区长度，$l = \sqrt{R\Delta h}$；

　　　a——系数。

$$a = \frac{8(1 - \nu^2)}{\pi E} - R$$

式中　ν——泊松比，对钢 $\nu = 0.3$；

　　　E——轧辊的弹性模数，对钢 $E = 206\text{GPa}$；

　　　R——轧辊半径。

图 6-42　压力倍增系数 C
为参数 $\frac{\mu L}{h_{cp}}$ 的函数

　　根据式（6-42）可绘制出曲线图表（见图 6-43），用图 6-43 能很快确定平均单位压力，并获得精确的结果。

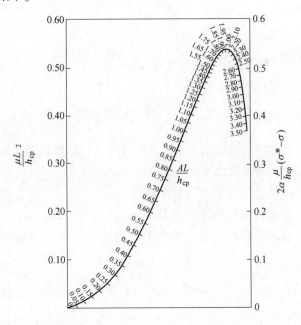

图 6-43　使用图表决定冷轧时轧制压力

图 6-43 的使用方法及计算平均单位压力的步骤如下：

（1）根据已知数据分别计算 $\frac{\mu L}{h_{cp}}$ 及 $2a\frac{\mu}{h_{cp}}(\sigma_s^※ - \sigma)$；

（2）在图 6-43 中的 $\dfrac{\mu L}{h_{cp}}$ 及 $2a\dfrac{\mu}{h_{cp}}(\sigma_s^※ - \sigma)$ 坐标上找出相应的点；

（3）将两坐标的点连成直线（或用指示标尺）；

（4）连线与 $\dfrac{\mu L}{h_{cp}}$ 曲线的交点即为所要确定的 $\dfrac{\mu L}{h_{cp}}$ 值；

（5）根据所得的 $\dfrac{\mu L}{h_{cp}}$ 值按图 6-42 或式（6-41）求出压力倍增系数 C；

（6）按式（6-40）计算平均单位压力。

使用图 6-43 需要补充说明几个问题：

（1）连线时可能与 $\dfrac{\mu L}{h_{cp}}$ 曲线有两个交点，因而也就有两个 $\dfrac{\mu L}{h_{cp}}$ 值，此时选用其中较小的数值，较大值是表示假象的轧制条件，其轧辊变形比带材还要大些；

（2）连线若通过 $2a\dfrac{\mu}{h_{cp}}(\sigma_s^※ - \sigma)$ 坐标的零点，即 $2a\dfrac{\mu}{h_{cp}}(\sigma_s^※ - \sigma) = 0$，这表示轧制非常软的材料（$\sigma_s^※ = \sigma$），则轧辊没有压扁，按式（6-42），应取 $L = l$ 或 $\dfrac{\mu L}{h_{cp}} = \dfrac{\mu l}{h_{cp}}$；

（3）连线若通过 $\dfrac{\mu l}{h_{cp}}$ 坐标的零点，即 $\dfrac{\mu l}{h_{cp}} = 0$，表示在没有压缩量的情况下轧制（因为 $l = 0$，而变形区长度是零）。

6.3.2 辊锻力矩计算

辊锻力矩是克服锻件变形阻力所需要的力矩，它是组成辊锻机所需传动力矩的主要部分，可以根据辊锻力求得。

在变形区中，单位压力分布在整个接触面上，其合力（即辊锻力）的作用点与锻辊中心连线的距离为 a（见图 6-44），则上下两锻辊的总力矩为

$$M = 2Pa \qquad (6-43)$$

式中　M——辊锻力矩；

　　　P——辊锻力；

　　　a——力臂，即力 P 作用点至中心连线的距离。

力臂 a 可用系数表示，即

$$a = \psi l \qquad (6-44)$$

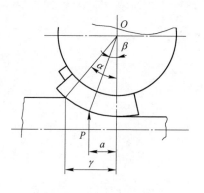

图 6-44　辊锻力矩

式中　　l——变形区长度；

　　　　ψ——合力作用点系数或力臂
　　　　　　系数。

　　力臂系数 ψ 一般在 $0.3 \sim 0.5$ 之间，它取决于变形区平均长度和平均高度之比，摩擦系数 μ 及压缩量 ε 等因素。

　　对于辊锻，当辊锻件带飞边时取 $\psi = 0.25 \sim 0.30$；当辊锻不带飞边时取 $\psi = 0.40 \sim 0.45$。

　　在轧钢中对力臂系数 ψ 进行过大量的实验研究，得出了系数 ψ 随一系列因素变化的许多曲线，图 6-45 为其中一种，该曲线给出了在不同压缩率 ε 时，系数 ψ 值与 δ 的关系。

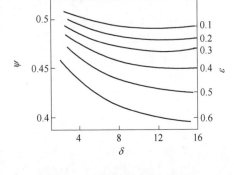

图 6-45　不同压缩率 ε 时，力臂系数 ψ 值与 δ 的变化关系

$$\left(\varepsilon = \frac{\Delta h}{h_0}, \ \delta = \frac{\mu l}{2 \Delta h} \right)$$

　　在美国，热轧时力臂系数取以下数值：

　　(1) 对方坯 $\psi = 0.5$；

　　(2) 圆形断面 $\psi = 0.6$；

　　(3) 闭式孔型 $\psi = 0.7$；

　　(4) 钢板连轧 $\psi = 0.48 \sim 0.39$ （较大数值适于头几架轧机，较小值适于后几架轧机）。

　　应当指出，从式 (6-25)、式 (6-29) 及式 (6-43) 可知辊锻力 P 及辊锻力矩 M 是随着模具半径 R 及压下量 Δh 的增加而增大。因为 R 增大，则变形区长度 l 增大，即变形区面积 F 增大，从而使辊锻力 P 增大。压下量 Δh 增加除了引起变形抗力增加外，还将因为使变形区长度 l 增加而引起辊锻力增加。因此不能简单地认为增加直径能改善机器的强度，而要具体的全面的分析。此外，在公称直径一定时，减少每道次的压下量 Δh 可使辊锻力及力矩降低。

参 考 文 献

[1] 龚小涛. 辊锻工艺过程及模具设计 [M]. 西安：西北大学出版社，2016.

[2] 洪慎章. 辊锻及横轧成形实用技术 [M]. 北京：化学工业出版社，2013.

[3] 周志明，直妍，罗静. 材料成形设备 [M]. 北京：化学工业出版社，2016.

[4] 黄东男. FORGE 塑性成型有限元模拟教程 [M]. 北京：冶金工业出版社，2015.

[5] 华林，夏汉关，庄武豪. 锻压技术理论研究与实践 [M]. 武汉：武汉理工大学出版社，2014.

［6］洪慎章. 回转成形实用技术［M］. 北京：机械工业出版社，2013.

［7］中国锻压协会. 特种锻造［M］. 北京：国防工业出版社，2011.

［8］周存龙. 特种轧制设备［M］. 北京：冶金工业出版社，2006.

［9］傅沛福. 辊锻理论与工艺［M］. 长春：吉林人民出版社，1982.

［10］张承鉴. 辊锻技术［M］. 北京：机械工业出版社，1986.

7 锥形辊辗轧技术

7.1 概述

7.1.1 引言

锥形辊异面辗轧成形工艺能正确实现螺旋叶片所需的变形规律，因而在螺旋叶片辗轧成形工艺乃至整个叶片成形工艺中都占据重要地位，在工业发达国家获得广泛应用。然而其成形规律和成形调整控制困难，制约着这种成形技术的发展。锥形辊异面辗轧利用轧辊的锥形性质和不对称布置方式，在两辊间形成一楔形扭曲辊缝，产生不均匀成圆和滚弯成螺距两种不均匀变形，以便达到优质、高效成形螺旋叶片的目的。

在锥形辊异面辗轧理论研究的基础上，提出一种新构思，即锥形辊共面异步辗轧，以克服锥形辊异面辗轧机调整困难和不能成形小螺距的不足。其创新点为：利用两辊共面形成楔形辊缝产生的不均匀压下成圆，同时创造性地运用异步轧制中的两辊圆周速度差产生的"弯曲"有害变形，使轧件形成螺旋升角，进而形成螺距。

锥形辊辗轧技术是利用其沿辊面线速度不断变化的运动学条件，依据不同的辗轧要求发展起来的多种轧制过程，其中包括钢带锥辊异步冷辗轧、螺旋叶片锥辊冷辗轧等过程。

7.1.1.1 钢带锥形辊异步辗轧技术

锥形辊异步轧制与其他异步轧制方式不同，在轧制过程中，钢带沿锥形辊宽度方向上的轧制线速度相应变化进行搓轧，因而轧制力明显降低。其轧制过程如图 7-1 所示。

当两辊面形状相同，旋转角速度 ω 相同时，在同步点 A 的变形参数和力能参数为同步轧制时的参数；同步点附近，上下辊轧制线速度差沿正异步或反异步变化，在搓轧初始阶段效果不显著；B_1 和 B_2 点，即上下辊轧制线速度逐渐增大时，轧制力大大减小，该区域为搓轧效应区；当在 C_1 和 C_2 点，即上下辊轧制线速度差最大时，轧制压力减至最小值时为全异步点，该区域为全搓轧变形区。

很明显，当两锥辊辊面形状和 ω 相同时，辊面轧制线速度差在 $-x \rightarrow 0 \rightarrow x$ 范围内连续可调，负异步—同步—正异步呈反对称分布。当锥辊上下辊辊面形状或

ω 不同时，则负异步—同步—正异步呈非对称分布。

7.1.1.2 螺旋叶片锥辊冷辗轧

A 圆柱辊—锥辊共面楔形辗轧与分导复合变形

1938 年，H. M. 巴甫洛夫提出了螺旋叶片辗轧成形，1949 年，茹拉弗列夫完善、确立了该成形法。最初，该成形法仅依靠两直圆柱轧辊轴线共面，并成角度布置，实现楔形轧制而成形螺旋叶片，后来发展成轴线平行布置，如图 7-2 和图 7-3 所示。其特点如下：

（1）由于轧辊两端受到支撑，刚性好，辊缝有足够稳定性，不易随轧件几何尺寸波动；

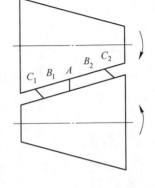

图 7-1 锥辊异步轧制示意图

（2）轧辊可作成快换的复合结构，但必须有分导装置；

（3）由于圆环形成和螺距形成相互独立，成形调整比较容易。

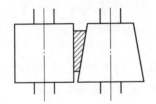

图 7-2 锥辊轴线平行布置图

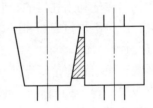

图 7-3 圆柱轧辊转轴平行布置图

然而，这种工艺的致命弱点是构成轧件变形区边界的圆柱辊辊面速度不满足轧件形成圆环的运动学边界条件。圆柱辊转速为 ω 时，圆柱面任意处的线速度均等，而对于轧件，由于宽向的不均匀压下，金属的纵向流动速度不同，因而两者不适应，导致所形成的圆环半径稳定性极差，叶片截面弯曲，出现分层，增加了叶片废品率。

B 锥辊异面楔形辗轧成形

锥辊异面楔形辗轧成形，这种辗轧工艺首先是由英国 LENHAM 公司和 MATCO 公司提出的。所谓异面是指两轧辊轴线不在同一平面内：原始位置，两锥辊轴线互相垂直，共面；工作开始前，将两辊轴线调成空间相错位置，同时调整轧辊不同倾斜，从而使两轧辊之间形成扭曲的楔形间隙。其中两锥辊顶端辊缝略大于料厚，而两辊底端辊缝略小于料厚。辗轧开始后，钢带进入辊缝，处于下端的钢带因间隙小于料厚而受压，变薄并纵向伸长；处于辊顶的钢带增厚，纵向缩短，从而完成成圆的变形过程。同时，由于辊缝扭曲使钢带还受到轧辊对它的滚弯作用，完成形成螺距的变形，如图 7-4 所示。很显然，这种成形机制能正确实现形成圆环和形成螺距的复合变形，因而它具有较强的生命力和竞争能力，在英国、美国等发达国家中被广泛应用。

7.1.2　螺旋叶片轧机的结构

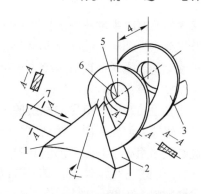

图 7-4　锥辊异面楔形辗轧示意图
1—右轧辊；2—左轧辊；3—叶片；4—螺距；
5—叶片外半径；6—叶片内半径；7—带钢

锥辊辗轧是利用锥辊两个锥面轧辊表面线速度不断变化的运动学条件，依据不同的辗轧要求发展起来的特种轧制过程。锥形辊轧制的典型工艺过程是螺旋叶片的轧制成形。螺旋叶片是螺旋输送机的重要零部件，常用的加工方法是将钢板冲制成单片，再将单片焊接后拉制成形。随着生产技术的发展，相继出现了组合拉形、卷绕成形、挤压成形和辗轧成形四种方法。从生产效率、材料利用率、劳动强度和产品质量等技术经济指标方面比较，锥辊辗轧成形具有明显的优势。

螺旋叶片轧机主要包括轧机机座、前导卫装置、后导卫装置、主传动系统和带钢输送装置，如图7-5所示。图7-6是螺旋叶片轧机结构示意图。

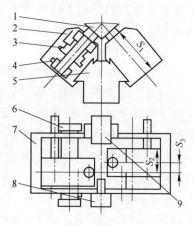

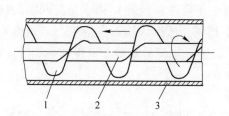

图 7-5　螺旋输送设备"心脏"
1—螺旋叶片；2—传动轴；3—输送筒

图 7-6　螺旋叶片轧机机构示意图
1—轧辊；2—轧辊轴承座；3—调整蜗杆；
4—传动蜗杆；5—导向V形座；6—调整
螺旋；7—机身；8—前导卫；9—后导卫

7.1.2.1　轧机机座

螺旋叶片轧机的机座包括轧辊及主轴部分，轧辊为锥形，锥角为65°。由于锥辊轧制在轧辊与轧件之间产生强烈的滑动，因此，要求轧辊有较高的耐磨性。通常锥辊采用轧辊钢制造。由于轧辊处于悬臂状态，所以主轴刚度要求很高，需要稳固的支撑。主轴箱中采用双列圆锥滚柱轴承。主轴可以沿轴线上下移动,以调节辊缝。主轴箱安装在 V 形底座上,然后由机身将两个主轴箱压紧在底座上。通过两侧的液压螺杆调节两个主轴箱的相对位置,以形成曲面梯形的辊缝。

7.1.2.2　前导卫装置

前导卫装置由一组导向辊组成。由于曲面梯形的辊缝会使轧件向下摆动,为了保证正常送进必须采用有较高强度的前导卫装置。前导卫装置应能够方便地调整,从而可以根据工艺要求调整喂入高度。

7.1.2.3　后导卫装置

后导卫装置又称为螺旋分导装置,其作用是将轧制后的轧件按照一定的螺距送出。后导卫装置是一个既可以向左右两个方向摆动,又可以左右、上下和前后移动的带槽的导向辊。由于螺旋叶片的尺寸精度与导向辊的方位有很大关系,所以,导向辊的调整应该灵活方便,并且能够承受较大的扭曲力矩和摩擦力。螺旋分导装置如图 7-7 所示。

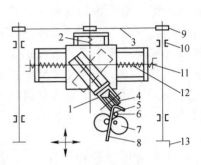

图 7-7　螺旋分导装置示意图

1—导向轮座;2—横向移动螺杆;3—链条;
4—导向;5—叶片;6—导向杆;
7—轧辊;8—带料;9—链轮;10—轴承;
11—纵向移动手柄;12—纵向移动螺杆;
13—横向移动手动手柄

7.1.2.4　主传动系统

主传动系统由电动机、变速箱、减速箱、齿形皮带轮(链轮)、万向接轴和蜗轮蜗杆减速器等部分组成。由于螺旋叶片的成形过程与轧制速度有一定的关系,所以采用变速箱调节轧制速度。齿形皮带轮(链轮)用于分配两轴的扭矩。由于主轴箱和蜗轮蜗杆减速器需要上下移动,所以采用万向接轴与减速箱连接。两个蜗轮蜗杆减速器的旋转方向相反,以使轧辊正常轧制。主传动系统的传动机构如图 7-8 所示。

7.1.2.5　带钢输送装置

通常,带钢是连续垂直地送入辊缝的,而螺旋叶片轧机的带钢输送装置是将带钢卷展开送入。该装置可以上下移动,以适应喂入高度的调整。

7.1.3　螺旋叶片在工业中的应用

螺旋作为技术术语,其概念始终和工程上的传动输送联系在一起。螺旋叶片是指用两钢板或钢带制成的连续多田螺旋状零件。它是螺旋输送设备"心脏"(见图 7-5)中的重要零件。第二次世界大战后,螺旋泵用于取水和排水泵站,特别在污水处理中得到了广泛应用,此外,也用于农田灌溉、积水排涝、潮位控制等领域。现在,螺旋泵还是唯一能够无空气后泄而将大量物料送入输送线的气

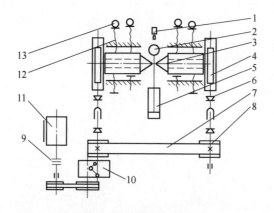

图 7-8　传动机构示意图

1—行程开关；2—压力控制表；3—轧辊；4—蜗轮蜗杆减速器；5—油缸；6—万向节；7—同步齿形带；
8—齿轮；9—皮囊式离合器；10—变速箱；11—电动机；12—调整螺栓；13—平动控制表

力输送设备。由螺旋泵演变出的螺旋输送机是一种具有输送、混合、搅拌、推压及揉磨等作用的机构。由此可见，螺旋叶片是十分重要的零件。

7.2　螺旋叶片锥辊异面辗轧成形原理

7.2.1　辗轧成形设备及辗轧过程分析

　　辗轧成形实质是毛坯在外力作用下，按要求完成可控制的变形过程。外力是靠工具施加的。变形过程与这种施加力的工具及其工作状态有着一一对应关系。在辗轧成形中，这个工具就是两锥形轧辊。作为向这两轧辊提供动力的轧机是实现辗轧过程的基础。

　　图 7-8 是传动机构示意图，图 7-9 是引进 FM-600 型螺旋叶片辗轧机工作辊照片，图 7-10 是辗轧过程示意图。

图 7-9　FM-600 型螺旋叶片辗轧机照片

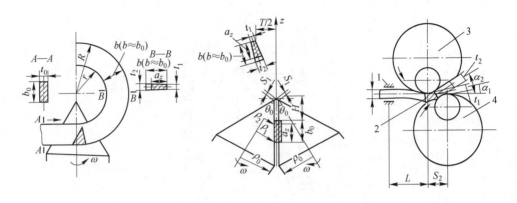

图 7-10 锥形轧辊异面辗轧成形原理示意图

1—导向槽；2—钢带；3—左轧辊；4—右轧辊

参看图 7-10，钢带 2 从盘料架上引出经过导向槽 1 被送进两锥形轧辊 3、4 所形成的辊缝中进行辗轧成形。如果两轧辊与钢带空间相对位置调整得合适，则钢带被辗轧成旋向不同（左旋或右旋）、螺径、螺距都符合设计要求的叶片。待辗出的叶片长度满足给定尺寸时，即可剪断。然后继续辗轧过程。在这里使辗轧成形过程得以顺利进行的是，在辗轧成形中起最重要作用的两轧辊，及其与钢带在空间的相对位置。

与一般对称轧制过程类似，辗轧成形所用的两轧辊构造、尺寸相同，无切槽，均为刚性传动辊。由传动机构提供给它们的转速相同。与一般对称轧制过程不同的是所用轧辊都是锥形的（底径 $2\rho_0$，顶角 $2\theta_0$）。

辗轧成形前，要调整辗轧设备，实际就是调整两轧辊与钢带在空间的相对位置，以使两轧辊辗轧出达到设计要求的螺旋叶片。

在原始位置（即不成形时位置），两轧辊在空间相对位置的特点是：

(1) 两辊的轴心线共平面，与导向槽所导向方向垂直；

(2) 两辊对称于一铅垂面，该面沿着导向槽所导向的方向，其辊顶位于水平面内。轴心线所夹角近似为 $2\theta_0$。

原始位置是辗轧成形前调整轧辊的基准。

在一台轧机上辗轧各种尺寸的叶片，主要靠对轧辊空间相对位置调整实现。这个工作是在辗轧成形前进行的。调整轧机的内容是：

(1) 使其中一辊沿导向相对另一辊平动形成一定借位 S_2（由调整螺栓来完成，调整量由平动位置表来控制，如图 7-8 和图 7-10 所示）；

(2) 使两辊沿各自的轴心线同时上升或下降某一等距 S（由油缸中的液压推动楔铁来完成，调整量由压力位置表来控制，如图 7-8 和图 7-10 所示）；要实现某种叶片的辗轧，就必须完成这种调整工作，准确而迅速地达到这一点，是实现良好技术经济指标的关键。

7.2.2 辗轧成形机理及其变形区

螺旋叶片辗轧变形区是由两轧辊辊面控制的。在这个由两辊面所控制的变形区内，轧件经历复合变形。其一是受到不均匀压缩，产生不均匀伸长（假定宽度无变化）形成圆环的变形；其二为轧件受到滚弯产生弯曲形成螺距的变形。这就是螺旋叶片辗轧成形机理。

轧件之所以受到不均匀压缩，是因为两轧辊所形成的辊缝是不均匀单调变化的；轧件之所以受到滚弯，是因为两轧辊沿导向有相对错位。

调整两辊空间不同相对位置，可以得到不同性质（左旋还是右旋）和不同尺寸的叶片，其根本原因在于这种调整使得两辊面所控制着的轧件变形区及其参数（或称变形区参数）发生了变化。在塑性加工中，变形区及其参数是控制变形如何发展的最主要因素。

辗轧时，塑性变形并非在轧件的整个长度上同时产生，在任一瞬间变形仅产生在轧辊附近的不大的局部区域内，正是在这一局部区域内轧件不断地变形，以及以后变形的积累才形成了多圈状的螺旋叶片。轧件中处于变形的这一区域称为变形区。

辗轧成形变形区可分为接触变形区和非接触变形区两部分。接触变形区的基本组成是轧辊和轧件的接触面及出、入口断面所限定的区域（图7-10中阴影部分）。非接触变形区主要是指轧件宽向未和轧辊相接触的变形区域（图7-10非阴影部分）。这两个变形区域都可称为几何变形区域。另外，在几何变形区前、后的不大的局部区域内，多少亦有塑性变形产生，这两个区域也可称为非接触变形区。

轧件形成圆环时，主要是依靠在接触变形区内轧件厚向的不均匀压缩，所以厚向主应变 ε_t，即为绝对值最大的主应变。根据塑性变形体积不变条件可知，沿着轧件的宽向和形成圆环的切向，必然产生与 ε_t 符号相反的应变。所以在这个区域切向应变为拉应变。由于轧件宽展可以忽略不计，故宽向应变 ε_ρ 可认为零。ε_θ、ε_ρ 及 ε_t 三者之间的关系是

$$\varepsilon_\theta > \varepsilon_\rho > \varepsilon_t \tag{7-1}$$

相应的应力状态是三向压力，并且

$$\sigma_\theta > \sigma_\rho > \sigma_t \tag{7-2}$$

在轧件宽向非接触变形区内，由于接触变形区的金属的变形使轧件产生形成圆环的变形，带动轧件宽向非接触变形区域的金属产生弯曲（这个区域类似于一般弯曲变形的压缩区），切向纤维缩短，故切向应变 ε_θ 成为绝对值最大的应变，

而 ε_ρ 与 ε_t 均为拉应变，可忽略不计。ε_θ、ε_ρ 及 ε_t ，三者之间的关系是

$$\varepsilon_t > \varepsilon_\rho > \varepsilon_\theta \qquad (7\text{-}3)$$

相应的应力状态为：σ_θ 为应力，厚向可自由变形，所以 $\sigma_t \approx 0$，σ_ρ 是处于 σ_θ 与 σ_t 之间的压应力，即有

$$\sigma_t > \sigma_\rho > \sigma_\theta \qquad (7\text{-}4)$$

变形区的应力与应变态定性图解如图 7-11 所示。

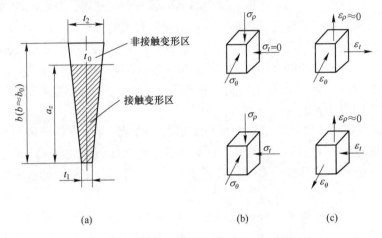

图 7-11　轧件变形区与应力应变状态图
(a) 变形区；(b) 应力状态；(c) 应变状态

图 7-11 ~ 图 7-13 是两辊在空间的相对位置三种典型代表及对应的变形区、辗轧成形示意图。对于图 7-12 成形条件：$S_2 = 0$，$t_0 > t_2 = t_1$ 轧件与两辊辊面的接触区一样大，成形结果获得截面为 $b \times t_1$ 钢带；对于图 7-10 成形条件：$S_2 > 0$，$t_2 > t_0 > t_1$，轧件与右轧辊辊面的接触区比与左轧辊辊面接触区大，成形结果获得外径 R，内径 r，螺距 T 的左螺旋叶片；对于图 7-13 成形条件：$S_2 < 0$，$t_2 > t_0 > t_1$，轧件与左轧辊辊面接触区比与右轧辊辊面的接触区大，成形结果获得外径 R，内径 r，螺距 T 的右螺旋叶片。

7.2.3　轧辊、轧件空间位置参数的特征及其调整

7.2.3.1　问题的描述

轧辊、轧件在空间的相对位置可以在坐标系里描述。坐标系的建立应该考虑轧辊、轧件在空间的位置与运动的自由度及其特点。

由轧辊、轧件空间的初始条件及调整所决定的特点是：

(1) 两轧辊的轴心线始终垂直于导向，两轧辊顶点始终在同一水平面内；

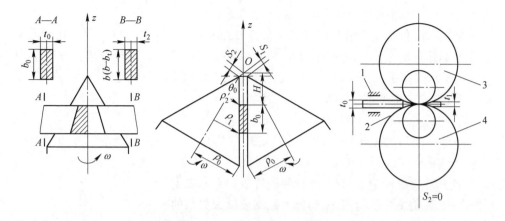

图 7-12　$S_2 = 0$ 时的辗轧成形示意图

1—导向槽；2—变形区；3—左轧辊；4—右轧辊

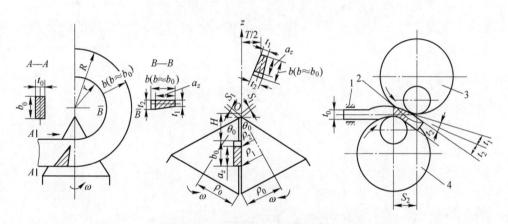

图 7-13　右螺旋叶片成形示意图

1—导向槽；2—变形区；3—左轧辊；4—右轧辊

（2）两轧辊轴心线初始共面。两辊不论何时在这个平面上的投影始终对称于该平面与通过导向的垂直平面的交线；

（3）与轧辊接触前，轧件前进的方向始终沿着导向。

考虑上述特点，建立笛卡尔直角坐标系 $Oxyz$。坐标原点是两辊轴心线初始之交点。两辊轴心线所共的面定义坐标平面 Oyz，其中，z 轴铅垂向上，y 轴指向左辊。x 轴即为垂直于 Oyz 面的导向。

有了上述坐标系，轧辊在空间位置就可用参数 S_1、S_2 描述。S_1 表示轧辊顶点在其轴线方向距坐标原点的距离，反映两轧辊沿自身轴线同时上升或下降的情况，也可称为轧辊工作压力；并且 $S_1 < 0$ 表示辊顶在原点之下，$S_2 > 0$ 表示辊顶在原点之上。S_2 表示其中之一轧辊轴线距 y 轴之距离（另一轧辊的这个距离必为零),反映两轧辊相对平动的量,也称为偏斜量。

同样,轧件在空间的位置可以用参数 H 来描述(见图 7-13),表示轧件上端面距坐标原点的距离,也可称为轧件咬入(喂入)高度。不难看出,如果参数 S_1、S_2、H 确定了,则轧辊、轧件在空间的相对位置就必然确定了。

7.2.3.2 锥形工作辊与轧件相互作用

所用的实验设备是 FM-600 型辗轧机。

本研究的目的是掌握并控制轧辊对轧件的作用,事实上就是掌握和控制轧辊、轧件在空间的相对位置。为此实验内容包括(空车和实轧两种状态下):

(1)轧辊平动量 S_2 与平动控制表读数关系的确定;

(2)轧辊施加压力值 S_1 与压力控制表读数关系的确定;

(3)轧件喂入高度 H 与喂入控制标尺读数关系的确定。

A 轧辊平动量 S_2 与平动控制表读数关系的确定

(1)测试原理与测试系统将平动控制表的读数记为 m_2,用千分表度量轧辊实际平动量。目的就是要寻找 S_2、m_2 的关系。测试原理与测试系统分别如图 7-14 和图 7-15 所示。

图 7-14 测试原理示意图

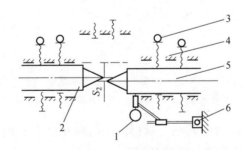

图 7-15 测试系统示意图

1—千分表;2—左轧辊;3—平动控制表;4—调整螺旋;5—右轧辊;6—电磁表

(2)测试步骤如下。

1)输入平动控制表,读数 m_2 并记下该读数。

2)旋动调整螺栓使轧辊平动,直到平动控制表给定的读数。

3)记下此时的千分表读数 S_2。

4)进行下一组数据测试,即重复步骤 1)、2)、3)。几点说明:

① 测试其中一个辊的平动量，另一辊不动，开始时两轴心线处于同一平面内；

② 测试是在空车状态下进行的，每组数据测量三次，取其平均值，实轧状态的辊平动量与空车的相同；

③ 平动控制表按格读数，共分 12 格；

④ 所用千分表量程是 0~3mm，当辊平动量欲超过量程时，应重新安装千分表再测，所以此后辊实际平动量应该是千分表当前读数与原来的读数之和。

（3）测试结果及处理。测试结果见表 7-1。对表 7-1 的测试结果进行回归分析。由调整螺栓的作用性质所决定，轧辊平动量 S_2 与平动控制表读数 m_2 是线性关系，可设为

$$S_2 = Am_2 + B \tag{7-5}$$

按回归分析则

$$A = \frac{\sum_{i=1}^{n} m_{2i} S_{2i} - \frac{1}{n} \left(\sum_{i=1}^{n} m_{2i} \right) \left(\sum_{i=1}^{n} S_{2i} \right)}{\sum_{i=1}^{n} m_{2i} - \frac{1}{n} \left(\sum_{i=1}^{n} m_{2i} \right)^2} \tag{7-6}$$

$$B = \frac{1}{n} \sum_{i=1}^{n} S_{2i} - A \frac{1}{n} \left(\sum_{i=1}^{n} S_{2i} \right) \tag{7-7}$$

这里 $n=9$，m_{2i}、$S_{2i}(i = 1, 2, \cdots, 9)$ 分别取表 7-1 中的数据。可求得：$A = 0.3557$，$B = 0.0344$，并可求得相互关系 $r = 0.9998$，说明 S_2 与 m_2 有很强的线性相关性。

表 7-1 S_2 和 m_2 关系的测试结果

序号	1	2	3	4	5	6	7	8	9
m_2	0	2	4	6	8	10	12	14	16
S_2	0	0.70	1.50	2.22	2.90	3.605	4.32	4.94	5.735

故式（7-5）也可称为 S_2、m_2 关系的拟合曲线，如图 7-16 所示。根据此式就可知道平动量。

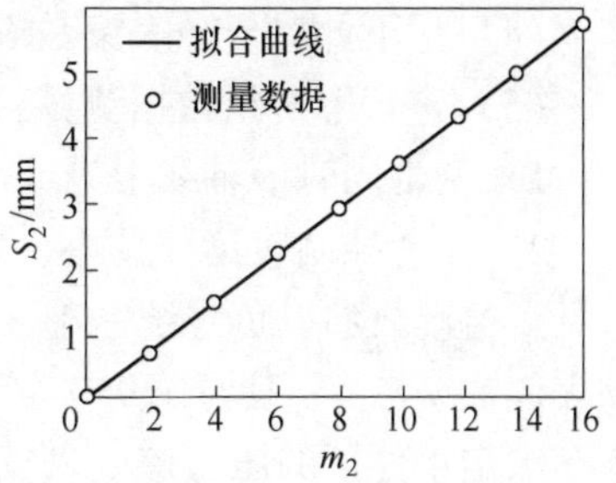

B 轧辊施加压力值 S_1 与压力控制表读数关系的确定

a 测试原理与测试系统

将压力控制表的读数记为 m_1。直接测量轧辊因加压沿轴线上升或下降的量相对困难，故用千分表度量当轧辊沿轴向上升或下降 S_1 时，轧辊相应在铅锤方向上上升或下降量 S_1'。S_1 与

图 7-16 S_2 与 m_2 关系的拟合曲线

S'_1 的换算关系如果不考虑轧辊弹性变形为

$$S_1 = \frac{S'_1}{\cos\theta_0} \tag{7-8}$$

式中 θ_0——轧辊顶角的一半。

所以只要找到 S'_1-m_1 的关系就可以了。测试原理与测试系统分别如图 7-17 和图 7-18 所示。

图 7-17 测试原理示意图

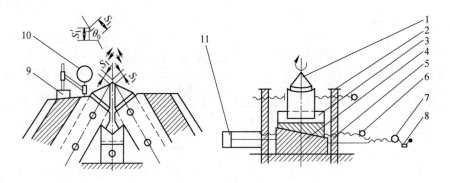

图 7-18 测试系统示意图

1—轧辊；2—床身；3—V 形槽；4—楔铁；5—调整螺栓；6—平动控制表；7—压力控制表；
8—行程开关；9—电磁表座；10—千分表；11—油缸（液压油缸）

b 测试步骤

（1）输入压力控制表，读数 m_1 并记下该数。

（2）打开油缸加压开关，使液压推动楔铁，进而使轧辊沿轴线上升直到压力控制表给定读数。

（3）空车测试时直接转入下一步。实轧测试，这时应向轧机送入轧件。

（4）记下此时千分表读数 S'_1。

（5）进行下一组数据测试，即重复步骤（1）、（2）、（3）、（4）。

1）两辊同时沿轴线上升或下降，所以只要测试其中一辊的 S'_1 即可。

2）压力控制表读数越小，实际上对应的施加压力越大，为了以后处理方便起见，给读数加以负号统一起来，而这样做并不影响研究和结果。基于此压力控制表读数 m_1，一般均在 950 ~ 830 范围内变化。如果 $S_2 = 0$ 即两轧辊轴线共面，空车测定条件下的压力控制表读数 m_1 为 -940 时，两轧辊最小端半径为 6mm 的圆刚好相接触，在图 7-19 中，定义此时千分表读数为零。

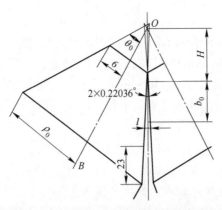

图 7-19　$S_2 = 0$ 且 $m_1 = -940$ 时两轧辊状态

3) 空车与实轧时的 S'_1 差别较大。轧件几何尺寸（可以用 $t_0 \times b_0$ 来定义）对 $S'_1 S$ 有显著影响，而轧件喂入高度 H、轧辊平动量 S_2 对 S'_1 的影响相对可忽略不计。$t_0 \times b_0$ 的选取尽可能反映工程的应用范围。一是为工程上积累数据，二是为更全面地掌握 $t_0 \times b_0$ 对 S'_1 的影响，所以选择了 $t_0 \times b_0$（单位为 mm×mm），如 2×30、2.5×47.5、2×60、2.5×70、3×77.5、4×90。其材质均为进口料（相当于国产 08F 料）。

4) 每组数据测量三次，然后取其平均值。

c　测试结果及分析

图 7-20 给出了测试结果。

（1）$S'_1(S_1)$ 与 m_1 的关系并非简单的一种。这是轧件对轧辊作用的结果，取决于轧件的几何尺寸 $t_0 \times b_0$（空车可以看成 $t_0 \times b_0$ 为零的特殊形式）。

（2）同一 $t_0 \times b_0$ 的 $S'_1(S_1)$ 与 m_1 关系近似为线性。尤其当 $m_1 < -850$ 时（空车时 $m_1 < -870$），线性度相当好，实验点几乎在一条直线上。

（3）$t_0 \times b_0$ 越大，轧辊上升的相对越小。这是因为 $t_0 \times b_0$ 越大，轧辊受到的作用显然越大，而轧辊的上升是靠液压提供作用力加在轧辊悬臂之故。

（4）在大范围内，不同的 $t_0 \times b_0$ 对应 S'_1-m_1 曲线都近似直线，并且各直线的斜率（除空车外）近似相同，只是截距不同。$t_0 \times b_0$ 越大，截距的代数值越小。

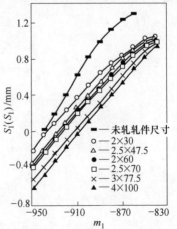

（5）空车时的 S'_1-m_1 曲线也近似为直线，但与实轧的差别较大，位于最上方，如图

图 7-20　$S'_1(S_1)$ 与 m_1 关系的测试结果

7-20 所示。

关于 m_1 所对应的 S' 值的求取，由前面的分析可知，建立 $S'_1\text{-}m_1$ 的解析关系比较困难。但我们知 $S'_1\text{-}m_1$ 曲线是关于 $t_0 \times b_0$ 函数，不同 $t_0 \times b_0$ 的 $S'_1\text{-}m_1$ 曲线组成不相交的曲线族。因此，可以用数值分析中插值计算方法解决问题。

由 $S'_1\text{-}m_1$ 曲线本身的性质及其关于 $t_0 \times b_0$ 的特性，可以采用线性插值方法并分两步达到目的。其基本思想是：

1）通过插值求取给定 $t_0 \times b_0$ 对应的 $S'_1\text{-}m_1$ 曲线；

2）在求得的 $S'_1\text{-}m_1$ 曲线上插值求取 m_1 所对应的 S'_1 值。

C 轧件喂入高度 H 与喂入控制标尺读数关系的确定

设喂入控制标尺读数为 H_i，轧件喂入高度 H 与 H_i 的关系是一个尺寸换算问题，不难从图 7-21 中获得解答。

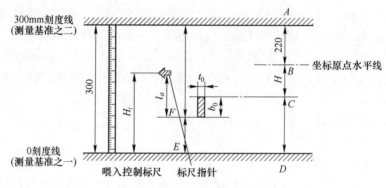

图 7-21 H 与 H_i 关系示意图

图中 AB 是经测定获得的，长度为 220mm。在这里，坐标原点如图 7-18 那样定义。

$$\overline{CD} = 300 - \overline{BC} - \overline{AB}$$

$$\overline{EF} = \overline{CD} - b_0$$

$$H_i = \overline{EF} + l_{ci} = \overline{CD} - b_0 + l_{ci}$$

$$= 300 - \overline{BC} - \overline{AB} - b_0 + l_{ci}$$

$$= 80 + l_{ci} - b_0 - H$$

或

$$H_i = 80 + l_{ci} - b_0 - H \tag{7-9}$$

或

$$H = 80 + l_{ci} - b_0 - H_i$$

式中 b_0——轧件宽度。

l_{ci} 对于 $i = 1$、2、3 和 4 经测定：

$$l_{c1} = 144\text{mm}, \quad l_{c2} = 177\text{mm}, \quad l_{c3} = 210\text{mm}, \quad l_{c4} = 243\text{mm}$$

7.2.4 锥形工作辊弹性变形对辗轧成形的影响

前面分析了轧辊、轧件在空间的正确布置，并得出相应结论，由于辗轧力对轧辊的作用产生的弹性变形，不能保证得到的螺旋叶片尺寸、形状的准确，必须通过理论分析和实验测定予以补偿。

轧辊发生的弹性变形包括，由于轧辊悬臂，弯曲刚度差，受到轧件的作用产生的弹性弯曲，以及轧辊轧件的相互作用产生的弹性压缩，如图 7-22 和图 7-23 的虚线所示。

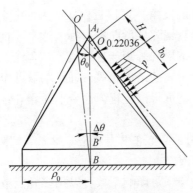

图 7-22　轧辊弹性弯曲示意图

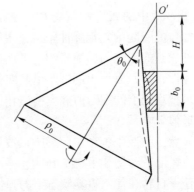

图 7-23　轧辊和轧件的弹性压缩示意图

这两种弹性变形（特别是前一种）虽然很小，却对辗轧成形结果有相当的影响，例如轧件处于图 7-24（a）所示状态的轧辊，经辗轧后其断面结果与预期的多少完全相反。

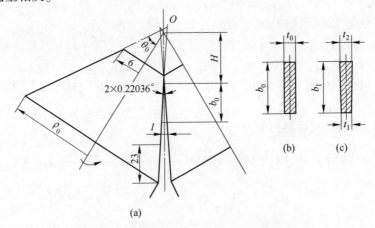

(a)

图 7-24　轧辊弹性变形对辗轧成形结果影响

（a）轧辊状态（$\theta_o = 34.5°$，$\rho_0 = 95mm$，两辊轴线共面）；（b）辗轧前轧件横断面形状（$t_0 \times b_0$）；

（c）辗轧后轧件横断面形状（$b_1 \approx b_0$，$t_1 < t_2 < t_0$）

7.2.4.1　轧辊弹性变形对辗轧成形影响的确定

为了准确地建立辗轧过程以获得所需的辗轧结果，必须消除或者补偿轧辊弹性变形对辗轧成形结果的影响。这一方面依赖于对轧辊在轧件作用下弹性变形的了解，另一方面依赖于掌握轧辊这种弹性变形规律对辗轧成形结果的影响。

由于轧辊的弹性弯曲和轧辊轧件的弹性压缩纠合在一起（这些变形不仅与调整参数有关，而且也决定于螺旋叶片的尺寸和原材料的性能），使问题变得十分复杂，要从几何学、变形力学和材料强度三方面解决才能得到满意的结果。所以，要从理论上明了地给出解析比较困难，但可以实验为基础加以分析。

图 7-22 中的 $\Delta\theta$（即直线 $\overline{BO'}$ 与直线 $\overline{BA}$ 的夹角）可以近似地认为是由于轧辊的弹性弯曲引起的轧辊弹性张角，用作表征轧辊弹性弯曲的指标。这个弹性张角对轧件受到的不均匀压缩影响，进而对辗轧结果的螺距产生影响。在理论上仿真这个弹性张角，以得出的螺距值与实验模拟实轧的结果相等，即可求取这个弹性张角。把理论上的螺距值和实验值相比较，就可得出轧辊弹性变形对辗轧结果螺距的近似影响系数。

显然，弹性张角和螺距影响系数是材料因素（这里主要是 $t_0 \times b_0$）、喂入高度 H、轧辊平动量 S_2 和辗轧压力参数 S_1 的函数。

任一材料在任一辗轧状态下的弹性张角和螺距影响系数可以用多元函数的插值求得，下面仅举弹性张角 $\Delta\theta$ 求取为例，螺距影响系数同法求取。

$$\Delta\theta = f(t_0 \times b_0,\ H,\ S_1,\ S_2)$$
$$\Delta\theta = f(t_0 \times b_0,\ H_i,\ m_1,\ m_2)$$

为方便，记 $t_0 \times b_0$ 为 x_1，H_i 为 x_2，m_1 为 x_3，m_2 为 x_4，所以上式即

$$\Delta\theta = f(x_1,\ x_2,\ x_3,\ x_4) \tag{7-10}$$

根据数据文件，已知 $\Delta\theta$ 下列值

$$\Delta\theta_{ijk1} = f(x_{1i},\ x_{2j},\ x_{3k},\ x_{4l})\ (i = 0,\ 1,\ 2,\ \cdots,\ n_1;\ j = 0,\ 1,\ 2,\ \cdots,\ n_2;$$
$$k = 0,\ 1,\ 2,\ \cdots,\ n_3;\ l = 0,\ 1,\ 2,\ \cdots,\ n_4)$$

所以对任一材料 $t_0 \times b_0$（即 x_1）任一辗轧状态 H_i、m_1、m_2（即 x_2、x_3、x_4），当 $x_{1i} < x_1 < x_{1i+1}$，$x_{2j} < x_2 < x_{2j+1}$，$x_{3k} < x_3 < x_{3k+1}$，$x_{4l} < x_4 < x_{4l+1}$ 时，其对应的 $\Delta\theta$ 值可线性插值取为

$$\Delta\theta \approx f(x_{1i},\ x_{2j},\ x_{3k},\ x_{4l}) + \frac{\partial f(x_{1i},\ x_{2j},\ x_{3k},\ x_{4l})}{\partial x_1}\mathrm{d}x_1 +$$

$$\frac{\partial f(x_{1i},\ x_{2j},\ x_{3k},\ x_{4l})}{\partial x_2}\mathrm{d}x_2 + \frac{\partial f(x_{1i},\ x_{2j},\ x_{3k},\ x_{4l})}{\partial x_3}\mathrm{d}x_3 +$$

$$\frac{\partial f(x_{1i},\ x_{2j},\ x_{3k},\ x_{4l})}{\partial x_4}\mathrm{d}x_4$$

$$\approx f(x_{1i},\ x_{2j},\ x_{3k},\ x_{4l}) +$$

$$\frac{f(x_{1i+1}, x_{2j}, x_{3k}, x_{4l}) - f(x_{1i}, x_{2j}, x_{3k}, x_{4l})}{x_{1i+1} - x_{1i}}(x_1 - x_{1i}) +$$

$$\frac{f(x_{1i}, x_{2j+1}, x_{3k}, x_{4l}) - f(x_{1i}, x_{2j}, x_{3k}, x_{4l})}{x_{2j+1} - x_{2j}}(x_2 - x_{2j}) +$$

$$\frac{f(x_{1i}, x_{2j}, x_{3k+1}, x_{4l}) - f(x_{1i}, x_{2j}, x_{3k}, x_{4l})}{x_{3k+1} - x_{3k}}(x_3 - x_{3k}) +$$

$$\frac{f(x_{1i}, x_{2j}, x_{3k}, x_{4l+1}) - f(x_{1i}, x_{2j}, x_{3k}, x_{4l})}{x_{4l+1} - x_{4l}}(x_4 - x_{4l})$$

$$= \Delta\theta_{ijk1} + \frac{\Delta\theta_{i+1jkl} - \Delta\theta_{ijkl}}{x_{1i+1} - x_{1i}}(x_1 - x_{1i}) + \frac{\Delta\theta_{ij+1kl} - \Delta\theta_{ijkl}}{x_{2j+1} - x_{2j}}(x_2 - x_{2j}) +$$

$$\frac{\Delta\theta_{ijk+1l} - \Delta\theta_{ijkl}}{x_{3k+1} - x_{3k}}(x_3 - x_{3k}) + \frac{\Delta\theta_{ijkl+1} - \Delta\theta_{ijkl}}{x_{4l+1} - x_{4l}}(x_4 - x_{4l}) \quad (7\text{-}11)$$

7.2.4.2 几个表征参数的修正

实轧时由于轧辊受到轧件的作用产生弹性弯曲引起弹性张角，所以按图 7-19 所定义的坐标原点 O 必将位移，因而表征轧辊、轧件空间相对位置的参数必须随着修正。

图 7-25 是参数修正图。O 为空车时坐标原点，O' 为实轧时的坐标原点。S_1、H 为实轧时轧辊在以 O 为坐标原点的坐标系中的位置描述，而 S_1''、H' 作为轧辊实轧时的位置描述对应的坐标原点为 O'。S_1' 是实轧时轧辊顶点 A_i 距过 O 之水平线的铅垂距离。S_2 不用修正。

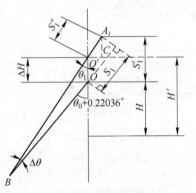

图 7-25 参数修正

下面导出 S_1''、H' 的表达式。

$$S_i' = \frac{\overline{A_iC}}{\cos\angle OA_iC} = \frac{\overline{A_iC}}{\cos\theta_1}$$

在直角 $\triangle O'A_iC$ 中

$$\frac{\overline{O'O}}{\sin\Delta\theta} = \frac{\overline{OB}}{\sin\theta_1} \quad \text{或} \quad \Delta H = \overline{O'O} = \overline{OB}\frac{\sin\Delta\theta}{\sin\theta_1} \quad (7\text{-}12)$$

经测量和计算

$$l = \overline{BB'} + \overline{B'O} = 138.5\text{mm}$$

所以

$$S_1' = \frac{S_1' - l\dfrac{\sin\Delta\theta}{\sin\theta}}{\cos\theta_1} = \frac{S_1'}{\cos\theta_1} - 2\frac{\sin\Delta\theta}{\sin2\theta_1}$$

$$H' = H + \Delta H = H + l \frac{\sin\Delta\theta}{\sin\theta_1} \tag{7-13}$$

7.2.5 辗轧用钢带及螺旋叶片尺寸、结构

7.2.5.1 对辗轧用钢带的要求

由于钢带在轧辊中被辗压时，是一个受诸多因素影响的复杂变形过程，原材料的原始状态，也是一个重要因素。这里有两层意思：第一层意思是，原材料存在软点或硬点时，辗轧过程就难以稳定的建立，甚至使机器发生损害；第二层意思是，原材料虽不存在软点或硬点，但由于材料过硬或过软，可能得到的叶片尺寸与要求偏离很大。辗轧用原材料化学成分见表 7-2，硬度见表 7-3，抗拉强度 $\sigma_b = 280 \sim 370\mathrm{MPa}$ 。

表 7-2 辗轧用钢带化学成分

元 素	C	S	P	Mn
含量（质量分数）/%	0.08	≤0.05	≤0.05	≤0.5

表 7-3 辗轧用钢带硬度

料厚/mm	<3	2.9~3.6	>3
硬度（HB）	120~140	105~125	≤80

表面：光亮，无锈斑等缺陷。

边缘：切边，无毛刺。

同时要求材质均匀，无局部软点或硬点。

7.2.5.2 叶片尺寸结构

辗轧螺旋叶片尺寸结构，应符合以下要求。

$$d > \frac{1}{5}D \tag{7-14}$$

$$\frac{2}{3}D < T < 1.5D \tag{7-15}$$

式中　d——叶片内径；

　　　D——叶片外径；

　　　T——螺距。

美国标准

$$0.9D < T < 1.5D \tag{7-16}$$

最佳尺寸结构

$$T = D \tag{7-17}$$

当 $d \approx \frac{1}{5}D$ 或 $T \approx \frac{2}{3}D$ 时，材料变形程度很大，辗轧十分困难，材料稍出现

软、硬点，尺寸马上变化，设备调整和控制十分困难。美国某厂有一种叶片，由于 $d \approx \frac{1}{5}D(D=\phi152, d \approx \phi31)$ 而难以成形，花了三年多时间，不断更换材料试验，才轧制成功。因此要求设计螺旋叶片时，应注意避开极限尺寸，选用标准尺寸结构。表7-4列出了国内部分标准螺旋叶片尺寸，可供设计时选用。美国标准中还规定钢带宽 $b_0 < 25t_0$（板厚）。

表 7-4　国内部分标准螺旋叶片尺寸（NJ 175—79）　　　　　（mm）

外径 D		螺距 T		轴径 d	不等厚叶片厚度 不小于		等厚叶片 $t=t_2$	长度 L
公称尺寸	公差	公称尺寸	公差		t	t_1		
80	±3	60	±7	20	2.0	0.8	2.0	
100		80		25				
125	±4	100		25	2.5	1.0	2.0	推荐采用 R20 优先数系列
				30			2.5	
160		125	±10	35	3.0	1.2	2.5	
		160		45			3.0	
200								
250	±5	200	±14	45				
		250		60				
315	±6	315	±20	76	4.0	1.5	3.0	
400		400		89			4.0	

7.2.5.3　辗轧叶片展开尺寸计算

辗轧叶片展开料计算时，拟定中性层直径 d_i 在靠内径 $\frac{1}{5}b_0$（板宽）处，即

$$d_i = d + \frac{1}{5}b_0 \tag{7-18}$$

则一个螺距展开料长为

$$l_i = \sqrt{(\pi d_i)^2 + T^2} \tag{7-19}$$

零件展开长度

$$l_0 = \frac{L}{T} l_i \tag{7-20}$$

式中　L——叶片长度。

考虑剪切、调机损失在 3% 左右，计算叶片材料消耗长度 L_s 为

$$L_s = 1.03L_0 = 1.03 \frac{L}{T} l_i \tag{7-21}$$

钢质叶片单件消耗量 W_s 为

$$W_s = 0.78 \times b_0 \times t_0 \times L_s \times 10^{-5} \quad (\text{kg}) \tag{7-22}$$

7.2.5.4　叶片尺寸精度与计算误差

由于叶片在轧辊中被辗压时，受诸多因素影响，上述计算只能是粗略的。关于叶片的尺寸公差，国外提供的数据见表 7-5。

表 7-5　叶片尺寸公差　　　　　　　　（mm）

叶片公称外径	叶片尺寸公差					
	外径 D		内径 d		螺距 T	
	最大	最小	最大	最小	最大	最小
≤102	+1.6	-0.8	+2.4	0	+5%	-5%
102~152	+1.6	-0.8	+2.4	0	+5%	-5%
152~254	+2.4	-0.8	+3.0	0	+5%	-5%
254~508	+4.8	-1.6	+4.8	0	+5%	-5%

实际上，叶片内径尺寸由导出芯轴控制，而外径 D 可按式（7-23）计算

$$D = d + 2(b_0 + \Delta_s) \tag{7-23}$$

式中　Δ_s——碾轧引起的展宽量。

国外资料认为，当料厚小于 3mm 时，展宽量小，可以不予考虑。对厚的叶片，展宽量可参见表 7-6。

表 7-6 不同板厚的展宽量 （mm）

料厚 s	展宽量 Δ_s
4.8~6.3	1.5
6.3~9.5	3.2
9.5~12.7	4.8

实际变形时，由于叶片的尺寸结构不同，用同一种原材料，得到的尺寸公差与展宽量也不同。表 7-7 列出和原西德 DIN1624 钢带辗轧不同尺寸的叶片时，测得实际尺寸。

表 7-7 不同尺寸叶片实测尺寸

序号	$t_0 \times b_0$ /mm×mm	硬度 HB	变形抗力 /MPa	D /mm	T /mm	t_1 /mm	t_2 /mm	$b_0+\Delta_3$ /mm	L /mm	L_0 /mm	实际用料长 /mm	备注
1	4.5×100	92.8	345	609	457	3.9~4.1	2.8~3.0	100.4 100.25	2370	7740		
2	3×60	84.9		152	152	3.4	1.5	60.2	1362	2084		
3	2.5×60	104	410	152	152	3.4	1.3	60.1				SPCC 钢板剪料试验
4	3×36.6	84.9	340	117.5	127	3.2		38	1920	3315		
5	3.5×84	93.3	340	233	286	3.4	1.9	84.9	2120	3595		−44
6	3.5×94		330	251	251	4.1	2	94.7	3263	5245	3639	
7	3.5×100		340	508	457	3.6~3.7	2.6~2.7	100.2 100.4	1984	5142		

表中序号 1 的 4.5×100 钢带由于材料较硬（要求当 $t_0>3$，硬度>80HB），辗轧时施加了相当大的压力，而使材料全部都处在伸长变形的状态下，叶片内径并没有加厚，而是减薄了。可见，叶片内缘厚度并不都是加厚。当 $t_1 = t_0 + \Delta_2$ 时，计算出的长度大于实际用料长度（这种产品原计算材料定额需 9t 多带钢，实际仅用去 9t）。反之，表中序号 5 的 3.5×84 钢带则较软（当 $t_0 = 2.9 \sim 3.6$ 时，要求硬度=95~125HB），辗轧时加大两工作辊偏斜量，造成材料辗轧时中性层直径向外缘移动，而使计算出的长度小于实际用料长度。

在确定螺旋输送器尺寸时，应同时考虑叶片上述尺寸误差。

7.2.5.5 钢带国产化

钢带国产化，使辗轧用材料不再依赖进口是企业依靠自己，增强自主能力的体现。

（1）国产冷轧板辗轧试验试验用的材料为鞍钢产 08F 钢板，规格为 900mm×

2000mm×2mm 和 900mm×2000mm×3mm 两种，并在剪板机上剪成 2mm×35mm× 2000mm 和 3mm×60mm×2000mm 条料。其几何尺寸及力学性能由佳木斯联合收割机厂质检处和计量中心（国家一级计量单位）提供综合，见表 7-8。所要轧制件为丰收 3.0 联合收割机零件 Z28447E，JL965 联合收割机零件 Z37955。

表 7-8　国产 08F 冷轧板几何尺寸及力学性能

钢带规格 /mm×mm×mm	件　号	厚度 t_0/mm	宽度 b_0/mm	硬度（HB）	σ_b/MPa
2×35×2000 冷轧板/08F	试件 1 试件 2 试件 3	2.00	35.50 35.02 35.54	80.5	292.5
3×60×2000 冷轧板/08F	试件 4 试件 5 试件 6	3.00	60.40 60.70 60.01	95	345.0

由表 7-9 看出，达到了设计要求。经理化检验性能，均达到了采用进口材料加工叶片性能，其检查结果列于表 7-10。

表 7-9　联合收割机两种叶片实测与设计比较

产品型号	件号与钢带尺寸 /mm×mm×mm	叶片外径 D/mm		叶片螺距 T/mm	
		设计图	实测	设计图	实测
丰收 3.0	Z2844E 2×35×2000	150 ±4	147.3 153.2 152.2	150 ±4	153.3 147.1 148.3
JL1065	Z37955 3×60×2000	149 $\pm\frac{3}{0}$	149.1 151.5 151.6	152 ±3	154.6 150.0 150.1

表 7-10　国产 08F 冷轧板力学性能

项　目	硬度（HB）		σ_b/MPa	
	原材料	叶片	原材料	叶片
国产冷轧板 2/08F	79.6~81.3	111~140	290~295	400~505
国产冷轧板 3/08F	95	135~143	345	490~640
进口钢带 3.5mm×100mm	80.4	129~156	290	467~565

由上所述，采用国产冷轧材料辗轧叶片，只要工艺严格，完全可以获得合格叶，其冷轧卷板被纵剪成钢带，即可用于辗轧叶片加工。

（2）国产热轧板辗轧试验。由于 3.5~6mm 的国产冷轧卷板较少，而联合收割机上这一厚度的叶片需要量却很大。只能采用热轧卷板纵剪成钢带，为此必须进行表面处理去氧化皮，以代替进口冷轧钢带来辗轧叶片。2~3mm 在无冷轧卷板的时候，也应采用此工艺进行加工。

试验材料采用 3mm 厚，宽 950/B2 卷板，剪切成 3mm×84mm×6000mm 条料，其检验结果列于表 7-11。

表 7-11　国产热轧板几何尺寸及力学性能

钢带规格 /mm×mm×mm	件　号	厚度 t_0/mm	宽度 b_0/mm	硬度（HB）	σ_b/MPa
3×84×6000 热轧板/B2	试件 7 试件 8 试件 9	2.99	84.50 84.00 84.80	106.5	385

热轧板的化学成分为 $w(C) = 0.9\%$，$w(Si) = 0.23\%$，$w(Mn) = 0.41\%$，$w(S) = 0.031\%$。所要辗轧的叶片是 JL965 联合收割机上的零件 Z33409。条料经表面处理后，进行辗轧试验（包括轧机调整和试轧，再调整再试轧直至成功的全过程），辗轧结果经佳联厂质检处和计量中心检测，列于表 7-12。由表 7-12 看出，辗轧叶片几何尺寸符合设计图要求。辗轧后叶片的力学性能经理化测定列于表 7-13。可以看出，国产热轧钢带辗轧的叶片质量水平与进口冷轧钢带相当，完全可以替代进口冷轧钢板。

表 7-12　热轧板辗轧叶片后实测与设计比较

产品型号	件号与钢带尺寸 /mm×mm×mm	叶片外径 D/mm		叶片螺距 T/mm	
		设计图	实测	设计图	实测
JL1065	Z33409 3×84×6000	321±20	232 231.1 231.7	226±3	225 227.1 226.5

表 7-13　国产热轧板辗轧成形叶片的力学性能

国产热轧卷板 3/B₂	硬度（HB）		σ_b/MPa	
	原材料	叶　片	原材料	叶　片
	105~108	164~177	380~390	595~640

7.3　辗轧成形力能参数计算

7.3.1　锥辊间楔形辗轧过程的建立

矩形截面带料经锥辊辗轧成梯形截面的卷曲环带的过程是一个复杂的多元素

作用的复合过程。如果明了影响过程建立的因素的作用，并加以定量表示之，就可描绘出这一过程的建立条件。建立锥辊间楔形辗轧过程必须同时满足轧件被咬入和被压缩变形所需的两个条件。

7.3.1.1　咬入条件

把锥辊共面同步碾轧时，楔形截面轧件任一纵向 e—e 微元截面（见图 7-26）$abcd$ 近似地看成是 $a'b'c'd'$ 矩形截面单元。这样就可能把相应每轧件接触的锥辊表面近似地看成平辊表面。因此，就可以将这一微元截面的咬入问题近似地看成为平辊间矩形截面坯料的咬入问题。由于两锥辊是对称安置，且等速、相互反向转动，故可将这一微元截面的轧制过程看成简单理想轧制过程。

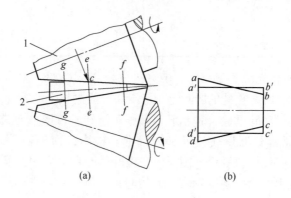

图 7-26　锥辊共面同步辗轧时轧件截面的简化
（a）e—e 为轧件纵向微条元体的任一位置；（b）$abcd$ 为 e—e 的真实截面；$a'b'c'd'$ 为 e—e 的简化界面
1—轧辊；2—轧件

由图 7-27 知，轧件与轧辊接触时，旋转着的轧辊对轧件作用以 P，同时旋转着的轧辊对轧件作用以摩擦力 T，它与轧辊的旋转方向一致，即切线方向，且与 P 相垂直。

T 与 P 间的关系，可用库仑摩擦定律表示，即

$$T = \mu P \quad 或 \quad \frac{T}{P} = \mu \tag{7-24}$$

式中　μ——摩擦系数；

　　　P——后外向推力；

　　　T——前向拉拽力。

由图 7-28 知

$$P_x = P\sin\alpha , \ T_x = T\cos\alpha$$

当 $P_x > T_x$ 时，不能咬入；当 $P_x < T_x$ 时，能咬入。$P_x = T_x$ 为咬入的临界条件。

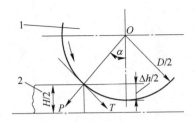

图 7-27 简单理想辗轧条件下
开始咬入时轧件的受力分析
1—轧辊；2—轧件

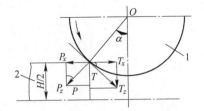

图 7-28 开始咬入时 P 与 T 的关系
1—轧辊；2—轧件

则
$$P\sin\alpha = T\cos\alpha$$
$$\frac{T}{P} = \frac{\sin\alpha}{\cos\alpha} = \tan\alpha$$

考虑式（7-24），则
$$\mu = \tan\alpha \tag{7-25}$$

式（7-25）表明，咬入角 α 的正切等于轧件与轧辊间的摩擦系数 μ 时，为咬入的临界条件，当 $\tan\alpha < \mu$ 时，能够咬入；当 $\tan\alpha > \mu$，则不能咬入。

据物理概念，摩擦角 β 的正切即为摩擦系数 μ，故 $\tan\beta = \mu$。

联系式（7-25），则有
$$\begin{cases} \mu = \tan\beta \geqslant \tan\alpha \\ \beta \geqslant \alpha \end{cases} \tag{7-26}$$

图 7-29 对 β 与 α 的关系给予了说明。R 为 P 与 T 之合力，β 为摩擦角。

图 7-29 表明，当咬入角 α 小于摩擦角 β 与时（即 $\alpha \leqslant \beta$ 与），合力 R 的方向已向轧制方向倾向。说明轧件可以被咬入。由图 7-30 中几何关系可导出

$$\cos\alpha = \frac{OB}{OA} = \frac{\dfrac{D}{2} - \dfrac{\Delta h}{2}}{\dfrac{D}{2}} = 1 - \frac{\Delta h}{D} \tag{7-27}$$

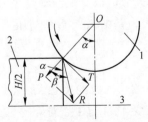

图 7-29 咬入角 α 与摩擦角 β 间的关系
1—轧辊；2—轧件；3—辗轧方向

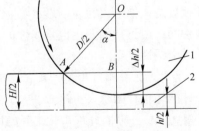

图 7-30 轧辊直径 D 对咬入角 α 的影响
1—轧辊；2—轧件

式（7-27）给出了 α、Δh、D 之间的相互关系。如果辊径 D 为常数（D = const），欲获大的压下量 Δh，就必须有大的咬入角来保证，如图 7-31 所示。因为咬入角 α 受摩擦角 β 的限制（$\beta \geq \alpha$），故欲使咬入角 α 增加以提高压下量，就必须增大摩擦系数 μ。在生产应用中，增大摩擦系数 μ 值的实例有在初轧机轧辊表面上刻痕、冷轧辊表面喷砂打毛等。

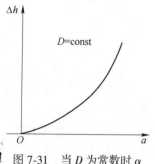

图 7-31　当 D 为常数时 α 与 Δh 间的关系

由式（7-27）中得出，当 α 为常数时（α = const），压下量 Δh 与轧辊直径 D 成正比。故在相同摩擦条件下，增加辊径 D 是提高压下量的好办法，如图 7-32 所示。

由式（7-27）中得出，当压下量 Δh 为常数（Δh = const）时，增大轧辊直径 D，则咬入角 α 要减少是有利于咬入的，如图 7-33 所示。

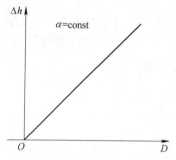

图 7-32　当 α 为常数时 D 与 Δh 间的关系

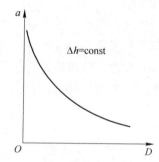

图 7-33　当 Δh 为常数 D 时与 α 间的关系

由图 7-26 可知，锥辊直径 D 是变化的。在 g—g 截面处，锥辊直径 D 接近最小值，在此位置上的压下量 Δh 也是最小的或接近于零的（$\Delta h \approx 0$）。当移至 e—e 截面处，锥辊直径 D 就增大了，在此位置上的压下量 Δh 也同时增大了。当移至 f—f 截面处，锥辊直径 D 增大并接近最大值，同时在此位置上的压下量 Δh 也增大并接近最大值。因为 gef 线段为直线，所以可近似地认为：锥辊直径 D 的变化是线性的，压下量的变化也是线性的。由此可认为：锥辊直径 D 与压下量 Δh 间的关系为线性关系。

A　轧件进入变形区中咬入角 α 的变化

轧件被轧辊开始咬入，随即进入了变形区，开始咬入时的接触点。A 逐渐变成了接触弧 AA'。此时轧件与轧辊开始接触的 A 点变 A'，与 A 点对应的咬入角 α 变成了与 A' 点对应的 θ 角。但我们还不能说 θ 角是 A' 对应的咬入角。这是由于接触点 A 变成了一段接触弧 AA'，此时轧辊作用于轧件的压力 P 及摩擦力 T 的作用

点已不在 α 角对应的 A 点处，而是朝着轧制出口方向移动，作用在 AA' 接触弧的某一点上。如果设轧辊对轧件的作用力是均匀分布在接触弧上，那么力 P 的作用点应在 AA' 弧的平分点 C 上。这样力 P 的作用线 OC 与轧辊竖直中心间的交角为 φ。应当把 φ 角理解为轧件与轧辊间呈 AA' 弧状态接触时的咬入角。φ、α 与 θ 之间的关系为

$$\varphi = \frac{\alpha - \theta}{2} + \theta$$

即

$$\varphi = \frac{\alpha + \theta}{2} \tag{7-28}$$

当 θ 由 α 变至 0，φ 将由 α 变至 $\alpha/2$。当 $\theta = \alpha$ 时，乃是开始咬入；而当 $\varphi = \alpha/2$ 时，轧件充填满全部辊缝变形区，此时可称为轧制过程已经建立。

B 轧制过程建成时的咬入角

自开始咬入直至轧制过程建立的过程中，咬入角 α 有什么变化，下面作一研究。

咬入开始后，轧件进入变形区中某一位置时，作用力 P 与摩擦力 T 的水平分力也在不断变化，随着 φ 角的减小，T_x 增大，P_x 减小，这说明此时的咬入比开始咬入时容易得多。轧件充填满辊缝变形区后，继续进行轧制过程的条件仍然是水平轧入力 T_x，大于水平推出力 P_x（$T_x > P_x$）。

此时

$$T_x = T\cos\frac{\alpha}{2} \ ; \ P_x = P\sin\frac{\alpha}{2}$$

因为 $T_x > P_x$，可改写为

$$T\cos\frac{\alpha}{2} \geqslant P\sin\frac{\alpha}{2}$$

或

$$\frac{T}{P} \geqslant \tan\frac{\alpha}{2}$$

亦即

$$\tan\beta = \mu = \frac{T}{P} \geqslant \tan\frac{\alpha}{2}$$

由此得

$$\beta \geqslant \frac{\alpha}{2} \tag{7-29}$$

可见，按照轧件进入辊缝变形区的程度，咬入条件向有利的方面转化，越来越容易咬入。最初开始咬入时，所需的摩擦条件最高。

随着轧件进入辊缝变形区，所需的摩擦条件不高，就易实现咬入。所以说，轧件前端一旦被咬入，就会被全部咬入，建立起轧制过程。

开始咬入时的咬入条件是 $\beta \geqslant \alpha$，建成轧制过程时的咬入条件则为 $\beta \geqslant \dfrac{\alpha}{2}$。如果以通式表示，则为

$$\beta \geqslant \varphi \tag{7-30}$$

开始咬入时，$\varphi = \alpha$；建成轧制过程时，$\varphi = \alpha/2$。

将式（7-30）用来分析锥辊间楔形轧制过程建立是完全适用的。在前边的分析中，把轧件前端视为平直的，在宽度上承受的压下量是等同的。但在锥辊间楔形轧制时，轧制前坯料是等截面的条料，在其宽度上承受的压下量是不等同的。在靠近锥辊顶端的压下量小，靠近锥辊底端的压下量大。这样就可能出现三种情况。

第一种情况是尽管在宽度上的压下量大小不一，但都符合辊径 D、压下量 Δh、咬入角 α 之间的约束关系，满足式（7-26）和式（7-28），那么在开始咬入的问题上，就完全可以用简单理想轧制的咬入来认识和理解锥辊间楔形轧制的咬入。锥辊间楔形轧制时，只要轧件前端是同时实现开始咬入的，就可以建立起这一轧制过程，此时在轧件宽度上的不同压下量不会影响这一轧制过程的进行。

第二种情况是在靠近锥辊底端处轧件的压下量大，大到不能维持式（7-26）和式（7-27）的约束关系。在轧件宽度上的其他受压下变形的部位的压下量还都可维持式（7-26）和式（7-27）的约束关系。这种情况已经脱离了简单理想轧制的假设前提条件，当然也无法借用简单理想轧制的咬入认识来分析讨论。这个原因是靠近锥底端的轧件不能被咬入，则于此部位也就没有相应的伸长变形，这个部位成了不能进入辊缝的一侧端，如图 7-34（a）中 f—f 截面附近，就会限制和影响其在左侧相邻部位的被咬入和伸长。但我们知道，轧件一旦被开始咬入，那就无法中止这一咬入的进行，这一轧制过程就必将建立。如果强行进行以第二种情况下轧制的话，其结果可想而知，一是在轧制前端的宽度上被强制撕裂成左、右两条，或是在轧件右外侧缘上生成裂纹，必然导致轧制过程不能建立。

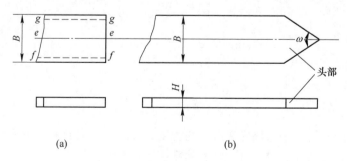

图 7-34　咬入前轧件前端头部的型式比较

（a）平齐头；（b）尖头型

第三种情况是在第二种情况下还伴随着另一现象，在靠近锥辊锥顶处有压下量为负值的部位非但不伸长，反而缩短；另一个侧端，即压下量为正值的部位 [见图 7-34 (a) g—g 和 f—f 中间的部位] 为可实现咬入的变形区，但受到相邻两侧区的牵制。这样，除了在 f—f 区的前端和外侧上产生裂纹外，还会在 g—g 外侧上产生皱褶失稳，导致轧制过程不能建立。

为了寻求开始咬入的途径，需要重温一下简单理想轧制的前提条件，也就是研究一下开始咬入时的假设条件。

可将简单理想轧制过程的要点归纳为：

(1) 上下轧辊直径相同（见图 7-27，下同）；

(2) 上下轧辊转速相同，并以相反方向转动；

(3) 轧辊表面无切槽；

(4) 两辊均为传动辊；

(5) 在轧制进口处无推力、无后张力，在出口处无前张力；

(6) 两辊均为刚性的；

(7) 咬入前轧件前端为平齐型的 [见图 7-34 (a)]，与轧辊开始接触的部位可视为点接触，如图 7-27 所示；

(8) 轧件前端全部同时被咬入，没有不被咬入的部位。

在众多的轧制文献中，作者未发现对简单理想轧制过程有如此全面、具体的归纳。依据上述归纳的要点，尤其是要点中的最后两款来评判已给出的三种情况的分析，特别是针对第三种情况给出评判。这时，发现将锥辊间楔形轧制过程看成简单理想轧制过程与要点中的最后两款相差甚远，理所当然地会出现前述的第二种现象或第三种现象。因此，必须使锥辊间楔形轧制的开始咬入适合于要点的最后两款，如果能做到这一点的话，锥辊间楔形轧制的开始咬入问题就迎刃而解了。此点恰是理论（如咬入理论）的威力所在，将会产生指导实际的效果（如锥辊间楔形轧制过程的建立）。

现在，对咬入前轧件前端的型式给予重新设计，将原平齐型头部 [见图 7-34 (a)] 改为尖头型 [见图 7-34 (b)]。这一微小改变的效果非凡。头顶尖端处先被轧辊咬入，就实现了开始咬入，尖端部开始咬入时，没有两侧的任何干扰，确是符合图 7-27 及简单理想轧制过程的全部 8 个要点的要求。这样，锥辊间楔形轧制的开始咬入问题已有解。尖头型轧件前端 1 处实现开始咬入，那么在 1 点后边的部位就会连锁地被咬入，至于靠近 f—f 处的部位，由于 e 与 f 之间是一连续的，没有凸棱相接，所以 f—f 部位也就被强制地进入变形区了。这样锥辊楔形轧制过程就可建立。至于顶端尖头的角度 ω 多大为值，由理论上讲是锐角就可以，由操作角度看，取 $\omega \approx 40°$ 是合适的。

基于技术管理工作方便，以及操作规范的一致性来考虑，对前述三种情况都采用在轧前对带料前端进行锐角化处理。

7.3.1.2　塑性变形条件

轧件被咬入的同时，必须在高度上产生压缩变形。

此一压缩变形必须有相应的力学条件来保证，否则，初始的开始咬入条件［见式（7-26）］是建立不起来的，就更不必说后续的继续咬入和建立轧制过程了。

开始咬入时伴随的塑性变形条件的问题，过去未曾给予足够的重视，文献虽对此有所涉及，但却遗憾地将此塑性变形条件视为起主导作用的，不恰当地降低了咬入条件的作用。由图 7-29 可知，轧辊对轧件作用正压力 P 及摩擦力 T，它们的合力为 R。轧辊作用在轧件的垂直作用力分量 R_z 为：

$$R_z = P_z + T_z = P\cos\alpha + T\sin\alpha$$

将式（7-24）代入

$$R_z = P\cos\alpha + \mu P\sin\alpha = P(\cos\alpha + \mu\sin\alpha) \tag{7-31}$$

将 R_z 看成在 A 点处微元体上作用的主正应力 σ_1，同时将这一轧制过程看成平面变形问题，即宽展等于零。当 A 点处微元体在 $R_z = \sigma_1$ 的作用下进行和保持塑性状态时，则应有 $\sigma_1 = K$ 来对应。

将 $R_z = \sigma_1 = K$ 代入式（7-25），则

$$K = P(\cos\alpha + \mu\sin\alpha) \tag{7-32}$$

此处　　　　　　　　　　　　　$K = 1.5\sigma_s$

式中　　σ_s ——轧件的流动应力，与其材料类别及所处状态有关。

故考虑到先前的式（7-26），将式（7-32）与式（7-26）并列于一处

$$\begin{cases} K = P(\cos\alpha + \mu\sin\alpha) \\ \mu > \tan\alpha \end{cases} \tag{7-33}$$

式（7-33）为轧件被开始咬入和生产塑性变形时，咬入角 α、摩擦系数 μ 和轧辊施加于轧件上的作用力 P 之间的关系式。

7.3.1.3　塑性变形时的摩擦系数

现在讨论一下式（7-33）中的摩擦系数 μ。

前边引用的摩擦系数都是基于库仑摩擦定律的，与机械学中两相互接触物体间的滑动摩擦的概念相同，此时是将两相互接触的物体均视为刚性。也就是说，两物体在接触面上是完全相对滑动的。这样，已引用的库仑摩擦概念就不全适用于塑性加工了，同样与前述简单理想轧制要素也有所不符，其中仅认为轧辊为刚性的，并未认定轧件也是刚性的。

在塑性加工中，在接触面上变形区中存在着滑动区和粘着区。在粘着区中轧辊与轧件间没有相对滑动。在粘着区中，摩擦系数值（$\mu = T/P$）已不是静摩擦系数了，仅可称为名义摩擦系数。粘着区中摩擦力的大小与接触面的物理因素无关，而取决于变形金属的内力。

在塑性加工理论中，一般将摩擦系数理解为接触面上的平均摩擦系数。平均摩擦系数 μ_{av} 应为摩擦力的绝对值总和与正压力的总和之比，或为平均单位摩擦力与平均单位变形力之比

$$\mu_{av} = \sum |T_z| / \sum \sigma_z \tag{7-34}$$

或

$$\mu_{av} = T_{z \cdot av} / P_{zav}$$

如果在接触面上存在黏着区，平均摩擦系数 μ_{av} 实为名义摩擦系数，其值比没有黏着区存在时小。名义摩擦系数与变形区的几何形状有关，故摩擦系数存在着方向性。在塑性加工中，均以最大相对滑动方向的摩擦系数的方向为准。例如，轧制时虽然有横向（宽度上的）摩擦存在，但是应以纵向摩擦系数来表示轧制过程中的摩擦系数。在轧制过程中，还存在着开始咬入的摩擦系数、轧制过程中的摩擦系数与建立完全轧制过程的摩擦系数之分。但是，在实际生产和理论计算中，均采用建立完全轧制过程的摩擦系数，即名义摩擦系数或平均摩擦系数 μ_{av} [见式 （7-34）]。这时，实际上是以平均摩擦系数包容了开始咬入的摩擦系数和轧制过程中的摩擦系数，忽略了它们之间的差别，即式 （7-24）、式 （7-25） 中的 μ 与式 （7-34） 中的 μ_{av} 视为同一的，即

$$\mu = \mu_{av} \tag{7-35}$$

事实上我们无法做到测定开始咬入的摩擦系数和轧制过程中的摩擦系数。众多的塑性加工中测定摩擦系数的方法都是在塑性加工过程是，式 （7-35） 中摩擦系数的确定方法必须采用塑性加工中测定摩擦系数的方法。

表 7-14 给出了低碳钢冷轧时的最大咬入角 α 和最大摩擦系数 μ。

表 7-14　几种材料冷轧时的摩擦系数

材　　料	最大咬入角 α	最大摩擦系数 μ
铝	15°30′	0.28
铜	15°20′	0.22
低碳钢	11°10′	0.20

文献还指出，冷轧钢带时，在较好润滑条件下，压下量增大（如 $\varepsilon < 10\%$），摩擦系数 μ 也相应增大。在许多情况下，甚至呈线性关系，如图 7-35 所示。这说明锥辊间楔形轧制时（见图 7-36），靠近 f—f 端部位的压下量大，相应于此处的摩擦系数也大（与 g—g 端部位相比而言），这恰恰有利于这一轧制过程的建立。

7.3.2　变形区参数的确定

7.3.2.1　概述

螺旋叶片辗轧成形的变形区是由两个工作轧辊辊面控制的。调整和控制两辊的相对位置可以得到不同性质（左旋还是右旋）和不同尺寸的叶片，其根本原

因在于这种调整使得两辊面所控制着的轧件变形区及其参数（或称变形区参数）发生了变化。

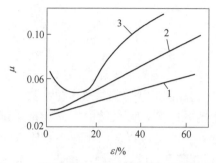

图 7-35　钢带冷轧时摩擦系数与压下量的关系
（采用蓖麻油，轧辊表面为
$R_x = 3.2\mu m$ 带材表面）
1—$R_x = 0.6\mu m$；2—$R_x = 3.2\mu m$；3—$R_x = 7\mu m$

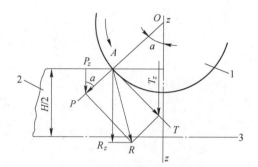

图 7-36　开始咬入时轧辊对轧件
在 z 轴上作用的垂直压力
1—轧辊；2—轧件；3—轧制方向

变形区参数可以作为桥梁，联系着辗轧结果和轧辊空间的相对位置。换句话说，变形区参数决定于轧辊空间的相对位置，而这个位置决定变形区的参数。

控制轧件变形的最主要的变形区参数是轧件在出口断面上厚度 t（这个厚度沿轧件宽向分布不均匀，逐渐变化）及出口方向 α（出口断面法向与导向的夹角，其值也是沿轧件宽向逐渐变化的）。前者反映轧件经受的压缩量，后者反映轧件形成螺旋叶片的螺旋升角，即形成螺距的情况。此外还有咬入角 α_n，变形区长度 l 也是沿轧件宽向变化的。

忽略弹性变形，t、α 实质上就是由轧辊辊面所控制的出口辊缝宽度及辊缝方向。找到 t、α、α_n、l 与两辊空间相对位置的关系，是开展研究工作的基础，也是实现轧机科学而迅速调整的首要依据。

由于锥形轧辊的特殊性及其调整的复杂性，使得变形区不再像平直辊轧制那样是简单几何形状，而成空间"扭曲"，所以难以确定。

本节的工作就是围绕上述目的展开的。7.3.2.2 节给出轧辊辊面方程的建立；7.3.2.3 节是变形区参数的拉格朗日解析推导；7.3.2.4 节给出变形区参数的牛顿迭代解法；7.3.2.5 节给出咬入角度 α_n，变形区长度 l 的确定。

7.3.2.2　轧辊辊面方程

事实上，变形区参数 t、α、α_n、l 取决于两轧辊空间的相对位置及轧辊辊面。当两轧辊空间相对位置确定后，t、α、α_n、l 就决定于两轧辊辊面。

如图 7-37 所示，轧辊在笛卡儿直角坐标系 $Oxyz$ 中，其位置可用参数 S_1、S_2 来表征。为建立轧辊辊面方程方便起见，又建立直角坐标系 $O'x'y'z'$ 和

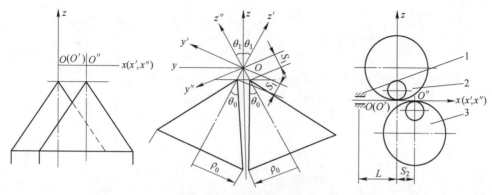

图 7-37 坐标系坐标变换

1—导向槽；2—左轧辊；3—右轧辊

(θ_0 为锥形轧辊的基本参数，即轧辊顶角之半。

θ_1 为考虑轧辊弹性张角 $\Delta\theta$ 后，辊轴线与铅垂线的夹角)

$O''x''y''z''$。由图 7-37 及坐标旋转、平移的概念有

$$\begin{cases} x' = x \\ y' = y\cos\theta_1 + z\sin\theta_1 \\ z' = -y\sin\theta_1 + z\cos\theta_1 \end{cases} \tag{7-36}$$

$$\begin{cases} x'' = x - S_2 \\ y'' = y\cos\theta_1 - z\sin\theta_1 \\ z'' = y\sin\theta_1 + z\cos\theta_1 \end{cases} \tag{7-37}$$

并在坐标系 $O'x'y'z'$ 和 $O''x''y''z''$ 下分别有

$$x'^2 + y'^2 = (z' - S_1)^2\tan^2\theta_0 \quad (z' \leqslant S_1) \tag{7-38}$$

$$x''^2 + y''^2 = (z'' - S_1)^2\tan^2\theta_0 \quad (z'' \leqslant S_1) \tag{7-39}$$

再将式（7-36）和式（7-37）分别代入式（7-38）和式（7-39），就可以得到在坐标系 $Oxyz$ 下的左右辊辊面方程。

左辊辊面方程

$$x'^2 + (y\cos\theta_1 + z\sin\theta_2)^2 = -(y\sin\theta_1 + z\cos\theta_1 - S_1)^2\tan^2\theta_0 \tag{7-40}$$

右辊辊面方程

$$(x - S_2)^2 + (y\cos\theta_1 - z\sin\theta_1)^2 = (y\sin\theta_1 + z\cos\theta_2 - S_1)^2\tan^2\theta_0 \tag{7-41}$$

到此，式（7-40）及式（7-41）即为所要建立的左右轧辊辊面方程。两个方程可以进一步化简变成标准型。

对于式（7-40），展开平方项、移项，并以 x、y 为变量合并同类项化简，则有

$$\frac{\cos(\theta_1 + \theta_0)\cos(\theta_1 - \theta_0)}{\cos^2\theta_0}y^2 + \left(\frac{\sin2\theta_1}{\cos^2\theta_0}z - 2S_1\sin\theta_1\tan^2\theta_0\right)y +$$

$$z^2\sin^2\theta_1 - (z\cos\theta_1 - S_1)^2\tan^2\theta_0 + x^2 = 0 \qquad (7\text{-}42)$$

根据二次方程的配方法，如果 y 为变量进行配方，并令

$$\begin{cases} U_1 = \dfrac{\cos(\theta_1 + \theta_0)\cos(\theta_1 + \theta_0)}{\cos^2\theta_0} \\[3mm] U_2 = \dfrac{\sin2\theta_1}{\cos^2\theta_0}z - 2S_1\sin\theta_1\tan^2\theta_0 \\[3mm] U_3 = z^2\sin^2\theta_1 - (z\cos\theta_1 - S_1)^2\tan^2\theta_0 \end{cases} \qquad (7\text{-}43)$$

则式 (7-42) 可变成

$$U_1\left(y + \frac{U_2}{2U_1}\right)^2 - \frac{U_2^2 - 4U_1U_2}{4U_1} + x^2 = 0$$

容易证明 $U_1 > 0$，所以上式是有意义的。还可以证明 $\dfrac{U_2^2 - 4U_1U_2}{4U_1} > 0$，

$-\dfrac{U_2}{U_1} > 0$，如再令

$$\begin{cases} h = -\dfrac{U_2}{U_1} \quad (h > 0) \\[3mm] a^2 = \dfrac{U_2^2 - 4U_1U_3}{4U_1} \\[3mm] b^2 = \dfrac{a^2}{U_1} \end{cases} \qquad (7\text{-}44)$$

则式 (7-44) 经移项并除以 a^2 变成

$$\frac{x^2}{a^2} + \frac{(y - h)^2}{b^2} = 1 \qquad (7\text{-}45)$$

式 (7-45) 是左辊辊面方程式的简单标准型。它表示中心在 $(0, h)$，两轴分别平行于 x、y 轴，两半轴分别为 a、b 的椭圆方程。其中 h、a、b 是 $(\theta_0, \theta_1, S_1, z)$ 的函数，由式 (7-43) 及式 (7-44) 决定。θ_0 是轧辊顶角之半，是不变的。$\theta_1 = \theta_0 + 0.22036° - \Delta\theta$ 取决于辗轧状态。S_1 是描述辊在空间位置的参数。z 是 z 轴的坐标值，当 z 取不同的值，如 $z = \beta$ 时，式 (7-45) 所表示的方程为一族椭圆。

S_1 不同即辊在空间取不同的位置时，式 (7-45) 中 a、b、h 则不同，就是说轧辊的辊面方程也不同（但都是椭圆形）。

同理，我们可以将式（7-41）化简得到右辊辊面方程的标准型是

$$\frac{(x - S_2)^2}{a^2} + \frac{(y + h)^2}{b^2} = 1 \tag{7-46}$$

式中，h、a、b 的意义完全同式（7-44）。所以式（7-46）表示中心在（S_2, h），轴分别平行于 x、y 轴，半轴分别为 a、b 的椭圆方程。不难看出 S_1、S_2 不同时，辊面的方程也不同（但都是椭圆型）。S_2 是描述右辊在空间位置的另一参数。

到此，建立了两辊面在 $oxyz$ 坐标系的方程，其方程都是椭圆形，与轧辊在空间的位置密切相关。

7.3.2.3 变形区参数 t，α 拉格朗日解析解

两辊辊面方程式（7-45）和式（7-46）也可以这样来理解，它是平面 $z = \beta$ 上两椭圆曲线。所以由辊面所决定的辊缝及辊缝方位，也就是平面 $z = \beta$ 上的两椭圆曲线之相距最近的点间的距离，以及过该两点直线之垂线方位。

设（x_1, y_1）和（x_2, y_2）分别是平面 $z = \beta$ 上两椭圆曲线的这两点（见图 7-38），则此处辊缝宽为

$$t = \sqrt{(x_2 - x_1)^2 + (y_2 - y_1)^2} \mid_{z = \beta} \tag{7-47}$$

辊缝的方位为

$$\tan\alpha = -\frac{x_2 - x_1}{y_2 - y_1} \mid_{z = \beta} \tag{7-48}$$

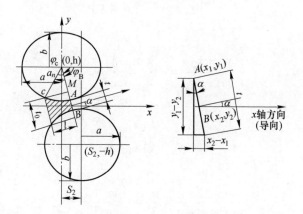

图 7-38　变形区参数确定

下面讨论如何确定平面 $Z = \beta$ 两椭圆曲线相距最近的点（x_1, y_1）和（x_2, y_2）。首先寻找上述两点是最近的点必须满足的条件。

为方便推导，把平面 $Z = \beta$ 上两椭圆曲线方程式（7-45）和式（7-46）分别记为

$$f(x, y) = \frac{x^2}{a^2} + \frac{(y-h)^2}{b^2} - 1 = 0 \tag{7-49}$$

$$\varphi(x, y) = \frac{(x-S_2)^2}{b^2} + \frac{(y+h)^2}{b^2} - 1 = 0 \tag{7-50}$$

另外，如果没有特别说明，涉及 $f(x, y) = 0$ 和 $\varphi(x, y) = 0$ 的点均指平面 $Z = \beta$ 上的点。

设 $(\bar{x}, \bar{y})$、(x, y) 分别为平面曲线 $f(x, y) = 0$ 和 $\varphi(x, y) = 0$ 上的任意点，作拉格朗日函数

$$\Phi = d^2 + \lambda f + \mu \varphi = (\bar{x} - x)^2 + (\bar{y} - y)^2 + \lambda f(\bar{x}, \bar{y}) + \mu \varphi(x, y)$$

由于 (x_1, y_1)、(x_2, y_2) 使 d^2 达到最小，即 Φ 最小，故满足取极值的必要条件

$$\frac{\partial \Phi}{\partial x} = 2(x_1 - x_2) + \lambda f_x(x_1, y_1) = 0$$

$$\frac{\partial \Phi}{\partial y} = 2(y_1 - y_2) + \lambda f_y(x_1, y_1) = 0$$

$$\frac{\partial \Phi}{\partial x} = -2(x_1 - x_2) + \mu \varphi_x(x_2, y_2) = 0$$

$$\frac{\partial \Phi}{\partial y} = -2(y_1 - y_2) + \mu \varphi_y(x_2, y_2) = 0$$

由前两式得

$$\frac{x_1 - x_2}{f_x(x_1, y_1)} = -\frac{\lambda}{2} = \frac{y_1 - y_2}{f_y(x_1, y_1)}$$

故

$$\frac{x_1 - x_2}{y_1 - y_2} = \frac{f_x(x_1, y_1)}{f_y(x_1, y_1)}$$

由后两式得

$$\frac{x_1 - x_2}{\varphi_x(x_1, y_1)} = \frac{\mu}{2} = \frac{y_1 - y_2}{\varphi_y(x_1, y_2)}$$

故

$$\frac{x_1 - x_2}{y_1 - y_2} = \frac{\varphi_x(x_2, y_2)}{\varphi_y(x_2, y_2)}$$

连接起来，即

$$\frac{x_1 - x_2}{y_1 - y_2} = \frac{f_x(x_1, y_1)}{f_y(x_1, y_1)} = \frac{\varphi_x(x_2, y_2)}{\varphi_y(x_2, y_2)} \tag{7-51}$$

这就是点 (x_1, y_1) 和 (x_2, y_2) 在两曲线 $f(x, y)$ 和 $\varphi(x, y) = 0$ 上相距最近必须满足的条件。

再加上

$$f(x_1, y_1) = 0 \tag{7-52}$$

$$\varphi(x_2, y_2) = 0 \tag{7-53}$$

式（7-51）中有两个独立的方程，和式（7-52）、式（7-53）一起共有四个方程，从而组成方程组可确定四个未知数 x_1、y_1、x_2、y_2，进而可确定 t 和 α。

7.3.2.4 变形区参数 t，α 的牛顿迭代解

本节给出求解关于 x_1、y_1、x_2、y_2 的四个方程组的方法。先推出有关的式（7-51）~式（7-53）等的显式表达。

由式（7-49）及式（7-50）得

$$f_x(x_1, y_1) = \frac{2}{a^2} x_1$$

$$f_y(x_1, y_1) = \frac{2}{b^2}(y_1 - h)$$

$$\varphi_x(x_2, y_2) = \frac{2}{a^2}(x_2 - S_2)$$

$$\varphi_y(x_2, y_2) = \frac{2}{b^2}(y^2 + h)$$

以上各式代入式（7-51），则有

$$\frac{x_1 - x_2}{y_1 - y_2} = \frac{b^2}{a^2} \frac{x_1}{y_1 - h} = \frac{b^2}{a^2} \frac{x_2 - S_2}{y_2 + h}$$

应用等比定理变换上式关系可得到

$$x_1 = \frac{y_1 - h}{\left(1 - \dfrac{b^2}{a^2}\right)(y_1 - y_2) - 2h} S_2 \tag{7-54}$$

$$x_2 = \frac{\left(1 - \dfrac{b^2}{a^2}\right) y_1 + \dfrac{b^2}{a^2} y^2 - h}{\left(1 - \dfrac{b^2}{a^2}\right)(y_1 - y_2) - 2h} S_2 \tag{7-55}$$

式（7-52）和式（7-53）的显式表达是

$$f(x_1, y_1) = \frac{x^2}{a^2} + \frac{(y_1 - h)^2}{b^2} - 1 = 0 \tag{7-56}$$

$$\varphi(x_2, y_2) = \frac{(x_2 - S_2)^2}{a^2} + \frac{(y^2 + h)^2}{b^2} - 1 = 0 \tag{7-57}$$

将式 (7-54) 代入式 (7-55) 中，并化简则有

$$(y_1 - h)^2 \left\{ \frac{1}{\left[\left(1 - \dfrac{b^2}{a^2} \right) (y_1 - y_2) - 2h \right]^2} \frac{S_2^2}{a^2} + \frac{1}{b^2} \right\} - 1 = 0 \tag{7-58}$$

将式 (7-55) 代入式 (7-57) 中，并化简则有

$$(y_1 + h)^2 \left\{ \frac{1}{\left[\left(1 - \dfrac{b^2}{a^2} \right) (y_1 - y_2) - 2h \right]^2} \frac{S_2^2}{a^2} + \frac{1}{b^2} \right\} - 1 = 0 \tag{7-59}$$

式 (7-59) 的后一项显然不可能为零，所以要使式 (7-59) 成立必须且只需

$$(y_1 - h)^2 - (y_2 + h)^2 = 0 \tag{7-60}$$

或

$$|y_1 - h| = |y_2 + h| \tag{7-61}$$

所以

$$y_1 - h = y_2 + h \quad \text{或} \quad y_1 - h = -(y_2 + h)$$

但由图 7-38 知必有 $y_1 < h$ 及 $-y_2 < h$，所以

$$y_2 = -y_1 \tag{7-62}$$

此必为解。

将式 (7-62) 代入式 (7-54) 及式 (7-55) 两式中有

$$x_1 = \frac{y_1 - h}{\left(1 - \dfrac{b^2}{a^2} \right) y_1 - h} \frac{S_2}{2} \tag{7-63}$$

$$x_2 = \frac{\left(1 - \dfrac{2b^2}{a^2} \right) y_1 - h}{\left(1 - \dfrac{b^2}{a^2} \right) y_1 - h} \frac{S_2}{2} \tag{7-64}$$

由式 (7-63)、式 (7-64) 及式 (7-62) 得

$$\frac{x_1 + x_2}{2} = \frac{S_2}{2} \tag{7-65}$$

$$\frac{y_1 + y_2}{2} = 0 \tag{7-66}$$

由式 (7-65) 和式 (7-66) 可得到如下有意义的结论：尽管由两轧辊所控制的辊缝不均匀，但任一处辊缝的中点都在同一铅垂线上，这说明：其一，轧件经受的不均匀压下中点是固定不变的；其二，轧件在辊缝出口断面存在中垂线，即

断面为准梯形对称，尽管两辊非对称布置。

式（7-62）、式（7-63）及式（7-64）分别代入式（7-65）及式（7-66），于是所求参数 t、α 的确定公式为

$$t = 2 \left| y_1 \sqrt{t_\beta^2 + 1} \right| \Big|_{Z=\beta} \tag{7-67}$$

$$\tan\alpha = -t_\beta \big|_{Z=\beta} \tag{7-68}$$

其中

$$t_\beta = \frac{b^2}{a^2} \frac{S_2}{2} \frac{1}{\left(1 - \dfrac{b^2}{a^2}\right) y_1 - h} \Bigg|_{Z=\beta} \tag{7-69}$$

可见只要求出 y_1、t，α 也就确定了。为此将式（7-69）代入式（7-56）即可把 $f(x_1, y_1) = 0$ 化为仅是 y_1 的函数，只要从这个方程中解出 y_1，所有问题都解决了。但由此方程求出 y_1 的解析解比较困难，有可能而且比较有效的是应用牛顿迭代法求出其数值解。

总是可以用牛顿迭代法给出非线性方程式（7-70）的求解算法。

$$f(x_1, y_1) = f(x_1(y_1), y_1) = 0 \tag{7-70}$$

算法如下：

（1）取初值 y_1，允许误差 $\varepsilon > 0$；

（2）计算 $y_{1m+1} = y_{1m} - \dfrac{f(x_1(y_{1m}), y_{1m})}{f_y(x_1(y_{1m}), y_{1m})}$，$m = 0, 1, \cdots$；

（3）若 $|y_{1m+1} - y_{1m}| < \varepsilon$，停机，取 y_{1m+1} 或 y_{1m} 作为近似根，否则进行（4）；

（4）$y_{1m+1} = y_{m1}$，转（2）。

算法中

$$f(x_1(y_1), y_1) = \frac{x_1^2}{a^2} + \frac{(y_1 - b)^2}{b^2} - 1 = 0 \tag{7-71}$$

式中

$$x_1 = \frac{y_1 - h}{\left(1 - \dfrac{b^2}{a^2}\right) y_1 - h} \frac{S_2}{2}$$

$$f_y(x_1(y_1), y_1) = \frac{\partial f}{\partial x_1} \frac{dx_1}{dy_1} + \frac{\partial f}{\partial y_1} = \frac{2x_1}{a^2} \frac{dx_1}{dy_1} + \frac{2}{b^2}(y_1 - h) \tag{7-72}$$

$$\frac{dx_1}{dy_1} = \frac{\dfrac{b^2}{a^2} h}{\left[\left(1 - \dfrac{b^2}{a^2}\right) y_1 - h\right]^2} \frac{S_2}{2} \tag{7-73}$$

显然，y_1 是（S_1，S_2，z）或（S_1，S_2，β）的函数，t、α 也必为（S，S_2，z）或（S，S_2，H）的函数。

值得指出，轧件喂入高度 H 实际上可由 $z = \beta$ 所反映。

通过数值分析可研究（S_1，S_2）、（S_1，S_2，z）、（S_1，S_2，β）、（S_1，S_2，H）或（S_1，S_2，β）对 t、α 的影响规律。

7.3.2.5　咬入角 α_n 及变形区长度 l 的确定

在获得了 t、α 之后，就可研究咬入角 α_n 及变形区长度 l 的确定。由于轧辊非对称布置，准确确定 α_n，l 比较复杂。为分析方便，认为轧件与两辊接触区域是相等的，两辊对轧件的压下量，均为 $\Delta t/2 = (t_0 - t)/2$。在这个条件下，咬入角 α_n 及变形区长度 l 的定义如图 7-38 所示。这两个值也是沿轧件宽向变化的。

由图 7-38 可求得

$$BM = BA + AM = t + \frac{t_0 - t}{2} = \frac{t_0 + t}{2}$$

把 AM、BM 看成有向线段，则 AM 和 MB 的值之比设为 λ，即有

$$\lambda = \frac{AM}{MB} = -\frac{\dfrac{t_0 - t}{2}}{\dfrac{t_0 + t}{2}} = \frac{1}{\dfrac{2}{\delta} - 1} = \frac{\delta}{2 - \delta} \tag{7-74}$$

式中，$\delta = \dfrac{t_0 - t}{t_0}$ 表示轧件受到的相对压下量，且 $0 < \delta < 1$。

设 M 点的坐标为 $M(x_0, y_0)$，并把 M 看成线段 AB 的分点，则由定比分点公式有

$$\begin{cases} x_0 = \dfrac{x_1 + \lambda x_2}{1 + \lambda} \\ y_0 = \dfrac{y_1 + \lambda y_2}{1 + \lambda} \end{cases} \tag{7-75}$$

直线 MC 的斜率 $k = \tan\alpha = \dfrac{x_2 - x_1}{y_2 - y_1}$，所以通过点 $M(x_0, y_0)$ 斜率为 k 的直线 MC 的方程为

$$y - y_0 = k(x - x_0) \tag{7-76}$$

左辊面方程的极坐标形式是

$$\begin{cases} x = a\cos\varphi \\ y = h + b\sin\varphi \end{cases} \tag{7-77}$$

将式（7-76）与式（7-77）联立得

$$y_0 - kx_0 - h = b\sin\varphi - a\cos\varphi = \sqrt{b^2 + a^2 k^2} \sin(\varphi - \varphi_0)$$

或
$$\sin(\varphi - \varphi_0) = \frac{y_0 - kx_0 - h}{\sqrt{b^2 + a^2 k^2}} \qquad (7\text{-}78)$$

式中，φ_0 满足 $\sin\varphi_0 = \dfrac{ak}{\sqrt{b^2 + a^2 k^2}}$。

由式（7-78）可解得

$$\varphi_c = \varphi_0 + \pi + \arcsin\frac{y_0 - kx_0 - h}{\sqrt{b^2 + a^2 k^2}} \qquad (7\text{-}79)$$

从图 7-38 可得

$$\varphi_B = \arcsin\frac{y_1 - h}{b} + \pi \qquad (7\text{-}80)$$

所以咬入角

$$\alpha_n = \varphi_c - \varphi_B \qquad (7\text{-}81)$$

变形区长度

$$l = \left[(a\cos\varphi_c - x_0)^2 + (b\sin\varphi_c + h - y_0)^2 \right]^{1/2} \qquad (7\text{-}82)$$

特别地，当取 $S_2 = 0$，$a = b$，则可容易推得式（7-81）、式（7-82）变成一般简单轧制咬入角和变形区长度的计算公式。

易知 α_n、l 必为（S_1，S_2，z）或（S_1，S_2，β）的函数。通过数值分析可以研究（S_1，S_2，z）、（S_1，S_2，β）或（S_1，S_2，h）对 α_n、l 的影响规律。

图 7-39~图 7-42 是根据数值分析结果绘出的 t、α 分布曲线，用以表示 S_1、S_2 这两个因素对 t、α 的影响。

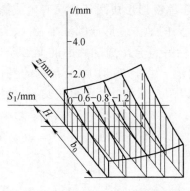

图 7-39　$S_2 \neq 0$ 时 S_1 对 t 分布的影响

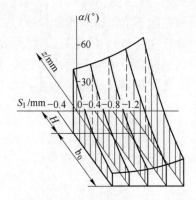

图 7-40　$S_2 \neq 0$ 时 S_1 对 α 分布的影响

图 7-39、图 7-40 为在 $S_2 \neq 0$ 的条件下，不同 S_1 时分别所得的 t、α 数值分析结果分布曲线。由这些曲线可以看出，对于一定的 S_1，t、α 逐渐单调变化（即

不均匀的），并且 S_1 值越大，t、α 值越小。

图 7-41 为不同 S_2 条件下的 t 分布，可以看出 S_2 对 t 的影响对称于坐标面 zOt。当 $S_2 = 0$，t 均匀变化；当 S_2 取不为零的其他值时，t 分布为逐渐单调变化，且 $|S_2|$ 值越大，t 越大。

图 7-42 为不同 S_2 条件下 α 分布，可以看出 S_2 对 α 的影响反对称于坐标面 zOt。当 $S_2 = 0$ 时；$\alpha = 0$；当 S_2 取不为零的其他值时，α 分布为逐渐单调变化，且 $|S_2|$ 值越大，$|\alpha|$ 值也越大。

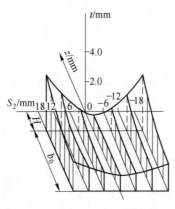 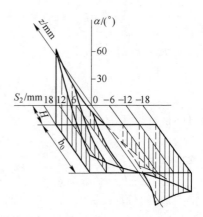

图 7-41　S_2 对 t 分布的影响　　　　　图 7-42　S_2 对 α 分布的影响

从图 7-39~图 7-42 还可以看出，H 越大，t、α 越小。因为 α 反映轧件受到的压下量，t 越小，轧件受到的压下量就越大，而 α 反映轧件形成螺距的螺旋升角。所以从图 7-39~图 7-42 可以得到的重要结论是：对于一定的 (H, S_1, S_2)，轧件必受到宽向不均匀压缩变形和滚弯，不均匀压缩变形形成圆环，滚弯生成螺距，其值分别主要与 t、α 有关。且受到压缩变形大的地方，形成圆环半径大，而所对应的形成螺距螺旋升角小。这一重要特征恰好符合形成螺旋面的变形条件要求，这是其他辗轧成形原理不具备的。特别地，由于 S_2 对 t、α 影响的性质由 (H, S_1, S_2) 和 $(H, S_1, -S_2)$ 决定，所以两个螺旋叶片必是一对不同性质、但尺寸完全相同的螺旋叶片。

7.3.3　变形协调及面内弯曲

7.3.3.1　变形协调性

上一节变形区参数的研究结果表明，由两锥辊辊面所构成的变形区辊缝是不均匀的，是逐渐变化的。这就是辗轧成形时变形条件的特殊性之一。轧件在这个变形条件下在变形区内经受在宽向不均匀的压缩变形。这种变形的结果，必然导致轧件不均匀伸长变形的产生，形成圆环的形状。

轧件受到的不均匀压下，是靠两轧辊辊面所构成的辊缝实现的。若不考虑轧件弹性变形，则这个辊缝和轧件轧后的厚度一一对应。

由变形的体积不变定律

$$\varepsilon_\theta + \varepsilon_t + \varepsilon_\rho = 0 \tag{7-83}$$

若考察轧件宽度上某点 i ，则有

$$\varepsilon_{\theta i} + \varepsilon_{ti} + \varepsilon_{\rho i} = 0 \tag{7-84}$$

式中　$\varepsilon_{\theta i}$ ——轧件出于受到不均匀压缩导致不均匀伸长，向形成圆环的方向发展时，轧件宽向某点 i 的周向应变；

ε_{ti} ——点 i 处的厚向应变；

$\varepsilon_{\rho i}$ ——点 i 处的宽向应变，由于宽展甚小可以忽略不计，因而 $\varepsilon_{\rho i}$ 也可忽略。

如果设轧件向圆环发展时横截面上厚度不发生变化（ t_0 ）的那点半径为 ρ_0 ，点 i 之处厚度为 t ，对应的半径为 ρ_i （见图7-43），则 $\varepsilon_{\theta i}$ 、 ε_{ti} 、 $\varepsilon_{\rho i}$ 的值为

$$\varepsilon_{\theta i} = \ln \frac{\rho_i}{\rho_0} \tag{7-85}$$

$$\varepsilon_{ti} = \ln \frac{t_i}{t_0} \tag{7-86}$$

$$\varepsilon_{\rho i} = 0 \tag{7-87}$$

将以上各式代入式（7-84），去掉对数符号得

$$\frac{t_i}{t_0} = \frac{\rho_i}{\rho_0} \tag{7-88}$$

如果设轧件上 i 点处到不被压缩处的宽度为 a_i （见图7-43），则

$$\rho_0 = \rho_i - a_i \tag{7-89}$$

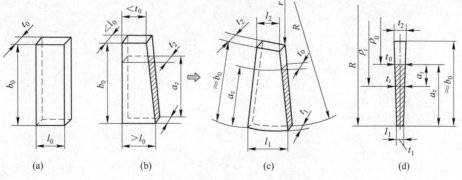

图7-43　轧件不均匀压缩变形模型

（a）从钢带分割出的矩形单元；（b）矩形单元在变形过程中的形状；
（c）矩形单元变形后的形状；（d）矩形单元变形后的横截面

由式（7-88），并经变换可得

$$\rho_i = \frac{t_0}{t_0 - t_i} a_i \tag{7-90}$$

如果轧件被不均匀压缩的宽度 a_z（见图 7-43），则碾轧形成圆环的外半径

$$R = \rho_i + a_z - a_i \tag{7-91}$$

直径　　　　$D = 2R = \dfrac{2t_i \, a_i}{t_0 - t_i} + 2a_i \quad (i = 1, \ 2, \ \cdots, \ n) \tag{7-92}$

对于轧件受到的最大压缩处即圆环外点 $a_i = a_z$，$t_i = t_1$ 则由式（7-92）得：

$$D = \frac{2t_i}{t_0 - t_i} a_z + 2 \, a_z = \frac{2t_0}{t_0 - t_i} a_z \tag{7-93}$$

a_i、t_i 可认为是描述轧件宽度上某点 i 处经受不均匀压缩情况的参量。根据式（7-92），如果知道轧件上任意点处的这两个参量，则辗轧形成圆环就确定了。所以可以认为式（7-92）就是圆环模型

$$D = 2a_z + \sum_{i=1}^{n} \frac{2t_i a_i}{t_0 - t_i} \tag{7-94}$$

式中　n——求和总点数。

事实上，辗轧成形的最终结果是变形协调的结果，即变形互相消长、抑制和叠加的结果。式（7-94）从统计分析的角度得出的结论恰好反映了这一点。

所以说式（7-94）才是圆环准确反映的模型。具体应用时，将轧件沿宽向分成若干个条元（比如等宽条元）进行处理。

（1）如令 $\delta_i = \dfrac{t_0 - t_i}{t_0}$，则式（7-90)~式（7-94）变成

$$\rho_i = \frac{a_i}{\delta_i} \tag{7-95}$$

$$R = a_z + \left(\frac{1}{\delta_i} - 1 \right) a_i \tag{7-96}$$

$$D = 2a_z + 2 \left(\frac{1}{\delta_i} - 1 \right) a_i \tag{7-97}$$

$$D = \frac{2a_z}{\delta_i} \tag{7-98}$$

$$D = 2 \, a_z + \frac{2}{n} \sum_{i=1}^{n} \left(\frac{1}{\delta_i} - 1 \right) a_i \tag{7-99}$$

式中　δ_i——反映轧件宽向某点 i 处金属受到的相对压下量。

（2）由式（7-98），轧件受到的相对压下量 δ_i，越大或不均匀，压下宽度 a_z，越小，则辗轧形成的圆环直径 D 越小。圆环内径

$$r = R - b_0 = \frac{a_z}{\delta_i} - b_0 \qquad (7\text{-}100)$$

特别地当 $\frac{a_z}{\delta_i} \leqslant b$ 时, 则 $r < 0$。弯曲方法是达不到这个极限的。

内径为零的螺旋叶片可望用于轻物质输送, 图 7-44 即为内径为零的叶片。

（3）由式（7-98）, 轧件受到的相对压下量 δ_i；越小或不均匀压下宽度 a_z 越大, 则圆环越大。特别地, 相对压下量 $\delta_i = 0$ 或不均匀压下 $a_z \to \infty$（表示轧件受到均匀压下）, 则圆环 $D \to \infty$, 表示轧件轧后仍为钢带, 仅是横截面发生变化（变薄, 当 $a_z \to \infty$ 且 $\delta_i \neq 0$ 时）或横截面不发生变化（当 $\delta_i = 0$ 时）。容易证明, 当且仅当 $S_2 = 0$ 时有这种情况。

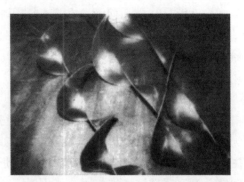

图 7-44 内径 r 为零的螺旋叶片
（材料: 08 钢）

式（7-94）, 如取的点数无穷多, 即 $n \to \infty$ 时, 则有

$$D = 2a_z + \frac{2}{a_z} \int_0^{a_z} \frac{t}{t_0 - t}(z_o - z)\mathrm{d}z \qquad (7\text{-}101)$$

由上节知 t 是（H_1, S_1, S_2）的函数, 所以 D 也是（H_1, S_1, S_2）的函数。

7.3.3.2 面内弯曲

A 宽条料毛坯的纯弯曲

如图 7-45 所示。板料在弯矩 M 的作用下, 中心面半径 ρ_c 逐渐减小, 当表面层曲率半径达到定值后, 毛坯开始出现塑性变形, 并且随着弯曲过程进行, 塑性变形区的厚度增大。塑性变形由毛坯表面向内部扩展, 而弹性变形层的厚度, 随中心面曲率的逐渐增大而减小, 当 $\rho_c/t < 25$ 时, 弹性变形层厚度小于 $0.1t$。经验证明, 在冲模中弯曲（不仅有弯矩, 还有压力作用）时, 甚至在相当大的塑性变形情况下, 毛坯侧表面上划的平行线呈扇形分布, 并且几乎不弯曲。这说明在弯曲最终塑性变形时, 平截面的假设仍然是足够正确的。

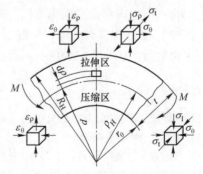

图 7-45 板条在力矩作用下纯弯曲

在力矩 M 作用下弯曲时，毛坯的各层在切向一部分被拉伸，而另一部分被压缩。在变形的任意瞬时（当毛坯有一定的曲率），必然有拉伸区和压缩区的分界面，这个面称为应力中性面。考虑允许利用平截面假设，可以认为，当曲率是线性变化时，随着从应力中性面向外远离，变形增量是逐渐增加的。

中性面是一个几何面，在弯曲过程中沿毛坯的材料层移动，此中性面的移动，导致产生非单调变形区，在其中切向受压缩的一层，当曲率继续增加时，开始在同一方向变为受拉伸。不难证明，应力中性面是从中心面向毛坯内表面移动的。

B　面内弯曲

锥辊间楔形辗轧成形时，其变形区分为接触变形区和非接触变形区，如图 7-46 所示。两锥辊对称布置形成楔形辊缝，对金属带施加均匀压缩作用时，板带产生不均匀分布的纵向伸长、变形的协调和连续积累的结果，使板带在面内产生塑性弯曲变形，向形成圆环方向发展。

显然，一般板条弯曲与面内弯曲存在很大差异。

（1）弯曲力不一样。一般板条弯曲是在力矩作用下，或冲模内在压力作用下产生的；而面内弯曲是在接触变形区内，通过在厚向主动加压使其变薄，而实现板带纵向的被动伸长实现的。

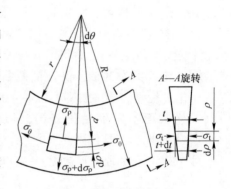

图 7-46　锥辊楔形辗轧面内弯曲原理

（2）弯曲方向不一样。一般板条弯曲沿厚度方向，即厚度在弯曲过程不发生变化；而面内弯曲沿板宽方向，其板厚发生减薄和增厚。

（3）受力状态不一样。一般板条弯曲在拉伸区存在拉应力，而面内弯曲无论在接触区，还是非接触区，不存在拉应力。

参 考 文 献

[1] 罗守靖，霍文灿. 锥辊辗轧理论 [M]. 北京：机械工业出版社，2000.

[2] 周存龙. 特种轧制设备 [M]. 北京：冶金工业出版社，2006.

[3] 傅沛福. 辊锻理论与工艺 [M]. 长春：吉林人民出版社，1982.

[4] 张承鉴. 辊锻技术 [M]. 北京：机械工业出版社，1986.

[5] 李耀群，佟大瑞. 多辊轧机冷轧技术 [M]. 北京：冶金工业出版社，1978.

[6] 潘纯久. 二十辊轧机及高精度冷轧钢带生产 [M]. 北京：冶金工业出版社，2003.

[7] 陈瑛. 宽厚钢板轧机概论 [M]. 北京：冶金工业出版社，2011.

[8] 孙斌煜. 板带铸轧理论与技术 [M]. 北京：冶金工业出版社，2002.

8 环件轧制技术

8.1 概述

8.1.1 引言

环件轧制又称环件辗扩或扩孔，它是借助环件轧制设备——轧环机（又称辗扩机或扩孔机）使环件的壁厚减小、直径扩大、截面轮廓成形的塑性加工工艺。环件轧制是连续局部塑性加工成形工艺，与整体模锻成形工艺相比，它具有大幅度降低设备吨位和投资、振动冲击小、节能节材、生产成本低等显著技术经济优点，是轴承环、齿轮环、法兰环、火车车轮及轮箍、燃汽轮机环等各类无缝环件的先进制造技术，在机械、汽车、火车、船舶、石油化工、航空航天、原子能等许多工业领域中日益得到广泛应用。

8.1.2 环件轧制的特点

环件轧制是轧制技术与机械零件制造技术的交叉和结合，它有如下特点：

（1）驱动辊与芯辊直径相差悬殊；

（2）驱动辊做主动旋转轧制运动，芯辊做从动旋转轧制运动，且它们的转速不同；

（3）旋转轧制运动与直线进给运动相互独立；

（4）径向轧制运动与端面轴向轧制运动相互制约，并都受到导向运动的约束与干涉；

（5）轧制中环形毛坯反复多次通过高度逐渐减小的轧制孔型；

（6）环件变形区几何边界是复杂的、不稳定的，变形的热力条件也是动态变化的。

由于这些特点，环件轧制不仅表现出了普通平板轧制、异步轧制、型材轧制、多道次轧制的性质，而且还表现出了这些轧制的耦合性质；不仅表现出了几何非线性和物理非线性特点，而且还表现出了几何非线性和物理非线性的耦合性质；不仅受到静力学、运动学和动力学因素的影响，而且还受到这些因素的耦合影响。因此，环件轧制变形具有高度的复杂性。

环件轧制中存在并经常发生：

（1）环件在孔型中不转动；

（2）环件在孔型中转动，但直径不扩大；

（3）环件及轧辊强烈自激振动；

（4）环件突然压扁；

（5）环件直径扩大速度剧烈变化；

（6）已经成形的环件截面轮廓在轧制中又逐渐消失等各种特有现象。

任一现象的出现都会破坏环件轧制的稳定性，导致环件轧制过程无法进行，并产生轧制废次品。现有的环件轧制理论还无法阐明这些现象，因而从工艺设计和过程控制上主动消除和避免这些现象还难以做到。关于环件轧制工艺技术设计，有关设计手册只是给出了一些经验性的原则，缺乏系统的设计计算方法，难以满足环件轧制技术应用和发展的需要。

8.1.2.1　径向轧制

以立式径向轧环机轧制成形为例，环件径向轧制原理如图 8-1 所示。驱动辊为主动辊，同时做旋转轧制运动和直线进给运动；芯辊为被动辊，做从动旋转轧制运动；导向辊和信号辊都为可自由转动的从动辊。在驱动辊作用下，环件通过驱动辊与芯辊构成的轧制孔型产生连续局部塑性变形，使环件壁厚减小、直径扩大、截面轮廓成形。当环件经过多转轧制变形且直径扩大到预定尺寸时，环件外圆表面与信号辊接触，驱动辊停止直线进给运动并返回，环件轧制过程结束。轧制过程中，导向辊的导向运动保证了环件的平稳转动。环件径向轧制中，

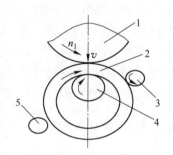

图 8-1　环件径向轧制原理
1—驱动辊；2—环件；3—导向辊；
4—芯辊；5—信号辊

驱动辊旋转轧制运动由电动机提供动力，直线进给运动由液压或气动装置提供动力，其他轧辊运动无需提供动力，而在环件摩擦力作用下随环件做从动运动。环件径向轧制设备结构简单，广泛地用于中小型环件轧制生产，但轧制的环件端面质量难以保证，环件端面常有凹坑缺陷。

8.1.2.2　径-轴向轧制

为了改善轧制环件的端面质量、轧制成形复杂截面轮廓的环件，在径向环件轧制设备的基础上，增加一对轴向端面轧辊，对环件的径向和轴向同时进行轧制，这样使得径向轧制产生的环件端面凹陷再经过轴向端面轧制而得以修复平整，且轴向端面轧制还可使环件获得复杂的截面轮廓形状。环件径-轴向轧制如图 8-2 所示，驱动辊做旋转轧制运动，芯辊做径向直线进给运动，端面轧辊做旋转端面轧制运动和轴向进给运动。在径-轴向轧制中，环件产生径向壁厚减小、轴向高度减小、内外直径扩大、截面轮廓成形的连续局部塑性变形，当环件经反

复多转轧制使直径达到预定值时，芯辊的径向进给运动和端面辊的轴向进给运动停止，环件径-轴向轧制变形结束。环件径-轴向轧制设备结构复杂，主要用于大型复杂截面环件轧制生产。

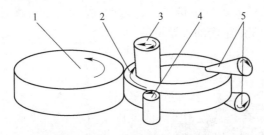

图 8-2 环件径-轴向轧制原理
1—驱动辊；2—环件；3—芯辊；4—导向辊；5—端面轧辊

按照环件轧制设备结构特点分类，环件轧制设备可分为立式轧环机和卧式轧环机两类。按照轧制变形特点分类，环件轧制设备可分为径向轧环机、径-轴向联合轧环机和多工位轧环机。立式轧环机通常采用径向轧制变形，属于径向轧环机，适用于中小型环件轧制成形。卧式轧环机既有采用径向轧制变形的，也有采用径-轴向联合轧制变形的，适用于大型和特大型环件轧制成形。多工位轧环机通常也采用径向轧制变形。它同时轧制多个环件，适用于小型环件轧制成形。本章简述各种轧环机工作原理、结构特点和应用范围。

8.1.2.3 立式轧环机

A 结构形式和工作原理

立式轧环机结构形式如图 8-3 所示，它由皮带轮 1、减速箱 2、气罐 3、万向节等零部件组成，其传动系统如图 8-4 所示。立式轧环机工作原理为：电动机通过减速箱 9、万向节 3 和传动轴使滑块 2 上的驱动辊 4 转动。将环件毛坯 7 套在芯辊 5 上，然后将压缩空气送入气缸 1 的上腔，通过活塞和活塞杆使滑块带动驱动辊向下进给，使环件毛坯连续咬入孔型产生轧制变形。当环件外径增大到预定尺寸时，环件与信号辊 6 接触，这时控制机构使气缸下腔进气、上腔排气，通过活塞和活塞杆使滑块带动驱动辊回程，轧制变形结束。

B 主要技术参数和应用

国产立式轧环机主要技术参数见表 8-1。立式轧环机结构简单，造价低廉，操作方便，广泛地用于外径 $\phi400mm$ 以下的各种环件轧制生产（尤其是轴承套圈锻件的轧制生产）。立式轧环机通常采用人工上下料，轧制结束再用夹钳将环件锻件从芯辊上取下，上下料劳动强度较大。当环件毛坯较重又不容易套住芯辊时，轧制上料更为困难。而且，立式轧环机要用芯辊支撑环件的重量，这对于芯辊的刚度是不利的。因此，立式轧环机不适于轧制大型环件。立式轧环机的控制系统容易在轧制氧化皮碰上信号辊时发生误动作，且信号辊刚性支撑对轧制环件有撞击，影响了轧制环件几何精度。因此，一些使用立式轧环机轧制成形的工厂，常常拆除其控制系统，而用目测控制轧制环件外径，这样不利于获得较高尺寸精度的环件。立式轧环机结构紧凑，占地面积小，重量轻，投资少，生产率高，是中小型环件轧制生产的主导设备。

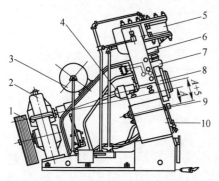

图 8-3 立式轧环机机构形式

1—皮带轮；2—减速器；3—气罐；

4—万向节；5—气缸；6—活塞杆；

7—滑块；8—驱动辊；9—芯辊；10—机身

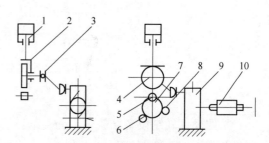

图 8-4 立式轧环机传动系统

1—气缸；2—滑块；3—万向节；

4—驱动辊；5—芯辊；6—信号辊；

7—环件毛坯；8—导向辊；9—减速箱；10—电动机

表 8-1 国产立式轧环机主要技术参数

轧环机型号	D51-160	D51-160Y	D51-250	D51-350	D51-160K	D51-250K	D51-350K	D51-400
轧制环件外径 /mm	45~160	45~160	250	350	45~160	250	350	400
轧制环件宽度 /mm	35	35	50	85	50	85	120	100
环件材料强度极限 /MPa	≤95	≤95	≤95	≤95	≤95	≤95	≤95	≤95
最大生产率 /件·h⁻¹	500	500	400	200	300	240	100	120
公称轧制力 /kN	50	60	98	155	113	196	310	180
滑块最大行程 /mm	70	70	110	130	70	110	130	130
轧制线速度 /m·s⁻¹	2~2.5	2~2.5	2.1	2.2	1.64	1.63	1.45	2

轧环机型号	D51-160	D51-160Y	D51-250	D51-350	D51-160K	D51-250K	D51-350K	D51-400
主轴转速 /r·min⁻¹	120	120	80	62	92	62.3	41	
驱动辊外径 /mm	360~380	360~380	500~520	680~700	360~380	500~520	680~700	680
压缩空气 公称压力 /MPa	0.5		0.5	0.5	0.5	0.5	0.5	0.5
自由空气 理论消耗量 /m³·min⁻¹	0.9		1.8	1.52	1	1.6	1.4	
芯辊中心高 /mm	670	670	875	1050	670	875	1100	
驱动辊与芯辊 最小中心距 /mm	185	185	265	365	185	265	365	370
电动机功率 /kW	18.5	22.5	37	75	30	55	90	75
机床外形尺寸 L×W×H /mm×mm×mm	2250×1550 ×1850	2250×1550 ×1850	2890×1990 ×2400	4050×1800 ×3000	2350×1700 ×2100	3440×2000 ×2700	4595×2000 ×3370	3670×2650 ×3100
机床总质量 /kg	2800	3000	6500	10000	3300	7200	12000	12500

8.1.2.4　卧式轧环机

卧式轧环机分径向轧制卧式轧环机和径-轴向联合轧制卧式轧环机两种。

A　结构形式和工作原理

（1）径向轧制卧式轧环机，又称不带端面锥辊的卧式轧环机，其结构形式如图 8-5 所示，传动和控制机构如图 8-6 所示。其工作原理为：电动机 1 经联轴节 2、减速箱 3 带动驱动辊 6 转动。芯辊 7 下端安装在滑块 9 上，上端安装在上下摆动的支架 10 上，而支架又安装在滑块上，因此，支架、芯辊可随着滑块做进给和回程运动。当芯辊向右运动时，它对环件 13 施以一定压力，使环件被旋转的驱动辊连续咬入芯辊与驱动辊构成的轧制孔型，产生壁厚减小和直径扩大的塑性变形。当轧制变形结束时，芯辊停止向右的进给运动，并开始向左作回程运动。芯辊的运动和对环件施加的轧制压力，均由主油缸 11 的进油情况而确定。当主油缸右腔进油使滑块向左回程时，支架碰着机身 4 上的固定挡块 12 后，强制围绕连接销做反时针转动并抬起，以便于环件锻件下料和下一个环件毛坯上料。

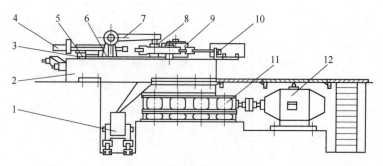

图 8-5 径向轧制卧式轧环机

1—落料箱；2—机身；3—支架摆动机构；4—检测机构；5—主缸；6—滑块；
7—支架；8—芯辊；9—驱动辊；10—导向辊机构；11—减速箱；12—电动机

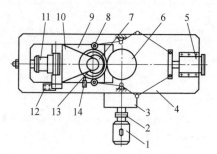

图 8-6 径向轧制卧式轧环机传动和控制机构

1—电动机；2—联轴节；3—减速箱；4—机身；5—抱缸；6—驱动辊；7—芯辊；8—导向辊；
9—滑块；10—支架；11—主油缸；12—挡块；13—环件；14—检测机构

环件轧制过程由测控机构控制，环件轧制中的动态尺寸测量装置实时跟踪检测。当环件外径到位时，检测机构发出信号，使液压进给系统停止进给，芯辊和滑块回程。径向轧制卧式轧环机导向辊（又称抱辊）的运动和工作压力通过抱缸和连杆机构控制，并可通过液压系统来调整其工作参数。

（2）径-轴向轧制卧式轧环机。径-轴向轧制卧式轧环机，是对径向轧制卧式轧环机的改进，主要是增加了端面轴向轧制机构。端面轴向轧制机构采用一对锥辊对环件端面进行轧制，有效地提高了环件端面精度和质量。径-轴向轧制卧式轧环机结构形式如图 8-7 所示。该设备的工作原理为：电动机通过传动系统 8 使驱动辊 7 转动，液压泵通过液压系统 9 使芯辊 5 做直线进给运动。环件在驱动辊和芯辊共同作用下连续咬入孔型，产生径向壁厚减小和直径扩大的径向轧制变形，同时环件又可在轴向轧制机构 3 的一对锥面轧辊作用下产生端面轴向轧制变形。测量机构 4 实时检测环件轧制中的动态尺寸，当环件外径达到规定值时，测量机构发出信号，控制机构动作，使芯辊进给运动停止、端面锥辊进给运动停止，芯辊和锥辊回程，轧制过程结束，并为下一个环件轧制做准备。

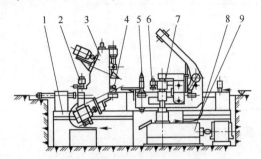

图 8-7　径-轴向轧制卧式轧环机

1—机身；2—润滑系统；3—轴向轧制机构；4—测量机构；5—芯辊；
6—定心机构；7—驱动辊；8—传动系统；9—液压系统

径-轴向轧制卧式轧环机的端面轴向轧制机构有固定式和移动式两种。其中移动式端面轴向轧制机构可在轧环机机身上水平移动，以适应不同直径的环件轧制。端面轴向轧制机构的工作方式有三种：

（1）在环件整个径向轧制过程中，端面锥辊都进行轴向轧制；

（2）在环件径向轧制的初期，端面锥辊进行轴向轧制，此后端面锥辊主要用来防止环件在轴向产生宽展；

（3）在环件径向轧制的后期，端面锥辊进行轴向轧制，使环件达到规定的轴向尺寸。

B　主要技术参数和应用

国产卧式轧环机主要技术参数见表 8-2。表中 D51-1200、D51-1300、D51-1500 三种卧式轧环机为径向卧式轧环机，它们无端面轴向轧制机构。我国卧式轧环机尚无定点专业设备制造厂生产和供货，实际环件轧制生产应用的卧式轧环机多为自制设备。因此，我国的卧式轧环机品种规格不全，设备的主要技术参数还未形成系列化。卧式轧环机主要用于外径 $\phi500\text{mm}$ 以上的大型和特大型环件轧制成形，如火车车轮和轮箍、燃汽轮机环喷气式飞机壳体与机匣、特大型轴承套圈等。

表 8-2　国产卧式轧环机主要技术参数

设备型号	D51-1200	D51-1300	D51-1500	D51-1800	D51-2000
环件外径/mm	500~1250	400~1420	500~1500	600~1800	700~2050
环件高度/mm	200	200	280	60~350	200

设备型号	D51-1200	D51-1300	D51-1500	D51-1800	D51-2000
径向轧制力/kN	800	830	1200	1250	1200
轴向轧制力/kN	—	—	—	800	850
滑块行程/mm	500	840		630	520
轧制速度/m·s⁻¹	1.59	1.14	1.5~1.73	1.25	3.35~6.35
主电机功率/kW	240	135	480	260	950
机床重量/t		27		80	157

8.1.2.5　多工位轧环机

A　工作原理

多工位轧环机工作原理如图 8-8 所示。图中芯辊 1 有多个，可以同时进行多个环件轧制变形。

环件毛坯从 a 处上料，从 b 处开始轧制变形，在 c 处轧制变形结束，在 d 处环件锻件下料，在 e 处对初轧一次的环件换料。该轧环机通过两次轧制变形获得环件锻件，从 a 处上料的环件毛坯经过一次轧制（初轧）后转动到达 d 处后并不下料，而是转动到 e 处将其换下并从 a 处再上料进行二次轧制（精轧），待二次轧制结束环件锻件转动到 d 处时，将其下料，这时环件轧制过程才算完成。参见图 8-8，芯辊随着工作台一起转动，驱动辊也绕着自身的轴线转动。由于工作台旋转中心 f 与驱动辊旋转中心 g 之间有一偏心距，使得环件转到位置 b 时，环件外表面与驱动辊工作面接触，轧制变形开始；从位置 b 至位置 c 的转动过程中，芯辊与驱动辊之间的缝隙逐渐减小，相当于芯辊做直线进给运动，使环件在位置 b 与 c 的范围内完成轧制变形。从位置 c 至位置 e，芯辊与驱

图 8-8　多工位轧环机

a—上料位置；b—轧制开始位置；
c—轧制结束位置；d—卸料位置；
e—换料位置；f—工作台旋转中心；
g—驱动辊旋转中心
1—芯辊；2—驱动辊工作面；
3—导向辊；4—导板

动辊之间的缝隙逐渐增大，而从位置 e 至位置 c，芯辊与驱动辊之间的缝隙逐渐减小。c 是辊缝最小的位置，e 是辊缝最大的位置。为了防止环件在轧制中产生振动，每一个芯辊都设一个导向辊。导向辊在轧制过程中的位置，由导板 4 控制。多工位轧环机配有三支机械手，它们分别承担上料、卸料和换料工作。

B　主要技术参数和应用

德国 Wagner 公司的四芯辊多工位轧环机是有代表性的多工位轧环机。多工位轧环机不仅可以同时轧制多个环件，而且轧制过程没有回程，上料和下料同时

进行，大大缩短了轧制辅助时间，使环件轧制具有很高的生产率，适用于中小型环件大批量生产，尤其是轴承环的大批量生产。为了适应多工位轧环机高效率轧制成形，通常采用长棒料感应加热炉、多工位热模锻压力机为多工位轧环机制造环件毛坯，采用整径压力机为轧制成形的环件锻件整形。这种感应加热炉、多工位热模锻压力机、多工位轧环机、整径压力机组成的环件轧制生产线，不仅具有很高的生产率，而且生产的环件具有较高的质量。

8.1.2.6　卧式轧环机主要部件

卧式轧环机的主要部件有主滑块机构、轴向轧制机构和定心机构，以下介绍它们的结构特点。

A　主滑块机构

卧式轧环机主滑块机构如图 8-9 所示。其中，主滑块 6 用钢板焊接而成，具有较大的刚度，并用来支撑芯辊 1。此外，主油缸 4 和芯辊支架 2 也安装在主滑块上。主油缸的柱塞 7 固定在驱动辊 3 的辊座上。当环件套入芯辊后，将支架紧扣在芯辊的上部锥面，并通过锁紧装置 5 使芯辊支架与芯辊不脱开。轧环机工作时，油泵打出的液压油从柱塞上的 a 口进入主油缸。同时，充液箱中的油液经充液阀从主油缸的 b 口进入主油缸内。这样，主油缸的右腔快速充液，使主滑块带着芯辊向左空程快进。当芯辊上的环件与驱动辊接触时，系统的油压升高，充液阀关闭，充液箱中的油液停止进入主油缸，仅有油泵打出的压力油进入主油缸，这时实现慢速进给轧制。当轧制变形结束时，a、b 油口与油箱接通，从 c 口接入压力油，使主油缸左腔进油，并带动主滑块和芯辊向右做回程运动。待回程一定距离时，芯辊支架开启，可以从芯辊上取出轧制好的环件。

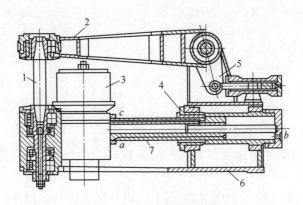

图 8-9　卧式轧环机主滑块机构

1—芯辊；2—芯辊支架；3—驱动辊；4—主油缸；

5—锁紧装置；6—主滑块；7—柱塞

B   轴向轧制机构

轴向轧制机构原理图如图 8-10 所示。上锥辊 7 和下锥辊 9 分别由电动机和斜齿轮机构独立驱动。轴向轧制机构的机架 3 在随动油缸 1 的作用下，可与环件直径扩大运动作同步运动。压下油缸 5 进压力油，使上滑块 6 向下运动，就可使上锥辊作轴向进给运动。测量机构 8 实时监测环件轧制中的动态直径，为随动缸的运动提供指令信息，从而使锥辊的锥尖始终保持汇交于动态环件的轴心线上，以满足环件轧制中的定形要求。

C   定心机构

定心机构又称导向辊机构或抱辊机构，如图 8-11 所示。该机构的主要作用是：

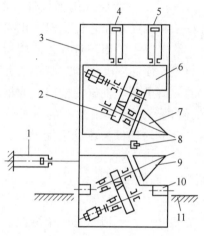

图 8-10   轴向轧制机构原理

1—随动油缸；2—斜齿轮；3—机架；
4—平衡缸；5—压下油缸；6—上滑块；
7—上锥辊；8—测量机构；9—下锥辊；
10—下滑块；11—床身导航

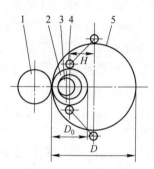

图 8-11   定心机构原理

1—驱动辊；2—环件；3—芯辊；
4—定心滚轮；5—成品环件

（1）在轧制变形初始阶段，通过定心滚轮（导向辊或抱辊）夹持环件毛坯，防止它因椭圆或壁厚不均产生轧制跳动；

（2）在轧制变形结束阶段，通过定心滚轮夹持环件，使其处于合理位置，最终轧制成形为椭圆度较小的环件锻件。

定心滚轮的最佳位置如图 8-11 所示，即在整个轧制过程中，定心滚轮和驱动辊与环件外圆相接触的三个点，应恰好形成一个理想的几何圆，且圆心位于两定心滚轮的中心线上。由图 8-11 最佳位置定心滚轮几何关系得，定心滚轮中心的运动轨迹与轧环机中心线（驱动辊与芯辊中心线）的夹角为 45°，且定心滚轮

的行程在轧环机中心线上的投影长度为

$$H = \frac{\sqrt{2}}{2}(D - D_0)$$

式中　H——定心滚轮的行程在轧环机中心线上的投影长度；

　　　D——成品环件外径；

　　　D_0——环件毛坯外径。

在环件轧制过程中，定心滚轮的位置由定心机构随动控制。定心滚轮对环件的夹持力由液压系统跟踪控制，其值大小应与环件直径增大的扩张力相平衡。

8.1.3　环件轧制应用和发展

8.1.3.1　环件轧制应用

环件轧制适于生产各种形状尺寸、各种材料的环形零件或毛坯。目前，轧制环件的直径为 $\phi 440 \sim 10000$mm，高度为 $15 \sim 4000$mm，最小壁厚为 $16 \sim 48$mm，环件的质量为 $0.2 \sim 82000$kg。环件的材料通常为碳钢、合金钢、铝合金、铜合金、钛合金、钴合金、镍基合金等。常见的轧制环件产品有轴承环、齿轮环、火车车轮及轮箍、燃汽轮机环、集电环等，最大的轧制环件是直径 $\phi 10000$mm、高度 4000mm 的核反应堆容器环件。典型的轧制环件产品形状如图 8-12 所示。

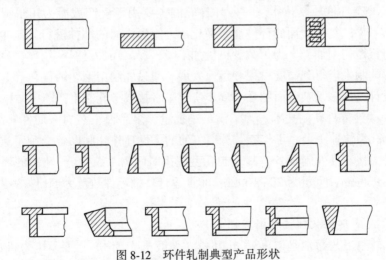

图 8-12　环件轧制典型产品形状

8.1.3.2　环件轧制的历史和发展

环件轧制技术是伴随着铁路运输业的发展而产生的。自 19 世纪中叶以来，铁路系统的迅速发展使得火车的行驶速度和载重量大幅度提高。火车的铸铁车轮无法满足高速重载的使用要求，于是人们在火车铸铁车轮上装备性能更好的、可更换的钢质轮箍。为了生产火车轮箍，1842 年英国建造了轮箍轧机，1886 年俄国奥斯特洛维茨炼铁铸造厂设立了火车轮箍生产车间。随后，环件轧制技术不仅在火车轮箍、火车车轮生产中得到了广泛应用，在其他环形机械零件生产中也逐步得到了推广应用。我国于 20 世纪 50 年代开始应用环件轧制技术生产轴承环，1959 年在上海建立了锤→压力机→扩孔机的轴承环轧制生产线。现在，环件轧制技术已经成为环形机械零件生产的主要工艺方法之一，并向着以下几个方向迅速发展。

（1）大型环件轧制技术。直径 $\phi2000mm$ 以上的大型环件越来越多地采用环件轧制工艺生产，而原来的马架扩孔工艺由于劳动强度大、生产率低、环件尺寸精度低、加工余量大等缺点逐步被淘汰。直径 $\phi2000\sim10000mm$ 环件轧制设备在美国、德国、英国、法国、日本、俄罗斯等国家的安装数量迅速增加，我国洛阳矿山机器厂也从德国引进了直径 $\phi5500mm$ 的环件轧制设备。

（2）高速环件轧制技术。随着环件轧制设备及其上、下料辅助设备的机械化自动化程度的提高，环件轧制速度和生产率随之迅速提高。小型轴承环轧制自动生产线，不仅下料、加热、制坯、轧制工艺过程实现了流水自动生产，而且生产率达到 300∼1000 件/h。

（3）精密环件轧制技术。随着制坯的精化和环件轧制过程测控系统的进展，环件轧制精度逐步提高，精密环件轧制技术迅速发展。目前，精密轧制的环件直径尺寸精度可达到 1/1000。

（4）复杂环件轧制技术。一般环件轧制主要用于生产截面为矩形或近矩形的、环形零件、复杂截面的环件通常简化成近矩形截面的环件进行轧制生产，然后再进行机械切削加工。为了减少机械加工量、提高环件材料利用率，复杂截面环件成形轧制生产得到高度重视和迅速发展。通过轧制用毛坯的优化和轧制孔型的合理设计，许多复杂截面的环件逐步实现了直接成形轧制生产。

（5）柔性环件轧制技术。为了满足小批量、多品种、多规格环件轧制生产，具有轧制孔型快速更换、工作参数调节方便的柔性环件轧制设备受到了重视。目前已有的柔性环件轧制设备，其轧制孔型更换时间为 1.5∼2h，轧制的环件直径为 $\phi250\sim900mm$，重量为 20∼100kg，非常适合每批环件数量为 50 件的小批量轧制生产。

8.1.3.3 环件轧制技术经济性

环件轧制工艺通常是以锻锤-轧环机、平锻机-轧环机、锻锤-压力机-轧环机等设备配置在一起组织生产的，与传统的环件自由锻造工艺、环件模锻工艺、环件火焰切割工艺相比，具有较好的技术经济效果，具体表现在以下几个方面。

（1）环件精度高，加工余量少，材料利用率高。轧制成形的环件几何精确度与模锻环件相当，制坯冲孔连皮小，而且无飞边材料消耗。与环件自由锻工艺和火焰切割工艺相比，轧制成形环件精度大为提高，加工余量大为减少，而且环件表面不存在自由锻与马架扩孔的多棱形和火焰切割的粗精层。

（2）环件内部质量好。轧制成形的环件，内部组织致密，晶粒细小，纤维沿圆周方向排列，其机械强度、耐磨性和疲劳寿命明显高于其他锻造和机械加工生产的环件。

（3）设备吨位小，投资少，加工范围大。环件轧制变形是通过局部变形的积累而实现环件成形的。与整体模锻变形相比，环件轧制变形力大幅度减小，因而轧制设备吨位大幅度降低，设备投资大幅度减少。EQ140 汽车后桥从动锥齿轮锻件为 φ382mm 的环件，其整体模锻成形需要 8000t 热模锻压力机，而采用环件轧制工艺仅需 750kg 空气锤制坯和 D51-400 扩孔机轧制成形。D51-400 扩孔机吨位为 18t，其吨位和设备投资远远小于模锻设备。一般的环件轧制设备加工的环件尺寸范围较大，所加工的环件最大直径与最小直径相差 3~5 倍，最大重量与最小重量相差数十倍，这是其他的加工设备难以达到的。

（4）生产率高。环件轧制设备的轧制速度通常为 1~2m/s，轧制周期一般为 10s 左右，最小周期已达 3.6s，最大生产率已达 1000 件/h，大大高于环件的自由锻造和火焰切制，也高于模段生产率。

（5）生产成本低。环件轧制具有材料利用率高、机加工工时少、生产能耗低、轧制孔型寿命长等综合优点，因而生产成本较低。德国制造 φ3500mm × 110mm×90mm 的碳钢环件，自由锻比轧制生产成本高 77%，火焰切制比轧制生产成本高 16%。苏联曾统计，环件轧制与自由锻相比，材料消耗降低 40%~50%，生产成本降低 75%。用环件轧制生产 EQ140 汽车后桥从动锥齿轮锻件，相对于模锻成形单件材料消耗降低 5kg，生产成本降低 20%。

8.2 环件轧制成形原理

环件轧制过程中，驱动辊做旋转轧制运动，压力辊（在立式轧环机中，压力辊为驱动辊；在卧式轧环机中，压力辊为芯辊）做直线进给运动，导向辊或抱辊做导向运动。对于径-轴向轧环机，还有端面锥辊的轧制运动和进给运动。在轧辊的作用下，环件发生壁厚减小和直径扩大塑性变形。这些变形都作用于环件，并通过环件联系起来，直接影响到环件的轧制过程。

8.2.1 环件轧制中的前滑和后滑

环件轧制中，变形区与轧辊接触边界上的速度与轧辊速度有关。其中、接触边界上一点的速度法向分量等于轧辊在该点的速度法向分量。而接触边界上一点的速度切向分量并不等于轧辊在该点的速度切向分量，所以变形区与轧辊接触边界上的金属质点相对于轧辊作滑动。若变形区与轧辊接触边界上的金属质点速度切向分量大于相应点的轧辊速度切向分量，则变形区金属相对于轧辊向前滑动。若变形区与轧辊接触边界上的金属质点速度切向分量小于相应点的轧辊速度切向分量，则变形区金属相对于轧辊向后滑动。变形区金属质点相对于轧辊向前滑动的区域称前滑区，变形区金属质点相对于轧辊向后滑动的区域称后滑区。环件轧制中，驱动辊与芯辊直径相差较大，且前者传递驱动力矩，后者仅做空转运动，所以环件变形区与驱动辊和芯辊接触边界上的金属质点滑动状况是不同的。

前滑区与后滑区的交界面称中性面，中性面所对应的轧辊圆心角称中性角。变形区与驱动辊接触边界的中性角为 γ_1，变形区与芯辊接触边界的中性角为 γ_2。

芯辊是被动空转辊，可做自由转动，不能承受转动力矩。在芯辊与环件变形区接触边界上，位于中性角 γ_2 以左的部分即靠近变形区入口的部分为后滑区，该区的滑动摩擦力 T_{2b} 沿着环件转动的方向，起到阻碍金属后滑的作用。位于中性角 γ_2 以右的部分即靠近变形区出口的部分为前滑区，该区的滑动摩擦力 T_{2f} 逆着环件转动的方向，起到阻碍金属前滑的作用。

8.2.2　环件直径扩大运动

环件直径扩大运动用环件轧制中直径扩大速度和加速度等参数描述。环件轧制过程中直径扩大速度和加速度的变化规律，是环件轧制工艺设计和过程控制的基础。

8.2.2.1　环件直径扩大速度

记 D_0、d_0 和 H_0 分别为环件轧制前的初始外径、内径和壁厚，D、d 和 H 分别为环件轧制中的外径、内径和壁厚。若忽略环件轧制中的轴向宽展，则由塑性变形体积不变条件得，环件轧制中内径扩大速度 v_d 为外径扩大速度 v_D 与 2 倍的直线进给速度 $v = -\dfrac{\mathrm{d}H}{\mathrm{d}t}$ 之和，亦即环件内径扩大速度始终大于环件外径扩大速度。

8.2.2.2　环件直径扩大加速度

环件直径扩大速度对时间求导数，可得环件直径扩大加速度。

8.2.2.3　环件直径扩大运动影响因素和变化规律

环件轧制过程中直径扩大速度和加速度的影响因素有环件初始尺寸、环件轧制中的尺寸及环件轧制直线进给速度。随着环件轧制的进行，环件的壁厚逐渐减小，环件直径扩大速度和加速度迅速增大。在定速进给时，环件直径扩大速度与直线进给速度成正比，与环件瞬时壁厚的平方成反比；环件直径扩大加速度与直线进给速度平方成正比，与环件瞬时壁厚的三次方成反比；整个环件轧制过程中，环件内径扩大速度始终大于外径扩大速度，环件内径扩大加速度也始终大于外径扩大加速度。对于定速进给环件轧制，环件最大直径扩大速度和最大直径扩大加速度都同时出现于环件轧制过程结束的瞬时，而环件最小直径扩大速度和最小直径扩大加速度都同时出现于环件轧制过程开始的瞬时。

8.2.3 环件旋转运动

8.2.3.1 转动速度

环件轧制中不断地被咬入孔型做旋转运动，并同时产生壁厚减小和直径扩大的塑性变形。也就是说，环件在轧制过程中同时产生直径扩大运动和旋转运动。忽略环件轧制中的滑动，则驱动辊的线速度等于环件外圆的线速度。

8.2.3.2 转动影响因素

环件的转速与驱动辊转速和驱动辊半径成正比，与环件瞬时半径成反比。随着环件轧制中直径的扩大，环件转动速度逐渐减小。环件转动加速度与环件初始尺寸、瞬时尺寸和驱动辊尺寸、驱动辊转速及轧制进给速度等因素有关，且环件转动加速度始终是一负数，亦即环件旋转运动是减速的。环件的最大旋转速度发生在环件轧制的开始时刻，最小旋转速度发生在环件轧制的结束时刻。

8.3 盘环件轧制力能参数计算

8.3.1 环件轧制静力学

环件轧制过程可分为环件咬入建立轧制过程阶段、稳定轧制阶段、轧制结束阶段。在环件稳定轧制阶段，进给速度和旋转轧制速度都不大，而且速度变化也较小，近似处于静力平衡状态。根据静力学理论对环件的咬入过程、锻透状态和塑性弯曲失稳情况进行研究分析，建立相应的物理力学模型、条件和判据，以揭示环件轧制静力学机制和规律。

8.3.1.1 环件咬入过程分析

A 咬入力学模型和条件

环件轧制类似于轧钢中的穿孔轧制，环件连续咬入孔型是环件转动并实现稳定轧制的必要条件。忽略导向辊对环件的作用力，提出环件咬入孔型的力学模型如图 8-13 所示。图中，P_1 和 T_1 分别为驱动辊对环件的正压力和摩擦力，P_2 为芯辊对环件的正压力（芯辊为空转辊，它随环件一起转动，不能承受摩擦力矩，所以芯辊对环件摩擦力的合力为零，而仅有正压力）。

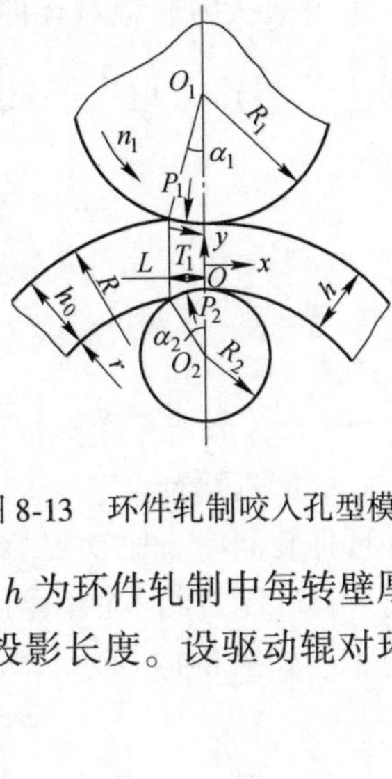

记 α_1、α_2 分别为驱动辊和芯辊与环件的接触角，R_1、R_2 分别为驱动辊和芯辊的工作半径，h_0、h

图 8-13 环件轧制咬入孔型模型

分别为环件在孔型入口处和出口处的壁厚，$\Delta h = h_0 - h$ 为环件轧制中每转壁厚减小量，n_1 为驱动辊转速，L 为接触弧长在进给方向的投影长度。设驱动辊对环件合力作用点位于环件外圆接触弧的 $\xi_1 \alpha_1$ 角处，芯辊对环件合力作用点位于环件内孔接触弧的 $\xi_2 \alpha_2$ 角处，这里 ξ_1 和 ξ_2 为系数，且 ξ_1 和 $\xi_2 \in (0, 1)$。要使环件咬入孔型，则环件所受的拽入力必须大于或等于它所受的推出力，而进给方向环件的受力是平衡的。据此由图 8-13 的环件受力条件得：

$$\sum F_x = T_{1x} + P_{1x} + P_{2x} = T_1 \cos(\xi_1 \alpha_1) - P_1 \sin(\xi_1 \alpha_1) - P_2 \sin(\xi_2 \alpha_2) \geq 0$$
$$(8-1)$$

$$\sum F_y = T_{1x} + P_{1y} + P_{2y} = -T_1 \sin(\xi_1 \alpha_1) - P_1 \cos(\xi_1 \alpha_1) + P_2 \cos(\xi_2 \alpha_2) = 0$$
$$(8-2)$$

设环件与轧辊之间的接触摩擦符合库仑摩擦定律并记摩擦系数为 μ，则有

$$T_1 = \mu P_1 \qquad (8-3)$$

式（8-1）乘以 $\cos(\xi_2 \alpha_2)$，式（8-2）乘以 $\sin(\xi_2 \alpha_2)$，这两式再相加得

$$\frac{T_1}{P_1} \geq \tan(\xi_1 \alpha_1 + \xi_2 \alpha_2) \qquad (8-4)$$

将式（8-3）代入式（8-4）得

$$\mu \geq \xi_1 \alpha_1 + \xi_2 \alpha_2 \qquad (8-5)$$

记 β 为环件与轧辊之间的摩擦角，则 $\mu = \tan\beta$，将其代入式（8-5）得

$$\beta \geq \xi_1 \alpha_1 + \xi_2 \alpha_2 \qquad (8-6)$$

式（8-1）乘以 $\sin(\xi_1 \alpha_1)$，式（8-2）乘以 $\cos(\xi_1 \alpha_1)$，这两式再相加得

$$\frac{P_1}{P_2} \leq \cos(\xi_1 \alpha_1 + \xi_2 \alpha_2) \qquad (8-7)$$

式（8-6）和式（8-7）分别表示环件轧制咬入孔型的摩擦条件和力学条件，它们都反映了环件咬入孔型的力学规律，称之为环件咬入孔型条件。为了简化计算，可近似认为轧辊对环件作用力的合力作用点位于接触弧的中点，这时有 $\xi_1 = \xi_2 = \frac{1}{2}$，将其代入式（8-6）、式（8-7）得近似咬入条件为

$$\beta \geq \frac{\alpha_1 + \alpha_2}{2}$$

$$\frac{P_1}{P_2} \leq \cos \frac{\alpha_1 + \alpha_2}{2}$$

B 咬入条件与进给量的关系

a 进给量分配

环件轧制中，驱动辊与芯辊直径相差悬殊，两辊又分别从环件的内、外表面对其进行轧制进给，所以两辊对环件的内、外进给量是不同的。环件轧制进给的几何关系如图 8-14 所示。Δh_1 为驱动辊对环件外表面的进给量，Δh_2 为芯辊对环件

内表面亦即内孔的进给量，图中其他符号的意义
同图 8-13。环件轧制中，由于轧辊的进给才使环
件产生壁厚减小变形。若忽略进给中轧机和轧辊
的弹性变形，则轧辊每转进给量等于环件每转壁
厚减小量。轧辊进给量和环件壁厚减小量是两个
不同的物理概念，但在一定的条件下两者的数值
是相等的。参见图 8-14，以环件圆心为原点，建
立 xOy 坐标系，则环件与两辊接触区轮廓方程为

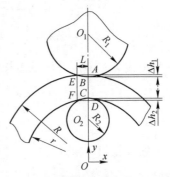

图 8-14 环件轧制进给的几何关系

AE: $\qquad y = \sqrt{R^2 - x^2}$

BE: $\qquad y = -\sqrt{R_1^2 - x^2} + R + R_1 - \Delta h_1$

CF: $\qquad y = \sqrt{R_2^2 - x^2} + r - R_2 + \Delta h_2$

DF: $\qquad y = \sqrt{r^2 - x^2}$

当 $x = -L$ 时，AE 与 BE 交于 E 点，此时有

$$\sqrt{R_1^2 - L^2} = -\sqrt{R_1^2 - L^2} + R + R_1 - \Delta h_1$$

$$\Delta h_1 = -R\sqrt{1 - \frac{L^2}{R^2}} - R_1\sqrt{1 - \frac{L^2}{2R_1^2}} + R + R_1$$

因为环件轧制中 $\dfrac{L}{R} \ll 1$，$\dfrac{L}{R_1} \ll 1$，所以对上式进行近似计算得环件外表面
进给量为

$$\Delta h_1 = -R\left(1 - \frac{L^2}{2R^2}\right) - R_1\left(1 - \frac{L^2}{R_1^2}\right) + R + R_1$$

$$= \frac{L^2}{2}\left(\frac{1}{R_1} + \frac{1}{R}\right) = \frac{\left(\dfrac{1}{R_1} + \dfrac{1}{R}\right)\Delta h}{\dfrac{1}{R_1} + \dfrac{1}{R_2} + \dfrac{1}{R} - \dfrac{1}{r}} \qquad (8\text{-}8)$$

由式（8-8）得环件内外进给量之比为

$$\frac{\Delta h_1}{\Delta h_2} = \frac{\dfrac{1}{R_1} + \dfrac{1}{R}}{\dfrac{1}{R_2} - \dfrac{1}{r}} \qquad (8\text{-}9)$$

随着环件轧制过程的进行，环件的内半径 r 和外半径 R 逐渐增大。于是由
式（8-9）可知，随着轧制的进行，式（8-9）的分子逐渐减小，而分母逐渐增大，
环件外表面进给量与内表面进给量的比值逐渐减小，亦即随着环件轧制过程的进
行，环件外表面进给量相对于环件内表面进给量是逐渐减小的。

环件轧制每转进给量 Δh 为环件内、外进给量之和即

$$\Delta h = \Delta h_1 + \Delta h_2 = \frac{L^2}{2}\left(\frac{1}{R_1} + \frac{1}{R_2} + \frac{1}{R} - \frac{1}{r}\right) \tag{8-10}$$

由式（8-10）得接触弧长投影 L 为

$$L = \sqrt{\frac{2\Delta h}{\dfrac{1}{R_1} + \dfrac{1}{R_2} + \dfrac{1}{R} - \dfrac{1}{r}}} \tag{8-11}$$

随着轧制过程的进行，环件的壁厚逐渐减小，环件的内孔半径逐渐趋近于环件的外圆半径，所以 $\dfrac{1}{R} - \dfrac{1}{r} = \dfrac{r-R}{Rr}$ 是一个缓慢的增函数。若轧制中每转进给量 Δh 为一定值，则接触弧长投影 L 随环件轧制过程的进行而缓慢减小。

b 咬入条件与进给量

由图 8-13 几何关系看出，由于接触角 α_1 和 α_2 都很小，所以接触弧长在进给方向的投影长度 L 与接触弧长近似相等（以下都认为接触弧长投影与接触弧长相等），于是有

$$\alpha_1 \approx \frac{L}{R_1} \tag{8-12}$$

$$\alpha_2 \approx \frac{L}{R_2} \tag{8-13}$$

将上式（8-11）~式（8-13）代入式（8-6）整理得环件咬入孔型条件与进给量关系为

$$\Delta h \leqslant \Delta h_{\max} = \frac{2\beta^2 R_1}{(1 + R_1/R_2)^2}\left(1 + \frac{R_1}{R_2} + \frac{R_1}{R} - \frac{R_1}{r}\right) \tag{8-14}$$

式中 $\Delta h_{\max}$ ——环件咬入孔型所允许的最大每转进给量或环件最大每转壁厚减小量。

式（8-14）表明，要使环件连续咬入孔型，则每转进给量不得超过环件咬入所允许的最大每转进给量。

C 咬入条件影响因素

由式（8-14）可知，环件咬入孔型的最大每转进给量与轧制摩擦、轧辊尺寸、环件尺寸等有关。这表明环件轧制咬入条件受到了轧制摩擦、轧辊尺寸、环件尺寸等因素的影响。

a 轧制摩擦与咬入条件

式（8-14）表明，环件轧制最大每转进给量与轧制摩擦角的平方成正比，亦即最大每转进给量随着轧制摩擦的增大而增加。轧制摩擦增大是有利于环件咬入孔型的。

b 轧辊尺寸与咬入条件

式（8-14）对 R_1 求偏导数得

$$\frac{\partial \Delta h_{max}}{\partial R_1} = \frac{2\beta^2}{\left(\dfrac{1}{R_1} + \dfrac{1}{R_2}\right)^2 R_1^2} \left[\frac{\dfrac{1}{R_1} + \dfrac{1}{R_2} + 2\left(\dfrac{1}{R} - \dfrac{1}{r}\right)}{\dfrac{1}{R_1} + \dfrac{1}{R_2}}\right] \tag{8-15}$$

令式（8-15）≥0，整理得

$$R_1 \leqslant \frac{R_2 R r}{2R_2(R - r) - Rr} \tag{8-16}$$

令式（8-15）≤0，整理得

$$R_1 \geqslant \frac{R_2 R r}{2R_2(R - r) - Rr} \tag{8-17}$$

由式（8-16）和式（8-17）可知，驱动辊半径 $R_1 \leqslant \dfrac{R_2 R r}{2R_2(R - r) - Rr}$ 时，咬入所允许的最大每转进给量随着 R_1 增大而增大，即此时 R_1 增大改善了咬入条件。当 $R_1 \geqslant \dfrac{R_2 R r}{2R_2(R - r) - Rr}$ 时，最大每转进给量随着 R_1 增大而减小，此时 R_1 增大恶化了咬入条件。

式（8-14）对 R_2 求偏导得

$$\frac{\partial \Delta h_{max}}{\partial R_2} = \frac{2\beta^2}{\left(\dfrac{1}{R_1} + \dfrac{1}{R_2}\right)^2 R_2^2} \left[\frac{\dfrac{1}{R_1} + \dfrac{1}{R_2} + 2\left(\dfrac{1}{R} - \dfrac{1}{r}\right)}{\dfrac{1}{R_1} + \dfrac{1}{R_2}}\right] \tag{8-18}$$

对式（8-18）整理得

$$\frac{\partial \Delta h_{max}}{\partial R_2} \geqslant 0, \ R_2 \leqslant \frac{R_1 R r}{2R_1(R - r) - Rr} \tag{8-19}$$

$$\frac{\partial \Delta h_{max}}{\partial R_2} \leqslant 0, \ R_2 \geqslant \frac{R_1 R r}{2R_1(R - r) - Rr} \tag{8-20}$$

式（8-19）和式（8-20）表明，当芯辊半径 $R_2 \leqslant \dfrac{R_1 R r}{2R_1(R - r) - Rr}$ 时，最大每转进给量随着 R_2 增大而增大，即 R_2 增大改善了咬入条件。当 $R_2 \geqslant \dfrac{R_1 R r}{2R_1(R - r) - Rr}$ 时，最大每转进给量随着 R_2 增大而减小，即 R_2 增大恶化了咬入条件。

c 环件尺寸与咬入条件

由式（8-14）可知，环件外半径增大而内半径不变时，最大每转进给量减小，即环件外半径增大而内半径不变，不利于环件咬入。环件内半径增大而外径不变时，最大每转进给量增大，即环件内半径增大而外半径不变，有利于环件咬入。

d 轧制过程与环件咬入条件

轧制过程中，环件的壁厚逐渐减小，环件的内半径逐渐趋近于环件的外半径。相应地 $\dfrac{R_1}{R} - \dfrac{R_1}{r} = \dfrac{R_1(r-R)}{Rr}$ 是一缓慢的增函数，这表明环件轧制过程中，咬入孔型所允许的最大每转进给量随着轧制的进行而缓慢增大。也就是说，在保持其他因素不变的条件下，只要环件一经咬入孔型而建立起轧制过程，则环件轧制可以始终满足咬入条件而使环件连续咬入孔型。若要改善环件咬入孔型条件亦即增大最大每转进给量，可以考虑增大摩擦，增大或减小轧辊直径，缩小轧制用毛坯壁厚。其中以增大轧辊与环件之间的摩擦效果最好，也容易实现。因此，实际环件轧制生产中，通常都通过增大摩擦来改善咬入条件。增大摩擦的常用办法是将轧辊刻印、涂覆摩擦涂料等。

D 环件轧制中不转动的本质

环件轧制中不转动现象，是指环件与芯辊一起处于静止状态，驱动辊相对于环件做滑动转动，环件无法产生轧制变形，轧制过程中断。其本质原因是环件轧制咬入条件得不到满足，亦即环件轧制实际每转进给量超过了咬入条件得所允许的最大每转进给量，环件因不能咬入孔型而不转动。要消除环件轧制中的不转动现象，也就是使环件连续咬入孔型，必须满足环件轧制咬入条件。因此可以说，咬入条件是环件轧制的必要条件。环件轧制过程中，若出现环件不转动，即环件不能咬入孔型现象，则应通过改善咬入条件来予以消除。增大轧制摩擦、减小轧制用环件毛坯壁厚、减小每转进给量、改变轧辊直径等，都可以有效地改善咬入条件，以有利于环件咬入孔型并产生转动。

8.3.1.2 环件锻透状况分析

A 锻透力学模型和条件

环件连续咬入孔型只是使环件产生轧制运动，并不一定能保证环件产生轧制变形，即环件壁厚减小而直径扩大的塑性变形。因此，环件咬入孔型仅是环件轧制变形的必要条件。要使环件既咬入孔型又产生轧制变形，除了满足咬入条件外还应使环件锻透，即塑性区穿透整个环件的壁厚，也就是满足环件锻透条件。环件锻透是指塑性区穿透环件壁厚，环件产生壁厚减小、直径扩大的塑性变形，所以环件锻透条件是环件轧制变形的充分条件。环件锻透相当于有限高度块料拔长，塑性区穿透环件壁厚的力学模型如图 8-15 所示。图中，L 为环件接触弧长，h_a 为环件轧制变形区的平均壁厚，且 $h_a = \dfrac{h_0 + h}{2}$ 根据滑移线理论对图 8-15 塑性

变形进行分析得塑性区穿透环件壁厚，即环件锻透条件为

$$\frac{L}{h_a} \geqslant \frac{1}{8.74} \tag{8-21}$$

B 锻透条件与进给量的关系

由图8-13几何关系，$h_0 = h + \Delta h$，所以 $h_a = \frac{h_0 + h}{2} = h + \frac{\Delta h}{2} \approx h = R - r$。将 $h = R - r$ 及接触弧长 L 表达式（8-11）代入式（8-21），整理得环件锻透条件与进给量关系，也即由进给量表示的锻透条件为

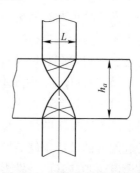

图8-15 环件轧制锻透模型

$$\Delta h \geqslant \Delta h_{min} = 6.55 \times 10^{-3} R_1 \left(\frac{R}{R_1} - \frac{r}{R_1} \right)^2 \left(1 + \frac{R_1}{R_2} + \frac{R_1}{R} - \frac{R_1}{r} \right) \tag{8-22}$$

式中　Δh_{min} ——环件锻透所要求的最小每转进给量，也即环件最小的每转壁厚减小量。

式（8-22）表明，要使环件锻透产生轧制变形，则环件轧制中的每转进给量不得小于锻透所要求的最小每转进给量。

C 锻透条件影响因素

由式（8-22）可知，最小每转进给量与轧辊尺寸和环件尺寸有关，这表明锻透条件的影响因素有轧辊尺寸和环件尺寸。

a 轧辊尺寸与锻透条件

由式（8-22）得

$$\Delta h \geqslant \Delta h_{min} = 6.55 \times 10^{-3} (R - r)^2 \left(\frac{1}{R_1} + \frac{1}{R_2} + \frac{1}{R} - \frac{1}{r} \right) \tag{8-23}$$

式（8-23）表明，驱动辊半径 R_1 增大，锻透所要求的最小每转进给量减小，即驱动辊半径增大有利于环件锻透。芯辊半径 R_2 增大也使锻透所要求的最小每转进给量减小。所以驱动辊和芯辊半径增大有利于环件锻透，而驱动辊和芯辊半径减小则不利于环件锻透。这个结论有明显的几何意义：在每转进给量不变的情况下，轧辊半径增大，接触弧长也随之增大，环件轧制变形的塑性区宽度增大，因而塑性区容易穿透环件壁厚，即轧辊半径增大有利于改善环件锻透条件。

b 环件尺寸与锻透条件

分析式（8-23）可得，环件内半径 r 不变而外半径 R 增大，最小每转进给量增大，这不利于环件锻透。环件外半径 R 不变而因半径 r 增大，最小每转进给量减小，这有利于环件锻透。以上结论的几何意义是：环件内半径不变而外半径增大，也就是环件壁厚增大，塑性区穿透厚壁环件所要求的最小每转进给量应随之增大，即这种情况不利于环件锻透条件。环件的外半径保持不变而内半径增大，

也就是环件壁厚减小，塑性区穿透较小壁厚的环件所要求的最小每转进给量随之减小，即这种情况有利于环件锻透条件。对于环件内半径不变而外半径减小，环件外半径不变而内半径减小，分别对应于环件壁厚减小和环件壁厚增大的情况。相应地，前者是有利于锻透条件的，后者是不利于锻透条件的。

c　轧制过程与锻透条件

随着环件轧制过程的进行，环件的内外径扩大而壁厚减小，塑性区穿透壁厚减小的环件所要求的最小每转进给量减小，即环件轧制过程中的锻透条件比环件初始轧制时的锻透条件更加容易满足。这表明只要在环件轧制开始时塑性区穿透环件壁厚，则在其他条件不变时整个轧制过程中塑性区都会穿透环件壁厚，即环件锻透条件都会得到满足。

要改善环件轧制的锻透条件，可以考虑增大每转进给量、增大轧辊半径、减小环件壁厚等措施。在轧环机设备能力许可的条件下增大每转进给量，或在制坯加工许可情况下减小轧制用环件毛坯的壁厚，是改善环件轧制锻透条件的有效且可行的方法。

D　环件轧制中转动但直径不扩大的本质

环件轧制中转动但直径不扩大的现象，是指环件虽然能连续咬入孔型产生轧制转动，但并没有产生整体直径扩大的塑性变形，即使长时间轧制也不能获得所要求的轧制环件。其中，环件转动表明环件轧制满足咬入条件，而环件直径不扩大是因为塑性变形区没有穿透环件径向壁厚，也就是环件外圆和内孔的表层为塑性区而心部仍为刚性区，因而不产生周向伸长和直径扩大的塑性变形。所以环件轧制中转动但直径不扩大现象的物理本质是，咬入条件得到了满足，但锻透条件没有得到满足。消除环件轧制中转动，但直径不扩大的现象，应通过改善锻透条件来予以解决。增大每转进给量、增大轧辊半径、减小环件壁厚等，都可有效地改善锻透条件，有利于环件锻透并产生直径扩大的塑性变形。

8.3.1.3　环件塑性失稳分析

环件轧制中的塑性失稳现象是指环件在导向辊的压力作用下压扁而成为废品。以下通过力学分析，建立环件塑性失稳条件，揭示环件塑性失稳规律。

A　导向辊压力

如图 8-16 所示，环件轧制中驱动辊对环件的作用力的法向和切向力分别为 P_1 和 T_1，芯辊和导向辊都为空转辊，不能承受摩擦力矩，它们对环件的作用力仅有法向力，其大小分别为 P_2 和 P_3。为了便于计算，假设驱动辊和芯辊对环件作用力的作用点都位于各自与环件接触弧的中点。同时，假设驱动辊与环件接触摩擦符合库仑摩擦定律，即 $T_1 = \mu P_1$，μ 为该接触面摩擦系数。于是由环件受力平衡条件得

$$\sum F_x = T_{1x} + P_{1x} + P_{2x} + P_{3x} = \mu P_1 \cos \frac{\alpha_1}{2} - P_1 \sin \frac{\alpha_1}{2} - P_2 \sin \frac{\alpha_2}{2} - P_3 \cos \theta = 0$$
(8-24)

$$\sum F_y = T_{1x} + P_{1y} + P_{2y} + P_{3y} = -\mu P_1 \sin \frac{\alpha_1}{2} - P_1 \cos \frac{\alpha_1}{2} + P_2 \cos \frac{\alpha_2}{2} - P_3 \cos \theta = 0$$
(8-25)

式中　α_1，α_2——驱动辊和芯轴与环件的接触弧圆心角；

θ——导向辊位置角。

式（8-24）乘以 $\cos \dfrac{\alpha_2}{2}$ 与式（8-25）乘以 $\sin \dfrac{\alpha_2}{2}$ 相加得

$$P_1 \left(-\sin \frac{\alpha_1 + \alpha_2}{2} + \mu \cos \frac{\alpha_1 + \alpha_2}{2} \right) - P_3 \cos \left(\theta - \frac{\alpha_2}{2} \right) = 0$$

将摩擦系数 μ 与摩擦角 β 关系 $\mu = \tan \beta$ 代入上式整理得

$$P_3 = \frac{P_1 \sin \left(\beta - \dfrac{\alpha_1 + \alpha_2}{2} \right)}{\cos \beta \cos \left(\theta - \dfrac{\alpha_2}{2} \right)}$$
(8-26)

B　环件塑性失稳模型和刚度条件

环件轧制塑性变形区位于辊缝中的狭小区域，而整体环件仍保持圆环形状。环件在导向辊压力作用下产生塑性失稳而压扁，相当于以辊缝处为固定支撑的圆环曲梁在导向辊压力作用下产生塑性弯曲变形。于是提出环件在导向辊压力作用下产生塑性失稳力学模型，如图 8-17 所示。图中 r_a 为环件内外半径的平均值，圆环曲梁的截面积等于轧制环件的截面积。由图 8-17 可知，环件所受最大弯矩位于固定支撑处，亦即位于轧制变形区出口处，其值 M 为

$$M = P_3 r_a \cos \theta$$
(8-27)

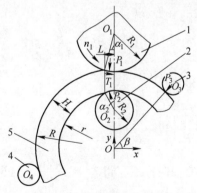

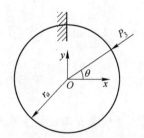

图 8-16　导向辊受力分析　　　　　图 8-17　环件塑性失稳模型

1—驱动辊；2—芯辊；3—导向辊；

4—信号辊；5—环件

根据梁弯曲理论，圆环曲梁处于弹性状态而不产生塑性变形的条件（即环件轧制中不产生塑性失稳的刚度条件）为

$$\frac{M}{W_z} \leqslant [\sigma] \tag{8-28}$$

式中 W_z ——圆环曲梁抗弯截面模量，对于轴向尺寸为 B、截面高度为 H 的矩

形截面环件，其 $W_z = \dfrac{BH^2}{6}$ ；

$[\sigma]$ ——圆环曲梁的许用应力，这里取其值为环件材料在轧制条件下的屈

服强度 σ_s ，即 $[\sigma] = \sigma_s$ 。将 W_z、$[\sigma]$ 代入式（8-28）得

$$\frac{P_1\left(1 + \dfrac{R_2}{R_1}\right) r_a \cos\theta}{\dfrac{BH^2}{6}\left(\dfrac{2R_2}{L}\cos\theta + \sin\theta\right)} \leqslant \sigma_s$$

$$H \geqslant h_{\min} = \sqrt{\frac{6P_1\left(1 + \dfrac{R_2}{R_1}\right) r_a}{\left(\dfrac{2R_2}{L} + \tan\theta\right) B\sigma_s}} \tag{8-29}$$

式（8-29）为用环件壁厚表示的刚度条件。要使坯件在轧制中不产生塑性失稳，则环件的壁厚不得小于塑性稳定所要求的最小壁厚 $H_{\min}$ 为了计算方便，对式（8-29）进行简化。环件轧制力为 $P_1 = n\sigma_s$ 取 n 为平均值（即 $n = 4.5$），代入式（8-29）得

$$H \geqslant H_{\min} = \sqrt{\frac{27\left(1 + \dfrac{R_2}{R_1}\right) r_a L^2}{2R_2 + L\tan\theta}} \tag{8-30}$$

环件轧制中导向辊位置角 $\theta \in (60°, 70°)$，并且考虑到 $\dfrac{L}{2R_2} \ll 1$，所以 $\dfrac{L}{2R_2}\tan\theta \ll 1$ 可略去不计。于是由式（8-30）得

$$H \geqslant H_{\min} = \sqrt{13.5 \frac{r_a}{R_2}\left(1 + \frac{R_2}{R_1}\right) L^2} \tag{8-31}$$

根据体积不变条件并忽略环件轧制中的轴向宽展，得 $r_a = \dfrac{r_{a0}H_0}{H}$，这里 r_{a0}、H_0 分别为环件轧制前的平均半径和壁厚，H 为环件轧制中的壁厚。若 H 达到最小值，则有 $r_a = \dfrac{r_{a0}H_0}{H_{\min}}$，当环件轧制到壁厚为最小值时，环件内外半径的差值也

达到最小值，可以近似计算 $R \approx r$，这里接触弧长 $L = \sqrt{\dfrac{2\Delta h}{\dfrac{1}{R_1} + \dfrac{1}{R_2}}}$。将 r_a 和 L 代入

式 (8-31)，整理得

$$H \geqslant H_{min} = \sqrt[3]{27 \, r_{a0} H_0 \Delta h} \qquad (8\text{-}32)$$

式中　Δh——环件达到最小壁厚时的每转进给量。

这时轧制过程应该结束，否则环件壁厚将小于最小壁厚以致环件出现塑性失稳。所以，Δh 又是环件轧制结束时的每转进给量。

由式 (8-32) 可知，环件最小壁厚与其初始平均半径 r_{a0}、初始壁厚 H_0 和终轧每转进给量 Δh 有关，且随着 r_{a0}、H_0 和 Δh 的减小而减小。实际生产中，初始半径和壁厚较小的环件在轧制后，其壁厚也较小的情况与式 (8-32) 的结论是相符的。

若终轧时环件壁厚为最小值，即 $H = R - r = H_{min}$，终轧每转进给量也为最小值即 $\Delta h = \Delta H_{min}$，同时考虑到 $\dfrac{1}{R_1} + \dfrac{1}{R_2} + \dfrac{1}{R} - \dfrac{1}{r} = \dfrac{R_1 + R_2}{R_1 R_2} - \dfrac{H_{min}}{R_1 R_2} \approx \dfrac{R_1 + R_2}{R_1 R_2}$，

则将它们代入式 (8-23) 得

$$\Delta H_{min} = 6.55 \times 10^{-3} R_1 \left(\frac{H_{min}}{R_1} \right)^2 \left(1 + \frac{R_1}{R_2} \right)$$

将此式代入式 (8-32)，得环件在轧制中不产生塑性失稳的刚度条件为

$$H \geqslant H_{min} = 0.183 \left(1 + \frac{R_1}{R_2} \right) \frac{r_{a0} H_0}{R_1} \qquad (8\text{-}33)$$

C　刚度条件影响因素

由式 (8-33) 可知，环件刚度条件所要求的最小环件壁厚与轧辊尺寸和环件原始尺寸有关。轧辊工作半径增大，使环件最小壁厚减小，有利于环件刚度条件。反之，轧辊尺寸减小不利于环件刚度条件。环件原始平均半径和原始壁厚减小是有利于环件刚度条件的。实际生产中，所要轧制的环件尺寸是给定的，因而环件的原始尺寸也随之确定。在已知轧辊尺寸时，可应用式 (8-33) 来校核环件的刚度；在未知轧辊尺寸时，可应用环件刚度条件来设计轧辊。

D　环件突然压扁现象的本质

环件突然压扁现象，是指环件在平稳轧制过程中突然被导向辊压扁而成为废品。这种现象的本质原因是环件的刚度条件得不到满足，因而在导向辊压力作用下产生塑性弯曲失稳。根据环件轧制中的刚度条件，采取增大轧制环件的壁厚、减小轧制环件的直径、采用较小每转进给量的轧制规程等，可以有效地消除环件轧制中的突然压扁现象。

8.3.2 环件轧制力能计算

8.3.2.1 力能计算中的问题

环件轧制力能计算是环件轧制技术设计的重要内容。力能计算不仅是环件轧制孔型设计和轧制工艺进给设计的依据，而且也是轧环机结构设计、工作参数设计和机电液部件选择的依据。关于环件轧制力能计算，W. Johnson、J. B. Hawkyard、A. G. Mamalis、D. Y. Yang 等学者都进行过研究，并提出了一些计算方法和计算公式。但有的计算公式没有给出待定系数值，有的公式经验系数取值范围太大，还有的计算方法没有完整地给出力和力矩计算公式，甚至有的计算方法仅给出了数值解而没有解析公式，这些都给实际计算带来困难，不便于应用。更加突出的问题是，环件轧制力能计算方法没有考虑轧制力和力矩的匹配关系，使力和力矩的关系严重失衡，与实际环件轧制情况相差太大。鉴于此，迫切需要解决环件轧制力能计算中力和力矩的匹配关系，建立环件轧制力能计算的方便、实用和可靠的工程方法。

8.3.2.2 力能计算方法

A 环件开式轧制力能计算

环件开式轧制如图 8-18 所示，所谓开式是指环件两个端面不受孔型限制，即驱动辊和芯辊都为简单的圆柱形状，环件在两辊缝隙中产生轧制变形。环件开式轧制变形力计算有滑移线法，轧制力矩计算有变形功法和上限法等，以下分别予以阐述。

a 轧制力计算的滑移线法

图 8-18 的环件开式轧制可简化为平冲头压入有限高板条，平冲头宽度为接触弧长 L，

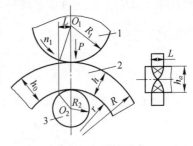

图 8-18 环件开式
1—驱动辊；2—环件；3—芯辊

有限高板条高度为环件平均壁厚 h，于是环件开式轧制变形就简化为平冲头压入作用下的有限高板条平面塑性变形，其物理力学模型如图 8-19 所示。其中，图 8-19（a）为环件开式轧制的力学模型，图 8-19（b）为环件开式轧制变形区所在的物理平面中的 1/4 滑移线场。设轧辊与环件接触面之间单位面积压力 p 均匀分布，轧辊与环件没有相对滑动，则轧辊下的塑性变形区 AOB 为均匀应力场，其滑移线为两族正交直线。塑性变形区 ABC 为中心扇形场，其滑移线为圆弧和直线束构成。塑性变形区 BCD 为一般滑移线场。用数值积分法或图解法都可以求得滑移线场的应力分布，但计算工作量都很大，且对于不同的 $\dfrac{L}{h_a}$，都要进行重复计算。以下根据精确数值计算结果进行回归分析而得到近似函数，应用近似函数来求解以上滑移线场，从而简化计算。

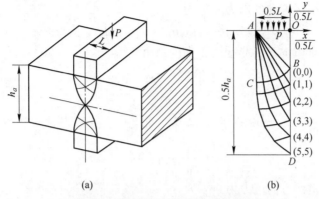

(a)   (b)

图 8-19　环件开式轧制物理力学模型

(a) 力学模型；(b) 滑移线场

环件开式轧制滑移线场近似函数关系如图 8-20

所示。取 $\dfrac{y}{0.5L}$ 为纵坐标，$\dfrac{x}{0.5L}$ 为横坐标，记 $\lambda =$

$\dfrac{y}{0.5L}$。当塑性变形区中心线上任意一点 D 的纵坐

标为 λ 时，滑移线场相对应的扇形场的中心角

$\angle BAC = \varphi$。当滑移线场分布到中心点 E，即 $y =$

$\dfrac{h_a}{2}$，$\lambda_0 = \dfrac{h_a}{L}$，相应的扇形中心角 $\angle BAF = \varphi_0$。根据

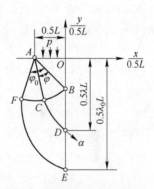

图 8-20　环件开式轧制滑移线
场近似函数关系

精确数值计算结果，φ 和 λ 有如下近似函数关系

$$\lambda = e^{1.67\varphi}$$

或　　　　　　　　$$\varphi = 0.6\ln\lambda \qquad (8-34)$$

图 8-20 中，AOB 为均匀应力场，B 点的平均应力 σ_B 和方向角 θ_B 可由滑移线
理论和边界条件求出为

$$\sigma_B = -p + k, \quad \theta_B = -\frac{\pi}{4}$$

C 点的方向角 θ_c 为

$$\theta_c = -\frac{\pi}{4} - \varphi$$

BC 为 β 滑移线，沿 BC 线可得 C 点平均力为

$$\sigma_c = \sigma_B + 2k(\theta_B - \theta_c) = -p + k(1 + 2\varphi)$$

CD 为 α 滑移线，类似上面可求出 D 点的平均应力 σ_D 和方向角 θ_D 为

$$\sigma_D = -p + k(1 + 4\varphi), \quad \theta_D = -\frac{\pi}{4}$$

D 点在横坐标方向的应力 σ_{xD} 为

$$\sigma_{xD} = \sigma_D - k\sin2\theta_D = -p + 2k(1 + 2\varphi) \tag{8-35}$$

沿着横坐标方向环件是受力平衡的，由此得

$$\int_0^{0.5h_a} \sigma_x \mathrm{d}y = 0$$

因为 $\lambda = \dfrac{y}{0.5L}$ ，所以 $\mathrm{d}y = 0.5L\mathrm{d}\lambda$ ，记 $\dfrac{0.5h_a}{0.5L} = \lambda_0$ 代入上式得

$$\int_0^{\lambda_0} \sigma_x \mathrm{d}\lambda = 0 \tag{8-36}$$

B 点在横坐标方向应力为 σ_{xB} 为

$$\sigma_{xB} = \sigma_B - k\sin2\theta_B = -p + 2k$$

在 OB 段内为均匀应力场，$\sigma_x = \sigma_{xB} = -p + 2k$ 。在 BE 段内，任意一点 D 的横坐标方向应力表示了该段内的横坐标方向应力，即 BE 段内 $\sigma_x = \sigma_{xD} = -p + 2k(1 + 2\varphi)$ 将它代入式（8-36）进行分段积分得

$$\int_0^{\lambda_0} \sigma_x \mathrm{d}\lambda = \int_0^1 \sigma_{xB} \mathrm{d}\lambda + \int_0^{\lambda_0} \sigma_{xD} \mathrm{d}\lambda$$

$$= \int_0^1 (-p + 2k)\mathrm{d}\lambda + \int_0^{\lambda_0} [-p + 2k(1 + 2\varphi)]\mathrm{d}\lambda = 0$$

将式（8-34）代入上式积分，并考虑 $\lambda_0 = \dfrac{h_a}{L}$ 得

$$p = 2k + \frac{4k}{\lambda_0}\int_0^{\lambda_0} \varphi \mathrm{d}\lambda$$

$$= 2k + \frac{4k}{\lambda_0}\int_0^{\lambda_0} 0.6\ln\lambda \mathrm{d}\lambda$$

$$= 2k\left(1.2\ln\lambda_0 + \frac{1.2}{\lambda_0} - 0.2\right)$$

$$= 2k\left(1.2\ln\frac{h_a}{L} + 1.2\frac{L}{h_a} - 0.2\right) \tag{8-37}$$

式（8-37）即为环件开式轧制滑移线理论求解的单位面积轧制压力 p、k 为环件材料在轧制条件下的剪切屈服强度。

若环件轴向宽度为 b，则环件开式轧制总变形力 P 为

$$P = pbl = 2kbL\left(1.2\ln\frac{h_a}{L} + 1.2\frac{L}{h_a} - 0.2\right) \tag{8-38}$$

b　轧制力矩计算的变形功法

环件轧制的外力做功主要是驱动辊旋转做功，而压力辊进给做功所占比例较小，可以略去不计。驱动辊转动做功的数值 A_1 为驱动辊轧制力矩 M 与驱动辊转

动角度 φ 之积

$$A_1 = M\varphi$$

若不计环件轧制中相对于驱动辊的前滑，则环件轧制一转驱动辊所转过的角度 φ 为

$$\varphi = \frac{2\pi R}{R_1} \tag{8-39}$$

根据轧制理论，环件轧制一转所需的理论变形功为

$$A = pV\ln\frac{h_0}{h} \tag{8-40}$$

式中 A——环件轧制一转的理论变形功；

V——环件体积，$V = \pi(R^2 - r^2)b$。

环件轧制中外力所做的功等于环件塑性变形消耗的功，于是有 $A_1 = A$，将式（8-38）~式（8-40）代入得环件开式轧制力矩为

$$M\varphi = pV\ln\frac{h_0}{h}$$

$$2\pi M\frac{R}{R_1} = pV\ln\frac{h_0}{h}$$

$$M = \frac{1}{2\pi}\frac{R_1}{R}pV\ln\frac{h_0}{h} = \frac{1}{2\pi}\frac{R_1}{R}pV\ln\left(1 + \frac{\Delta h}{h}\right) \tag{8-41}$$

将 $V = \pi(R^2 - r^2)b$ 代入式（8-41）得

$$M = \frac{1}{2}\frac{R_1}{R}(R^2 - r^2)bp\ln\left(1 + \frac{\Delta h}{h}\right) \tag{8-42}$$

c 电机功率计算

驱动辊力矩由轧环机电动机提供。记 i 为电动机到驱动辊传动比，η 为传动效率，则所需电动机驱动力矩 M_e 为

$$M_e = \frac{M}{i\eta} \tag{8-43}$$

记 n_e 为电动机转速，λ 为电动机过载系数，则所需电动机功率 N_e 为

$$N_e = \frac{\pi n_e}{30}\frac{M}{i\eta\lambda} \tag{8-44}$$

B 环件闭式轧制力能计算

环件轧制如图 8-21 所示，这种轧制中环件两个端面封闭于轧制孔型内部，环件轴向宽展变形受到孔型侧壁限制。以下应用连续速度场上限法对环件闭式轧制力能计算进行分析和求解。

a 动可容速度场构造

如图 8-21 所示，环件闭式轧制中其轴向变形受到孔型限制，可以看作平面

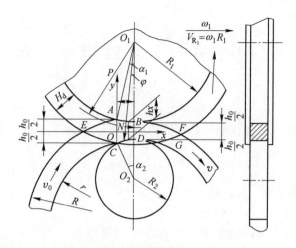

图 8-21 环件闭式轧制

应变问题。环件轧制变形区为 *ABCD*，*AC* 和 *BD* 分别为变形区入口和出口边界，*AB* 和 *CD* 分别为环件与驱动辊和芯辊的接触弧。环件轧制中接触弧长与驱动辊半径 R_1 和芯辊半径 R_2 相比是很小的，因而接触弧可以近似用弦代替。以变形区高度中线为 x 轴，以入口边界为 y 轴建立坐标系，则变形区上、下边界方程为

$$\begin{cases} AB\colon f(x) = \dfrac{h_0}{2} - \dfrac{h_0 - h}{2L}x \\ CD\colon y = -f(x) \end{cases} \tag{8-45}$$

式中 h_0，h ——变形区入口和出口高度；

L ——接触弧长在进给方向的投影长度。

设变形区入口和出口截面法向流速分别为 v_0 和 v，横坐标为 x 处的截面高度为 h_x，x 向流速为 v_x，则由变形区任一截面金属流量不变条件得

$$v_x = \frac{v_0 h_0}{h_x} = \frac{v_0 h_0}{2} \frac{1}{f(x)} \tag{8-46}$$

设 x 截面的 y 向流速为 v_y，则由变形区体积不变条件 $\dfrac{\partial v_x}{\partial x} + \dfrac{\partial v_y}{\partial y} = 0$ 及式（8-45）、式（8-46）得

$$v_y = \frac{v_0 h_0}{2} \frac{f'(x)}{f^2(x)} y + c(x) \tag{8-47}$$

在变形区上下边界，金属相对于轧辊滑动而不离开轧辊，也就是边界速度方向沿着边界切向，即

$$\frac{v_y}{v_x} \bigg|_{y=f(x)} = \frac{\mathrm{d}y}{\mathrm{d}x} \bigg|_{y=f(x)}$$

将 v_x、v_y 代入式（8-47）整理得 $c(x) = 0$，于是变形区的动可容速度场为

$$
\begin{cases}
v_x = \dfrac{v_0 h_0}{2} \dfrac{1}{f(x)} \\[3mm]
v_x = \dfrac{v_0 h_0}{2} \dfrac{f'(x)}{f^2(x)} y
\end{cases}
\tag{8-48}
$$

式（8-48）速度场显然还满足变形区入口、出口及下边界的速度条件，所以它是动可容的。由此动可容速度场得变形区应变速率场为

$$
\begin{cases}
\dot{\varepsilon}_x = \dfrac{\partial v_x}{\partial x} = -\dfrac{v_0 h_0}{2} \dfrac{f'(x)}{f^2(x)} \\[3mm]
\dot{\varepsilon}_y = \dfrac{\partial v_y}{\partial y} = \dfrac{v_0 h_0}{2} \dfrac{f'(x)}{f^2(x)} \\[3mm]
\dot{\gamma}_{xy} = \dfrac{1}{2}\left(\dfrac{\partial v_y}{\partial x} + \dfrac{\partial v_x}{\partial y}\right) = -\dfrac{v_0 h_0}{2} \dfrac{[f'(x)]^2}{f^3(x)} y
\end{cases}
\tag{8-49}
$$

根据上限原理，塑性变形消耗的真实功率 $\dot{W}$ 不超过上限功率 $\dot{W}^*$，其表达式

$$
\dot{W} \leq \dot{W}^* = \dot{W}_i^* + \dot{W}_s^* + \dot{W}_f^*
$$

式中　$\dot{W}_i^*$，$\dot{W}_s^*$，$\dot{W}_f^*$——纯塑性变形上限功率、速度间断面剪切上限功率和工件与模具接触面摩擦上限功率。

下面针对环件闭式轧制分别计算这些功率。

（1）纯塑性变形上限功率。平面塑性变形中，纯塑性变形上限功率为

$$
\dot{W}_i^* = 2k \int_v \sqrt{\dfrac{1}{2}(\dot{\varepsilon}_x^2 + \dot{\varepsilon}_y^2 + 2\dot{\gamma}_{xy}^2)} \, \mathrm{d}V
$$

式中　k——材料剪切屈服强度；

　　　V——变形体体积。

将式（8-49）代入上式积分得

$$
\dot{W}_i^* = 2kv_0 h_0 b \dfrac{L}{h_0 - h} \ln\dfrac{h}{h_0} f'(x) \sqrt{1 + [f'(x)]^2} + \ln f'(x) + \sqrt{1 + [f'(x)]^2}
$$

式中　b——环件轴向宽度。

考虑到 $f'(x) = -\dfrac{h_0 - h}{2L} \ll 1$，代入上式进行近似计算得

$$
\dot{W}_i^* = 2kv_0 h_0 b \ln\dfrac{h_0}{h}
\tag{8-50}
$$

（2）速度间断面剪切上限功率速度间断面位于变形区入口和出口边界处，其间断速度分别为

$$
\Delta v_1 = v_y|_{x=0}, \quad \Delta v_2 = v_y|_{x=L}
$$

于是根据塑性理论得速度间断面剪切上限功率为

$$\dot{W}_s = \int_{s_1} k \,|\, \Delta v_1 \,|\, \mathrm{d}s + \int_{s_2} k \,|\, \Delta v_2 \,|\, \mathrm{d}s$$

式中　　s_1, s_2——变形区入口和出口处截面积。

根据式（8-48）动可容速度场得出间断速度面的间断速度为

$$\Delta v_1 = - \frac{v_0 h_0 (h_0 - h)}{h_0^2 L} y$$

$$\Delta v_2 = - \frac{v_0 h_0 (h_0 - h)}{h^2 L} y$$

将上两式代入速度间断面剪切上限功率表达式，积分得

$$\dot{W}_s = \frac{1}{2} k v_0 h_0 b \frac{h_0 - h}{L} \tag{8-51}$$

（3）工件与模具接触面摩擦上限功率。环件闭式轧制中摩擦发生在与轧辊接触的内外表面和与孔型侧壁接触的两个端面。

1）内外表面摩擦上限功率。一般来说，环件内外表面的摩擦状况不同，摩擦功率也不同，但考虑到驱动辊线速度 v_{R_1} 与芯辊（从动辊）线速度不会相差很多及变形区上下边界面积相差较小，为了便于计算，近似取内、外表面摩擦上限功率相等。设变形区上边界中性面位于 $x = l_n$ 处，则内、外表面摩擦上限功率为

$$\dot{W}_{f_1} = 2 \left\{ \int_0^{l_n} m k \left[v_{R_1} - v \big|_{y=f(x)} \right] \right\} b \frac{\mathrm{d}x}{\cos\alpha_1} + \int_{l_n}^{L} m k \left[v \big|_{y=f(x)} - v_{R_1} \right] b \frac{\mathrm{d}x}{\cos\alpha_1}$$

式中　　m——摩擦因子；

　　　　α_1——驱动辊接触角；

$v \big|_{y=f(x)}$——变形区上边界速度，其值为

$$v \big|_{y=f(x)} = \sqrt{v_x^2 + v_y^2} \,\big|_{y=f(x)}$$

将式（8-48）代入上式得

$$\dot{W}_{f_1} = 2 m k b \frac{1}{\cos\alpha_1} \left[v_{R_1}(2l_n - L) + v_0 h_0 \sqrt{1 + \left(\frac{h_0 - h}{2L} \right)^2} \frac{L}{h_0 - h} \ln \frac{\left(h_0 - \dfrac{h_0 - h}{L} l_n \right)^2}{h_0 h} \right]$$

考虑到 $\dfrac{h_0 - h}{L} \ll 1$, $\dfrac{h_0 - h}{h_0} \ll 1$, 及 $\cos\alpha_1 \approx 1$ 对上式近似计算得

$$\dot{W}_{f_1} = 2 m k b v_{R_1} \left(1 - \frac{v_0}{v_{R_1}} \right) (2l_n - L) \tag{8-52}$$

2）两端面摩擦上限功率。端面摩擦是由环件两个端面与孔型侧壁之间的滑动摩擦引起的。环件轧制中，其端面与孔型侧壁接触面如图 8-21 所示。在变形

区入口以左和出口以右的区域滑动摩擦面积分别为 s_1 和 s_2，变形区的滑动摩擦面积为 $ABDC$。因为 s_1 和 s_2 区域环件不发生塑性变形，即无轴向宽展的趋势，所以环件端面 s_1、s_2 区域受到孔型侧壁的压力是很小的。按照库仑摩擦定律，其上的滑动摩擦力就更小了，因而其摩擦功率可以忽略不计。于是，端面摩擦上限功率计算中，主要考虑塑性区 $ABDC$ 与孔型侧壁的滑动摩擦上限功率。如图 8-21 所示，在变形区 $ABDC$ 中，环件金属质点速度分布见式（8-48），而与之接触的孔型侧壁的速度分布为

$$\begin{cases} v_{\rho x} = \omega_1 \rho \cos\varphi \\ v_{\rho y} = -\omega_1 \rho \sin\varphi \end{cases} \tag{8-53}$$

式中　$v_{\rho x}$，$v_{\rho y}$——孔型侧壁上位于塑性区的点 N 的速度在 x、y 方向的分量；

ω_1——驱动辊角速度；

ρ，φ——N 点的极半径和极角，且 $R_1 \ll \rho \ll R_1 + H_d$，$0 \ll \varphi \ll \alpha_1$，$H_d$ 为孔型侧壁的高度。

又因环件两端面摩擦状况相同。所以端面摩擦上限功率 $\dot{W}_{f_2}$ 为：

$$\dot{W}_{f_1} = \int_{s_f} mk\sqrt{(v_x - v_{\rho x})^2 + (v_y - v_{\rho y})^2}\, \mathrm{d}s$$

式中　s_f——变形区面积。上式为一个非负函数积分，被积函数比较复杂，难以直接积分。为了计算方便，用各速度分量的平均值进行近似积分得

$$\dot{W}_{f_2} \approx 2mk\sqrt{(\bar{v}_x - \bar{v}_{\rho x})^2 + (\bar{v}_y - \bar{v}_{\rho y})^2}\, s_f$$

由式（8-48）得变形区金属质点平均速度为

$$\bar{v}_x = \frac{v_0}{2}\left(1 + \frac{h_0}{h}\right),\ \bar{v}_y = 0$$

由式（8-53）得变形区接触的孔型侧壁平均速度为

$$\bar{v}_{\rho x} = \omega_1 \bar{\rho}\cos\bar{\varphi} = \omega_1\left(R_1 + \frac{H_d}{2}\right)\cos\frac{\alpha_1}{2} \approx \omega_1 R_1\left(1 + \frac{H_d}{2R_1}\right) \approx v_{R_1}$$

$$\bar{v}_{\rho y} = -\omega_1 \bar{\rho}\sin\bar{\varphi} = -\omega_1\left(R_1 + \frac{H_d}{2}\right)\sin\frac{\alpha_1}{2} \approx -\omega_1 R_1\left(1 + \frac{H_d}{2R_1}\right)\frac{\alpha_1}{2} \approx v_{R_1}\frac{L}{2R_1}$$

又塑性变形区面积为

$$s_f = \frac{h_0 + h}{2}L$$

将以上有关参数代入 $\dot{W}_{f_2}$ 中整理得

$$\dot{W}_{f_2} = mk(h_0 + h)Lv_{R_1}\sqrt{\left[\frac{v_0}{2v_{R_1}}\left(1 + \frac{h_0}{h}\right) - 1\right]^2 + \left(\frac{L}{2R_1}\right)^2} \tag{8-54}$$

将上述公式分别代入式（8-50）~式（8-52）、式（8-54），整理得各上限功

率分量为

$$\dot{W}_i = 2kv_{R_1}h_0 b\left(1 - \frac{h_0 - h}{L}\frac{l_n}{L}\right)\ln\frac{h_0}{h}$$

$$\dot{W}_s = \frac{1}{2}kv_{R_1}h_0 b\frac{h_0 - h}{h_0}\left(1 - \frac{h_0 - h}{L}\frac{l_n}{L}\right)$$

$$\dot{W}_{f_1} = 2mkbv_{R_1}\frac{h_0 - h}{h_0}\left(2\frac{L_n^2}{L} - L_n\right)$$

$$\dot{W}_{f_2} = mk(h_0 + h)Lv_{R_1}\sqrt{\left(\frac{h_0 - h}{h_0} - \frac{l_n}{L}\right)^2 + \left(\frac{L}{2R_1}\right)^2}$$

将以上各上限功率分量代入总的上限功率为

$$\dot{W} = \dot{W}_i + \dot{W}_s + \dot{W}_{f_1} + \dot{W}_{f_2}$$

$$= kv_{R_1}h_0 b\left(2\ln\frac{h_0}{h} + \frac{h_0 - h}{2L}\right)\left(1 - \frac{h_0 - h}{h_0}\frac{L_n}{L}\right) +$$

$$2mkv_{R_1}b\frac{h_0 - h}{h_0}\left(2\frac{L_n^2}{L} - L_n\right) +$$

$$mkv_{R_1}(h_0 + h)L\sqrt{\left(\frac{h_0 - h}{h_0}\frac{L_n}{L}\right)^2 + \left(\frac{L}{2R_1}\right)^2} \qquad (8\text{-}55)$$

从式（8-55）可以看出 $\dot{W}$ 是一个关于 L_n 较复杂的函数，直接根据偏导数 $\dfrac{\partial \dot{W}}{\partial l_n} = 0$ 求出极值点 L_n 较困难。分析上限功率表达式可知，$\dot{W}$ 是一个关于 L_n 变化较平缓的函数。当 $L_n = \dfrac{L}{2}$ 时，$\dot{W}_{f_2} = 0$，这表明 $\dfrac{L}{2}$ 是 L_n 的最小值，而 L_n 的最大可能值是 $L_n = L$。为了便于计算，这里取平均值近似表示极点，即

$$L_n = \frac{3}{4}L$$

将上式代入式（8-55），整理得最小上限功率 $\dot{W}_{\min}$ 为

$$\dot{W}_{\min} = 2kv_{R_1}\Delta hb\left(1 + \frac{1}{4}\frac{h_0}{L} + \frac{3}{8}m\frac{L}{h_0} + \frac{3}{4}m\frac{L}{b}\right) \qquad (8\text{-}56)$$

式中　Δh——环件轧制中每转进给量（环件每转壁厚减小量），$\Delta h = h_0 - h$。

若以纯塑性变形上限功率为 1，则式（8-56）中括号内的第二项至第四项数值分别代表速度间断塑性剪切上限功率、内外表面摩擦上限功率和两端面摩擦上限功率所占的份额。显然，在厚壁和大宽度环件轧制即 $\dfrac{L}{h}$ 和 $\dfrac{L}{b}$ 号很小时，环件

内外表面摩擦上限功率和环件两端面摩擦上限功率所占的份额是很小的，而纯塑性变形上限功率和速度间断面塑性剪切上限功率占有主要部分。

b 闭式轧制力矩计算

环件轧制的外力功率有旋转轧制运动功率和直线进给运动功率。其中直线进给运动功率很小，可以略去不计，所以环件轧制的外力功率近似等于驱动辊旋转轧制运动功率。设驱动辊的转动力矩为 M，则外力功率 $\dot{W}$ 为驱动辊转动力矩与驱动辊转动角速度之积

$$\dot{W} = M\omega_1 = M\frac{v_{R_1}}{R_1} \tag{8-57}$$

根据上限原理，令外力功率等于最小上限功率，于是将式（8-56）和式（8-57）代入式（8-50），并令等号成立，得闭式轧制力矩为

$$M = \frac{\dot{W}_{\min}}{v_{R_1}}R_1 = 2k\Delta h R_1 b\left(1 + \frac{1}{4}\frac{h_0}{L} + \frac{3}{8}m\frac{L}{h_0} + \frac{3}{4}m\frac{L}{b}\right) \tag{8-58}$$

c 闭式轧制力计算

（1）环件闭式轧制受力关系，环件闭式轧制中受到驱动辊和芯辊的压力处于平衡状态，即驱动辊和芯辊对环件的作用力大小相等、方向相反，且作用在一条直线上，这种力的作用关系如图 8-22 所示。因芯辊为空转辊，能承受的转矩仅为其支撑轴承的摩擦力矩，所以芯辊对环件的作用力合力的作用线应与芯辊摩擦圆相切。驱动辊对环件的作用力与芯辊对环件的作用力相平衡，所以驱动辊对环件作用力合力的作用线与芯辊力作用线重合。由图 8-22 几何关系得驱动辊作用力的力臂 l 为

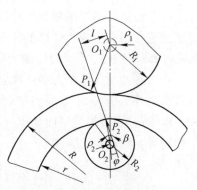

图 8-22 环件闭式轧制受力关系

$$l = (R_1 + R_2 + R - r)\sin(\beta + \varphi) - \rho_1 - \rho_2 \tag{8-59}$$

将以上参数代入式（8-59），并考虑到 $\alpha_2 = \dfrac{L}{R_2}$，$\sin\dfrac{\alpha_2}{2} \approx \dfrac{\alpha_2}{2}$ 得驱动辊力臂为

$$l = (R_1 + R_2 + R - r)\sin\frac{\alpha_2}{2} \approx (R_1 + R_2 + R - r)\frac{L}{2R_2} \tag{8-60}$$

（2）力与力矩匹配，力与力臂的乘积等于力矩，满足这种关系的力和力矩是匹配的。驱动辊通过与环件的接触面对环件施加轧制力，轧制力通过驱动辊旋转轧制运动形成驱动辊的轧制力矩，所以轧制力与轧制力矩应是匹配的。于是，

环件轧制力矩除以力臂就得到环件轧制力 P 为

$$P = \frac{M}{l} = \frac{2kR_1\Delta hb}{(R_1 + R_2 + R - r)\dfrac{L}{2R_2}}\left(1 + \frac{1}{4}\frac{h_0}{L} + \frac{3}{8}m\frac{L}{h_0} + \frac{3}{4}m\frac{L}{b}\right) \quad (8\text{-}61)$$

又 $\dfrac{2kR_1\Delta hb}{(R_1 + R_2 + R - r)L} = \dfrac{2\Delta h}{\left(\dfrac{1}{R_1} + \dfrac{1}{R_2} + \dfrac{R_1 - r}{R_1 R_2}\right)L} \approx \dfrac{2\Delta h}{\left(\dfrac{1}{R_1} + \dfrac{1}{R_2}\right)L} \approx \dfrac{L^2}{L} = L$

将上式代入轧制力 P 表达式中得

$$P = 2kbL\left(1 + \frac{1}{4}\frac{h_0}{L} + \frac{3}{8}m\frac{L}{h_0} + \frac{3}{4}m\frac{L}{b}\right) \quad (8\text{-}62)$$

单位面积轧制力 p 为轧制力除以轧辊与环件的接触面在进给方向投影面积 bL

$$p = \frac{P}{bL} = 2k\left(1 + \frac{1}{4}\frac{h_0}{L} + \frac{3}{8}m\frac{L}{h_0} + \frac{3}{4}m\frac{L}{b}\right) \quad (8\text{-}63)$$

C   环件开式轧制力能上限计算

以上通过滑移线法和变形功法分别计算了环件开式轧制的轧制力和力矩,通过连续速度场的上限法计算了环件闭式轧制的轧制力和力矩。用连续速度场的上限法计算环件开式轧制的轧制力和力矩,与环件闭式轧制力能计算过程是相同的。若以环件闭式轧制力能计算上限公式为基础,仅需去掉与端面摩擦有关的项就可得到环件开式轧制的力能计算公式。于是,由式(8-62)、式(8-63)和式(8-58)分别去掉与端面摩擦有关的项就分别得到环件开式轧制力 P、单位面积轧制力 p 和轧制力矩 M 为

$$P = 2kbL\left(1 + \frac{1}{4}\frac{h_0}{L} + \frac{3}{8}m\frac{L}{h_0}\right) \quad (8\text{-}64)$$

$$p = 2k\left(1 + \frac{1}{4}\frac{h_0}{L} + \frac{3}{8}m\frac{L}{h_0}\right) \quad (8\text{-}65)$$

$$M = 2kR_1\Delta hb\left(1 + \frac{1}{4}\frac{h_0}{L} + \frac{3}{8}m\frac{L}{h_0}\right) \quad (8\text{-}66)$$

D   阶梯孔环件闭式轧制力能计算

为了保证形状和尺寸精度,阶梯孔环件轧制通常采用封闭孔型,如图8-23所示。以下采用连续速度场上限法计算阶梯孔环件闭式轧制力能参数。

a   动可容速度场构造

如图8-23所示,环件塑性变形区接触弧长 L 与轧辊半径相比远小于1,所以接触弧近似用弦来代替。这样,环件塑性变形区的边界都为直线。阶梯孔环件相当于一个大孔的矩形截面环件与一个小孔的矩形截面环件的叠加,分别构造大孔

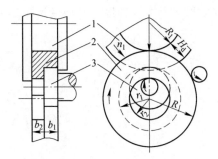

图 8-23　阶梯孔环件闭式轧制
1—驱动辊；2—环件；3—芯辊

部分的变形区动可容速度场和小孔部分的变形区动可容速度场就可获得整个变形区的动可容速度场。以大孔部分的变形区高度中心线为 x 轴，以变形区入口边界线为 y 轴建立坐标系，根据塑性变形体积不变条件和速度边界条件，构造大孔部分的变形区动可容速度场为

$$
\begin{cases}
v_{1x} = \dfrac{v_0 h_{10}}{2} \dfrac{1}{f(x)} \\[2mm]
v_{1y} = \dfrac{v_0 h_{10}}{2} \dfrac{f'(x)}{f^2(x)} y \\[2mm]
f(x) = \dfrac{h_{10}}{2} - \dfrac{h_{10} - h_1}{2L} x
\end{cases}
\tag{8-67}
$$

式中　v_{1x}，v_{1y}——大孔部分的变形区金属质点的速度在 x 方向和 y 方向的分量；

　　　v_0——变形区入口金属流速；

　　h_{10}，h_1——大孔部分的变形区在入口和出口处的壁厚；

　　　　L——接触弧长；

　　$f(x)$——大孔部分的变形区外边界（上边界）线方程。

根据应变速率与速度之间的关系，得出与动可容速度场对应的大孔部分的变形区应变速率场为

$$
\begin{cases}
\dot{\varepsilon}_{1x} = -\dfrac{v_0 h_{10}}{2} \dfrac{f'(x)}{f^2(x)} \\[2mm]
\dot{\varepsilon}_{1y} = \dfrac{v_0 h_{10}}{2} \dfrac{f'(x)}{f^2(x)} \\[2mm]
\dot{\gamma}_{xy} = -\dfrac{v_0 h_{10}}{2} \dfrac{[f'(x)]^2}{f^3(x)} y
\end{cases}
\tag{8-68}
$$

以小孔部分的变形区高度中心线建立 x 轴，以入口边界线为 y 轴，在此坐标

系中可构造小孔部分的变形区动可容速度场和应变速率场如下

$$
\begin{cases}
v_{2x} = \dfrac{v_0 h_{20}}{2} \dfrac{1}{g(x)} \\[2mm]
v_{2y} = \dfrac{v_0 h_{20}}{2} \dfrac{g'(x)}{g^2(x)} y \\[2mm]
g(x) = \dfrac{h_{20}}{2} - \dfrac{h_{20} - h_2}{2L} x
\end{cases}
\tag{8-69}
$$

$$
\begin{cases}
\dot{\varepsilon}_{2x} = -\dfrac{v_0 h_{20}}{2} \dfrac{g'(x)}{g^2(x)} \\[2mm]
\dot{\varepsilon}_{2y} = \dfrac{v_0 h_{20}}{2} \dfrac{g'(x)}{g^2(x)} \\[2mm]
\dot{\gamma}_{xy} = -\dfrac{v_0 h_{20}}{2} \dfrac{[g'(x)]^2}{g^3(x)} y
\end{cases}
\tag{8-70}
$$

式中　h_{20}，h_2——小孔变形区的入口和出口处的壁厚；

$\qquad$ $g(x)$——小孔变形区的外边界（上边界）线方程。

　　b　上限功率计算

　　根据上限原理有

$$
\dot{W} \leqslant \dot{W}^* = \dot{W}_i^* + \dot{W}_s^* + \dot{W}_f^*
$$

式中　　　　$\dot{W}$——环件轧制变形消耗的真实功率；

$\qquad\quad$ $\dot{W}^*$——塑性变形上限功率；

$\dot{W}_i^*$，$\dot{W}_s^*$，$\dot{W}_f^*$——纯塑性变形上限功率、速度间断面塑性剪切上限功率和摩擦
$\qquad\qquad\qquad$ 上限功率。以图 8-24 所示的阶梯孔环件轧制变形区立体图来
$\qquad\qquad\qquad$ 分解上限功率分量，则有

$$
\dot{W}_i^* = \dot{W}_{i_1}^* + \dot{W}_{i_2}^*
\tag{8-71}
$$

$$
\dot{W}_s^* = \dot{W}_{s_{10}}^* + \dot{W}_{s_{20}}^* + \dot{W}_{s_2}^* + \dot{W}_{s_{12}}^*
\tag{8-72}
$$

$$
\dot{W}_f^* = \dot{W}_{f_1}^* + \dot{W}_{f_{1c}}^* + \dot{W}_{f_2}^* + \dot{W}_{f_{2c}}^*
\tag{8-73}
$$

式中　　$\dot{W}_{i_1}^*$——大孔部分变形区 $ABCGG'A'B'C'$ 纯塑性变形上限功率；

$\qquad\quad$ $\dot{W}_{i_2}^*$——小孔部分变形区 $FCDEE'F'C'D'$ 的纯塑性变形上限功率；

$\qquad\quad$ $\dot{W}_{s_{10}}^*$——大孔变形区入口处速度间断面 $ABCG$ 塑性剪切上限功率；

$\qquad\quad$ $\dot{W}_{s_{20}}^*$——小孔变形区入口处速度间断面 $FCDE$ 塑性剪切上限功率；

$\qquad\quad$ $\dot{W}_{s_2}^*$——小孔变形区出口处速度间断面 $F'C'D'E'$ 塑性剪切上限功率；

$\dot{W_{s_{12}}}$——大孔变形区与小孔变形区交界面 $GCC'G'$ 塑性剪切上限功率；

$\dot{W_{f_1}}$——大孔变形区内边界 $AA'G'G$ 和外边界 $BB'C'C$ 的摩擦上限功率；

$\dot{W_{f_{1c}}}$——大孔变形区端面 $AA'B'B$ 摩擦上限功率；

$\dot{W_{f_2}}$——小孔变形区内边界 $FF'E'E$ 和外边界 $CC'D'D$ 摩擦上限功率；

$\dot{W_{f_{2c}}}$——小孔变形区端面 $EE'D'D$ 摩擦上限功率。

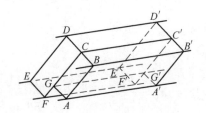

图 8-24　阶梯孔环件轧制变形区立体图

（1）纯塑性变形上限功率。类似上述矩形截面环件轧制上限计算，可得大孔部分变形区和小孔部分变形区的纯塑性变形上限功率分别为

$$\dot{W_{i_1}} = 2kv_0 h_{10} b_1 \ln \frac{h_{10}}{h_1} \tag{8-74}$$

$$\dot{W_{i_2}} = 2kv_0 h_{20} b_2 \ln \frac{h_{20}}{h_1} \tag{8-75}$$

式中　b_1，b_2——阶梯孔环件大孔部分和小孔部分的轴向宽度；

　　　　k——环件剪切屈服强度。

（2）塑性剪切上限功率阶梯孔环件变形区入口处和出口处速度间断面塑性剪切上限功率可类比矩形截面环件轧制上限计算获得。大孔部分变形区入口和出口处速度间断面塑性剪切上限功率之和为

$$\dot{W_{s_{10}}} + \dot{W_{s_1}} = \frac{1}{2} kv_0 h_{10} b_1 \frac{h_{10} - h_1}{L} \tag{8-76}$$

小孔部分变形区入口和出口处速度间断面塑性剪切上限功率之和为

$$\dot{W_{s_{20}}} + \dot{W_{s_2}} = \frac{1}{2} kv_0 h_{20} b_2 \frac{h_{20} - h_2}{L} \tag{8-77}$$

大孔变形区和小孔变形区交界面处的塑性剪切上限功率为

$$\dot{W_{s_{12}}} = \int_{s_{12}} k |v_1 - v_2| \mathrm{d}s$$

式中　v_1，v_2——交界面中的一点大孔变形区和小孔变形区的金属流动速度；

　　　　s_{12}——大孔变形区和小孔变形区交界面积，$s_{12} = \dfrac{(h_{10} + h_1)L}{2}$。

上式为一非负积分，为了便于计算，用平均速度进行近似积分得

$$\dot{W}_{s_{12}} = k \, |v_{1ac} - v_{2ac}| \frac{(h_{10} + h_1)L}{2}$$

式中，v_{1ac}、v_{2ac} 分别为 v_1 和 v_2 的平均值。根据式（8-67）得

$$v_{1ac} = \sqrt{v_{1xac}^2 + v_{1yac}^2} = \sqrt{\left(\frac{v_{10}h_{10}}{2}\frac{4}{h_{10}+h_1}\right)^2 + 0}$$

$$= 2v_0 \frac{h_{10}}{h_{10}+h_1} = 2v_0 \frac{h_{10}}{2h_{10}-\Delta h_1} \approx v_0\left(1 + \frac{\Delta h_1}{2h_{10}}\right)$$

根据式（8-69）得

$$v_{2ac} = 2v_0 \frac{h_{20}}{h_{20}+h_2} \approx v_0\left(1 + \frac{\Delta h_2}{2h_{20}}\right)$$

因为轧辊是刚性的，它对阶梯孔环件的大孔部分和小孔部分的进给量是相同的，所以 $\Delta h_1 = \Delta h_2 = \Delta h$ 将此条件及 v_{1ac}、v_{2ac} 代入 $\dot{W}_{s_{12}}$ 中得

$$\dot{W}_{s_{12}} = \frac{1}{4}kv_0\left(\frac{\Delta h}{h_{10}} - \frac{\Delta h}{h_{20}}\right)(h_{10}+h_1)L \approx \frac{1}{2}kv_0\Delta h\left(1 - \frac{h_{10}}{h_{20}}\right)L \qquad (8\text{-}78)$$

（3）摩擦上限功率内外表面摩擦上限功率为同样类比矩形截面环件轧制上限计算，大孔部分变形区

$$\dot{W}_{f_1} = 2mkb_1v_{R_1}\left(1 - \frac{v_0}{v_{R_1}}\right)(2L_n - L) \qquad (8\text{-}79)$$

式中　L_n——环件变形区外边界速度中性面的横坐标值；

　　　v_{R_1}——驱动辊孔型的槽底处，即半径 R_1 处的线速度。

小孔部分变形区内表面摩擦上限功率为

$$\dot{W}_{f_2} = 2mkb_2v_{R_1}\left(1 - \frac{v_0}{v_{R_1}}\right)(2L_n - L) \qquad (8\text{-}80)$$

大孔部分变形区端面摩擦上限功率为

$$\dot{W}_{f_{1c}} = \frac{1}{2}mk(h_0 + h_1)Lv_{R_1}\sqrt{\left[\frac{v_0}{2v_{R_1}}\left(1 + \frac{h_{10}}{h_1}\right) - 1\right]^2 + \left(\frac{L}{2R_1}\right)^2} \qquad (8\text{-}81)$$

小孔部分变形区端面摩擦上限功率为

$$\dot{W}_{f_{2c}} = mk(h_{20} + h_2)Lv_{R_1}\sqrt{\left[\frac{v_0}{2v_{R_1}}\left(1 + \frac{h_{20}}{h_2}\right) - 1\right]^2 + \left(\frac{L}{2v_{R_1}}\right)^2} \qquad (8\text{-}82)$$

在速度中性面 $x = L_n$ 处，轧辊线速度等于变形区金属流动速度，亦即

$$v_{R_1} = \sqrt{v_{1x}^2 + v_{2y}^2} \, \Big|_{x = L_n, \, y = f(L_n)}$$

将式（8-67）代入上式整理得

$$v_0 = v_{R_1}\left(1 - \frac{\Delta h}{h_{10}}\frac{l_n}{L}\right) \tag{8-83}$$

将 v 代入以上各上限功率分量表达式，并考虑到 $\Delta h_1 = \Delta h_{10} - h_1 = \Delta h$，$\Delta h_2 = \Delta h_{20} - h_2 = \Delta h$，得

$$\dot{W}_{i_1} = 2kv_{R_1}\left(1 - \frac{\Delta h}{h_{10}}\frac{l_n}{L}\right)h_{10}b_1\ln\frac{h_{10}}{h_1} \approx 2kv_{R_1}\left(1 - \frac{\Delta h}{h_{10}}\frac{l_n}{L}\right)b_1\Delta h$$

$$\dot{W}_{i_2} = 2kv_{R_1}\left(1 - \frac{\Delta h}{h_{10}}\frac{l_n}{L}\right)h_{20}b_2\ln\frac{h_{20}}{h_2} \approx 2kv_{R_1}\left(1 - \frac{\Delta h}{h_{10}}\frac{l_n}{L}\right)b_2\Delta h$$

$$\dot{W}_{s_{10}} + \dot{W}_{s_1} = \frac{1}{2}kv_{R_1}h_{10}b_1\left(1 - \frac{\Delta h}{h_{10}}\frac{l_n}{L}\right)h_{20}b_2\frac{\Delta h}{L}$$

$$\dot{W}_{s_{20}} + \dot{W}_{s_2} = \frac{1}{2}kv_{R_1}\left(1 - \frac{\Delta h}{h_{10}}\frac{l_n}{L}\right)\Delta h\left(1 - \frac{h_{10}}{h_{20}}\right)L$$

$$\dot{W}_{s_{12}} = \frac{1}{2}kv_{R_1}\left(1 - \frac{\Delta h}{h_{10}}\frac{l_n}{L}\right)\Delta h\left(1 - \frac{h_{10}}{h_{20}}\right)L$$

$$\dot{W}_{f_1} = 2mkb_1v_{R_1}\frac{\Delta h}{h_{10}}\left(2\frac{L_n^2}{L} - L_n\right)$$

$$\dot{W}_{f_2} = 2mkb_2v_{R_1}\frac{\Delta h}{h_{20}}\left(2\frac{L_n^2}{L} - L_n\right)$$

$$\dot{W}_{f_{1c}} = mkv_{R_1}h_{10}L\sqrt{\left(\frac{\Delta h}{h_{10}}\frac{l_n}{L}\right)^2 + \left(\frac{L}{2R_1}\right)^2}$$

$$\dot{W}_{f_{2c}} = mkv_{R_1}h_{20}L\sqrt{\left(\frac{\Delta h}{h_{20}}\frac{l_n}{L}\right)^2 + \left(\frac{L}{2R_1}\right)^2}$$

分析以上功率分量可知，随着 L_n 的增大，$\dot{W}_{i_1}$、$\dot{W}_{i_2}$、$\dot{W}_{s_{10}}$、$\dot{W}_{s_{20}}$、$\dot{W}_{s_{12}}$ 是缓慢减小的，而 $\dot{W}_{f_{1c}}$、$\dot{W}_{f_{2c}}$ 是缓慢增大的。当 $L_n = \frac{1}{2}$ 时，$\dot{W}_{f_1} = \dot{W}_{f_{2c}} = 0$，这表明 $\frac{L}{2}$ 是 L_n 的极小值。又因 L_n 是阶梯孔环件轧制变形区的速度中性面，该面必在变形区长度 L 的范围内，所以 L 是 L_n 的极大值。针对各上限功率分量随 L_n 的平缓变化性质和 L_n 的变化范围，取平均值 $L_n = \frac{3L}{4}$ 对各上限功率进行近似计算并求和得最小上限功率 $\dot{W}_{\min}$ 为

$$\dot{W}_{\min} = 2kv_{R_1}b_1\Delta h + 2kv_{R_1}b_2\Delta h + \frac{1}{2}kv_{R_1}b_1\Delta h\frac{h_{10}}{L} + \frac{1}{2}kv_{R_1}b_2\Delta h\frac{h_{20}}{L} + \frac{1}{2}kv_{R_1}\Delta h\left(1 - \frac{\Delta h}{h_{20}}\right)L +$$

$$\frac{3}{4}mkb_1v_{R_1}\Delta h\frac{L}{h_{10}} + \frac{3}{4}mkb_2v_{R_1}\Delta h\frac{L}{h_{20}} + \frac{3}{4}mkv_{R_1}\Delta hL + \frac{3}{4}mkv_{R_1}\Delta hL$$

$$= 2kv_{R_1} \Delta h \left\{ b_1 + b_2 + \frac{L}{4} \left[1 + 3m - \frac{h_{10}}{h_{20}} + \frac{b_1 b_{10} + b_2 b_{20}}{L^2} + \frac{3}{2} m \left(\frac{b_1}{h_{10}} + \frac{b_2}{h_{20}} \right) \right] \right\}$$

$$(8-84)$$

c　轧制力矩计算

阶梯孔环件闭式轧制的外力功率主要为驱动辊的旋转轧制功率。设驱动辊的转动力矩为 M，则外力功率 $\dot{W}$ 为驱动辊角速度 ω_1 与力矩 M 之积，即 $\dot{W} = M\omega_1 = M\frac{v_{R_1}}{R_1}$，根据上限原理，令外力功率 $\dot{W}$ 等于最小上限功率 $\dot{W}_{min}$，得阶梯孔环件闭式轧制力矩为

$$M = 2kR_1 \Delta h \left\{ b_1 + b_2 + \frac{L}{4} \left[1 + 3m - \frac{h_{10}}{h_{20}} + \frac{b_1 b_{10} + b_2 b_{20}}{L^2} + \frac{3}{2} m \left(\frac{b_1}{h_{10}} + \frac{b_2}{h_{20}} \right) \right] \right\}$$

$$(8-85)$$

d　轧制力计算

根据环件轧制的轧制力与轧制力矩匹配关系，阶梯孔环件闭式轧制力 P 等于轧制力矩除以力臂，于是由式（8-84）、式（8-60）相除并进行近似计算得

$$P = 2kL \left\{ b_1 + b_2 + \frac{L}{4} \left[1 + 3m - \frac{h_{10}}{h_{20}} + \frac{b_1 b_{10} + b_2 b_{20}}{L^2} + \frac{3}{2} m \left(\frac{b_1}{h_{10}} + \frac{b_2}{h_{20}} \right) \right] \right\}$$

$$(8-86)$$

轧制力除以轧制面积 $(b_1 + b_2)L$ 得阶梯孔环件轧制的单位面积轧制力 p 为

$$P = 2k \left\{ 1 + \frac{L}{4} \frac{L}{b_1 + b_2} \left[1 + 3m - \frac{h_{10}}{h_{20}} + \frac{b_1 b_{10} + b_2 b_{20}}{L^2} + \frac{3}{2} m \left(\frac{b_1}{h_{10}} + \frac{b_2}{h_{20}} \right) \right] \right\}$$

8.3.2.3　力能计算实验验证

为了验证环件轧制力能计算公式，对环件轧制力和力矩的理论计算和实测值进行比较。实验为铝合金 HE30WP（英国牌号）环件开式轧制，有关轧制参数为：驱动辊半径 $R_1 = 104.8\text{mm}$，芯辊半径 $R_2 = 34.9\text{mm}$，剪切屈服强度 $k = \frac{\sigma_s}{\sqrt{3}}$，环件轴向宽度 $b = 25.4\text{mm}$。

理论计算中需要用到每转进给量 Δh，在已知进给速度 f 的条件下，其计算式为

$$\Delta h = \frac{f}{n_1} \frac{R}{R_1}$$

$$(8-87)$$

由表 8-3 可知，环件轧制力的理论值比实测值达百分之十几，轧制力矩的理论值比实测值大约 10%（4 号试样轧制力矩理论值比实测值大 22% 除外），这种精度对于环件轧制工艺设计和计算是实用的。与国内外有关参考资料中的环件轧

制力能计算公式有较大范围变化的待定参数相比，本书的计算公式更为简单方便。

表 8-3　环件开式轧制力、轧制力矩的实验和计算值

试样号	D_i /mm	H_i /mm	n_1/r·min^{-1}	f/n_1 /mm^{-1}	D_f /mm	H_f /mm	P_e /N	P_t /N	$\dfrac{P_t}{P_e}$	M_e /N·m	M_t /N·m	$\dfrac{M_t}{M_e}$
1	123.83	22.23	30	0.457	157.32	15.98	68300	77456	1.13	495.3	564.7	1.14
2	123.83	22.23	160	0.457	157.16	16.00	67400	77505	1.15	523.2	564.9	1.08
3	123.83	22.23	160	0.330	157.56	15.95	62300	71525	1.15	393.7	443.2	1.13
4	98.43	9.50	30	0.483	229.01	3.76	52700	59496	1.13	500.4	611.8	1.22
5	111.13	15.90	30	0.483	166.70	9.63	53400	60460	1.13	454.7	501.1	1.10
6	123.83	15.90	30	0.483	188.54	9.58	52700	62022	1.18	535.9	553.8	1.03

注：D_i、H_i—环件原始外径和壁厚；D_f、H_f—轧制后环件外径和壁厚；n_1—驱动辊转速；f—轧制进给速度；P_e、P_t—实测和理论轧制力；M_e、M_t—实测和理论轧制力矩。

参 考 文 献

[1] 华林. 环件轧制理论和技术 [M]. 北京：机械工业出版社，2001.

[2] 张小平，秦建平. 轧制理论 [M]. 北京：冶金工业出版社，2006.

[3] 曲立杰，孙彦华，周娴. 金属材料学 [M]. 北京：九州出版社，2018.

[4] 罗曼诺夫. 淬火钢的高速铰削和扩孔 [M]. 北京：机械工业出版社，1958.

[5] 洪慎章. 回转成形实用技术 [M]. 北京：机械工业出版社，2013.

[6] 周志明，直妍，罗静. 材料成形设备 [M]. 北京：化学工业出版社，2016.

[7] 刘占军，高铁军. 冲压与塑压设备概论 [M]. 北京：化学工业出版社，2014.

[8] 邓明. 材料成形新技术及模具 [M]. 北京：化学工业出版社，2005.

[9] 王广春. 金属体积成形工艺及数值模拟技术 [M]. 北京：机械工业出版社，2010.

9 摆辗轧制技术

9.1 概述

9.1.1 引言

摆辗模具及工件的运动方式不同于传统的塑性加工方法，而且有多种类型。摆辗的模具有两部分：一部分为主动加压部分为锥体模，其加工过程中与工件局部接触，在工件上滚动或滚动+滑动。锥体模轴线与机床中心轴线斜交，交点为锥顶，交角为 γ，该角又称摆头倾角。另一部分为模具与机床同轴，工件装在这部分模具上，加工过程中它与工件之间无相对运动（金属流动除外）。目前所制造的摆辗机，由模具与工件的不同形式运动组合成如下几种：

（1）锥体模绕自轴旋转（自转），且沿机床轴线（即固定工件模具的轴线）方向平移，工件以机床轴线为轴心转动（自转）；

（2）锥体模绕自轴旋转（自转），工件与锥体模定速比自转，并沿机床轴线方向平移；

（3）锥体模轴线以机床轴线为中心章动+平移，工件固定；

（4）锥体模章动，工件平移；

（5）锥体模轴线绕机床轴线旋转，即公转，工件平移；

（6）锥体模章动+自转，工件平移；

（7）锥体模公转+自转，工件平移；

（8）锥体模章动，摆动或公转，工件平移；

（9）锥体模章动+自转或锥体模公转+自转或摆动+自转，工件平移。

在上述 9 种运动形式的摆辗机中，（1）、（2）两种运动形式的往往称为轴向轧机，也是锥齿轮辗压成形机，或称为锥齿轮轧机。第（3）种运动形式的为摆辗铆接机。轴向轧机与锥体模有自转运动的摆辗机［上述（6）、（7）、（9）］，辗压过程中锥体模在工件上滚动，摩擦系数小，摩擦功率消耗就少；同时接触面上单位面积压力也有所降低，总的压力较小，也降低了塑性变形消耗的功率，因而是省力、节能的设备。而轴向轧机［即（1）、（2）两种运动形式的摆辗机］辗压时，因为工件转动、锥体模与工件的接触面与机床床身相对位置不变，即工艺力的位置基本固定，所以对设备刚度、加工精度、运动副的影响较小。因此，这种摆辗机结构简单，可以采用普通轧机所能采用的轴承。

锥体模的运动形式多样，并且比传统的塑性加工的运动复杂，设备的结构也复杂。第（1）种运动形式因为工件旋转，没有球面运动，则不存在运动副在冷热变化时的运转不灵，且工艺力位置固定，设备承受固定载荷，运动精度高，设备相对刚度大，使用寿命长。又因锥体模在工件上滚动，摩擦系数小，摆头扭矩小，因此比较节能，在热塑性成形轴向加工方面已得到生产应用。第（6）种运动形式实际是第（2）、（3）种的综合，利用双层偏心筒传动实现摆头公转或摆动，摆动的形式可变；增加防转机构取消了摆头自转，因而锥体模面可以加工成多种形状。但其设备结构复杂，又需球面运动，造价较高。防转装置强制摆头在工件上滑动，摩擦系数大，摆头扭矩大，耗能较大，目前用于冷塑性成形轴向加工，可加工工件最大直径 190mm，设备最大压力为 6300kN。

9.1.2　摆辗的特点

摆辗时，装在摆头上的锥体形状模具与工件局部接触，仅为工件变形面积的 $1/n$，接触面积轴向压缩而切向和径向伸长，由于模具摆动而该接触面不断地移动，覆盖工件整个变形面积时即完成一个进给（s/r）周期，多个进给周期叠加完成工件所需要的整体变形。实际上相当于锥体沿母线在工件上滚动+滑动，接触面偏向一旁，即机床承受周期变化偏心载荷。因此，摆辗具有以下优点。

（1）省力。摆辗是连续局部变形，接触面积是常规锻造接触面积的 $1/n$（$n = 5 \sim 20$）；此外，模具与工件之间相对运动有滚动，摩擦系数小，降低了塑性流动阻力；再者，接触面积小，则塑性区相对厚度大，应力状态系数小，变形抗力小。综合上述因素，轧制变形抗力仅为常规锻造变形抗力的 $1/20 \sim 1/5$。

由于力小，则同样锻造加工能力所需要的设备小，自重小，占地面积小，基建费用低。

（2）成形的尺寸形状精度高，可以实现少无切削加工。由于轧制力小，并且平均单位压力低，所以摆辗可以用于冷锻，例如汽车差速器行星锥齿轮，各种银齿轮，齿形冷辗成形后不密切削加工而达到 7 级精度；汽车同步器齿环冷辗成形等，表面粗糙度 R_a 可达 $0.4 \sim 0.8\mu m$，齿形不再切削加工。

（3）可成形薄件。平行垫板间的镦粗时的单位压力计算公式为

$$p = \frac{2}{\sqrt{3}} \sigma_s \left(1 + \frac{\mu B}{2H}\right) \tag{9-1}$$

式中　　p ——单位面积成形（流动）压力；

　　　　σ_s ——有效流动应力；

　　　　μ ——摩擦系数；

　　　　B ——工件坯料变形区宽度；

　　　　H ——坯料变形区高度。

式（9-1）表明，锻造镦粗时的单位压力随摩擦系数的增加而增加，随塑性变形区的相对薄度 B/H 的增加而增加。相对于锻造镦粗，摆辗轧制是局部接触，接触面积仅为工件锻造接触面积的 $1/n(n = 5 \sim 20)$，即塑性变形区的相对薄度 B/H 较小，单位压力不大。当工件很薄时，还可以通过减小摆辗的每转进给量而缩小接触面积。因此，工件越薄，则常规锻造力与轧制压力的差别越大，如图 9-1 所示。这说明辗压比常规锻造省力，而且工件越薄越省力。摆动辗压可以成形超薄件，从而扩大了锻造成形的加工范围。

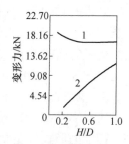

图 9-1　传统锻造力与
摆辗力比较

1—传统锻造力；2—摆辗力

（4）摆辗模具寿命高。摆动辗压与传统锻造相比，其轧制单位压力小得多，锥体模与工件局部接触，模具负荷低，且为间歇性载荷。所以耐磨损，失效慢，模具寿命高。

（5）劳动环境好，易于机械化、自动化生产。摆辗是准精压力加工，振动小，噪声低（≤80dB），劳动环境优于传统的锻造生产。过程简单，易于实现连线自动化生产。

摆辗除具有上述优点以外，还有一些不足之处。

（1）加工范围的局限性。摆辗工艺比较适合加工需要轴向变形的轴对称零件，特别是薄盘件、环件。不适合加工需要径向变形的长杆类工件。

（2）单工步，单模腔。摆辗的上模一锥体模只有一个运动中心，而工件轴线必须通过这一运动中心才能保证获得正确的工件外形轮廓。因而模具上只能放一个模腔，也就只能完成一个加工工步。

9.1.3　摆辗的分类及摆辗机结构

随着工业技术的发展，轴向轧制技术的研究日渐深入，其应用也遍及塑性加工的各个领域，摆动辗压的类型也就多种多样。

9.1.3.1　摆辗工艺的类型

按照加工对象的状态，轴向辗压工艺可以分为以下几种。

A　热摆辗

热态下的金属变形抗力小，塑性好，不产生加工硬化和残余内应力。但是加工温度范围有限，所以要求变形时间短、速度快。因此，为适应这一特征而设计制造的摆动辗压机，摆头（锥体模）倾角 γ 较大（$\gamma \geq 3°$，如德国轴向模轧机 $\gamma = 7°$），摆头自转+平移，工件旋转，工装空间大，进给速度高，能承受较高的温度。

B　冷、温摆辗

温度较低时，金属的变形抗力大，但氧化、热胀冷缩的影响小，可进行少无切削加工，目前用于冷、温摆辗成形的机器，摆头倾角小（$\gamma \leqslant 2°$），摆头运动轨迹多种（见图9-2），进给速度较低，设备刚度大，加工精度高。

C　摆辗铆接

目前用于冷、温摆辗成形的锥体模运动轨迹有四种，即直线、圆、螺旋线、叶形不交叉的多叶玫瑰线（又称为菊花线）（见图9-2），即锥体模轴线在摆辗过程做摇摆运动，故将这种机器称为摆动辗压机，其工艺名称也可称为摆动辗压。用于铆接的摆辗机，锥体模运动轨迹为叶形交叉的11叶玫瑰线，摆头倾角0°～γ可调，锥模自转，即在工件上滚动，是适合铆接变形的最佳运动方式。摆头既摆动又辗压，故称为摆辗铆接，它是轴向模轧制中的一个独立分支。

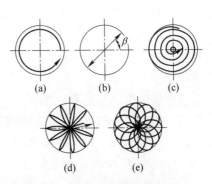

图9-2　摆辗机锥体模运动轨迹

(a) 圆；(b) 直线；(c) 螺旋线；

(d)，(e) 多叶玫瑰线

9.1.3.2　锥体模运动形式

目前，国内外的摆辗机工艺过程中锥体模的运动形式分三类（见图9-3）：

（1）锥体模自转并直线运动进给，工件做旋转运动［见图9-3 (a)］为Ⅰ型。由于摆头只倾斜自转而不摆动，锥体模在工件端面上滚动，所以称为轴向模轧机。

（2）锥体横摆动+自转、章动+自转或公转+自转，工件直线运动进给为Ⅱ型摆辗机，如图9-3 (b) 所示。

（3）锥体模摆动、章动、公转无自转，固定工件的模具沿机床轴线方向平移实现进给运动［见图9-3 (c)］，这是第Ⅲ型摆辗机。

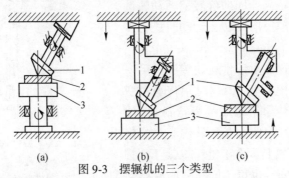

图9-3　摆辗机的三个类型

(a) Ⅰ型，轴向模轧机；(b) Ⅱ型，摆辗机；(c) Ⅲ型，摆动模轧机或摆辗机

1—摆头；2—工件；3—模具

Ⅰ型辗压机摆头自轴转动，不摆动，其轨迹为一点。属于这类机器的有德国的独向模轧机（AGW 型）、美国的 Orbital Mill、俄罗斯的端面锥齿轮热辗压机等。Ⅰ型辗压机结构比较简单，采用普通轴承，广泛应用于热辗压成形。

Ⅱ型摆辗机摆头自轴转动，又绕机床轴线摆动，其轨迹多为单一轨迹。如摆辗铆接机，摆头运动轨迹为花瓣交叉的多叶（11 或 12）玫瑰线。又如单偏心筒无限转装置的摆辊机，其摆头运动轨迹为圆。这种摆辗机是Ⅰ型到Ⅲ型的过渡型，作为摆辗铆接机是成功的。但用于热辗压成形，则需要频繁的维修。主要原因是结构复杂，轴承寿命低。因而，Ⅱ型摆辗机主要是铆接机，在冷、热成形中不再使用。

Ⅲ型摆辗机摆头没有自轴转动，只有摆动，其轨迹为多种（见图 9-2），采用双偏心筒，球头轴承，有限转装置，结构复杂。属于这类机器的有波兰 PXW 型、瑞士 T 型，用于冷、温成形。

9.1.3.3　摆辗机结构特点

A　Ⅲ型摆辗机——四轨迹摆辗机

a　波兰 PXW 型摆辗机（Rocking Die Press）

由波兰华沙工业大学马尔辛尼克教授 20 世纪 60 年代后期发明，波兰锻压机械中央设计局设计，华沙第一自动压力机制造厂制造的 PXW 型摆辗机的摆头具有四种运动轨迹。摆头可做圆、直线、多叶玫瑰线和螺旋线运动。摆头的运动轨迹不仅对金属的流动和充填型腔影响很大，而且对设备的刚度及电机功率都有影响，特别是对于成形不同类型的锻件而言。

波兰 PXW 型摆辗机的工作原理如图 9-4 所示，球头尾柄装在内偏心套的偏心孔内，其运动靠内、外偏心套的转动合成而得。若内、外偏心套同速同向旋转，则球头尾柄端面中心的运动轨迹为圆，同速反向旋转，运动轨迹为直线；不同速同向旋转，运动轨迹为螺旋线，不同速反向旋转，运动轨迹为多叶玫瑰线。

电动机 6 通过三角带将运动传递到第一级蜗轮副 3 和外偏心套 4，同时蜗杆通过变速箱 1 又将运动传递给第二级蜗轮副 2，使内偏心套 5 转动。内偏心套和外偏心套的旋转通过变速箱可以是同向，也可以是反向，其角速度可以相同，也可不同，从而使摆动模实现四种运动轨迹。如果再加上内偏心套

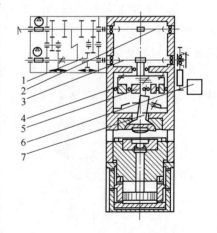

图 9-4　PXW 型摆辗机工作原理图
1—变速箱；2—第二级涡轮副；
3—第一级涡轮副；4—外偏心套；
5—内偏心套；6—电动机；7—摆头

旋转、外偏心套不旋转所产生的圆形摆头运动轨迹，那么具有四种摆头运动轨迹的摆辗机的摆头其实有五种运动。

波兰所生产的 PXW 型摆辗机主要技术参数见表 9-1。该机在结构上又经过多次改进，改进后的 PXW 型摆辗机，性能更优越。图 9-5 为改进型的 PXW 型摆辗机内外偏心套结构。图 9-6 为摆辗机变速箱结构。

表 9-1　PXW 型摆辗机主要技术参数

型　号	PXWP100	PXW200	PXW2-250	PXW2-630
公称压力/kN	1600	2000	2500	6300
摆动频率/min⁻¹	200	400	400	400
滑块行程/mm	140	120~40	190~220	300
内滑块行程/mm	—	—	0~100	—
顶料杆行程/mm	80	20~100	30~100	160
最大工作油压力/MPa	31.5	28	31.5	31.5
最大控制油压力/MPa	3	3	3	3
装机功率/kW	38	78.5	107	270
摆头运动轨迹	圆、直线、螺旋线、多叶玫瑰线			
滑块空行程速度/mm·s⁻¹	148	100	140	140
滑块工作行程速度/mm·s⁻¹	9.5	12	16	20~30
锤头最大直径/mm	100	150	200	320
设备重量/kg	5500	10000	14000	37000
设备尺寸（长×宽）/mm×mm	2700×2000	2800×2500	3850×2450	6000×3000
最大高度±0/mm	+2500	+3300	+2850，−700	+5000，−850
摆动倾角 γ/(°)	2	2	2	2

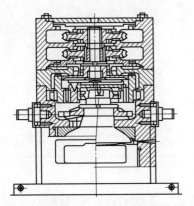

图 9-5　PXW100Aab 型摆辗机摆头传动系统及其内、外偏心套结构简图

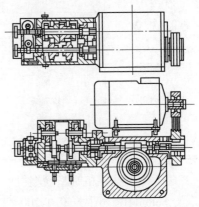

图 9-6　PXW100Aab 型摆辗机传动摆头的变速箱结构简图

　　波兰的 PXW 型摆辗机问世后不久，在德国莱比锡工业展览会上就获得金质奖章，产品销售全世界。美国、德国、日本等数十个国家购有该摆辗机。瑞士 Schmid 公司先购得了该摆辗机的专卖权，后来仿制，再发展。从 1981 年开始制造第一台具有四种运动轨迹的摆辗机，十年内据称已销售出 100~200 台，其摆辗机的基本原理没有改变。

　　b　日本的 MCOF 型摆辗机

　　日本森铁工株式会社（MORI）也在 1990 年制造成功第一台具有三种摆头运动轨迹的摆辗机，1992 年制造成功具有四种摆头运动轨迹的摆辗机，其主要技术参数见表 9-2。

表 9-2　日本森铁工株式会社生产的 MCOF 型摆辗机的技术参数

型　　号	MCOF-250	MCOF-400	MCOF-650
摆辗力/kN	2500	4300	6500
顶料力/kN	800	1300	1300
生产率/件·min^{-1}	4~15	3~12	3~12
加载速度/mm·s^{-1}	0.5~30	0.5~50	0.5~25
最大摆动次数/min^{-1}	320	500	300
摆动角度/(°)	2	2	2
滑块行程/mm	200	420	550
滑块行程调节量/mm	75	0	100
顶杆行程/mm	60	120	100
最大摆辗件直径/mm	ϕ160	ϕ210	ϕ240
电机总功率/kW	85	220	265
冷却油箱体积/L	700	1100	1500
轨迹种类	圆 玫瑰线 直线	圆 玫瑰线 直线 螺旋线	圆 直线 玫瑰线 螺旋线
首台设备生产时间	1990 年	1992 年	1993 年 3 月

　　c　瑞士 T 型摆铝机 III 型摆辗机

　　瑞士 Schmid 公司生产有 T-200 型、T-400 型、T-630 型三种摆辗机，其技术规格见表 9-3。摆辗机基本原理与波兰 PXW 型基本一样，仅在结构上略有变化。瑞士 T 型摆辗机结构如图 9-7 所示。

表 9-3 瑞士 Schmid 公司生产的 T 型摆辗机的技术规格

冷摆辗机型号		T-200	T-400	T-630
最大摆辗力/kN		2000	4000	6300
最大内滑块力/kN			1300	2000
顶料力/kN		400	700	700
上顶料力/kN			200	200
滑块工作次数/次·mm^{-1}		4~15	4~12	4~12
滑块闭合速度/mm·s^{-1}		125	180	150
滑块张开速度/mm·s^{-1}		150	200	200
滑块成形速度/mm·s^{-1}		26	28	22
摆头转动频率/min^{-1}		0~340	0~280	0~280
工作时的滑块行程/mm		195	280	295
滑块行程调节量/mm		75	75	100
滑块总行程/mm		200	285	295
下顶杆最大移动速度/mm		60	98	115
上顶杆最大移动速度/mm			30	30
模座前后尺寸/mm		320	525	600
模座左右尺寸/mm		290	440	550
滑块与摆头之间最大距离/mm		202	320	340
自动送料装置	传送毛坯的最大重量/kg	2	5	5
	传送毛坯的最大直径/mm	ϕ90	ϕ250	ϕ250
	传送毛坯的最小高度/mm	5	6	6
	传送毛坯的最大高度/mm	100	220	220
	摆辗件最大尺寸/mm	120	250	250
利用标准化模具	摆辗坯料最大直径/mm	ϕ90	ϕ130	ϕ190
	摆辗坯料最大高度/mm	180	220	220
消耗总功率/kW		67	170	280
摆辗机总重量/t		10.2	25.8	39.0
机身重量/t		6.0	18.0	11.0
摆辗机地基载荷/Pa		60.0×10^4	90.0×10^4	110.0×10^4

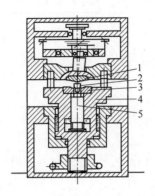

图 9-7 瑞士 T 型摆辗机结构示意图

1—上模；2—工件；3—下模；4—工作台；5—顶料杆

B Ⅰ型摆辗机——轴向轧机

a 轴向轧机的规格品种

Ⅰ型摆辊机的摆头与下模由两台相互独立的液压马达通过主驱动装置驱动旋转。它的摆头与下模轴线固定，摆头与下模相当于两个轧辊，实现所谓轴向轧制或端面轧制，亦即轴向轧制。只是轧辊的直径不一致，形状也不相同，轧辊的端部对于摆头来说是锥面，而对于下模来说是平面。

德国瓦格纳公司始建于 1865 年，在创建 120 年以后的 1985 年首次把AGW400 轴向轧机投放市场，该机有自动上料和卸料装置。Sao Paolb 和比 Bragil在美国最早应用该生产线生产焊接法兰盘。美国还有一家公司 1988 年利用该机生产汽车上的环形齿轮锻件。

到 1991 年止，瓦格纳公司销往世界各国的摆辗机和辊环机达 400 多台。我国轴承行业在 20 世纪 60 年代曾进口该公司的扩环机。洛阳矿山机器厂锻造分厂已引进该公司的 RAW200/160 型辗环机，是目前国内少有的大型高精度、高水平设备，全部微机控制，可径向/轴向双向轧制，年生产能力为 5000t 锻件。

1991 年，日本三菱长畸机工株式会社与瓦格纳公司合作生产轴向轧机。随着汽车工业的飞速发展，瓦格纳公司开发生产了系列轴向轧机。

最近有资料表示瓦格纳公司可以生产 AGW1250/1600 轴向轧机，即表示其公称轧制力为 12500kN，辗压件最大外径达 1600mm。

b 轴向轧机的基本结构

轴向轧机大体分下面几个部件：上模和下模旋转装置，机身和立柱，液压系统（包括进给传动机构和旋转机构），顶出机构，冷却润滑装置，控制系统。

　　下模旋转装置位于机架内，由机器下部的主驱动装置带动，主驱动装置以液压马达为动力源。下模旋转装置中有液压顶出装置。因此，摆辗成形时的拔模斜度很小，甚至为零，摆辗件精度高，节约了原材料。对于要求较高的不允许表面有划痕的轧制件，常常采用顶料环结构，扩大顶料力的作用面积，即将顶料杆设计成截面为圆环的圆筒。

　　上模旋转装置的主要作用是带动工件旋转，克服轧制力，其轴线与下模旋转装置的轴线成一倾角 γ，此即为摆角。上模旋转装置在另一液压缸的作用下可以由立柱导向作垂直运动，上模的旋转导向滑块位于机身后端，与其紧紧相连。上模旋转装置的作用是使上模达到与工件相近或相等的转速，它提供工件变形的轧制力。

　　摆角 γ 比具有四种轨迹的摆辗机大，可以在 $3° \sim 12°$ 之间变化，某些用于生产指定专门大小和形状的产品的摆辗机，其 γ 角固定不变，这样可以简化机器结构。有些 AGW 摆辗机摆角 γ 取为 $5°$ 或 $7°$。

　　上下模旋转装置的支撑轴承采用耐磨轴承或静压轴承。

　　不同的轴向轧机，机身结构也不一样，例如有一种系采用开式机身，用拉杆连接以加强其刚性，开式机身便于在正面或两个侧面操作。

　　立柱上导向装置采用平面导轨。

　　AGW 型轴向轧机中的液压进给传动机构分为两缸或四缸作用式。上模和下模旋转装置的旋转运动机构是通过一个或几个液压马达来驱动的。

　　轴向轧机采用内、外冷却系统。内冷却系统呈闭环回路，内热交换器吸收工件变形前后传递给模具或机器的热量。外冷却系统是应用适当的润滑冷却液把模具型腔润湿，通过蒸发、冷却将模具的热量带走。

　　当摆辗成形的锻件被顶出以后，喷嘴就持润滑冷却液喷射入模具型腔。在摆辗成形过程中也可以进行润滑，因为摆头相对于下模是倾斜的。

　　轴向轧机采用 PC 控制，整个过程全自动完成，而且适应性很强，操作灵活，模具型腔的充满程度由传感器监控，确保摆辗件几何精度，重复性好。当轧制初期，坯料定位不当时，有纠错系统将其定位错误在 CRT 屏幕上显示出来，以便迅速纠正。

　　美国产的"Slick Mill"也是 I 型轴向轧机，接头倾角 10.7°。苏联制造生产的大于 $\phi250mm$ 的被动弧齿镀齿轮热辗压机，其结构与"Slick Mill"很相似，有上床头箱，主动弧齿锥齿轮为辊压辊，毛坯固定在能旋转的下工作台上，自动升降进给。毛坯接触主动弧齿锥齿轮时被其带着旋转，齿啮合辗压出被动弧齿锥齿轮来。

　　C　中国制造的摆辗机——II 型、III 型摆辗机

　　到 20 世纪 90 年代，国产立式摆辗机 30 多台，有 II 型，也有 III 型，摆头轨

迹单一，用于热辗压，多为用户厂自制，而不是专用设备厂制造。

　　天津中营锻造厂的 1600kN 摆辗机是上海新华轴承厂 1978 年制造。上海电机锻造厂是国内研制第一台摆辗机的单位，在 1972 年他们生产了第一台 2000kN 摆辗机，主要用来摆辗生产汽车半轴锻坯。其摆头结构简图如图 9-8 所示。其特点是在摆头上安装着一个上端为一水平面而下端面与水平面成 γ 角的斜盘。当传动部分（带传动）使轴旋转时，斜盘亦随之转动。而安装在斜投偏心孔内的模座便带动上模（摆头）产生摆动运动。当上模不接触工件时，上模由于轴承间摩擦力作用，它和摆

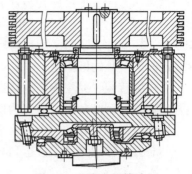

图 9-8　上海电机锻造厂
摆辗机的摆头结构

轴一起做旋转而不摆动。当上模接触工件后，工件和上模的摩擦力大于轴承间摩擦力，因此上模则作摆动。工件的变形力通过上模和模座传给止推轴承，止推轴承再经斜盘、摆轴盘和止推轴承传到机身上。

　　这种结构形式的摆头主要优点是结构简单，容易加工制造，维修方便，动作易于实现。由于是滚动摩擦，在正常情况下功率消耗不大。其缺点是工作不稳定。当上模（摆头）在摆辗初始阶段刚刚接触工件，工件和上模的摩擦力小于或等于轴承间的摩擦力时，就不一定能实现摆动，当然也就不能实现捏辊成形了。有些摆辗机在空转时能实现动作，一经加载正式摆动辗压成形时，摆辗机或者摆头不转动，或者摆头虽然转动，但变形坯料不发生变形，或坯料在初始阶段有所变形，变形到一定程度以后就中止了。

　　这是这种摆辗机得不到普及推广的一个致命缺点。另一个缺点是摆头需要选择合适的轴承，一般多采用推力调心滚子轴承 29000 型和 69000 型，此类轴承适用于轴向负荷较大，而且有一定径向负荷的场合。因为摆动辗压是偏心受载，局部连续成形，所以整个球面轴承在每一个瞬时内都是某几个滚子受力，因而工作条件恶劣，轴承易于磨损，摩擦力越来越大，消耗的能量越来越大，大到某种程度以后就不能使摆辗成形件成形到符合图纸要求的情况。这时候就必须要更换整个推力向心球面滚子轴承。如不更换，仍勉强使用，则轴承滚子破裂，摩擦力急剧增大，摆头停止转动，皮带打滑，根本就无法摆辗变形。

　　这种结构国内用得较早，不少单位采用这种摆头结构。

　　使用这种摆头结构，仅仅能满足热摆辗成形零件毛坯的成形。这是因为在热摆辗时，变形力小，每转进给量大，摆辗件精度也不高，如果在每转进给量小的情况下，摆辗变形力大，摆辗件精度又高，则使用这种结构的摆辗机是不容易实现的。

采用卧式摆辗机摆辗汽车半轴毛坯是我国首创，它的投资要比采用平锻机生产汽车半轴毛坯少，上马快，符合我国当前国情。

该摆辗机的摆头结构如前所述，只是凹模由两个哈夫模组成，上半模固定在活动机身上，下半模固定在固定机身上，两机身用销轴连接在一起。上半模在夹紧油缸的作用下，使活动机身绕销轴转动，上半模向下移动，夹紧工件，所以人们又把这凹模称为夹紧模。国产的半轴摆辗机中，有摆动模不做直线运动而夹紧模做直线运动的，也有摆动模兼做直线运动而夹紧模不做直线运动的。

我国现在有专门用来热摆辗生产汽车半轴锻坯的商业摆辗机出售，有2~3家企业生产。该机采用框架结构，夹紧油缸置于摆辗机上部易于安装维修，主电机装在机身内的滑块上，结构紧凑，占地面积小，水平分模，易于实现机械化、自动化，易于清除氧化皮。

D 普通液压机改装的摆辗机

20世纪60年代初，苏联的伊热夫斯克机械学院开始研究摆动辗压工艺，主要目标是在传统的液压机上实现摆辗工艺。全俄电工科学研究所在传统的液压机上研究了诸如法兰盘等零件的摆辊成形并投入生产。

其结构形式是上模安装在液压机的活动横梁（滑块）上，并在活动横梁的带动下做进给运动。下模部分位于液压机的工作台上，全苏电工科学研究所研制成功的摆动辗压装置就属于这一类，如今已经可以作为商品出售。

利用这种装置可控辊盘类零件，如法兰盘、齿环等，也可以进行齿轮类零件的加工。还可以用来与其他设备一起建立生产流水线。这种装置在加工法兰盘时具有下列优点：

（1）金属利用系数可达0.8；

（2）摆辗件的精度可以达到9~12级；

（3）在液压机上安装这种装置只需要15~20min；

（4）与传统的冷锻工艺相比，变形力大大减小，只有其1/10~1/5；

（5）每小时可以生产100件摆辗件，大大提高了劳动生产率，节材、节能。

天津大学的试验是在3150kN四柱式液压机上安装了一套摆辗装置，除对液压机的泵站进行一些修改外，原液压机的主缸、机身等都得到充分的利用。整个装置是一个独立体系。

图9-9是安装在公称压力为3000~4000kN液压机上的摆辗装置，它可以用来生产油缸类零件。这种装置的摆动部分紧固于液压机的工作台上，冲头9固定在液压机的活动横梁上，由于活动横梁具有往复运动的功能，所以可保证在摆动辗压时管坯的进给。管坯放置在凹模芯块7内，由导向套6定位。箱体1内装有外周为直齿的旋转体2，并由内圈8、外圈4和凹模芯块构成组合模具固定在球形座3上。旋转体2与球形座3组成一对球面运动副。电机通过带轮10带动齿轮

轴 11 转动，使安装有凹模芯块 7 的球形座 3 产生
圆形轨迹摆动，从而使管坯壁部发生变形。调节
螺栓 5 可改变凹模芯块 7 的轴线相对于机身轴线
的倾角，调节范围为 0°~10°。

　　摆角的大小可由下式计算后调整

$$\theta = \arctan \frac{s}{R}$$

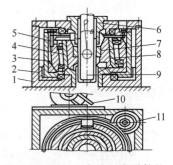

图 9-9　可以生产油缸类零件的
液压机摆动辗压装置

式中　　θ——凹模轴线相对于机身轴线的夹角；

　　　　R——调节螺栓到冲头的轴线距离；

　　　　s——调节螺栓的调节量。

　　凹模芯块的工作锥面的锥角之最佳值为 0.25~0.35rad（弧度），为45°~63°，
这时变形力最小。凹模芯块轴线对机身轴线的最佳角度为 0.026~0.035rad（弧
度），即 4.68°~6.3°。

　　E　Ⅱ型摆辗机——摆辗铆接机

　　由于摆辗铆接力小（为传统铆接力的 8%~9%），可以使热切变冷铆，节能；
无振动，噪声小，也适合某些薄或易碎材料零件的铆接；铆接质量高，时间短，
还可以通过改变摆头倾角 γ 的大小而改变塑性变形区的深度，达到调节铆接松紧
程度，实现不同要求的铆接（如链条、钳子需要铰链铆接，桁架需要固定铆接）
等许多优点，所以摆辗铆接得到广泛应用，摆辗铆接机在国内外有许多厂家形成
产品出售。日本、瑞士、美国均批量生产摆辗铆接机供应国际市场，我国也有许
多厂家生产商品摆辗铆接机。

　　国内外的摆辗铆接机都是Ⅱ型摆辗机。按照摆头运动轨迹形状可以把摆辗铆
接机分为两类：一是圆轨迹摆辗机；二是多叶玫瑰线轨迹摆辗机。

　　a　圆轨迹摆辗铆接机结构

　　圆轨迹摆辗铆接机由动力头和铆接头组成。动力头结构（见图 9-10）由电
动机、花键套、花键轴、铆接头、空心活塞杆、油缸、限位螺母和轴承等组
成。花键套把电动机轴和花键轴联结在一起，它在活塞杆内只旋转不移动。花
键摆动轴下端用螺纹和铆接头固定在一起。起动电动机后通过花键套和花键轴
带动铆接头摆头，同时，活塞杆在液压或气压驱动下带着花键轴和铆接头向下
运动，接触铆钉即开始铆接。铆接结束，活塞杆带铆接头恢复原位。活塞杆位
移由限位螺母决定，尺寸精度可控制在 0.02mm 范围内。铆接头是动力头带动
的，它的结构如图 9-11 所示，主要由铆接头壳体、轴承、空心轴套、胶圈和
挡圈等组成。

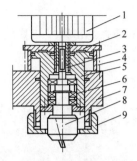

图 9-10　圆轨迹摆辗铆接机结构示意图

1—电动机；2—花键套；3—花键摆动轴；4—气缸；

5—空心塞杆；6—轴承；7—机身；

8—铆接衔头；9—限位螺母

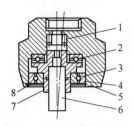

图 9-11　铆接头结构示意图

1—径向滚针轴承；2—平面止推轴承；

3—径向球轴承；4—弹簧挡圈；5—铆接头壳体；

6—摆杆；7—空心轴套；8—橡胶圈

b　多叶玫瑰线轨迹摆辗铆接机结构

圆轨迹摆辗时，工件中心受拉应力大，容易出现开裂，所需辗压力大，机器振动也大。而采用多叶玫瑰线轨迹摆辗，克服了圆轨迹摆辗的上述缺点，铆接质量高，表面粗糙度低。

玫瑰线轨迹摆辗铆接机有一对内啮合的圆柱直齿齿轮，其结构如图 9-12 所示。它主要由活塞、花键套、花键轴、活塞杆、偏心套、齿轮轴、内齿轮、调节螺母、机架、球形座、关节轴承、球形摆杆和铆接模组成。

固定在活塞杆末端上的内齿轮为固定圆，圆心为 O，齿数 $z = 33$。安装在偏心套内的齿轮轴上的外齿轮为动圆，圆心为 O_1，齿数 $z = 27$。外齿轮偏心位置上的圆柱中心 B 为动点，且 $OO_1 = O_1B$。则 B 的运动轨迹就是 11 叶玫瑰线。外齿轮偏心位置上圆柱通过关节轴承同球形摆杆联结在一起。为防止从关节轴承上脱落下来，在球形摆杆上装有一弹簧。铆接模通过橡胶圈固定在球形摆杆上。

当电动机通过花键套带动花键轴旋转时，与花键轴固定在一起的偏心套同时旋转，并带动齿轮轴绕 O 点公转。由于外齿轮同内齿轮相互啮合，因此带动齿轮轴绕圆心 O_1 自转，由此圆柱中心便形成 11 叶玫瑰线轨迹。活塞和活塞杆在液压或气

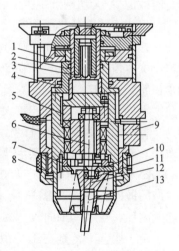

图 9-12　11 叶玫瑰线轨迹

摆辗铆接机结构图

1—活塞；2—花键套；3—花键轴；

4—活塞杆；5—偏心套；6—齿轮轴；

7—内齿轮；8—螺母；9—机体；

10—球座；11—关节轴承；

12—球形摆件；13—铆接模

压驱动下向下运动，带动联结在活塞杆上的所有零件随之往下运动，直至铆接模接触铆钉并完成铆接为止。铆接高度由微调螺母来调整，精度可达 0.01mm。

9.1.4 摆辗的应用

摆辗工艺主要用来成形轴对称零件。目前已用冷摆辗成形一些非轴对称零件。根据组合技术概念的运用分析得出结论：全部锻件的一半可以用摆辗技术生产。因此，摆辗成形技术将成为塑性加工方法的主要方面之一。

目前，冷摆辗成形的零件种类比较多，如各种薄盘、法兰、套、锥齿轮、同步器齿环、轴承衬套、万向轴节及非轴对称件齿条（见图 9-13）、拨

图 9-13 冷摆辗成形件

叉等。由于摆辗是一种递增锻造过程，能够迫使金属充满各个角落，制件尺寸形状精度高，表面粗糙度低，能够成形其他冷塑性加工难以成形的制件，是一种十分有效的少/无切削加工方法，经济效益十分显著。

温摆辗能避免热锻中有关的收缩和氧化皮问题，又能减少模具磨损，工艺力比冷摆辗力小得多。在 600~850℃ 温度范围内辗压生产钢质摩擦盘、半轴法兰、汽车变速齿轮盘和齿轮，在 800~1000℃ 温摆辗生产汽车后桥从动锥齿轮（螺旋伞齿轮）、汽车离合器轮盘等。温摆辗成形件精度接近冷轧制成形件，大大高于热摆辗成形件，可以生产较大尺寸的制件。

较小的摆动辗压机可以代替大型锻压机生产锻件，能收到投资少、见效快的效果。例如 2000kN 的摆动辗压机代替 16000kN 的平锻机生产载重汽车半轴；4000kN 摆动辗压机能生产 80000kN 锻压机锻造的对称形零件。目前已用热摆辗生产的锻件有各种可焊法兰、火车轮及轮箍、起重机轮盘、离合器轮盘、各种齿轮预制坯、轮毂、轴向较薄的盘和环、异形端面的盘和环等，如图 9-14 所示。

由于摆辗工艺是在工件锻造面上渐次辗压，使受压局部的空腔处于破坏过程，所以用于粉末冶金件的锻造件的锻造压实，具有明显的效果。例如摆辗可以把密度为 6.4~6.6g/cm³ 的铁粉烧结体辗压为密度 7.74~7.8g/cm³ 的密实体（见图 9-15）粉末制品，即相对密度可达到 99% 以上，这是其他锻造方法难以达到的。

摆辗除了可用于冲裁、圆口的扩口与缩口以外，还广泛用于铆接。因为可以通过调整摆头倾角 γ 的大小，从而获得所需要的固定铆接或是铰链铆接。所以，用辗压机进行铆接加工得到迅速发展，终将成为主要铆接方式。

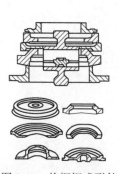

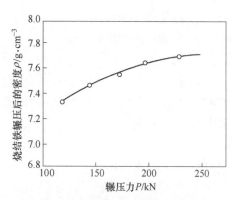

图 9-14　热摆辗成形件　　　　　　图 9-15　摆辗压力与密度的关系

9.2　摆辗轧制成形原理

　　研究摆辗中模具与工件之间的运动关系，对于认识工件上金属质点的流动状态及其与模具运动的关系、塑性变形及其成形过程、工具与模具受力、磨损与失效的原因、工艺设计和模具设计的原理、设备设计与维修使用等，都有十分重要的意义。

9.2.1　摆辗的运动形式

　　摆辗工模具的运动形式比较复杂。

　　如图 9-16 所示，与 I 型摆辗机的机床轴心线同心的模具为下模，其上固定工件，模具与工件一起绕自轴旋转。轴心线与机床轴心线成 γ 角斜交的线成 γ 角斜交的模具为锥体模，即摆头，它绕自轴旋转。下模的旋转与锥体模同步。两个模具中有一个模具沿机床轴心线方向平移实现轧制的压下进给。以床身为参照物，锥体模与工件的接触面位置不变，即轧制变形力合力作用线相对静止，也可以说，锥体模轴线上任意点的运动轨迹在接触面上的投影是一个点。所以，第一类摆辗摆头运动轨迹是点。

　　由于工件变形与模具和工件之间的相对运动有关，所以必须分析模具与工件的运动关系。以工件为参照物，下模相对静止。锥体模（摆头）轴线与机床轴线（即工件纵轴）的交点做直线运动，锥体模轴线上其余各点，做螺旋运动，其参数方程为

$$x = R\cos\omega t$$

$$y = R\sin\omega t \tag{9-2}$$

$$z = s\omega t$$

式中 R ——回转半径，mm；

  ω ——摆头旋转角速度，r/s；

  t ——时间，s；

  s ——时间 t 内模具沿机床轴向平移的距离，mm。

锥体模轴线上任意点相对工件螺旋运动轨迹在工件上平面（xoy 面）上的投影为圆，用极坐标表示为

$$\rho = R \tag{9-3}$$

或用直角坐标的方程表示为

$$x^2 + y^2 = R^2 \tag{9-4}$$

Ⅰ型摆辗锥体模在工件上表面运动轨迹的投影为圆，所以也可以称为圆轨迹。由于锥体模在工件上滚动，其接触摩擦是滚动摩擦，摩擦力小，因而更有利于金属的塑性流动，能充分发挥轧制变形的特性，减少了锥体模的滑动磨损，成为Ⅰ型摆辗的一个优点。再者，由于工件随锥体模同向转动，其接触面与机床的相对位置不变，所以摆辗压力的合力作用线处于机床的固定位置，可以用一般轴承作运动副，机床结构简单，造价低廉，维修容易，寿命长。这是Ⅰ型摆辗的又一个优点，但是，由于工作时模具与工件一起做旋转运动，上、下料时又必须把模具停止运动，因而延长了生产周期，降低了生产率，也耗费了一些动能。

Ⅰ型摆辗机的摆头的运动形式是自转，即只转动而不摆动。但在工件水平面上的运动轨迹是圆。从摆头与工件的相对运动看，也是摆动辗压，摆动的形式为单一的圆。

Ⅱ型摆辗与Ⅰ型摆辗的差别是接头自转的同时又摆动（章动），如图9-16和图9-17所示。目前Ⅱ型摆辗机主要是摆辗铆接机。根据结构不同而把摆辗铆接机分为两类：一是圆轨迹的摆辗铆接机；二是多叶玫瑰线轨迹的摆辗铆接机。

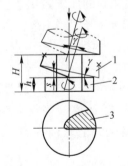

图9-16 Ⅰ型摆辗机的摆头

1—摆头；2—工件；3—接触面积

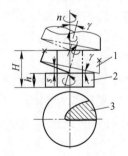

图9-17 Ⅱ型摆辗机的摆头

1—摆头；2—工件；3—接触面积

圆轨迹的摆辗铆接机铆接头（摆头）结构如图9-10所示。用一个偏心筒转动

带动锥体模摆动和自转。其摆动圆轨迹方程见式（9-2）、式（9-3）或式（9-4）。

多叶玫瑰线轨迹的摆辗铆接机结构其运动是偏心套旋转带动轮轴绕内齿轮中心 O 公转，同时齿轮轴上的外齿轮与内齿轮相互啮合，因此外齿轮还绕自心 O_1 做自转。这样位于外齿轮偏心处的圆柱中心 B 点，便以玫瑰线轨迹运动。为了便于分析，将上述运动机构绘成示意图 9-18。图中外圆 O 为内齿轮节圆，内圆 O_1 做代表齿轮轴上外齿轮节圆，圆柱中心 B 点是 O_1 作圆直径上的一点。这样，上述运动可简述为动圆 O_1 作内切于定圆 O，并在定圆上做没有滑动的滚动，动圆内的 B 点置运动轨迹为内余摆线，其方程为：

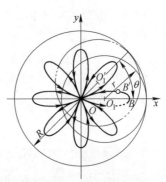

图 9-18　玫瑰线轨迹的摆辗铆接机铆接头运动示意图

$$x = OO_1\cos\theta + O_1B\cos\frac{R-r}{r}\theta$$

$$y = OO_1\sin\theta + O_1B\sin\frac{R-r}{r}\theta$$

式中　OO_1——两圆心距离，其值等于定圆半径 R 与动圆半径 r 之差，$OO_1 = R-r$；

　　　　θ——两圆连心线的转角，即动圆公转所转过的角度；

　　$\dfrac{R-r}{r}\theta$——动圆的自转角度。

由于制造摆辗机时，使动圆上 B 点的偏心距 O_1B 等于两圆心距离 OO_1。因而 B 点的轨迹是通过定圆中心 O 的特殊内余摆线之多叶玫瑰线，设 $OO_1 = O_1B = R-r = a$，则此多叶玫瑰线的直角坐标方程为

$$x = a\left(\cos\theta + \cos\frac{R-r}{r}\theta\right)$$

$$y = a\left(\sin\theta - \sin\frac{R-r}{r}\theta\right) \tag{9-5}$$

此多叶玫瑰线的直角坐标方程变换成极坐标方程：

$$\rho = A\cos\frac{R}{r}\varphi \tag{9-6}$$

式中，$A = 2a$，$\varphi = \dfrac{\theta}{2}$。

多叶玫瑰线的叶瓣数目及叶瓣形状与系数 R/r 有关。当 R/r 为不等于 1 的整数时，玫瑰线为互不交叉重叠的叶片，叶片形状较瘦。当 R/r 为分数时，其叶片交叉重叠，叶片较肥胖。因此，可以根据需要的叶片数目和形状确定系数 R/r 的

值，即确定定圆和动圆的半径比值。A代表叶瓣的大小。可根据需要确定A值，即确定偏心距。目前，摆辗铆接机摆头轨迹多采用11叶或12叶叶片交叉重叠的玫瑰线，如图9-19所示。图9-12所示的摆辗铆接机内齿轮（定圆）为33齿，动圆外齿轮27齿，运动轨迹为叶片交叉重叠的11叶玫瑰线，极坐标方程中系数$R/r =$ $33/27 = 11/9$。

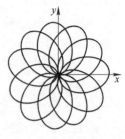

图9-19 叶片交叉重叠的 11叶玫瑰线

9.2.2 摆辗摆头的运动轨迹

目前用于冷、温塑性变形的摆辗机，摆头具有多种运动轨迹。其中具有限制摆头自转装置者为Ⅲ型摆辗，不具有者为Ⅱ型摆辗。为了更好地成形，需要强制消除锥体模与工件对应点在摆头运动中产生的周期性偏差，接头必须有限制自转的装置。因而，用于精压成形的摆辗机都是Ⅲ型摆辗。但是，这种限制自转装置并不影响摆头的运动轨迹。目前，实现摆头多种运动轨迹的机构是可转动的内外偏心套，如图9-20所示。如波兰PXW型、瑞士史密特公司T型摆辗机，都是通过改变内、外偏心套的转速、转向，可以使摆头产生圆、往复直线、螺旋线和菊花线（或称为叶瓣不交叉的多叶玫瑰线）四种运动轨迹。

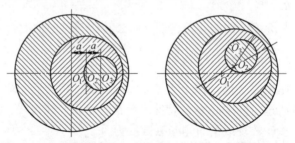

图9-20 实现摆头多种运动轨迹的内外偏心套结构示意图

如图9-20所示，摆辗机摆头传动系统中的内、外偏心套的偏心距相等，其大小等于a。圆O_1为外偏心套，它绕其几何中心O_1旋转；圆O_2为内偏心套，它绕其几何中心O_2旋转。外偏心套旋转时带动内偏心套绕O_1旋转（即公转）。而内偏心套旋转时不影响外偏心套的运动。通过变速箱的速度调节，可以使内、外偏心套获得同速同向、同速反向、不同速同向和不同速反向旋转的四种组合运动。从而内偏心套以这种组合运动带动摆头摇杆O_3实现多种运动轨迹的运动。设外偏心套的转动角速度为ω_1，内偏心套的转动角速度为ω_2，时间为t，在直角坐标系中，点O_3坐标的参数方程为

$$x = a[\cos(\varphi_{O_1} + \omega_1 t) + \cos(\varphi_{O_2} + \omega_2 t)]$$
$$y = a[\sin(\varphi_{O_1} + \omega_1 t) + \sin(\varphi_{O_2} + \omega_2 t)]$$

$$(9-7)$$

式中　φ_{O_1}，φ_{O_2}——外、内偏心套的初始相位角。

点 O_3 的运动轨迹有圆、直线等。

9.2.2.1　圆

有一个偏心套不转，$\omega_1 = 0$ 或 $\omega_2 = 0$，代入式（9-7），经运算可得圆的方程

$$\omega_1 = 0：(x - a\cos\varphi_{O_1})^2 + (y - a\sin\varphi_{O_1})^2 = a^2 \tag{9-8}$$

$$\omega_2 = 0：(x - a\cos\varphi_{O_2})^2 + (y - a\sin\varphi_{O_2})^2 = a^2 \tag{9-9}$$

上式表明 O_3 点运动轨迹是半径 $R = a$ 的圆，圆心坐标为

$$\omega_1 = 0：\begin{array}{l} x = a\cos\varphi_{O_1} \\ y = a\sin\varphi_{O_1} \end{array} \text{即 } x^2 + y^2 = a^2$$

$$\omega_2 = 0：\begin{array}{l} x = a\cos\varphi_{O_2} \\ y = a\sin\varphi_{O_2} \end{array} \text{即 } x^2 + y^2 = a^2$$

O_3 点运动轨迹圆的圆心在以几何中心（即坐标原点）为圆心半径 $R = a$ 的圆上。其方位取决于不旋转的偏心套的初始相位角（见图 9-21），使用时需要调整不转的偏心套的初始相位角，使圆心与下模型腔中心相对应。

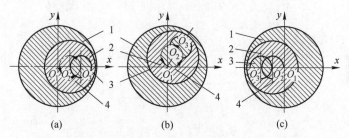

图 9-21　偏心套转、外偏心套不转时摆杆中心 O_3 的运动轨迹圆

位置与偏心套初相位的关系示意图

（a）$\varphi_{O_1} = 0$；（b）$\varphi_{O_1} = \dfrac{\pi}{2}$（c）$\varphi_{O_1} = \pi$

1—外偏心套；2—内偏心套；3—摆杆；4—O_3 的运动轨迹

摆辗倾角的大小与运动轨迹的曲率半径有关，半径大则倾角也大。只有一个偏心套旋转时，其轨迹曲率半径为一个偏心距大小且为固定不变。因而使用这一运动组合，摆辗倾角 γ 约为该设备最大摆辗倾角 γ_{max} 的一半，并且是不可调的。

内、外偏心套同速同向旋转，即 $\omega_1 = \omega_2 = \omega$，将 $\omega_1 = \omega_2 = \omega$ 代入式（9-7），经运算可导出方程

$$x^2 + y^2 = 2[1 + \cos(\varphi_{O_1} - \varphi_{O_2})]a^2 \tag{9-10}$$

内外偏心套的初始相位角相等时，$\varphi_{O_1} = \varphi_{O_2}$ 代入式（9-10）得

$$x^2 + y^2 = 4a^2 \tag{9-11}$$

式 (9-10)、式 (9-11) 表明，内、外偏心套同速同向旋转时，摆杆中心 O_3 的运动轨迹是以坐标原点（几何中心）为圆心的圆。该圆的半径 $R = \sqrt{2\left[1 + \cos(\varphi_{O_1} - \varphi_{O_2})\right]}\,a$。半径的变化范围 $0 \sim 2a$，如图 9-22 所示，即通过改变偏心套的初始相位可调整摆辗倾角 $0 \sim \gamma_{\max}$。这一运动组合所形成的运动轨迹圆心位于外偏心套转动中心（几何中心），位置固定，摆辗倾角可调，使用方便。

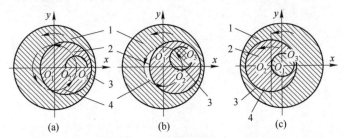

图 9-22   内外偏心套同向旋转时摆杆中心 O_3 的运动轨迹圆
与偏心套初始相位关系示意图

(a) $\varphi_{O_1} = \varphi_{O_2} = 0$，$R = 2a$；(b) $\varphi_{O_1} = \varphi_{O_2} = \dfrac{\pi}{3}$，$R = \sqrt{3}a$；(c) $\varphi_{O_1} = \varphi_{O_2} = \pi$，$R = 0$

1—外偏心套；2—内偏心套；3—摆杆；4—O_3 的运动轨迹

9.2.2.2 直线

内外偏心套同速反向旋转，即 $\omega_1 = -\omega_2$ 代入式 (9-7) 得：

$$x = 2a\cos\frac{\varphi_{O_1} + \varphi_{O_2}}{2}\cos\frac{\varphi_{O_1} - \varphi_{O_2} + 2\omega_1 t}{2}$$

$$y = 2a\sin\frac{\varphi_{O_1} + \varphi_{O_2}}{2}\cos\frac{\varphi_{O_1} - \varphi_{O_2} + 2\omega_1 t}{2}$$

所以

$$y = \tan\frac{\varphi_{O_1} + \varphi_{O_2}}{2}x \tag{9-12}$$

式 (9-12) 表明内外偏心套同速反向旋转时，摆杆中心 O_3 的运动轨迹是通过坐标原点的一条直线线段，此线段的斜率为 $\tan\dfrac{\varphi_{O_1} + \varphi_{O_2}}{2}$，即与内外偏心套的初始相位角有关，线段总长度为 $4a$（见图 9-23），线段中点是坐标原点。直线形轨迹适合加工杆类件。加工时将工件中点对准外偏心套旋转中心固定在下模上，调整偏心套初始相位使轨迹方向与杆件方向一致。具体方法是先转动外偏心套使内偏心套回转中心 O_2 与几何中心 O_1 的连线 O_1O_2 与杆件方向一致；外偏心套固定不动，再转动内偏心套使摆杆中心 O_3 位于 O_1O_2 的延长线上，即调好了内外偏心套的初始相位，就可以启动摆头电机开始工作。

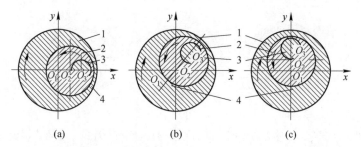

图 9-23 内外偏心套同速同向旋转时摆杆中心 O_3 的运动轨迹直线段及其方位

(a) $\frac{1}{2}(\varphi_{O_1} + \varphi_{O_2}) = 0°$; (b) $\frac{1}{2}(\varphi_{O_1} + \varphi_{O_2}) = 55°$; (c) $\frac{1}{2}(\varphi_{O_1} + \varphi_{O_2}) = 90°$

1—外偏心套；2—内偏心套；3—摆杆；4—O_3 的运动轨迹

9.2.2.3 多叶玫瑰线

内外偏心套不同速反向旋转，摆杆中心 O_3 的运动轨迹为多叶玫瑰线。经坐标变换，参数方程式 (9-7) 可用极坐标方程表示如下：

$$\rho = 2a\cos\frac{1-\beta}{1+\beta}\varphi = 2a\cos n\varphi \qquad (9-13)$$

式中，$\beta = \omega_1 / \omega_2$；$\varphi = \frac{1}{2}(\varphi_{O_1} + \varphi_{O_2} + \omega_1 t + \omega_2 t)$；$n = \frac{1-\beta}{1+\beta}$。

当 $-1 < \beta < 0$ 时，如果 n 是整数，那么 O_3 的运动轨迹是叶片互不交叉重叠的多叶玫瑰线。n 是奇数时，有 n 个叶片；n 是偶数时，有 $2n$ 个叶片。如果 n 是分数（包括分子、分母无公约数的真、假分数），那么 O_3 的轨迹是叶片互有交叉重叠的多叶玫瑰线。分子、分母都是奇数时，叶片数等于分子数；分子和分母中有一个是偶数时，叶片数等于分子数的 2 倍。叶片的胖瘦与相互交叉重叠的程度取决于 n 值的大小。n 值越大，叶片越瘦。n 值无穷大，即 $\beta = -1$，O_3 的轨迹成为直线段。n 值越小，叶片越胖，交叉重叠得越多。当 $n = 0$，即 $\beta = 1$ 时，O_3 的轨迹为圆。

9.2.2.4 螺旋线

内外偏心套不同速同向旋转时，摆杆中心 O_3 的运动轨迹是螺旋线，如图 9-23 所示。极坐标方程式 (9-13) 中，当 $0 < |n| < 1$ 时，方程 (9-13) 是螺旋线。螺旋线的旋转方向与 n 的符号有关，当 $n > 0$ 时为右螺旋，如图 9-24 所示，$n < 0$ 时为左螺旋。螺旋的圈数 z 等于 n 的绝对值的倒数的 $1/2$，$z = \frac{1}{2}\left|\frac{1}{n}\right|$。

摆头与工件接触摩擦力的方向受摆头运动轨迹的方向之影响。因而运动轨迹对金属的流动有一定的作用。圆轨迹的方向是圆的切向，玫瑰线轨迹的方向约为

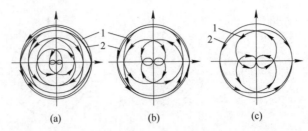

图 9-24　内、外偏心套不同速同向旋转时摆杆中心 O_3 的运动轨迹螺旋线

(a) 1—$\beta=\dfrac{\omega_1}{\omega_2}=\dfrac{4}{5}$, $n=\dfrac{1}{9}$; 2—$\beta=1.25$; $n=-\dfrac{1}{9}$;

(b) 1—$\beta=\dfrac{2}{3}$, $n=\dfrac{1}{5}$; 2—$\beta=1.5$, $n=-\dfrac{1}{5}$;

(c) 1—$\beta=\dfrac{1}{2}$, $n=\dfrac{1}{3}$; 2—$\beta=2$, $n=-\dfrac{1}{3}$;

径向。而螺旋线轨迹的方向介于两者之间。前述分析可知，式 (9-13) 中的 n 值大小即代表轨迹的形状，由式 (9-13) 可知

$$n = \frac{1 - \beta}{1 + \beta}$$

$$\beta = \frac{1 - n}{1 + n}, \beta = \frac{\omega_1}{\omega_2}$$

9.2.3　摆辗的运动学分析

为了便于分析，以下模为参照物，并且认为工件与模具之间没有相对运动，着重讨论上模与工件之间的运动关系。

先研究第 I 类摆辗的工艺过程。如图 9-25 所示，上模为单锥面模具，运动轨迹为圆。如果只有一个模具被驱动，而另一个模具是被工件带动而转动的。当摩擦系数足够大时，我们将发现沿接触线各点都不产生滑动，即接触线上上模各点的切向速度与工件上相应各点的速度相同，这样则有

$$v_{A_d} = v_{A_w} \quad \text{或} \quad \omega_d = \frac{\omega_w}{\cos\gamma} \tag{9-14}$$

式中　v_{A_d}——上模 A 点的切向速度；

v_{A_w}——工件 A 点的切向速度；

ω_d——上模的角速度；

ω_w——工件的角速度；

γ——摆头倾角。

式 (9-14) 表明转动一周之后必然有位置偏差。上模上的 A_d 点最初与工

件上的 A_w 点接触，由此可知，模具上 A_d 点的回转半径为 r_A ，转动一周经过的路程为 $2\pi r_A$ ，工件与模具 A_d 点的接触点 A_w 的回转半径为 R_A ，转动一周所经过的路程为 $2\pi R_A$ ； $r_A < R_A$ ，模具转动一周后 A_d 点回到初始位置。它再次与工件接触的点不是 A_w 点，而是滞后了。按所示工件转动一周后 A_w 变成 A_w' ，弧长 $\overset{\frown}{A_w A_w'}$ 为

$$\overset{\frown}{A_w A_w'} = 2\pi(R_A - r_A) = 2\pi R_A(1 - \cos\gamma) \tag{9-15}$$

式（9-15）说明，位置偏差取决于摆头倾角 γ 。

下面研究上模为双锥面外形的轧制工艺过程。如图 9-26 所示，设 OA 线所在的面为最大摩擦面，所以沿 OA 线无滑动，于是得：

$$\frac{\omega_w}{\omega_d} = \frac{r_A}{R_A} = \cos\gamma$$

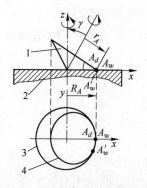

图 9-25　Ⅰ类摆辗机上单锥面模
辗压时上模与工件上点的轨迹

1—模具；2—工件；3—工件上 A_w 点的轨迹；
4—模具上 A_d 点轨迹在 xy 平面上的投影

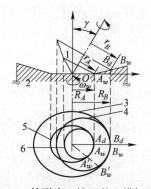

图 9-26　外形为双锥面的上模辗压时
上模和工件上的轨迹

1—上模；2—工件；3— B_w 的轨迹；4— B_d 的轨迹；
5— A_w 的轨迹；6— A_d 的轨迹

这说明半径的比值决定了角速度比值。给定了工件的角速度 ω_w 以后，由上式可以确定上模的角速度 ω_d 。工件上 B_w 点的圆周速度为

$$v_{B_w} = R_B \omega_B$$

模具上 B_d 的线速度为

$$v_{B_d} = r_B \omega_B$$

$$\frac{v_{B_w}}{v_{B_d}} = \frac{R_B \omega_B}{r_B \omega_B} = \frac{R_B}{r_B} \cdot \frac{r_A}{R_A} > 1 \tag{9-16}$$

式（9-16）说明，模具上 B 点与工件上 B 点线速度比值大于 1，所以 B 点及 AB 线上任意一点都存在模具与工件之间的相对滑动。模具速度 v_{B_d} 可以用工件角

速度 ω_w 表示如下

$$v_{B_d} = \left[R_B - (R_B - R_A)\tan\gamma\tan\alpha \right] \omega_w \tag{9-17}$$

式（9-17）第二项代表 B 点的切向速度差，或者称为单位时间的滑动量。当 $\gamma = 2°$，$\alpha = 20°$，$R_A = 35\text{mm}$，$R_B = 70\text{mm}$，可以得到其速度差约为 0.636%。因此，相对滑动量是很小的，上式分析对于 I 型、II 型摆辗工艺都适用。

由运动分析可以得出结论，如果保持两个模具速比符合式（9-14），即符合 $\dfrac{\omega_d}{\omega_w} = 1/\cos\gamma$，就适合于精辗齿轮。模具齿数与工件齿数之比需等于 $\cos\gamma$，辗压结束时工件齿形锥顶点必须与摆辗中心点（即上模轴线与工件轴线的交点）重合。如果前者不能保证，则由于每转都有相对位置偏差，形成的齿边逐渐被模具上的齿啃掉。如果不能保证后者，则齿形不精确。同时也说明这种辗压工艺不适于用上模辗压周向不平滑的工件。若要辗压周向不平滑的工件，必须把不平滑面放在无相对运动的模具一侧。但对于周向光滑的工件是完全适合的。

I 型、II 型辗压工艺虽然可使上模与工件之间无相对滑动，但无法避免上模与工件之间的位置偏差，所以加工范围受到了限制。为此，取消 II 型摆辗机摆头自转运动就变成 III 型摆辗即摆辗机，它的特点是锥模与工件之间没有位置偏差，但有相对滑动。

9.3 摆辗轧制力能参数计算

I 型摆辗和 II 型摆辗（锥体模有自转的摆辗）进行辗压时，其锥体模在工件端面上滚动。III 型摆辗（锥体模无自转的摆辗）进行辗压时，其锥体模在工件端面上滚动+滑动。它们的锥体模都是与工件局部接触。所以接触面积、接触面上单位面积压力、摆头扭矩等力能参数的计算方法，都不同于传统锻造。而这三类摆辗中，除了第 III 型摆辗，即锥体模无自转的摆辗之锥体模与工件之间有滑动摩擦，因而摆头扭矩较大需单独有增大系数以外，其余接触面积、接触面上单位面积压力等参数的计算方法都是一样的。

9.3.1 接触面积

接触面的形状和大小，既影响变形，又影响压力和扭矩，是力能参数的重要组成部分。

9.3.1.1 接触面轮廓曲线的方程

摆辗过程中工件与锥体模接触的端面为螺旋面，其螺距为每转进给量 $S(\text{mm/r})$。一般来说，多的大小与工件半径相比是很小的。所以可以把工件的这个端面近似为平面，在以图 9-27 所示的三维坐标系中，该平面的方程为：

$$z\cos\gamma - x\sin\gamma = S \tag{9-18}$$

摆辗的摆动模锥面方程为

$$x^2 + y^2 - \frac{z^2}{\tan^2\gamma} = 0 \tag{9-19}$$

忽略辗压中的前滑和工件畸变，忽略工件和模具的弹性变形，则接触面投影面积（图9-27）为工件上表面与模具锥面的交线所围面积的一半。因此，式(9-18)和式（9-19）联立解得

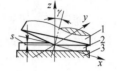

$$y^2 = \frac{s^2}{\tan^2\gamma\cos^2\gamma} + \frac{2sx}{\tan\gamma\cos^2\gamma}$$

因为 $\cos\gamma \approx 1$，将上式简化，两端开方取正值得

$$y = \frac{s}{\tan\gamma}\sqrt{\frac{2x\tan\gamma}{s} + 1} \tag{9-20}$$

式（9-20）表明此交线为抛物线。

图 9-27　摆辗的接触面积
1—锥体模；2—工件；3—下模

9.3.1.2　摆辗圆盘件的接触面投影面积

摆动辗压最适宜于加工回转体。因此，以辗压回转体为例，导出接触面投影面积的计算公式。如图 9-27 所示，在 xOy 平面坐标系中，式（9-20）为曲线 ADC 的数学解析式。上模在工件上滚压，因为忽略工件和模具的弹性变形，则 BOA 是通过圆心的直线，接触面投影面积由 $ADCBOA$ 轮廓围成。如果忽略辗压变形所引起的工件外轮廓的改变，认为工件轮廓近似为圆，其方程为

$$x^2 + y^2 = R^2 \tag{9-21}$$

式（9-20）和式（9-21）联立解得 C 点坐标

$$x_C = R - \frac{s}{\tan\gamma}$$

$$y_C = \frac{s}{\tan\gamma}\sqrt{\frac{2R\tan\gamma}{s} - 1}$$

A 点坐标为

$$x_A = -\frac{s}{\tan\gamma}$$

$$y_A = 0$$

因为 $Q = s/(2R\tan\gamma)$，根据几何关系得 $\alpha = \angle COB$ 为

$$\alpha = \cos^{-1}\frac{x_C}{R} = \cos^{-1}\left(1 - \frac{s}{R\tan\gamma}\right) = \cos^{-1}(1 - 2Q) \tag{9-22}$$

为了计算方便，以原点为极心，建立极坐标系，经坐标变换，曲线 ADC 的方程为

$$\rho = \frac{2RQ}{1 - \cos\theta} \tag{9-23}$$

式中 ρ ——极径;

θ ——转角。

为了便于积分运算,把接触面投影面积分为 $OBCO$ 和 $AOCDA$ 两部分分别计算,圆盘件接触面投影面积为

$$F = \iint \rho \mathrm{d}\theta \mathrm{d}\rho = \int_0^R \int_0^\alpha \rho \mathrm{d}\theta \mathrm{d}\rho + \int_\alpha^\pi \int_0^{\frac{2RQ}{1-\cos\theta}} \rho \mathrm{d}\theta \mathrm{d}\rho$$

积分并整理后得

$$F = \frac{1}{2} R^2 \alpha + R^2 \left(\frac{1}{6} + \frac{Q}{3} \right) \sin\alpha \tag{9-24}$$

接触面积率 λ =接触面积/工件辗压的表面积,所以有

$$\lambda = \frac{F}{\pi R^2} = \frac{1}{2\pi} \left[\alpha + (1 + 2Q) \frac{\sin\alpha}{3} \right] \tag{9-25}$$

式 (9-25) 可以简化为

$$\lambda = 0.4\sqrt{Q} + 0.14Q \tag{9-26}$$

马尔辛尼克等假设 $\cos\gamma = a$,$s \cdot \sin\gamma = b$,$s \cdot \dfrac{\cos\gamma}{\tan\gamma} = c$,工件轴线为直角坐标系的 z 轴,其他假设与前者一样,所得面积公式为

$$F = \frac{2}{3a} \sqrt{(b + c)(2ax' + c)^3} + R^2 \left(\frac{\pi}{2} - \sin^{-1} \frac{x'}{R} \right) - x' \sqrt{R^2 - x'^2}$$

$$x' = -a(b + c) + \sqrt{a^2(b + c)^2 + R^2 - b^2 - c^2} \tag{9-27}$$

式 (9-27) 的简化式为

$$\lambda = 0.45\sqrt{Q} \tag{9-28}$$

日本久保胜司假设接触面投影面积的轮廓用 $Z = S$ 的平面平行圆锥母线切圆锥体在切口处所产生的曲线表示,所选的坐标系与马尔辛尼克的一样,并且令 $Q = \dfrac{s}{D\tan\gamma} = s/(2R\tan\gamma)$,得 λ 的计算式为

$$\lambda = \frac{1}{2\pi}(\alpha + \alpha_A) + \frac{Q^2}{2\pi^2} \int_{\alpha}^{2\pi - \alpha_{A_0}} \left(\frac{2\pi - Q}{1 - \cos\theta} \right)^2 \mathrm{d}\theta \tag{9-29}$$

推荐的简化式为

$$\lambda = (0.48Q)^{0.63} \tag{9-30}$$

当 $Q \leq 0.2$ 时,各简化式的计算误差都不大。但在 $Q > 0.2$ 时,马尔辛尼克简化式的计算值偏小,这在实用中是不希望的。而久保胜司的简化式计算值偏大,而且误差较大。

9.3.1.3　摆辗环形件的接触面投影面积

环形工件及带有中心凸台的工件（见图 9-28）的数量在实际生产中占有很大的比重。这类工件摆辗成形时接触面投影面积与无中心孔的圆盘件有所不同。

参照图 9-29，由式（9-20）可知 AB 曲线为

$$y = \frac{s}{\tan\gamma}\sqrt{\frac{2x\tan\gamma}{s} + 1}$$

在摆辗过程中，假定某一瞬时的内孔为圆，其方程为

$$x^2 + y^2 = r^2$$

将以上两式联解可得

$$\alpha_1 = \cos^{-1}\left(1 - \frac{R}{r}2Q\right) \tag{9-31}$$

在极坐标中，AB 曲线的方程为

$$\rho = \frac{2RQ}{1 - \cos\theta}$$

接触面投影面积由 ABCA 和 CDEBC 两部分组成，如图 9-29 所示。

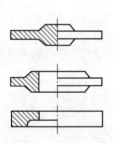

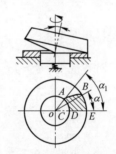

图 9-28　环形类工件　　　　图 9-29　环形件摆辗的接触面积

$$F = \int_0^\alpha \int_r^R \rho \mathrm{d}\theta \mathrm{d}\rho + \int_\alpha^{\alpha_1} \int_r^{\frac{2RQ}{1-\cos\theta}} \rho \mathrm{d}\theta \mathrm{d}\rho$$

积分并整理后得

$$F = \frac{R^2}{2}\alpha - \frac{r^2}{2}\alpha_1 + R^2\sin\alpha\left[\frac{1}{6} + \frac{Q}{3} - \frac{\sin\alpha_1}{3\sin\alpha}\frac{r}{R}\left(\frac{r}{2R} + Q\right)\right] \tag{9-32}$$

$$\lambda = \frac{F}{\pi(R^2 - r^2)} = \frac{1}{2\pi\left(1 - \dfrac{r^2}{R^2}\right)}\left\{\alpha - \frac{r^2}{R^2}\alpha_1 + 2\sin\alpha\left[\frac{1}{6} + \frac{Q}{3} - \frac{\sin\alpha_1}{3\sin\alpha}\frac{r}{R}\left(\frac{r}{2R} + Q\right)\right]\right\}$$

$$\tag{9-33}$$

式（9-23）的简化式为

$$\lambda = \left(0.4\sqrt{Q} + 0.14Q \right)\left(1.01 - 0.31\frac{r}{R} \right) \tag{9-34}$$

9.3.2 摆辗力计算

摆辗力 P 的计算公式为

$$P = n_v n_\sigma n_a \beta \sigma_s \cdot F \tag{9-35}$$

式中 n_v ——变形速度影响系数，$n_v \geqslant 1$；

　　　　n_σ ——应力状态系数，与工件尺寸形状、接触摩擦系数等因素有关；

　　　　n_a ——模具限制系数，自由锻镦粗时 $n_a = 1$，闭式模辗压时 $n_a = 1.5 \sim 2$；

　　　　β ——罗德系数，$\beta = 1 \sim 1.155$；

　　　　F ——接触面投影面积；

　　　　σ_s ——变形热力学条件下材料的屈服极限，$\sigma_s = 2k$，k 为纯剪切塑性变形抗力。

冷辗时，σ_s 应为强化后的屈服极限，可由硬化曲线查得（见图 9-30），或者查锻压手册，也可以用式（9-36）计算

$$\sigma_s = c\psi^n \tag{9-36}$$

式中　　n ——材料常数；

　　　　ψ ——对数应变，$\psi = \ln\dfrac{H_0}{h}$，H_0 为工件初始高度，h 为辗压变形高度。

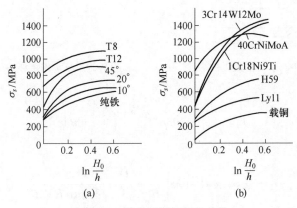

图 9-30　部分材料的硬化曲线

9.3.2.1 计算摆辗压力的上限解

摆辗变形中的质点主要是切向位移。锥体模的曲率半径较大，把它看作板材轧制，可以简化为平板压缩。假定工件材质是各向同性的均匀连续体，忽略径向变形，在这些条件下求解辗压力。

A 圆盘件摆辗的应力状态系数 $\bar{n}_\sigma$

在极坐标系中取微单元体，则有

$$v_\rho \approx 0, \quad \varepsilon_\rho \approx 0, \quad \varepsilon_\theta \approx -\varepsilon_z$$

式中　v_ρ——质点径向位移速度；

　　　ε_ρ——径向应变速率；

　　　ε_θ——切向应变速率；

　　　ε_z——轴向应变速率。

在极坐标系统中，工件以 $-v_0$ 的速度沿 z 向运动。假设位移速度的垂直分量与坐标呈线性关系，即

$$v_z = -\frac{v_0}{h}z$$

式中　h——工件的瞬时平均速度，$h = h_1 + \dfrac{s}{z}$，h_1 为辗压后的厚度。

上式满足 $z = 0$ 时，$v_z = 0$；$z = h$ 时，$v_z = -v_0$ 的边界条件，所建立的速度场是运动许可的速度场。

$$\varepsilon_z = \frac{\partial v_z}{\partial z} = -\frac{v_0}{z}$$

$$\varepsilon_\theta = -\dot{\varepsilon}_z = \frac{v_0}{z} = \frac{\partial v_\theta}{\rho \partial \theta}$$

对于薄件来说，可以忽略沿 z 轴方向的切向速度差，假定切向速度沿 z 向均布，故有

$$v_\theta = \int_{\varepsilon_\theta} \rho d\theta = \int \frac{v_0}{h}\rho d\theta = \frac{v_0}{h}\rho\theta + c$$

在中心，当 $\rho = 0$ 时，$v_0 = 0$，代入上式得 $c = 0$，所以有

$$v_\theta = \frac{v_0}{h}\rho\theta$$

$$\dot{\gamma}_{\rho\theta} = \frac{1}{2}\left(\frac{\partial v_\rho}{\rho \partial \theta} + \frac{\partial v_\theta}{\partial \rho} - \frac{v_\theta}{\rho}\right) = 0$$

$$\dot{\gamma}_{\rho z} = \dot{\gamma}_{\theta z} = 0$$

式中　$\dot{\gamma}_{\rho\theta}$，$\dot{\gamma}_{\rho z}$，$\dot{\gamma}_{\theta z}$——$\rho oz$、$\rho o\theta$、$\theta oz$ 面上的剪应变速率。

因为剪应变速率为零，所以坐标主轴与应变主动重合，内部剪切功率 N_i 为

$$N_i = 2k\int_v \sqrt{\frac{1}{2}(\dot{\varepsilon}_1^2 + \dot{\varepsilon}_2^2 + \dot{\varepsilon}_3^2)}\, dv = 2k\int_v \sqrt{\frac{1}{2}(\dot{\varepsilon}_\rho^2 + \dot{\varepsilon}_z^2 + \dot{\varepsilon}_\theta^2)}\, dv$$

将 $dv = \rho h d\rho d\theta$ 代入上式积分得

$$N_i = 2k \int_0^\theta \int_\rho^{\rho+\Delta\rho} \dot{\varepsilon}_{\theta i} \rho h \mathrm{d}\rho \mathrm{d}\theta = k v_0 \theta [(\rho + \Delta\rho)^2 - \rho^2]$$

将上式展开并忽略高阶无穷小项 $(\Delta\rho)^2$，得

$$N_i = 2k v_0 \theta \Delta\rho \tag{9-37}$$

工件上的质点与工具表面的相对位移速度 v_f 就是 $z = h$ 时该质点位移速度的切向分量，所以有

$$v_f = v_\theta = \frac{v_0}{h}\rho\theta$$

考虑到有上、下接触摩擦面，则摩擦损失的总功率 N_f 为

$$N_f = 2\int_{F_f} mk v_f \mathrm{d}F = 2\int_{F_f} mk \frac{v_0}{h}\rho\theta \mathrm{d}F$$

将 $\mathrm{d}F = \rho \mathrm{d}\theta \mathrm{d}\rho$ 代入上式积分得

$$N_f = 2mk \frac{v_0}{h} \int_\rho^{\rho+\Delta\rho} \int_0^\theta \rho^2 \theta \mathrm{d}\rho \mathrm{d}\theta = mk\theta^2 \frac{1}{3}[3\rho^2\Delta\rho + 3\rho(\Delta\rho)^2 + (\Delta\rho)^3] \frac{v_0}{h}$$

忽略高阶无穷小项 $(\Delta\rho)^2$、$(\Delta\rho)^3$，则上式为

$$N_f = mk \frac{v_0}{h} \theta^2 \rho^2 \Delta\rho \tag{9-38}$$

式中　　m ——塑性变形摩擦因子，热辗时 $m = 1$，冷辗或温辗时可选取冷锻或温锻的相应参数。

由变形机制的分析可知，主动变形区像一个楔劈作用在被动变形区上，也就是被动变形区对主动变形区两侧施加一个阻碍变形的作用力，它在主动变形区两端面的单位面积压力为 σ_0，其大小与相对厚度及相对进给量等因素有关。主动变形区克服 σ_0 所消耗的功率 N_b 为

$$N_b = \int_f v_B \sigma_0 \mathrm{d}F$$

将 $\mathrm{d}F = h \mathrm{d}\rho$，$v_\theta = \frac{v_0}{h}\rho\theta$ 代入上式积分，忽略高阶无穷小项 $(\Delta\rho)^2$ 得

$$N_b = \int_\rho^{\rho+\Delta\rho} \sigma_0 \frac{v_0}{h}\rho\theta h \mathrm{d}\rho = \sigma_0 v_0 \theta \rho \Delta\rho \tag{9-39}$$

外力作用在单元体上的功率 N 为

$$N = \int \bar{p} v_0 \mathrm{d}F$$

式中　　$\bar{p}$ ——作用在接触面上单位面积平均压力。

将 $\mathrm{d}F = \rho \mathrm{d}\theta \mathrm{d}\rho$ 代入上式积分整理并忽略高阶无穷小项 $(\Delta\rho)^2$ 得

$$N = \bar{p} v_0 \theta \rho \Delta\rho \tag{9-40}$$

忽略单元体的端面与被动变形区之间的速度不连续量所引起的功率损失，根据上限定理可得

$$N \leqslant N_i + N_f + N_b$$

即

$$\bar{p} v_0 \theta \rho \Delta \rho \leqslant 2kv_0 \theta \rho \Delta \rho + mk \frac{v_0}{h} \theta^2 \rho^2 \Delta \rho + \sigma_0 v_0 \theta \rho \Delta \rho$$

所以

$$n_\sigma = \frac{\bar{p}}{2k} = 1 + \frac{m}{2h} \rho \theta + \frac{\sigma_0}{2k} \qquad (9\text{-}41)$$

式 (9-41) 即为单元体上应力状态系数。由此可以得主动变形区应力状态系数的平均值为

$$\bar{n}_\sigma = \frac{1}{\int \mathrm{d}f} \int n_\sigma \mathrm{d}F = \frac{1}{\int \mathrm{d}F} \int \left(1 + \frac{m}{2h} \rho \theta + \frac{\sigma_0}{2k}\right) \mathrm{d}F \qquad (9\text{-}42)$$

B 中心无孔的圆盘件应力状态系数 n_σ

将 $\mathrm{d}F = \rho \mathrm{d}\theta \mathrm{d}\rho$ 代入式 (9-42) 积分，得 n_σ 为

$$\bar{n}_\sigma = \frac{1}{\dfrac{R^2}{2}\left(2 + \dfrac{1 + 2Q}{3}\sin\alpha\right)} \left[\int_0^\alpha \int_0^R \left(1 + \frac{m}{2h}\rho\theta + \frac{\sigma_0}{2k}\right)\rho\mathrm{d}\theta\mathrm{d}\rho + \right.$$

$$\left. \int_\alpha^\pi \int_0^{\frac{2RQ}{1-\cos\theta}} \left(1 + \frac{m}{2h}\rho\theta + \frac{\sigma_0}{2k}\right)\rho\mathrm{d}\theta\mathrm{d}\rho \right]$$

积分并整理后得

$$\bar{n}_\sigma = 1 + \frac{\sigma_0}{2k} + \frac{mR}{2h}\left(\frac{\alpha}{6} + \frac{3 + 4Q + 8Q^2}{45}\alpha \cdot \sin\alpha + \frac{3Q + 8Q^2 - 11Q^3}{45} + \frac{16}{45}Q^3\ln\frac{1}{Q}\right) \div$$

$$\left(\alpha + \frac{1 + 2Q}{3}\sin\alpha\right)$$

其简化式为

$$\bar{n}_\sigma = 1 + \frac{\sigma_0}{2k} + \frac{mR}{2h}(0.24Q + 0.141) \qquad (9\text{-}43)$$

代入被动变形区对主动变形区变形的阻力 σ_0 值，即得不同厚度的工件辗压应力状态系数 $\bar{n}_\sigma$。

当 $\left(\dfrac{h}{R}\right)^2 < \dfrac{0.414\mathrm{e}^{-3.5Q}}{0.096 - 0.03Q}\dfrac{2k}{E}$ 时，为产生失稳得超薄件，其应力状态系数 $\bar{n}_\sigma$ 为

$$\bar{n}_\sigma = 1 + \frac{E}{2k}\left(\frac{h}{R}\right)^2(0.096 - 0.03Q) + \frac{mR}{2h}(0.24Q + 0.141) \qquad (9\text{-}44)$$

当 $\left(\dfrac{h}{R}\right)^2 \geqslant \dfrac{0.414\mathrm{e}^{-3.5Q}}{0.096 - 0.03Q} \cdot \dfrac{2k}{E}$ 并且 $\dfrac{h}{R} < 1$ 时，工件为产生塑性失稳的薄件，

其应力状态系数 $\bar{n}_\sigma$ 为

$$\bar{n}_\sigma = 1 + 0.414\mathrm{e}^{-3.5Q} + \frac{mR}{h}(0.24Q + 0.141) \tag{9-45}$$

C 环形件摆辗的应力状态系数 $\bar{n}_\sigma$

环形件中心有孔，故应注意式(9-42)的积分限合环形件的接触面投影面积，积分式为

$$\bar{n}_\sigma = \frac{1}{\int \mathrm{d}f}\left[\int_0^\alpha \int_r^R \left(1 + \frac{m}{2h}\rho\theta + \frac{\sigma_0}{2k}\right)\rho\mathrm{d}\theta\mathrm{d}\rho + \int_\alpha^{\alpha_1} \int_0^{\frac{2RQ}{1-\cos\theta}}\left(1 + \frac{m}{2h}\rho\theta + \frac{\sigma_0}{2k}\right)\rho\mathrm{d}\theta\mathrm{d}\rho\right]$$

积分整理后得

$$\bar{n}_\sigma = 1 + \frac{\sigma_0}{2k} + \frac{mR}{2h}\left\{\frac{2}{15}\left(\alpha\sin\alpha - \frac{r^3}{R^3}\alpha_1\sin\alpha_1\right) + \right.$$

$$\frac{2Q}{45}\left[3\left(1 - \frac{r^2}{R^2}\right) + 4\left(\alpha\sin\alpha - \frac{r^2}{R^2}\alpha_1\sin\alpha_1\right)\right] +$$

$$\frac{16Q^2}{45}\left(1 - \frac{r}{R} + \alpha\sin\alpha - \frac{r}{R}\alpha_1\sin\alpha_1\right) + \frac{32Q^3}{45}\ln\frac{R}{r} + \frac{\alpha^2}{6} - \left.\frac{r^3}{6R^3}\alpha_1^2\right\} \div$$

$$\left\{\begin{array}{c} \alpha - \dfrac{r^2}{R^2}\alpha_1 + 2\sin\alpha \\[2mm] \left[\dfrac{1}{6} + \dfrac{Q}{3} - \dfrac{\sin\alpha_1}{3\sin\alpha}\cdot\dfrac{r}{R}\left(\dfrac{r}{2R} + Q\right)\right] \end{array}\right\}$$

经计算和曲线拟合，上式的简化式为

$$\bar{n}_\sigma = 1 + \frac{\sigma_0}{2k} + \frac{mR}{2h}\left[0.72Q^2 + \left(0.591 + 0.078\frac{r}{R}\right)Q + 0.4583\frac{r}{R} + 0.0987\right] \tag{9-46}$$

当工件的被动变形区在摆辗过程中产生失稳时，即 $\dfrac{h}{R-r} < 1$ 的薄件，可得

$$\bar{n}_\sigma = 1 + \frac{1}{1-Q}\left(0.414 + 0.015\frac{R+r}{R-r}\right) +$$

$$\frac{mR}{h}\left[0.72Q^2 + \left(0.591 + 0.078\frac{r}{R}\right)Q + 0.4583\frac{r}{R} + 0.0987\right] \tag{9-47}$$

当工件 $\dfrac{h}{R-r} \geqslant 1$ 时，相当于厚件轧制，可以用式 (9-48) 计算 n_σ：

$$n_\sigma = 0.785 + \frac{R+r}{8h}\cos^{-1}\left(1 + \frac{4QR}{R+r}\right) \tag{9-48}$$

9.3.2.2 计算摆辗压力的主应力解（n_σ）

A 单位压力的微分方程

先作如下假设：

（1）变形体为各向同性的均质连续体；

（2）辊压变形均匀，变形区内径向断面高度方向的切向速度相等，忽略径向变形；

（3）假设高度方向、径向和切向为主应力方向；

（4）忽略工件的弹性变形、假定模具和机架为刚体。

如图 9-31 所示，在后滑区取一微分体 $abcd$，其厚度为 $\rho d\theta$，高度由 z 变化到 $z+dz$；宽度为 $\Delta\rho$，弧长近似视为弦长，$\overset{\frown}{ab} \approx ab = \dfrac{\rho d\theta}{\cos\varphi}$。

作用在 $\overset{\frown}{ab}$ 弧上的力有径向单位压力 ρ 和切向单位摩擦力 t。在后滑区，接触面上金属质点向着模自转相反的方向滑动，ρ 和 t 在接触弧 $\overset{\frown}{ab}$ 上的合力的水平投影分别为

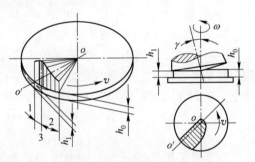

图 9-31 接触面的压力分布
1—后滑区；2—前滑区；3—中性面

$$p\frac{\rho d\theta}{\cos\varphi}\sin\varphi\Delta\rho = p\rho d\theta\tan\varphi\Delta\rho = p\rho d\theta\frac{dz}{\rho d\theta}\Delta\rho = pdz\Delta\rho$$

和
$$-t\frac{\rho d\theta}{\cos\varphi}(1+\cos\varphi)\Delta\rho$$

式中　φ——弧 $\overset{\frown}{ab}$ 切线与水平面的夹角。

由于假设高度方向变形均匀，所以高度方向的应力均布作用在微分体两侧的应力分别为 σ_θ 和 $\sigma_\theta + d\sigma_\theta$，其合力应为

$$\sigma_\theta \cdot z \cdot \Delta\rho\cos\frac{d\theta}{2} - (d\theta + d\sigma_\theta)(z+dz)\Delta\rho\cos\frac{d\theta}{2} + pdz\Delta\rho - t\frac{\rho d\theta}{\cos\varphi}(1+\cos\varphi)\Delta\rho = 0 \tag{9-49}$$

式中，$\cos\varphi \approx 1$，$\cos\dfrac{d\theta}{2} \approx 1$，将式（9-49）展开并忽略高阶无穷小项，经整理得

$$\frac{d\sigma_\theta}{pd\theta} - \frac{p-\sigma_\theta}{z}\frac{dz}{pd\theta} + \frac{2t}{z} = 0 \tag{9-50}$$

同理可得前滑区的微分方程为

$$\frac{\mathrm{d}\sigma_\theta}{p\mathrm{d}\theta} - \frac{p - \sigma_\theta}{z}\frac{\mathrm{d}z}{p\mathrm{d}\theta} - \frac{2t}{z} = 0 \tag{9-51}$$

由于假设 p、σ_θ 和 σ_ρ 为三个主应力、忽略径向变形，此为平面应变，塑性条件可简化为

$$p - \sigma_\theta = 2k$$

所以
$$\mathrm{d}\sigma_\theta = \mathrm{d}\rho$$

将以上关系式代入式（9-50）、式（9-51）得单位压力微分方程的一般形式为

$$\frac{\mathrm{d}\rho}{p\mathrm{d}\theta} - \frac{2k}{z}\frac{\mathrm{d}z}{p\mathrm{d}\theta} \pm \frac{2t}{z} = 0 \tag{9-52}$$

B　简化为平板压缩的主应力解

式（9-52）为通用式。在不同的边界条件下可以求不同的解。一般情况下，摆头倾角 $\gamma \leqslant 6°$ 时，摆动模的相对曲率半径相当大，可以认为是近似平板，因此微分方程式（9-52）的第二项为零，即

$$\frac{\mathrm{d}\rho}{p\mathrm{d}\theta} \pm \frac{2t}{z} = 0 \tag{9-53}$$

因为是平板压缩，所以前滑区和后滑区是对称的，只需解后滑区方程，即式（9-53）第二项取正值。设 $t = mk$，$z = (h_0 + h_1)\dfrac{1}{2} = h$，代入式（9-53）得

$$\frac{\mathrm{d}\rho}{\rho\mathrm{d}\theta} = - \frac{2mk}{h}$$

积分得

$$p = - \frac{2mk}{h}\rho\theta + c$$

当 $\theta = 0$ 时，$p = p_0$，代入上式得 $c = p_0$，所以

$$p = \frac{2mk}{h}\rho\theta + p_0$$

压力 p 在微分体上的平均值为

$$p = \frac{1}{\Delta\rho \cdot \rho\theta}\int_0^\theta \int_\rho^{\rho+\Delta\rho}\left(- \frac{2mk}{h}\rho\theta + p_0\right)\mathrm{d}\theta\mathrm{d}\rho$$

积分整理并略去高阶无穷小项得

$$p = - \frac{mk}{h}\rho\theta + p_0$$

当 $\theta = 0$ 时，$\sigma_\theta = \sigma_0$，其屈服条件为 $\sigma_\theta - p = 2k$，即 $\sigma_0 - p_0 = 2k$，所以 $p_0 = \sigma_0 - 2k$，代入上式得

$$p = -\frac{mk}{h}\rho\theta + \sigma_0 - 2k$$

因为 σ_0 为负数，对上式取绝对值，则可得

$$n_0 = \frac{p}{2k} = 1 + \frac{\sigma_0}{2k} + \frac{m}{2h}\rho\theta \tag{9-54}$$

根据式（9-54）给出的接触面上的压力分布如图9-31所示。

9.3.2.3　摆辗的变形速度及速度影响系数 n_v

一般情况下材料的屈服极限 σ_s 都是在材料试验机上拉伸或压缩试验测出的，其变形速度大体为准静态。而工业用的机器，为了满足生产率的要求，变形速度总是比准静态大几个数量级。从由于变形速度的增加而使变形抗力增大，所以在计算摆动辗压力时必须考虑速度效应。

变形速度是变形程度对时间的变化率，其值等于相对变形对时间的导数，可表示为

$$\dot{\varepsilon} = \frac{\mathrm{d}\varepsilon}{\mathrm{d}t} = \frac{\mathrm{d}h}{h}\frac{1}{\mathrm{d}t} = \frac{1}{h}\frac{\mathrm{d}h}{h} = \frac{v}{h} \quad (\mathrm{s}^{-1})$$

式中　v——摆头与滑块（工作台）之间的相对运动速度在机身轴线方向的投影；

　　　h——工件的瞬时速度。

$$v = s\omega$$

式中　ω——摆头角速度；

　　　s——每转进给量，$s = 2QR\tan\gamma$。

忽略上模与工件之间的滑动，认为 ω 近似等于摆头主轴转速，即

$$\omega = n/60 \quad (\mathrm{r/s})$$

式中　n——主轴转速。

所以

$$\dot{\varepsilon} = \frac{s}{h}\omega = \frac{nQR}{30h}\tan\gamma \tag{9-55}$$

根据式（9-55）算得这种摆动辗压机辗压工件的变形速度与材料试验机上的试件变形速度接近，所以变形速度对抗力的影响可以忽略，即在摆动辗压中取 $n_v = 1$。

在摆动辗压力的计算中，辗压变形工件的被动变形区失稳的辗压力比较接近，所以，在工程应用中，都可以用塑性失稳的公式进行计算。

9.3.2.4　计算摆辗压力的诺莫图

上述摆辗压力的计算公式表明，摆辗压力的大小由相对进给量 Q、工件半径 R 和厚度 h、接触摩擦数 f 等因素决定，是材料塑性变形抗力的复杂函数。对此

函数进行运算的结果，都是将材料在相应变形速率下的塑性变形抗力 $n_v\sigma_s$ 乘上一个系数 $k = \beta n_\sigma n_d$ 再乘 10^3 即得摆辗力 p。为了计算这个系数，需要利用多个比较复杂的公式与图表，其过程比较繁琐。因而，在导出这些计算公式之后，于 1985 年又给出一个计算摆辗压力系数 k 的诺莫图。

具体方法是根据已知条件计算相对进给量 Q 和接触弧长 L，按照算得的接触弧长与平均厚度 $\bar{h} = h + \dfrac{1}{2}s$ 的比值和接触摩擦系数 f，由图 9-32 上查得 m 值；再根据 $mR/\bar{h}$、Q 和 R 在图 9-33 查得系数 k，从而计算 $\bar{p} = k\sigma_s$。

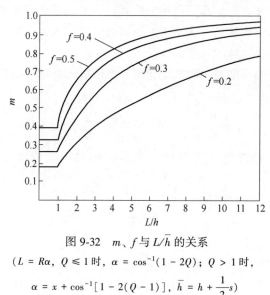

图 9-32 m、f 与 $L/\bar{h}$ 的关系

($L = R\alpha$，$Q \leqslant 1$ 时，$\alpha = \cos^{-1}(1-2Q)$；$Q > 1$ 时，

$\alpha = x + \cos^{-1}[1 - 2(Q-1)]$，$\bar{h} = h + \dfrac{1}{2}s$)

利用此诺莫图所得的辗压力数值与公式计算值很接近，误差 5% 以内。这个诺莫图形象地表明了相对进给量 $Q = s/(2R\tan\gamma)$，变形区相对厚度与摩擦因子的乘积 $mR/\bar{h}$ 等因素对辗压力的影响。

日本学者久保胜司给出的计算摆辗压力的诺莫图如图 9-34 所示，该图反映了摆辗倾角 γ、总变形程度 $(H-h)/H$、进给量 $S(\text{mm/r})$ 和工件毛坯直径与辗压力的关系。

直观表明工艺参数摆辗倾角 γ、进给量 $S(\text{mm/r})$ 与摆辗的单位面积平均压力的关系。摆辗倾角增大，则单位面积平均压力降低。例如，摆辗倾角 $\gamma = 2°$ 时，单位面积平均压力为 1，而 $\gamma = 3°$、$4°$、$5°$ 时的单位面积压力分别减少到 0.75、0.59 和 0.48。进给量 $S(\text{mm/r})$ 增大，则单位面积平均压力升高。当进给量 $S = 2\text{mm/r}$ 时，单位面积平均压力为 1，则 $S = 3\text{mm/r}$、4mm/r 时，单位面积平

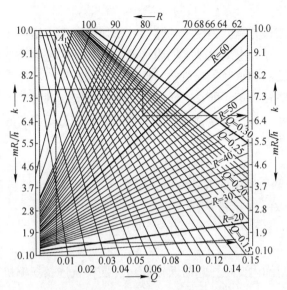

图 9-33 计算摆辗力的诺莫图

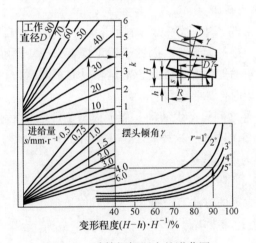

图 9-34 计算摆辗压力的诺莫图

均压力为 1.28 和 1.54。但当相对进给量 $Q = S/(2R\tan\gamma) < 0.2$ 时，利用图 9-34 所得系数值偏小，且误差较大，这是我们所不希望的。

9.3.3 摆头扭矩及电动机功率计算

9.3.3.1 组成摆头传动负荷的基本数据

在摆动辗压时，摆动辗压机必须用一定的力矩来驱动摆动模运动，克服摆动辗压力和各种阻力所形成的阻力矩，摆动辗压过程才能继续地进行下去。传动到电动机轴上的总力矩为：

$$M_{总} = M_R + M_f + M_i + M_d \tag{9-56}$$

式中　　M_R——摆辗力矩，是使工件塑性变形所需要的力矩；

　　　　M_f——传动到电动机轴上的附加摩擦力矩，它是摆辗进行中，在摆头主轴的轴承，传动机构及摆辗机构及摆辗机其他部分上所发生的；

　　　　M_i——空转力矩，即在空转时传动摆头所需要的力矩；

　　　　M_d——动力矩，即为克服速度变化时的惯性力所必须的力矩。

前三项为静力矩 M_c

$$M_c = M_R + M_f + M_i \tag{9-57}$$

其中，M_R 为静力矩中的有效力矩，而 M_f、M_i 为无效力矩，它们的数值越小，摆动辗压机的有效系数 η 越高。

$$\eta = \frac{M_R}{M_C} \tag{9-58}$$

η 在很宽的范围内变化，它与摆辗倾角、摆头轨迹及摆辗机装置有关，一般 $\eta = 0.6 \sim 0.95$。

9.3.3.2　摆辗力矩 M_R

在摆辗时，使工件产生塑性变形时所需要的力矩称作摆辗力矩。一般情况下，摆辗力矩占总力矩的大部分。因此，确定摆辗力矩对摆动辗压机的设计、强度校验，充分发挥它的能力并保证其正常运转具有重要意义。

在确定摆辗力矩时作如下假设：

(1) 上模和工件之间只产生滚动，而下模与工件之间无相对运动；

(2) 模具和设备为刚体，这样就不考虑工件的弹性变形；

(3) 变形体为匀质连续体；

(4) 变形均匀，不发生畸变。

理论计算摆辗力矩的方法有三种。

A　根据切向力计算摆辗力矩

$$M_R = \int_{F_a} R_c \tau dF - \int_{F_b} R_c \tau dF$$

$$M_R = R_c (F_a - F_b) mk \tag{9-59}$$

因为 $R_c = R_x \cos\gamma$，为求得 R_c，计算 R_x 如下

$$R_x \left(\int_{F_a} p dF + \int_{F_b} p dF \right) = \int_{F_a} \rho p dF + \int_{F_b} \rho p dF$$

式中　　p——接触面上的分布压力；

　　　　ρ——单元面到回转中心的距离。

将 $dF = \rho d\theta d\rho$ 代入上式，并假设前、后滑区是对称的，以整个接触面上的积分值代二者之和

$$R_x = \left[\int_0^\alpha \int_0^R \left(1 + \frac{m}{2h}\rho\theta + \frac{\sigma_0}{2k}\right)\rho^2 \mathrm{d}\rho\mathrm{d}\theta + \int_\alpha^\pi \int_0^{\frac{2RQ}{1-\cos\theta}}\left(1 + \frac{m}{2h}\rho\theta + \frac{\sigma_0}{2k}\right)\rho^2 \mathrm{d}\rho\mathrm{d}\theta \right] \div$$

$$\left[\int_0^\alpha \int_0^R \left(1 + \frac{m}{2h}\rho\theta + \frac{\sigma_0}{2k}\right)\rho\mathrm{d}\rho\mathrm{d}\theta + \int_\alpha^\pi \int_0^{\frac{2RQ}{1-\cos\theta}}\left(1 + \frac{m}{2h}\rho\theta + \frac{\sigma_0}{2k}\right)\rho\mathrm{d}\rho\mathrm{d}\theta \right]$$

积分并整理后得:

$$\frac{R_x}{R} = \left[\left(1 + \frac{\sigma_0}{2k}\right)\left(\frac{\alpha}{3} + \frac{3 + 4Q + 8Q^2}{45}\sin\alpha\right) + \frac{mR}{2h}\left(\frac{\alpha^2}{8} + \frac{\alpha\sin\alpha}{224} + \frac{5 + 9\alpha\sin\alpha}{3360}Q + \right. \right.$$

$$\left. \frac{3 + 4\alpha\sin\alpha}{1120}Q^2 + \frac{1 + \alpha\sin\alpha}{140}Q^3 - \frac{3Q^4}{35}\ln\sin\frac{\alpha}{2} - \frac{19}{1680}Q^4\right)\right] \div$$

$$\left[\left(1 + \frac{\sigma_0}{2k}\right)\left(\frac{\alpha}{2} + \frac{1 + 2Q}{6}\sin\alpha\right) + \frac{mR}{2h}\left(\frac{\alpha^2}{6} + \frac{\alpha\sin\alpha}{240} + \right. \right.$$

$$\left.\left. \frac{3 + 4\alpha\sin\alpha}{720}Q + \frac{1 + \alpha\sin\alpha}{90}Q^2 - \frac{4Q^3}{45}\ln\sin\frac{\alpha}{2} - \frac{11Q^3}{720}\right)\right] \tag{9-60}$$

经曲线拟合,式(9-60)可简化为

$$\frac{R_x}{R} = 0.6 + 0.15(0.3 - Q)^2 + e^{\sqrt{\frac{MR}{2h}} - 4.22} \tag{9-61}$$

或

$$\frac{R_x}{R} = 0.67 \tag{9-62}$$

利用接触面的切应力计算力矩,垂直于模具表面的力,由于力臂为零而不形成力矩。从理论上讲是正确的。但是,即使经过多年研究的成熟工艺——平板轧制,还难以准确地计算中性面的位置。而中性面的位置误差在力矩中可引起双倍的误差。对于摆动辗压来说,摆动模是变化半径的轧辊,下模是半径无穷大的轧辊,上下轧辊的形状和运动形式都不对称,中性面是个空间曲面,难于准确地确定它的位置,所以图9-35仍是不实用的。

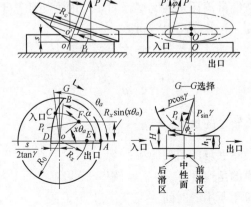

图9-35 计算摆辗力矩的示意图

B　根据压力计算摆辗力矩

$$M_R = \int_F \cos\gamma \rho \sin\theta\, P_i \mathrm{d}F \tag{9-63}$$

摆辗力矩通常可以用式（9-63）计算。在简单摆辗的情况下，也可以用下式计算

$$M_R = \cos\gamma\, R_x \sin(x\theta_a)\cos\frac{\varphi}{2}\, P_i B$$

式中　$R_x\cos\gamma$ ——摆动模合力作用点的回转半径；

$\qquad x\theta_a$ ——合力作用点的切向坐标；

$\qquad P_i$ ——辗压作用反力在摆动模回转切向的分量，由几何关系可知，P_i

$\qquad\qquad = P\sin\gamma\cos\dfrac{\varphi}{2} \approx P\sin\gamma$，$P$ 为总的辗压作用反力；

$\qquad x$ ——系数，大小与工件厚度有关，厚件的单位压力峰值靠近入口处，$x > 0.5$，薄件时 $x < 0.50$；

$\qquad \theta_a$ —— R_x 所对应的接触面积的转角，$\theta_a = \cos^{-1}\left(1 - \dfrac{2R}{R_x}Q\right)$；

$\qquad B$ ——与摆头倾角 γ 和限转装置有关的系数。没有限转装置时，$B = 1$，有限转装置时，$B = 1 + 7\tan\gamma + \dfrac{\bar{p}}{\sigma_s}f$；

$\qquad \varphi$ ——合力作用点径向坐标处的轧制咬入角，$\varphi = \dfrac{x\theta_a}{\cos\gamma}$。

由此可得

$$M_R = \frac{1}{2}R_x P B \sin^2\gamma \sin(x\theta_a)\cos\left(\frac{x\theta_a}{2\cos\gamma}\right) \tag{9-64}$$

C　按能量消耗确定摆辗力矩

在很多情况下按能量消耗来确定摆辗力矩。因为能耗易于测定，可以积累更多的资料，计算简便，计算结果也较可靠。

摆动辗压所消耗的功 A 与摆辊力矩之间的关系为

$$M_R = \frac{A}{\theta} = \frac{A}{\omega t} \tag{9-65}$$

式中　θ ——摆动模转过的角度，$\theta = \dfrac{\alpha}{\cos\gamma}$；

$\qquad A$ ——摆动模转 θ 角所消耗的功；

$\qquad \omega$ ——摆动模的角速度；

$\qquad t$ ——转过口角所用的时间。

（1）用功率计算扭矩。由式（9-65）得

$$M_R = \frac{A}{\omega t} = \frac{N}{\omega} = \frac{60N}{n} \quad (\text{N·m}) \tag{9-66}$$

式中　N——摆动模消耗功率，kW；

$\quad\quad n$——摆动模转速，r/min。

（2）利用移动体积理论确定摆辗力矩。可以认为摆辗是以力 P 将局部体积为 $V = F \cdot \mathrm{d}h$ 的金属移动到辗过的工件内而做功（F 为接触面积），即摆头以力 P 将工件压下一高度 $S = H - h$ 所做的功 A 为

$$A = P \cdot S \tag{9-67}$$

将式（9-67）代入式（9-65）得力矩计算公式

$$M_R = \frac{A}{\theta} = \frac{P \cdot S}{\alpha/\cos\gamma} = \frac{P \cdot S\cos\gamma}{\cos^{-1}(1 - 2Q)} \tag{9-68}$$

Ⅲ类摆辗有限转装置，其力矩为

$$M_R = \frac{B \cdot P \cdot S\cos\gamma}{\cos^{-1}(1 - 2Q)} \tag{9-69}$$

9.3.3.3　电机功率的确定

功率是单位时间内所做的功，即

$$N = \frac{A}{t}$$

代入式（9-66），可得摆头消耗功率计算式

$$N = M_R\omega = \frac{M_R \cdot n}{60} \times 10^{-3} \quad (\text{kW}) \tag{9-70}$$

式中　M_R——摆头扭矩，N·m；

$\quad\quad n$——摆头转速，r/min。

电机功率为

$$N_{总} = \frac{N}{\eta} = \frac{M_R \cdot n}{60\eta} \times 10^{-3} \quad (\text{kW}) \tag{9-71}$$

式中　η——由电机到摆头的传动效率，$\eta = 0.65 \sim 0.9$，其值与 γ 和摆头传动机构有关。

9.3.4　摆辗力与接触压力分布的测定

摆辗力等于锥体模与工件的接触面投影面积与其上单位压力的乘积。因而接触面投影面积理论计算值是否接近实际及接触面上压力大小与分布情况都直接决定摆辗力与接头扭矩的大小。模具接触压力分布直接表示模具表面受力状态，是引起模具失效的力学因素。因此，国内外研究摆辗力能的学者不仅仅是直接测量摆辗力、摆头轧制扭矩，而且还测量接触面积及接触面上的压力分布。

9.3.4.1　接触压力分布的测定

目前，测定接触压力分布与接触面积的方法有金属流入垫模小孔法与电测法两种。

苏联学者用金属流入垫模小孔的方法较早地测定了接触压力的径向分布和切向分布。测量结果如图9-36所示。这种方法不能确定模孔阻力，只能定性地测定压力分布趋势。苏联学者仅仅测量了下模接触面上的压力分布。

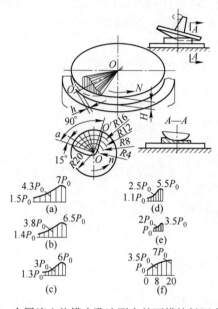

图9-36　金属流入垫模小孔法测定的下模接触压力的分布

(a) 沿 $R=20$mm 切向的压力分布；(b) 沿 $R=16$mm 切向的压力分布；

(c) 沿 $R=12$mm 切向的压力分布；(d) 沿 $R=8$mm 切向的压力分布；

(e) 沿 $R=4$mm 切向的压力分布；(f) 沿 OO'径向的压力分布

将压力传感器装在模具上，可以测量点的接触压力和接触面积。为了测量工件与上模（锥体模）之间的接触弧长和接触压力的分布，上模上装有 5 个压力传感器（图9-37），它们的安装位置分别为距中心 5mm、10mm、15mm、20mm 和 25mm 处。下模上装置 4 个压力传感器。这些传感器安装的位置分别为距中心 10mm、15mm、20mm 和 25mm 处。以此测量下模与工件之间的接触弧长度和接触压力分布。

试验用 200kN 液压机改装的接头自转、装工件的下模转动之轴向轧机进行。该机摆头领角 $\gamma = 2°$。下模带动工件转动，上模（锥体模）压下接触工件时，工件与上模之间接触摩擦力带动锥体模绕自轴转动。下模的转动速度固定为 160r/min。当上模相对下模在工件轴向以速度 v 进给时，该过程不能连续进行，以便于多次连续不断地测量上模的相对位移。用所测得的位移数据计算高度压缩率和上模的进给量。用贴在上模模柄上的电阻应变片测量轧制力。试件材料是工业纯铝，其简单压缩屈服强度计算公式为 $\sigma_s = 154.8\varepsilon^{0.22}\mathrm{MPa}$ ，试件尺寸 $D_0 = 30\mathrm{mm}$ ， $h_0 = 20\mathrm{mm}$ ；去油污，无润滑状态下进行试验。

用压力传感器测量了不同的上模进给量和高度压缩率中接触面的边界，测得的接触面边界形状绘制成图 9-38。图 9-38 中也绘制了圆盘件的试验测试结果。其中点划线为论计算的接触面积边界。图 9-39 为高度压缩率 50% 瞬时的上模与工件之间接触面上压力分布的一种。

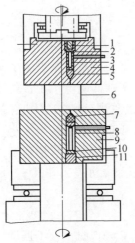

图 9-37　压力传感器电测装置简图

1，11—调整螺钉；2，10—垫板；

3，8—压力测力器；4—上模；

5，7—压力传感器；6—工件；9—下模

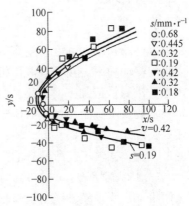

图 9-38　实测与理论计算的接触面边界之比较

高度压缩率：○—25%；▽—25%；△—50%；□—60%；

▼—20%（盘件）；▲—25%（盘件）；■—40%（盘件）

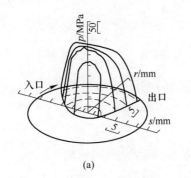

(a)

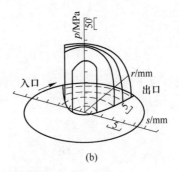

(b)

图 9-39　高度压缩率 50% 时上模接触压力的三维分布

（a）测量图；（b）理论计算图

9.3.4.2 摆辗力的测定

摆辗时摆头以 s（mm/r）速度转动，经过 $\Delta h/s$（$\Delta h = H - h$，工件成形加工的总压下量）转完成镦粗变形。每转内摇动着的摆头的一定部位加压于毛坯的局部区域使其变形。摆头施给毛坯变形区的载荷，实际上是在保持原加载符号的情况下周期地变化着。因此，摆辗的加载过程属于低频脉动加载。其循环次数取决于摆头转数和加载过程的时间。由于是脉动加载，改变了接触摩擦条件和卸载-休止-再加载时金属内部恢复再结晶因素的可能软化，也可能改变了塑性变形机理，因而有可能减小接触压力和辗压力。计算摆辗力见 9.3.2 节。

9.3.5 摆辗工艺参数

一般锻造的工艺参数主要是工艺力和生产节拍。工艺力决定了设备的吨位及其各主要零部件的强度和刚度；生产节拍决定了生产率，即确定了工件的变形时间和动力机的驱动功率。在一般锻压机上（如各种液压机、机械压力机、螺旋压力机、锻锤等）进行锻造加工时，工艺力的大小只取决于工件的形状与大小、锻造温度、材料常数及工具的类型。而摆辗锻造时，其工艺力和生产节拍除了与上述因素直接有关以外，还与摆头倾角 γ、摆头每转压下量 s 有关，并且 γ、s 又同时影响变形，这是摆辗工艺所特有的。

9.3.5.1 摇头倾角 γ

摆头倾角 γ 是摆动模轴线与机身轴线的交角。当 $\gamma = 0°$ 时上模不摆动，工作状态与一般锻压机械相同。当 γ 的大小变化时，摆辗力、摆头扭矩随之变化，并且塑性变形区的深度也变化，即影响到金属的流动与变形均匀性。

A 摆头倾角 γ 对摆辗力 P 扭矩 M_R 的影响

摆辗力的计算公式为

$$P = \lambda \pi R^2 \beta n_\sigma n_a \sigma_s$$

其中

$$\lambda = 0.4 \sqrt{\frac{s}{2R\tan\gamma}} + 0.14 \times \frac{s}{2R\tan\gamma}$$

$$n_\sigma = 1 + 0.414 e^{3.5 \times \frac{s}{2R\tan\gamma}} + \frac{mR}{\bar{h}}\left(0.24 \times \frac{s}{2R\tan\gamma} + 0.141\right)$$

这表明辗压力的大小与接触面积率 λ、应力状态系数 n_σ 成正比。而 γ 增大，使 λ 和 n_σ 减小，即 γ 越大越省力。

摆头扭矩 M_R 的计算公式为

$$M_R = \frac{B \cdot P \cdot S}{\cos^{-1}(1 - 2Q)} = \frac{B \cdot \lambda \pi R^2 \beta n_\sigma n_a \sigma_s \cdot S}{\cos^{-1}\left(1 - \dfrac{2s}{2R\tan\gamma}\right)}$$

上式表明扭矩 M_R 是关于摆头倾角 γ 的复杂函数，扭矩 M_R 的大小是随 γ 角度的大小变化而变化的。

摆辗力 P 的计算式中，只有系数 n_σ 和接触面积率 λ 与摆头倾角 γ 有关。而且 P 与 λn_σ 成正比，因此 λn_σ 代表辗压力 P 的相对值。而在扭矩从的计算式中，只有接触面积率 λ、应力状态系数 n_σ 相接触角 $\alpha = \cos^{-1}(1-2Q)$ 与摆头倾角 γ 有关，而 M_R 与 λn_σ 成正比，与 $\cos^{-1}(1-2Q)$（弧度）成反比，即 $\lambda n_\sigma/\cos^{-1}(1-2Q)$ 表示 M_R 的相对值，为此，绘制 γ-λn_σ 关系曲线，即代表 γ-p 的关系；$\gamma-\lambda n_\sigma/\cos^{-1}(1-2Q)$ 关系曲线即可表示 γ-M_R 的关系。

如图 9-40 所示，仅就为了省力和减小扭矩，即减小功率而言，摆头倾角 γ 越大越好。在 0~3° 范围内，曲线斜率大，4°~6° 渐趋平缓，而当 $\gamma > 6°$ 时，斜率就很小了。这说明 3° 以下影响较大，3°~6° 时，摆辗倾角的变化还有一定的作用。而当 $\gamma > 6°$ 时，摆辗倾角的变化对辗压力和摆头扭矩的影响较小，目前所制造的Ⅱ型轴向轧机即摆辗机的摆头倾角 $\gamma < 6°$，多数为 $\gamma \leq 3°$。

摆头倾角 γ 对机械效率、总摩擦消耗的功和进给机构消耗的功也有一定的影响，如图 9-41 所示。图中曲线表明，摆头倾角越大，则机械效率越低。这适用于偏心筒传动摆头运动的摆辗机。而Ⅰ型轴向轧制的机械效率要高一些。对于进给机构消耗的功而言，摆头倾角越大，则消耗的功越少。目前轴向轧机的送进机构多是油压传动，因此在油泵能量的选择时，需要考虑摆头倾角 γ 的影响因素。

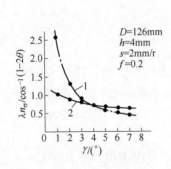

图 9-40　摆头倾角 γ 与摆辗力 P
和摆头扭矩 M_R 的关系

1—γ-$P(n,\ \lambda)$ 关系；

2—γ-$M_R[n_\sigma\lambda/\cos^{-1}(1-2Q)]$ 关系

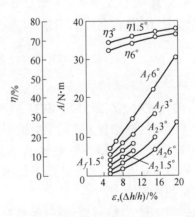

图 9-41　摆头倾角 γ 不同时摆辗机的
机械效率、总摩擦功、
进给机构消耗功的关系曲线

η—机械效率，%；

A_f—总摩擦消耗的功；

A_2—进给机构消耗的功

B 摆头倾角 γ 对变形的影响

轴向轧制中，锥体模与工件之间的接触面是直接承受模具压力的部位，是塑性变形区的主动区域。该区域越大，则塑性变形区的深度也越深，这样变形就越均匀。因而接触面积率 λ 的大小，在一定程度上反映塑性变形情况。为此，通过讨论摆头倾角 γ 与接触面积率 λ 的关系来认识摆头倾角 γ 对变形的影响状况。

λ 是 γ 的函数，将 $Q = s/(2Rtan\gamma)$ 代入式（9-27）可得

$$\lambda = 0.4\sqrt{\frac{s}{2Rtan\gamma}} + 0.14 \times \frac{s}{2Rtan\gamma}$$

将上述函数关系绘制成图 9-42 曲线族。图 9-42 中曲线表明，摆头倾角 γ 越小，则接触面积率 λ 越大，即接头倾角 γ 越小工件的变形越均匀。反之，γ 越大则工件的变形越不均匀，若是用较大的摆头倾角辗压 $H/D > 0.5$ 的厚件，就会形成蘑菇形或滑轮形。但当 γ > 6° 时，这种影响就变得不明显了。摆辗铆接机的摆头领角 γ 作成可调的，在进行铆接工艺中可以充分利用 γ 对变形的影响这一特性，根据需要而改变摆头倾角，γ 越大，塑性变形区越小越浅，即铆钉的顶部变形大而杆部胀大变形也越小，铆接杆部结合得越松。当 γ 达到 6° 时，杆部基本不变形，这样的铆接可以满足链条、钳子等将铆钉当作铰链轴的活动连接件要求。反之，γ 越小，杆部胀大变形越大，铆钉杆部连接结合得越紧。当 γ < 2° 时，铆钉杆部胀大变形的结果形成了固定铆接。

9.3.5.2 每转压下量 s 与辗压时间 Δt

摆辗中，锥体模每转压下量 s 与进给速度 v 的关系如下

$$s = \frac{v \times 60}{n} \quad \text{或} \quad v = \frac{n}{60}s \qquad (9-72)$$

式中　　v——进给速度，mm/s；

　　　　n——摆头（锥体模）转速，r/min。

因而，每转进给量 s 等同于进给速度。它对力能的影响作用，可以由 s 与接触面积率 λ 的关系曲线图 9-43 来说明。图中曲线表明，接触面积率 λ 随每转进给量 s 的增加而增加。即每转压下量越大，接触面积越大，因而接触压力、摆辗力、摆头扭矩都增大。

每转压下量 s 过小时，会出现表面变形。轧制自由镦粗厚件 $H_0/D > 0.5$ 时，由于 s 小而塑性变形区深度浅，工件可能形成上蘑菇、下蘑菇或者滑轮形。这种现象出现后继续变形则会形成中间折叠。塑性变形区的深度越深，或者说上、下塑性变形区相接并重叠的越多，则变形越均匀。可以用塑性变形区的深度来衡量轧制变形的均匀性。由平面变形的滑移线作图可知，塑性变形区的深度随塑性变形区的宽度增加而增加，也随着接触面上单位面积压力的升高而增加。因此，凡是增加变形区宽度或者提高接触压力，都能够增加塑性变形区的深度，也就是提

高了塑性变形的均匀性。为了探讨每转进给量 s 对塑性变形均匀性的作用，需研究与塑性变形区宽度 B_b 及 s 与接触面单位面积平均压力 $\bar{p}$ 的关系。

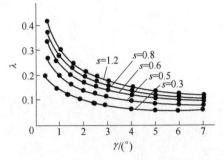

图 9-42 摆头倾角 γ 与接触面积率 λ 的
关系曲线

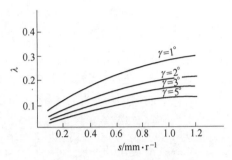

图 9-43 接触面积率 λ 与
每转进给量 s 的关系

摆辗工件的塑性变形区域就是锥体模与工件之间的接触面积，其长度为 $R +s/(2\tan\gamma)$，其宽度为 R_x 处的接触弧长，即

$$B_b = R_x \theta_a = R_x \cos^{-1}\left(1 - \frac{R}{R_x} \times \frac{s}{R\tan\gamma}\right) = R_x \cos^{-1}\left(1 - \frac{s}{R_x R\tan\gamma}\right)$$

所以

$$\frac{B_b}{R_x} = \cos^{-1}\left(1 - \frac{s}{R_x R\tan\gamma}\right) \tag{9-73}$$

s 与接触压力之间的关系为

$$\frac{\bar{p}}{2k} = 1 + 0.414\, e^{-\frac{3.5s}{2R\tan\gamma}} + \frac{mR}{\bar{h}}\left(\frac{0.12s}{R\tan\gamma} + 0.141\right) \tag{9-74}$$

式（9-73）、式（9-74）所表示的数学关系如图 9-43 所示。图中曲线表明，每转压下量 s 的增大，也就是相对进给量 $Q = \dfrac{s}{2R\tan\gamma}$ 增大，则塑性变形区相对宽度 B_b/R_x 也增大，这就是说塑性变形区的深度增加，因而采用较大的每转进给量，能获得塑性变形均匀的效果。

$s/(2R\tan\gamma)$ 对 $\bar{p}$ 的影响，随着工件的相对厚度的不同而产生不同的结果。厚件 $\dfrac{mR}{\bar{h}} \leqslant 1$ 时，$s/(2R\tan\gamma)$ 增加，单位压力略有减少。薄件 $\dfrac{mR}{\bar{h}} > 1$ 时，$s/(2R\tan\gamma)$ 增加，单位压力增加。总的说来，$s/(2R\tan\gamma)$ 的变化对 $\bar{p}$ 的影响，对塑性区深度的变化不起显著作用。

图 9-44 是滑块行程与摆辗力的实测曲线。此测试所用设备是 Ⅲ 型摆辗

机——波兰 PXWP-100C 型摆辗机，试件为摩托车端面齿轮毛坯。滑块行程曲线大致可分为两个阶段，第一阶段滑块运动速度是一定的。这一阶段完成主要变形。所需要的时间 Δt_1 为

$$\Delta t_1 = \frac{H_0 - h_1}{v} = \frac{(H_0 - h_1)60}{ns} \quad (\text{s}) \tag{9-75}$$

式中　H_0——毛坯高度，mm；

　　　h_1——第一阶段结束时工件的高度，mm，由于第二阶段的压下量比第一阶段的压下量小得多，所以式（9-75）中 h_1 可取成品高度进行计算，误差很小；

　　　v——滑块运动速度，$v = \dfrac{n}{60}s$，mm/s；

　　　n——摆头公转转速，r/min；

　　　s——每转压下量，mm/r。

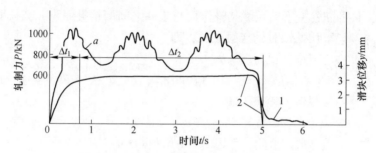

图 9-44　滑块工作行程与摆辗力的实测曲线

（$n = 200$r/min，$s = 3.9$mm/r，试件钢，$H_0 = 16$mm，$D_0 = 40$mm

辗后尺寸 $h = 11.1$mm，$d = 48$mm）

1—摆辗力的变化曲线；2—滑块工作行程曲线

Δt_1—摆辗时间；Δt_2—精整时间

　　第二阶段为精整阶段。第一阶段结束时，锥体模所接触的工件端面为空间螺旋面。进给速度由第一阶段的定值减慢到零，即滑块由运动速度 $v = \dfrac{n}{60}s$（mm/s）减慢到 $v = 0$，即滑块停止。但这时工件端面仍不平，而应当是螺距为 $s \sim 0$ 的螺旋面。为了使工件的这一端面平整，在滑块停止不动时，摆头（锥体模）再运动一个周期。因此，精整段应当是摆头运动两个周期的时间。锥体模上一点的运动的参数方程式

$$\begin{cases} x = R\cos\omega t \\ y = R\sin\omega t \\ z = s\omega t \end{cases}$$

滑块停止，即 $s = 0$ 时摆头运动一周期。将 $s = 0$ 代入 z 坐标式中得 $z = 0$，即表明该端面为 xoy 平面。该点在 xoy 坐标平面上运动方程是周期函数，其周期为 2π，那么两个周期即 4π。

由此得 $\omega t_2 - \omega t_1 = 4\pi$，所以

$$\Delta t_2 = t_2 - t_1 = \frac{4\pi}{\omega} = \frac{60 \times 4\pi}{n} = \frac{240\pi}{n} \quad \text{(s)} \tag{9-76}$$

摆辗力的大小随接触面积的大小而改变。而接触面积的大小随锥体模与工件之间的接触状态周期性变化而变化。摆辗力实测曲线在精整阶段变化两个周期，正表明锥体模与工件之间的接触状态历经了两个周期，也就是锥体模在精整段运动两个周期。这证明滑块运动速度由大到小经一个周期而稳定，在稳定速度下再经一个周期就完成了精整，这个论证基本符合实际。辗压时间为一、二阶段时间的和，即

$$\Delta t = t_2 + t_1 = \frac{(H_0 - h)60}{ns} + \frac{240\pi}{n} = \frac{60}{n}\left(\frac{H_0 - h}{s} + 4\pi\right) \quad \text{(s)} \tag{9-77}$$

式（9-77）说明摆辗时间与摆头转速 n 成反比，即辗压时间的长短取决于摆头转速，要提高生产率，提高接头转速是最有效的。总辗压时间包括两项，第一项为辗压变形时间，它与每转进给量 $s(\text{mm/r})$ 成反比，即增大 s，可以减少辗压变形时间。热辗、温辗、粉末压实及烧结体辗压成形等往往使工件总变形量大，因而滑块行程大，为了提高生产率和减少工件温度的降低，使变形均匀，采用加大 s 的办法可达到要求。由此，可以得到摆辗的生产拍节（生产率）a 的值为

$$a = \frac{1}{\Delta t_1 + \Delta t_2 + \Delta t_3} = \frac{1}{\dfrac{60}{n}\left(\dfrac{H_0 - h}{s} + 4\pi\right) + \Delta t_3} \quad \text{（个／s）} \tag{9-78}$$

式中　　Δt_1——上料、卸料所需要的时间，s。

目前所生产的带自动上、下料装置的轴向轧机，例如瑞士 Schmid T-200、T-400、T-630 轨道冷成形压力机（Orbital Cold Forming Presses），其生产节拍 $a = 1/12 \sim 1/18$ 个／s。即每生产一个件需要 $12 \sim 18$s。其中摆辗时间 $4 \sim 6$s，上、下料时间 $8 \sim 14$s。这说明上、下料所用的时间是主要的。因此，要提高生产率，应想办法缩短上下料时间。

参 考 文 献

[1] 张猛，胡亚民. 摆辗技术 [M]. 北京：机械工业出版社，1998.

[2] 华林，夏汉关，庄武豪. 锻压技术理论研究与实践. [M] 武汉：武汉理工大学出版社，2014.

[3] 裴兴华，等. 摆动辗压 [M]. 北京：机械工业出版社，1991.

[4] 胡亚民,等. 摆动辗压工艺及模具设计 [M]. 重庆:重庆大学出版社,2001.

[5] 胡亚民,伍太宾,赵军华. 摆动辗压工艺及模具设计 [M]. 重庆:重庆大学出版社,2008.

[6] 周存龙. 特种轧制设备 [M]. 北京:冶金工业出版社,2006.

[7] 周志明,直妍,罗静. 材料成形设备 [M]. 北京:化学工业出版社,2016.

[8] 冯全元. 冲压成形与模具设计 [M]. 北京:机械工业出版社,2015.

[9] 中国锻压协会. 特种锻造 [M]. 北京:国防工业出版社,2011.